博学而笃志，切问而近思。

（《论语·子张》）

博晓古今，可立一家之说；
学贯中西，或成经国之才

内容提要

本书以新的视角，重点勾勒20世纪物理学的重大成就以及物理学在现代高新技术中的主要应用。全书共分10章，结合物理学在航天、激光、材料、信息、能源、医学、生命科学和宇宙学等方面的应用，重点介绍物理学基本知识，并融物理知识和前沿应用为一体。

本书从提高学生的科学素质出发，注重科学与人文的融合，结合物理学史介绍著名物理学家的科学思想、科学方法以及勇于探索的精神，并注意介绍我国科技方面的重大成就和我国科学家的贡献。本书特点鲜明，融合物理知识与现代科技应用为一体，展现物理学中包含的丰富的人文内涵。全书编写力求深入浅出、文字流畅、图文并茂、生动有趣，并附有一定量的习题。

普通高等教育"十一五"国家级规划教材

复旦通识文库 博学·物理学系列

（第五版）

改变世界的物理学

PHYSICS CHANGING THE WORLD

倪光炯 王炎森 钱景华 方小敏 编著

复旦大学出版社

图1 "嫦娥四号"怀抱"月兔二号"巡视器,首次实现人类探测器在月球背面着落,这是着落器(左)和巡视器(右)分离后完成的两器互拍(见正文§2.4)

图2 2021年5月22日"祝融号"火星车安全驶离着陆平台,到达火星表面,开始巡视探测任务(见正文§2.4)

图3 2012年6月16日"神舟九号"载着3名航天员升空，完成与"天宫一号"的自动和手动对接，航天员还进入实验舱进行一系列科学实验，历时13天顺利返回（见正文§2.4）

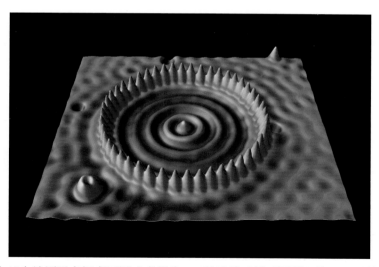

图4 由48个铁原子在铜表面围成直径为14.3纳米的"量子围栏"的STM图像；围栏中电子无法逃逸，在其中形成同心圆状的驻波，这是世界上首次观察到电子驻波的直观图形（见正文§4.2和§4.5）

图5 上海同步辐射中心（简称"上海光源"，SSRT）是世界先进的中能第三代同步辐射光源，建成十多年来为我国综合科技实力的提升做出重要贡献（见正文§5.3）

图6 1985年11月夜航所测得的秦始皇墓区的热红外图像（8～12.5微米），左边是伪彩图，箭头所指的是秦始皇陵墓（见正文§6.6）

（图片来源：中国科学院上海技术物理研究所航空遥感研究室）

图7 广东大亚湾核电站鸟瞰图；它是我国大陆建成的第二座核电站，与附近的岭澳核电站一起形成大亚湾核电基地（见正文§7.3）

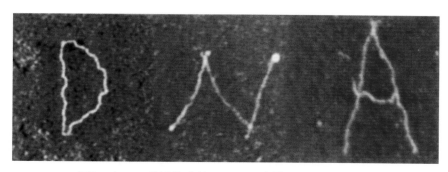

图8 由DNA分子构建的"DNA"字样（见正文§8.5）

（图片来源：中国科学院上海原子核研究所分子检测和操纵实验室）

图9　哈勃太空望远镜所观察到的离地球7000光年的鹰状星云，它是新生星体的摇篮；这里到处是一缕一缕卷曲的星际氢气，每个气柱的厚度约等于太阳系的宽度（见正文§9.4）

（图片来源：美国驻华大使馆新闻文化处编辑出版的《交流》杂志，1996年1期）

图10　2016年9月25日世界上最大的、口径为500米的球面射电望远镜FAST在我国贵州省平塘县建成启用，它被誉为"中国天眼"（见正文§9.5）

第四、第五版序

本书自第三版出版以来继续得到许多教师和学生的欢迎,不少学校使用本书取得了良好的教学效果。

事隔8年,世界科技发展迅速,中国同样在一些重要的科技领域取得了重大进展,这就有必要在本书的修订中加以反映。在第四版中我们继续保持前几版的特点和风貌,在基本结构框架不变的情况下,作了如下一些改进:

(1)主要是补充和更新了一些内容以反映新的科技进展,并注意介绍我国的重大科技成果。

(2)适当增加人文内容,反映物理学大师的科学思想和科学精神,供读者学习和思考。

(3)更新和补充一些图,使其中一些图更加生动、有趣、富有启发性。

(4)更新一些参考材料,其中一些重要的内容已列入每章的参考资料中。

(5)为了方便教师教学,本书配有免费教学辅助光盘,内含电子教案及丰富的教学参考资料。

在第五版修订中,为加强教材内容的育人功能,更加重视将育人元素充分融入整本教材中。为此,结合教材中有关物理学的重大发现,进一步补充和突出物理学大师的创新思维、科学精神、奉献社会和高尚道德的人文内容;补充和更新介绍近年来科技领域的新进展,尤其注重我国科技创新和研究成果的内容,以增强民族自豪感和激发爱国情怀。另外,为学生进一步学习需要,更新和补充了一些较新的、便于查阅的参考资料。

在第四、第五两版的修订过程中,具体工作仍以王炎森教授为主,并得到了复旦大学出版社的大力协助和支持。但由于全书涉及面广,以及作者学识水平和资料来源的局限性，书中难免出现这样或那样的错误和不妥之处，恳请读者继续予以赐教指正，我们深表感谢。

倪光炯　王炎森

第四版：2015 年 1 月

第五版：2021 年 6 月

第一、第二版序

1994 年 7 月，原国家教育委员会在青岛召开会议，正式提出了"面向 21 世纪的教学内容和课程体系改革"的问题。我开始参加这方面工作，但很快就发现问题远比自己初想时复杂得多。大家都同意：以物理本科教学来说，经过 40 多年建设，我们已有了一套既不同于苏联、又不同于西方的教学内容和课程体系，本科毕业生的质量在国际上享有相当高的声誉。但另一方面，为了更好地适应当今科学技术和经济、社会的发展，培养更高质量的人才，当前物理教学的改革又是非常必要、非常迫切的。物理学是一门重要的基础科学，又是当代技术发展的最重要源泉，物理学的发展对整个人类文化都产生了深刻影响。

1995 年秋，我和王炎森教授在复旦参加了一次讨论教材建设的小型会议，了解到在复旦大学文科(社会科学)各系已多年不开设物理课的情况。两人一致觉得非常有必要编写一本适合人文、社会科学学生的物理教材。我们的想法立即得到学校教务处的大力支持，随后又邀请了钱景华教授和方小敏副教授一道工作。我们的目标很明确：这门课只有一学期，且学时数有限，一定要组织好教材内容使学生对本课程感到有兴趣，通过学习有所收获，既学到知识，又能学到科学思维方法，有利于文科学生科学素质的培养；同时，这本书也可在更广的范围作为大专院校学生、中学教师和一般读者或干部的参考读物。

以往普通物理(或基础物理)大体上按历史顺序、由经典到量子的发展来讲，不但学时数多，更主要的问题是很难反映物理学的新发展及其在高新技术中的应用，激发不起学生的兴趣。有些教师(包括我们自己)往往对学生期望太高，提出不切实际的要求，即使考 100 分的学生也做不到。事实上，任何一种知识，不经过自己思考、消化和应用，不会有真切的体会，是谈不上真正掌握的。所以教学很重要的一点是：要提高学生学习的自觉性，提高他们的自学能力。说到底，学习是一辈子的事情。

我们经过多次参观、学习，反复讨论，边写、边改，逐渐明确了以下几点想法：

（1）根据本书的对象和编写的目的，本书是以物理学的新发展及其在高新技术中的应用为主要线索，力求以新体系、新面貌展现给读者。

（2）为了在新的体系中，更好地讲授物理基础知识，在每一章中联系实际、突出重点，采取"由特殊到一般再回到特殊"的原则组织材料，力求入门快、联系实际快、点出本质快。

（3）在介绍物理基础知识时，我们的处理是尽可能具体些和细致些。但在不少情况下我们采取"跳跃式"或"渗透式"的叙述法，读者也许只知道一个大概的联系和发展方向，但留下了悬念，今后可以进一步学习、慢慢体会。我们希望本书能为读者在"科学宫"漫游时做一个好的导游。

（4）把科学素质和创新能力的培养放到重要位置。我们想可以通过：①结合科学史，介绍著名物理学家的创造性思维、承前启后、勇于创新的精神，以及对科学事业的奉献精神；②强调理论联系实际，重视高科技应用；③重视提出问题、分析问题、解决问题的能力培养；④注意介绍科学研究的方法论和认识论；⑤扩大知识面、开阔眼界等办法来努力体现这一点。

（5）全书重视介绍我国在高新技术方面的重大成就及我国科学家的贡献，弘扬民族精神。

（6）我们希望本书能在一定程度上显示：物理学既是科学，也是高品位的文化，是每一位大学生全面素质修养的重要组成部分。

本书执笔分工如下：第一和第十二章（倪光炯）；第二和第三章（方小敏、倪光炯）；第四章（倪光炯、方小敏）；第十三章（倪光炯、王炎森）；第五、第九和第十章（王炎森）；第六和第七章（钱景华、王炎森）；第八章（王炎森、钱景华）；第十一章（钱景华、倪光炯）。最后全书由倪光炯和王炎森负责定稿。

建议教材内容可在 36～54 学时范围内按实际情况安排。根据我们的经验,若去掉打"＊"的章节和附录,可用于 36 学时的教学。各章后面的习题答案在本书末给出。

本书曾以讲义形式于 1997—1998 年先后在复旦大学文科 3 个班级试用,并分送全国许多兄弟院校、研究所征求意见。许多教师、学生和专家热情来信,在鼓励的同时,指出了讲义中出现的不少错误,提出了宝贵的意见和建议。复旦大学教务处还专门组织了一次大型座谈会,请了近 20 位文理科教授发表意见。此外,我们还将讲义分章分节请 21 位专家仔细审阅。由于不可能一一写出他们的姓名,我们谨在此向他们一并表示衷心的感谢!

这次修订再版时,我们又广泛地听取了读者的意见,并分章请了 14 位专家进行审阅。同样,我们不可能一一列出他们的姓名,谨在此对他们的宝贵意见和建议及热情的鼓励,一并表示衷心感谢。

初版和再版自始至终都得到复旦大学教务处和复旦大学出版社的协助和支持,在此致谢。

由于本书涉及面广、作者水平所限,书中一定还会存在这样或那样的错误和缺点,恳请读者继续予以批评指正,以便在再版时进一步改正。

倪光炯

初 版:1998 年 6 月于复旦大学

第二版:1999 年 12 月于复旦大学

第 三 版 序

本书于 1998 年 9 月出版第一版,列入国家教委和上海市教委"九五"重点教材,当年就荣获上海市优秀科普作品奖;1999 年列入面向 21 世纪课程教材,于同年 12 月出版第二版,并荣获国家教育部 2002 年全国普通高等学校优秀教材一等奖。2006 年又被列为"普通高等教育'十一五'国家级规划教材"。迄今为止,先后累计印制 11 次,印数达 6 万多册。此书得到许多教师和学生的欢迎,这是对我们的极大关爱和鼓励。我们谨代表 4 位作者一起向所有关心本书的朋友们表示衷心的感谢。

7 年过去,在听取了一些任课教师和读者的意见后,推出第三版的问题便提到日程上。近两年,我们两人与复旦大学出版社有关人员对修订的要求和大纲作了仔细讨论,并再次走访了一些科技单位,向有关专家请教,我们决定在保持原书第二版风貌的同时,作一些修改、删节和补充,主要想法如下:

(1) 适当增加人文内容,以提高本书的文化品位。

(2) 补充或更新一些内容,以反映新的科技进展。

(3) 若干章节作了合并或精简,并与物理学结合得更紧密。

(4) 增加了一些新的参考资料。

(5) 我们在第十章讨论物理学认识论的第二小节最后,曾强调说明了本书书名的两重含义。在我们两人合作又写了一本《文科物理》(由高等教育出版社于 2005 年出版)后,我们越来越觉得"改变世界"这几个字还需要进一步去想:人类与世界相互改变,关系是密不可分的。而历史发展到今天,人类已明显地变成了一种自然力量,人类对世界的改变既取得了伟大的成就,也有严重的失误。为了对历史负责,对子孙后代负责,我们应更加自觉地去改变世界——在改变客观世界的同时，也改变自己的主观世界，即改变自己的思维方式，使之更加适应于改善人类生存状态的要求。这一必要性突出地表现在 21 世纪日益紧迫的气候危机上。为此，我们在本书最后加写了一个结束语。

　　本次修订过程中，具体工作以王炎森教授为主，修改稿出来之后，又经我们交换阅读、讨论和修改，最后定稿。总之，我们希望广大读者继续和我们一起切磋讨论，对书中还存在的错误或不当之处惠予指正，以便再版时进一步完善。

倪光炯　王炎森

2006 年 9 月于复旦大学

目　　录

第一章　导论

1492 年,意大利航海家哥伦布(C. Colombo,1446—1506)奉当时西班牙女王伊莎贝拉之命,带了致中国皇帝的国书,从西班牙出发西航,探索新航路,在 10 年间先后到达美洲各地,还误认为是印度,故称当地居民为印第安人。

1519 年,葡萄牙航海家麦哲伦(F. de Magalhaes,1480—1521)率船队由西班牙出发西航,其中一条船在 1522 年 9 月回到西班牙,完成第一次环球航行。

1847 年,中国第一个赴美留学的青年容闳,从广州乘帆船出发,在太平洋上颠簸了 98 天后,才到达纽约。

今天我们可以乘坐高速的喷气式飞机在一天内绕地球飞行一圈;如果乘上宇宙飞船,更可以在失重状态下不到两小时甚至更短就绕地球一圈,亲眼看到地球上 7 个大洲清清楚楚地呈现在蔚蓝色的海洋上,会感叹世界竟是这么小。其实世界跟几百年前一样大,只是人类的眼界开阔了,通信和交通发达了,知识和能力大大扩展了,人开始真正成为地球的主人。但是要做一个自觉的人不容易,要处理好人与自然界以及个人和社会的关系,其中一个重要方面就是要认识科学技术的作用,了解科学技术在过去 100 年中怎样极大地改变了人们的生存状态和思维方式。

本章打算通过科技发展的历史特别是物理学史的简短叙述,使读者对本书讨论的内容、科学技术与社会发展的关系以及科学与人文的关系,有一个初步的了解。最后两节有关 20 世纪物理学的特点和物理学的社会教育及思想文化功能。

§1.1　世界为什么变化这么快

正如马克思在 19 世纪时指出的那样,生产力的发展是一种恒定的推动社会发展的基本动力。到了 20 世纪,科学技术更明显地表现出它是生产力中最活跃的起决定作用的因素。正如邓小平所强调的那样:"科学技术是第一生产力。"科学技术是经济和社会发展的主要推动力量,是一个国家综合国力的决定性因素。

20 世纪中,物理学又被公认为科学技术发展中一门重要的带头和基础学科,过去 100 年中与物理学有关的重大科技发现或发明可归纳为表 1.1。

表 1.1　100 年来与物理学有关的一些科技上的重大发现和发明

1895 年　发现 X 射线(伦琴)	1945 年　原子弹爆炸(奥本海默等)
1896 年　发现放射性(贝克勒尔)	1945—1946 年　核磁共振现象(珀塞尔, 布洛赫)
1897 年　发现电子(J. J. 汤姆逊)	
1898 年　提炼出钋和镭(居里夫人)	1947 年　发明晶体管(肖克莱, 巴丁, 布拉顿)
1900 年　量子论诞生(普朗克)	1947—1955 年　从电子管计算机到晶体管计算机
1901 年　发明无线电报(马可尼)	
1905 年　建立狭义相对论	1957 年　人造卫星上天(苏联)
光的量子论(爱因斯坦)	1958—1960 年　发明激光(汤斯, 肖洛, 梅曼等)
1911 年　发现原子核(卢瑟福)	1961 年　载人飞船上天(加加林)
发现超导(昂内斯)	1969 年　登上月球(阿姆斯特朗等)
1913 年　建立原子模型(玻尔)	1970 年以后　光纤通信逐步实用化
1915 年　建立广义相对论(爱因斯坦)	1972 年　第一台 X 射线计算机断层成像术(XCT)(洪斯菲尔德)
1925—1926 年　建立量子力学(海森伯, 薛定谔)	
1932 年　发现中子(查特威克)	1972—1978 年　研制成大规模集成电路计算机
1939 年　发现裂变(哈恩, 斯特拉斯曼)	1978 年以后　计算机大量普及
1942 年　第一个核反应堆建成(费米)	1986 年　发现高温超导(贝特诺兹, 缪勒等)
	1987—1989 年　激光冷却捕获原子技术(朱棣文, 科恩-塔诺季, 菲利普斯)

由此可见,从 X 射线、放射性和电子的三大发现开始,揭开了近代物理的序幕,也就是揭开了 20 世纪科技交响乐的序幕。今天哪一个人不与电子器件打交道? 但电子只是 100 年前才在剑桥大学的卡文迪许实验室中被汤姆逊(J. J. Thomson, 1856—1940)所发现,他测定了电子的"荷质比"e/m。今天的精密测定值是

$$e = 1.602\ 176\ 57 \times 10^{-19} \text{ 库仑}$$

$$m = 9.109\ 382\ 9 \times 10^{-31} \text{ 千克}$$

从 1895 年第一张 X 光摄像片问世以来,这一医疗新技术不知救了多少人的命,放射性也在医疗和工农业各方面迅速获得广泛应用。再看 1901 年意大利工程师马可尼(G. Marconi, 1874—1937)首次实现长距离的无线电报通信,其后迅速发展。但在 100 年不到的今天,老式数码式电报在大城市间的通信中已被淘汰。

在理论上,20 世纪开始的一年——1900 年,恰好是量子论诞生的一年,普朗克(M. Planck, 1858—1947)通过对黑体辐射的研究,在物理学中引进一个普适常数 h——普朗克常数:

$$h = 6.626\ 069\ 6 \times 10^{-34} \text{ 焦耳·秒}$$

1905 年，爱因斯坦(A. Einstein, 1879—1955)建立了狭义相对论和光的量子论，为物理学引进了第二个普适常数 c——光速：

$$c = 299\ 792\ 458\ 米/秒$$

并推出了一个"质能关系式"，后被称为"改变世界的方程"：

$$E = mc^2$$

很快地，经过 1911 年原子核的发现和 1913 年玻尔原子模型的建立，到 1925—1926 年，量子力学便建立了。这时近代物理学达到了高潮，并开始向其他学科和应用领域渗透和扩展。

实验上，继放射性和原子核的发现之后，中子和核裂变又在 20 世纪 30 年代发现了，结合质能关系式的理论，科学家立即预言一种巨大的能量——原子核能(亦称原子能)可以从核内释放出来。于是人们马上看到："科学技术是一把双刃剑。"一方面，可用来发电的核反应堆做出来了；另一方面，根据第二次世界大战中对法西斯作战的需要，在美国首先制成了人类历史上杀伤力最惊人的武器——原子弹。

在 20 世纪里，物理学取得了突破性的进展，特别是相对论和量子力学的诞生，形成了物理学革命，使物理学的各分支学科：如原子分子物理、凝聚态物理、原子核物理、光物理都得到了充分的发展，还大大促进了一些与物理学有关的交叉学科的发展，对整个科学技术(包括航天、激光、材料、信息、能源、医学和生物等高新技术)的发展起了巨大的推动作用。

今天，谁也不能否认：科学技术深刻地影响了经济、社会和国际政治的面貌。可以说，正是因为现代科技极大地改变了人们的生存状态和思维方式，才使我们这个世界变化得这么快。

§1.2　从自然哲学到物理学

一、中国古代的世界图景和哲学观

中国历史悠久，是最早发明指南针、火药、造纸和印刷术的国家，在天文、航海和数学方面，曾居于世界前列，在物理学及其前身——哲学思考上也很有特色。本书不拟详细介绍，请读者见参考资料[1~3]。

战国时代的《墨经》中就有不少关于物理的叙述,涉及空间、时间、运动和惯性等概念。例如,有一句话:"力,刑之所以奋也。""刑"即"形",可解释为物体,又把"奋"解释为"运动的加速",似乎与牛顿第二定律($F = ma$)有一定联系。不过这只是持最积极态度的一家之言,未可据为定论。《墨经》中讲到"端"具有"非半"的性质,与差不多同时的希腊"原子"说(见下),是世界上关于"原子论"的最早起源。在《墨经》、《考工记》、沈括的《梦溪笔谈》和宋应星的《天工开物》等著作中还讲到不少关于力学、光学、声学和电磁学知识,但是这些观察和分析,还没有能够和当时掌握在许多无名匠人手中的工艺技术进一步结合,发展出近代的实验;也没有系统化、定量化,发展出对具体事物做出具体分析而又分门别类的近代科学。不可否认,在长期封建统治和科举制度下,中国的科学技术在 15 世纪以后大大地落后了。

不过,从现代物理的观点看,中国古代哲学观留下了一份宝贵的遗产,还没有被世界各国同行充分认识。与下面要讲的希腊哲学观不同,中国的哲学思考偏重于连续性的所谓"阴阳"学说,在《易经》的注解书《易传》中说:"易有太极,是生两仪,两仪生四象,四象生八卦。""太极"指宇宙本体,"两仪"就是阴阳,"四象"是春夏秋冬四时,"八卦"指天、地、雷、风、水、火、山、泽。意思是把世界上万物变化的原因都归之于阴阳的相互作用。老子(李耳,公元前 6 世纪)在《老子》中说:"万物负阴而抱阳。"这种学说经汉、唐、宋,发展到明末清初时的王夫之(1619—1692)等人,便形成一种"元气说"。东汉时的王充(27—100)在《论衡》中说:"元气未分,混沌为一;万物之生,皆禀元气。"北宋时的张载(1020—1077)则指出"一物两体,气也","一物而两体,其太极之谓与?"

中国民主革命的伟大先行者孙中山曾以"太极"来译西语"以太",他曾说:"元始之时,太极(此用以译西名'以太'也)动而生电子;电子凝而成元素,元素合而成物质,物质凝而成地球,此世界进化之第一时期也。"*

二、古代西方哲学观和物理知识

公元前 7—前 6 世纪,古希腊文化进入一个繁荣时期,人才辈出,希腊文明成为世界古代文明中的一颗明珠。直至公元前 1 世纪罗马人征服欧洲后,学术研究热潮才逐渐消退。5—15 世纪的欧洲,经历了漫长的中世纪,封建制度和基督教会压制了文化科学的发展。到 15 世纪末,资本主义开始萌芽,文艺复兴运动兴起,近代科学才正式诞生,重新发现了古希腊的文化遗产。

---

* 辞海,"太极"词条. 上海:上海辞书出版社,1979

在这份遗产中,既有自然哲学方面的,也有具体科学方面的。在物质世界的起源上,有类似于中国"五行"(金、木、水、火、土)的"四根说",认为火、水、土、气 4 种元素组成万物。发展到德谟克利特(Democritus, 公元前 460—前 371)的"原子论"。"原子"一词在希腊文中的原义是"不可分割",当时认为原子的种类和数量都无限多,在空间处于永恒的运动之中。这种观点对 19 世纪末 20 世纪初才正式确立的近代"原子论",有直接和深刻的影响。

在具体科学上,欧几里得(Euclid, 公元前 330? —前 275?)的几何学在古希腊即已高度发展。亚里士多德(Aristoteles, 公元前 384—前 322)则系统地研究了运动、空间和时间,他著有《物理学》一书,是 physics 一词最早的起源(虽然今天含义已不同了)。不过他有一些观念是错误的,如认为"运动是靠力来维持的","在地球上重物比轻物落得快"等,直到 2000 年后才由伽利略(Galileo Galilei, 1564—1642)纠正过来(见后)。

阿基米德(Archimedes,公元前 287? —前 212)为测定皇冠的含金量,发现了浮力定律,一直传为美谈。他对杠杆、简单机械和几何学等也有多方面的贡献。

三、古代阿拉伯的物理知识

7—8 世纪,阿拉伯人在中东地区崛起。他们原来起点较低,但以极大的热情吸收比他们先进的东西方文化,收集并整理了古希腊的学术书籍。当时的阿拉伯成了沟通东西方的桥梁,把中国的造纸、火药、指南针等发明和印度的数字(今称阿拉伯数字)和十进制等传播到欧洲。在具体学科特别是光学方面,也有不少深入的研究。他们努力学习,并在此基础上创造,这种精神和经验,很值得后人借鉴。

四、欧洲中世纪的科学为何发展缓慢

欧洲漫长的中世纪(5—15 世纪)长达 1 000 年,在封建和教会的统治下,经济和科学的发展都十分缓慢。有两位科学家曾总结中世纪科学水平低下的 3 个原因:一是经院学者对权威的敬畏情绪;二是数学水平的低下;三是不了解自然科学在本质上是经验的。这样,科学被迫作为神学的奴婢而丧失了独立性。

不过在漫漫的长夜中也有些科学思想的闪光。例如,英国的培根(R. Bacon, 1214—1292)毕生宣传科学知识,提倡重视经验,主张科学实验,重视数学,后被投入监狱达 14 年之久,他不愧为近代科学思想和科学方法的先驱者之一。

在中世纪,已有许多学者对亚里士多德开始有怀疑,力学研究在 13 世纪后又

开始活跃起来。从阿拉伯人那里学来的光学知识促进了欧洲玻璃制造业的发展，中国发明的指南针于 12 世纪由阿拉伯人传入欧洲，促进了磁学的研究。所有这些，为 15 世纪后的文艺复兴和近代科学的诞生准备好了条件。

§1.3　经典物理学产生的条件和建立过程

一、文艺复兴

在中国 15—16 世纪也曾有过资本主义的萌芽，但很快就枯萎下去了。从世界范围看，资本主义生产方式的萌芽是在欧洲开花结果，这有深刻的原因：商业的发展促进城市的形成，航海和贸易开拓了市场，由此打开了人们的眼界，加速了资本原始积累的进程。1492 年哥伦布发现美洲大陆，1519—1522 年麦哲伦船队完成环球航行，最终确认了大地为圆球形（现在知道是扁椭球形），这些都直接地促进了天文学、地理学和物理学等的形成和发展。

在欧洲经济发展的同时，一场空前规模的"文艺复兴"运动兴起了。达·芬奇(L. da Vinci，1452—1519)是其中一位杰出的代表。他在宣传科学的同时，向教会的权威发出了挑战。达·芬奇的成就是多方面的，绘画如《最后的晚餐》《蒙娜丽莎》等千古不朽，科学上则研究过弹道和单摆等。正如恩格斯所说，这是"一个需要巨人而且产生了巨人——在思维能力、热情和性格方面，在多才多艺和学识渊博方面的巨人的时代"＊。

二、天文学的突破

在中世纪确立的教会统治，一直把上帝创造世界及与之适应的地心说奉为不可违反的教条，实际上有一个托勒密模型，以十分复杂的模型来说明日、月、星辰如何以地球为中心而运动。真正的科学革命必须从这里突破。

波兰天文学家哥白尼(N. Copernicus，1473—1543)为宣传日心地动说奋斗了一生，1543 年 5 月 4 日，他已双目失明，在弥留之际，他的不朽著作《天体运行论》出版了，不仅系统提出了他的日心说，向托勒密模型发出致命的一击，更是使自然科学从神学中解放出来。这是科学的独立宣言，是人类思想解放史上的一个划时

＊　马克思恩格斯选集(第三卷)，第 493 页. 北京：人民出版社，1972

代的贡献,公元 1543 年也常被看作近代科学诞生的年代。

在哥白尼逝世后,许多志士仁人继续前进,宣传日心说,最勇敢的一位是意大利的布鲁诺(G. Bruno, 1548—1600)。他直接向教会宣战,结果被处 8 年囚禁,最后于 1600 年 2 月 17 日被教皇以"顽固异端分子"的罪名烧死在罗马的鲜花广场上(1889 年后在这里树起了布鲁诺的铜像)。1616 年,教皇正式宣布《天体运行论》为禁书。正如恩格斯所说,自然科学"在普遍的革命中发展着,而且它本身就是彻底革命的,它还得为争取自己存在的权利而斗争"*。

哥白尼的日心说还只是一个缺乏物理基础的模型(他假定行星都绕圆轨道运动),要完成向科学天文学的过渡,则是靠了丹麦天文学家第谷·布拉赫(T. Brahe, 1546—1601)长期艰苦的观测和资料积累及后来德国天文学家开普勒(J. Keppler, 1571—1630)在他基础上的大量分析研究工作。开普勒摆脱了"匀速圆周运动"的传统观念,并和哥白尼一样坚信古希腊毕达哥拉斯学派关于宇宙是和谐的,存在简单、优美的数学秩序的基本观念,前后经过 19 年研究,最后归纳出行星运动的三定律:

(1) 行星作椭圆轨道运动,太阳位于椭圆的一个焦点上;

(2) 太阳到行星的矢径在相同时间内扫过相等的面积;

(3) 行星绕日的周期 T 的平方与它绕太阳的椭圆轨道"半长轴"R 的立方成正比,即

$$T^2/R^3 = 常数$$

开普勒定律不仅表明天文学作为一门科学已经成熟,而且标志着新的科学思想和科学方法正在形成。因此,德国哲学家黑格尔(G. W. Hegel, 1770—1831)称开普勒是天体力学的真正奠基人。

三、伽利略和近代力学的诞生

意大利科学家伽利略是开普勒的同代人,他从物理学的角度来支持哥白尼的日心说。1609 年他制成了第一个天文望远镜,次年发现了木星的 4 颗卫星,看到了金星和月球表面的山谷,次年又发现了太阳黑子。他因对日心说的宣传一直受到教会的迫害,1633 年 4 月 12 日宗教法庭的审判迫使他放弃日心说,并判他终身监禁,直至逝世。300 多年后,1979 年 11 月 11 日,罗马教皇保罗二世才公开为伽

---

* 马克思恩格斯选集(第三卷),第 494 页.北京:人民出版社,1972

利略恢复名誉。

伽利略被称为"近代科学之父",最主要的贡献是开创了科学实验方法。他认为,一个科学家必须超越"单纯的思索"(mere think),必须通过实验来"聪明的提问"(intelligent questions)[4]。传说他为了纠正亚里士多德关于"物体下落时其快慢与重量成正比"这一错误的观念,在1590年曾登上比萨(Pisa)地方一座8层楼高的斜塔(建于1174年),用实验证明一个100磅重和一个半磅重的两个球体几乎同时落地。传说不可信,但他确实首次引入加速度概念;用斜面来做物体下落实验,证明了物体下落快慢与重量无关,同时明确了力不是产生速度的原因,而是产生加速度的原因。并且通过理想实验,提出了不靠外力来维持的"惯性运动"概念。他还通过对力学相对性原理的思考留下了"伽利略变换"这一宝贵遗产。在人们依靠观察天体运动来研究力学运动的基础上,伽利略不仅开创了科学实验方法,将实验、观察与理论思维(科学假设、数学推理和演绎)相结合,获得了突破性的发现,并提出了理想实验的科学思维方法。可以说,伽利略为后来牛顿力学的建立铺平了道路。爱因斯坦在《物理学的进化》一书(上海科技出版社,1962)中评价说:"伽利略的发现以及他所用的科学推理方法是人类思想史上最伟大的成就之一,而且标志着物理学的真正开端。"与他同代的英国哲学家培根(F. Bacon, 1561—1626)提出"知识就是力量",认为一切知识来源于感觉,科学在整理感性材料时,用的是归纳、分析、比较、观察和实验的理性方法。所有这一切都表明,新的科学观和思想方法开始成熟起来了。

四、笛卡儿、惠更斯和牛顿

笛卡儿(R. Discartes, 1596—1650),法国数学家、物理学家和哲学家,解析几何的创始人。他提出的"运动量守恒",可以认为蕴含"动量"(mv)概念的萌芽,明确提出了"惯性定律"。他反对超距作用,否认真空,主张用一种"以太旋涡"理论来解释世界,很可能同中国的元气说有一定的渊源关系。

惠更斯(C. Huygens, 1629—1695),荷兰科学家。他最重要的贡献是建立光的波动说,提出了"惠更斯原理"来解释光波的传播。他还首先根据单摆的周期 $T = 2\pi\sqrt{l/g}$ 来测定重力加速度 g。在对匀速圆周运动的研究中指出向心力和离心力的存在,在圆周固定的条件下,力的大小与速度的平方成正比。他还首先得出"活力守恒"的概念,当时活力指 mv^2,是后来"动能"($mv^2/2$)概念建立的先河。

牛顿(I. Newton, 1642—1727),杰出的英国科学家。他在伽利略、开普勒等人工作的基础上,确立力学的3条基本定律和万有引力定律(见§2.1)。为了表述力学运动的需要,他与莱布尼兹(G. W. Leibniz, 1646—1716)差不多同时独立发明了微积分。牛顿对光学(主张光的微粒说)和天文学也有重要贡献。1687 年他的名著《自然哲学的数学原理》的出版是物理学史上的划时代事件,反映了人类对自然认识的一次大飞跃和第一次伟大的综合。牛顿是科学史中的一位巨人,他代表了整整一个时代。人们有时把经典力学就称为牛顿力学,它的建立常被认为是第一次科学革命。

§1.4　19 世纪物理学的成就和危机

我们不再讨论牛顿以后经典力学的完善和发展,而直接介绍 19 世纪中经典物理学最伟大的两方面成就,即电磁学和热(力)学。

一、电磁现象的研究

中国指南针于 12 世纪由阿拉伯人传入欧洲后,英国人吉伯(W. Gilbert, 1544—1603)进一步进行了实验研究,也研究了摩擦生电。美国的富兰克林(B. Franklin, 1706—1790)首次用风筝把"天电"引入实验室,英国的卡文迪许(H. Cavendish, 1731—1810)于 1772 年用实验证明静电力与距离的平方成反比,再经法国人库仑(C. A. Coulomb, 1736—1806)的研究,最后确立了静电库仑定律。

意大利科学家伏打(C. A. Volta, 1745—1827)于 1800 年发明电池,电学研究从此进入动电阶段。1826 年德国物理学家欧姆(G. S. Ohm, 1784—1854)建立了电路的欧姆定律。1820 年,丹麦物理学家奥斯特(H. C. Oersted, 1777—1851)发现电流的磁效应,电与磁开始结合起来,从此有了"电磁学"这一名称。法国物理学家安培(A. M. Ampere, 1775—1836)立即进一步研究,于同年确立了电流之间相互作用的安培定律。

二、从法拉第到麦克斯韦

电能生磁,反过来,磁能否生电呢? 英国物理学家法拉第(M. Faraday, 1791—1867)于 1831—1851 年发现并确立了电磁感应定律[其间俄国物理学家楞次(H. F. E. Lenz, 1804—1865)也有重要贡献],这一划时代的伟大发现是今天广泛应用电力的开端。

法拉第的研究有极强的直观性和整体性,他引入了"力线"和"场"的概念。英国物理学家麦克斯韦(J. C. Maxwell, 1831—1879)有很好的数学素养,于 1873 年把法拉第的"场"的概念发展成完整的电磁场理论,建立了微分形式的"麦克斯韦方程",被认为是 19 世纪物理学最辉煌的成就(见§3.3)。

麦克斯韦方程不仅解释了光是一种电磁波,还预言了电磁振荡能够产生各种波长的电磁波,实现了电、磁和光的大综合。电磁波的预言由德国物理学家赫兹(H. R. Hertz, 1857—1894)于 1886 年通过实验证明。这一发现直接导致马可尼发明无线电通信。

三、热力学与统计物理的建立和发展

经过 19 世纪关于力学、热学和电磁学的研究,到 1850 年左右,基本上确立了能量转化和守恒定律,其一种表达形式是"热力学第一定律"。恩格斯把它和达尔文的进化论以及细胞学说并列为当时的三大自然发现*。加上化学元素周期表的发现,形成了第二次科学革命。

能量转化和守恒定律是一回事,但实际过程进行的"方向性"和能量的"可利用性"是另一回事。这种研究导致(1851 年)"热力学第二定律"的建立。

另一方面,关于低温的研究,在 1848 年就了解到"绝对零度"(−273℃)是不可能达到的。这一结论于 1906 年正式被命名为"热力学第三定律"。

热学和热力学的微观理论是建筑在分子-原子理论之上的。19 世纪末叶,从分子运动论逐渐发展到统计物理学,从麦克斯韦、玻耳兹曼(L. Boltzmann, 1844—1906)到吉布斯(J. W. Gibbs, 1839—1903),获得了巨大的成功。有关本小节内容可见参考资料[3]的第五章。

四、经典物理学的"危机" 两朵乌云和三大发现

经过力学、声学、热力学与统计物理、电磁学和光学各分支学科的迅猛发展,到 19 世纪末,经典物理学看来似乎已经很完善了,一种机械的自然观随之确立。例如,一位著名的英国物理学家开尔文勋爵,即 W. 汤姆逊(W. Thomson, 1824—1907)甚至认为:"未来物理学真理将不得不在小数点后第六位去寻找。"他在 1900

---

* 郭奕玲,沈慧君. 物理学史(第二版),第 56 页. 北京:清华大学出版社,2005

年为瞻望 20 世纪物理学而写的一篇文章中先说:"在已经基本建成的科学大厦中,
后辈物理学家只要做一些零碎的修补工作就行了。"他接着又说:"但是,在物理学
晴朗天空的远处,还有两朵小小的令人不安的乌云。"他指的是当时物理学无法解
释的两个实验:一个是热辐射实验,一个是迈克耳孙-莫雷实验。开尔文真有眼力,
但他可能完全没有想到,正是这两朵小小的乌云,不久就发展成物理学中一场革命
风暴——量子物理的诞生和相对论的建立(详见参考资料[3]的第七章和第八章)。
而且在高潮到来之前,已经有 3 个重大的事件,揭开了近代物理的序幕,这就是
§4.1 中介绍的 X 射线、放射性和电子的发现。

§1.5　20世纪物理学的发展及其特点

一、向微观世界和宇宙空间进军

序幕还不是高潮,紧接三大发现之后,1905 年爱因斯坦建立狭义相对论(见
§9.1),发动了一场关于时空观的革命。1900 年普朗克提出了"能量量子化"假
设,1905 年爱因斯坦提出了光的量子论(见§3.8),1911 年卢瑟福(E. Rutherford,
1871—1937)发现原子核后,对原子稳定性的研究导致 1913 年玻尔原子结构模型
的建立。1925—1926 年,海森伯(W. K. Heisenberg, 1901—1976)、薛定谔(E.
Schrdinger, 1887—1961)等建立量子力学(见§4.2),这一重大突破,证明对微观
世界粒子的运动,牛顿力学已不再适用。相对论和量子物理的出现把物理学的伟
大革命推向一个新的高潮,把人类认识世界的能力提升到了前所未有的高度,为实
践应用开辟了广阔的道路。如质能关系式(见§9.2)和对原子核的认识(见
§4.4),直接导致 20 世纪 40 年代原子能的利用。50 年代后又进一步深入到粒子
物理的研究。

对小宇宙的认识用到大宇宙,结合爱因斯坦于 1915 年建立的广义相对论,使
人们的视野扩展到广阔无垠的宇宙空间(见§9.4)。今天人们认识范围的尺度,小
到 10^{-17} 厘米,大到 100 亿光年或 10^{23} 千米,相差达 10^{45} 数量级。看来有充分证据
表明,许多物理规律如能量守恒、相对论和量子规律等,是普遍适用的。这不能不
使人产生敬畏的感觉,爱因斯坦说得很妙 *:"宇宙间最不可理解的事情就是宇宙

---

* 赵中立.纪念爱因斯坦译文集,第 97 页.上海:上海科学技术出版社,1979

是可以理解的。"我们在第九章将对相对论和宇宙作进一步的讨论。

二、向新事物和"复杂性"进军

在 20 世纪上半期,物理学主要研究的是自然界天然存在的"物"之"理",例如,各种金属和非金属晶体,成为固体物理研究的对象。但从 20 世纪下半期以后,大量人工制造的材料问世,物理研究的对象大部分不再是天然存在的了,固体物理逐渐演变为含义更广的凝聚态物理,把液体物理也包括在内。不过物质除气、液、固三态外,尚存在"等离子体"这第四种态,宇宙空间和天体的大部分以等离子体态存在,因此等离子体物理与天体物理有密切的关系。

从方法上讲,研究物理好比打仗,在上半世纪大军长驱直入,一直深入到原子核和粒子,但对遇到的两个"堡垒",即原子、分子,尤其是"大分子",采取了迂回作战的方针,基本上绕过去了。现在该是大举进攻的时候了。于是原子物理、分子物理、化学物理和生物物理等,有了长足的进展。问题一旦涉及大量粒子(多体)的复杂体系,复杂所带来的不仅是量的改变,在质上也产生了新的规律。例如,非线性动力学和混沌,即使在经典力学范畴,也出现了许多新的现象。这种"复杂性"也与科学上尚未解决的"生命现象"有联系,正日益受到新一代物理学家的重视。

与上述趋势相应,物理学不仅仍然是自然科学基础研究中最重要的前沿学科之一,而且已发展成为一门应用性极强的学科,并且继续向其他学科渗透。

三、物理学与高新技术[5, 6]

19 世纪的热力学是在各种热机已经发明的基础上发展起来的,这可以说是一种从生产技术到科学再进一步提高技术的发展过程。然而科学与技术的关系到 20 世纪出现了新的特点。如前所说,原子能的利用是在核物理的实验和理论上发展出来的,另一个重要例子是:半导体晶体管的发明(1947 年)是在量子力学和半导体物理中的能带理论预言的基础上才有可能;也就是说,这是一种从基础研究到高(新)技术的发展模式。

一般说来,由实验室的基础研究(发现阶段)到应用性研究(发明阶段),再到开发研究(可行性研究或中间试验阶段),是一个相当长的过程,合称为研究和开发(research and development, R & D),成功后才能投入大规模批量生产,成为商品进入市场[7]。但这一"产业化"过程也有加速的趋势。最突出的成就是计算机工业,1947 年发明的晶体管很快取代了过去的真空电子管,再进一步在一块硅片上做成"集成电路",使小型化的电子计算机成为可能。1946年诞生的世界上第一台数字电子计算机叫 ENIAC,它是电子管计算机,用来做数值积分,每秒能做加法5 000次。如果让它一直工作到今天,它的50多年的全部计算工作量还抵不上一台目前最新的超级计算机1/20秒的计算工作量。

本书以物理学的新发展及其在高新技术中的应用为线索来安排材料。

第二章结合力学讨论航天技术,介绍人造地球卫星及其应用。

第三章中将结合声波及各种波长电磁波的产生和特性,介绍超声技术和各种电磁波在高新技术中的应用。

第四章结合不同层次的微观物理内容,介绍核技术和能源技术的基础知识,以及探索微观世界的高新技术。

20世纪中迅速发展起来的激光技术和光纤通信技术,以及同步辐射光源技术,将在第五章作比较专门的讨论。

在物理学、化学和计算机技术突飞猛进的基础上发展出来的新的"材料科学技术"和信息技术,将在第六章作简要介绍。

能源问题始终是人类赖以生存的头等重要问题,而20世纪物理学在这方面的贡献也特别突出,我们将在第七章进行介绍。

随着人们生活质量的提高,现代医学技术和生命科学研究越来越受到重视。生命科学技术很可能在21世纪成为带头的科学技术之一。但这些重要技术也都离不开物理学。所以,在第八章将作较详细介绍。

第九章中的相对论知识,正是公认的改变世界的方程($E = mc^2$)的基础。

物理学的研究方法又是非常有特色的,既包括从实验出发、从特殊到一般的分析归纳方法,又包括以理论为主的、从一般到特殊的演绎方法。两者相互融合,交替使用,在一段时间内简直到了"攻无不克,所向披靡"的程度。正确的方法论又是以正确的认识论为基础的。为此,在最后一章中,我们将结合全书所叙述的物理学内容,尤其是20世纪物理学的发展,介绍物理学的方法论和认识论。

本书将力求向读者显示:今天的物理学决不仅是少数物理学家关起门来埋头研究的专门学问,而且是生气勃勃地向一切科学技术、甚至经济管理部门渗透的一种力量,因为"知识就是力量"。它已经而且正在继续改变我们这个世界。如果问:今天我们处在什么样的时代呢?

一种说法是,从人类从事工业生产的特征来看,可分为3个历史时期:

工业革命之前,以广泛利用天然存在的各种初级原材料为特征;工业革命后,以大规模利用能源和电力为特征;现阶段则开始以大量应用信息(即所谓技术密集型或知识密集型)的产业为特征。也就是说,原来以制造业为主体的工业经济的主导地位已开始被基于最新科技成就和人类知识精华的"知识经济"所替代[8]。"信息"是知识经济的"燃料",知识将成为生产要素中最主要的一个组成部分。

另一种说法是,历史上有3次工业革命:

第一次工业革命是蒸汽机和煤炭革命;第二次工业革命是电力、石油和生产线革命;第三次工业革命是电脑、电信革命,也叫做"数字革命"(digital revolution)。

我们目前正处于第三次工业革命的初期阶段;也就是说,我们已进入了"信息时代"或"知识经济时代"。

世界的变化这么快,简直超出了所有人的预料。人们不能不赞美科学技术的杰出功勋,这中间无疑有物理学的汗马功劳。然而,生活在如此变动世界中的我们,仔细观察周围的问题,冷静思考一下,不难发现人类的生存或可持续发展,正受到严重的威胁,而这与科学技术的发展又是分不开的。

事情就是这样,科学技术一再显示它是"一把双刃剑",而且是在人们还没有来得及很好地掌握它之前,它已经变得太锋利了。问题是为什么会变得这么尖锐呢?让我们把今天的社会同三四百年前的社会作一比较。不难看出:人认识和利用自然界的能力提高了不知多少倍,然而,人认识和控制自己的能力(即思想道德素质)的现状又如何呢? 我们是否已认识到:正是我们人类自己破坏了赖以生存的自然环境,并已经受到自然的惩罚呢? 所有这些问题,显得更迫切了。因此,下一节就要讨论在这一事关人类命运和前途的大问题上,物理学还能够做些什么?

§1.6　物理学的社会教育和思想文化功能

一、科学的双重功能

把物理学仅仅看成一门专业性的自然科学是不全面的。从本章对物理学史的简短介绍即可看出,物理学基本观点是人们的自然观和宇宙观的重要组成部分。近代科学,首先是天文学和物理学,从无知和偏见中解放出来的过程,也是人们从漫长的中世纪社会中解放出来的过程。这一过程在20世纪发展到一个新的更高的阶段,相对论和量子力学的建立不但是物理学上的伟大革命,而且常被认为是第三次科学革命,也可说是人类思想史上的伟大革命。

马克思在100多年前就曾说过,科学是"最高意义上的革命力量"。1883年,马克思逝世时,恩格斯致悼词说:"在马克思看来,科学是一种在历史上起推动作用的、革命的力量。任何一门理论科学的每一个新发现,即使它的实际应用甚至还无法预见,都使马克思感到衷心喜悦,但是当有了立即会对工业、对一般历史发展产生革命影响的发现的时候,他的喜悦就完全不同了。"*

爱因斯坦也说过:"科学对于人类事务的影响有两种方式,第一种方式是大家都熟知的:科学直接地、并在更大程度上间接地生产出完全改变了人类生活的工具;第二种方式是教育的性质——它作用于心灵。"(见参考资料[9],第135页)

本书的目的之一是向读者显示:20世纪物理学的"文化味"是越来越浓了;也就是说,它日益成为社会一般知识、社会一般意识形态的重要组成部分了。下面将列举一些特点来说明:物理学既是科学,也是文化;首先是科学,但同时又是一种高层次、高品位的文化。

二、物理学是"求真"的

物理学研究"物"之"理",从一开始就具有彻底的唯物主义精神,一切严肃而认真的物理学家都坚持"实践是检验真理的唯一标准"这个原则。并且这种"实践"在物理学中发展出特定的"实验"方法,具有其他学科还达不到的精密程度,再结合严格的推理,发展出一套成功的物理学研究方法,不断发现新的物理规律。规律是真理,而这种"真理"又都是相对真理。物理学家清醒地懂得:一切具体的真理都是相对的而非绝对的,我们只能通过对相对真理的认识不断逼近绝对真理。因此,盲目迷信历史上的权威和原有的认识是不对的,企图追求一种终极的理论也是不对的。

三、物理学是"至善"的

物理学致力于把人从自然界中解放出来,导向自由,帮助人认识自己,促使人的生活趋于高尚,从根本上说,它是"至善"的。从400年的历史看,物理学已经历了几次革命:力学率先发展,完成了物理学的第一次大综合,这是第一次革命;第二次是能量守恒和转化定律的建立,完成了力学和热学的综合;第三次是把光、电、磁三者统一起来的麦克斯韦电磁理论的建立;到20世纪,第四次的大革命则是由相对论和量子力学带动起来的。每一次革命都产生观念上深刻的转变,而处在每一转变时期的物理学,在本质上都是批判性的。但是,这种批判是非常平心静气和讲道理的,高明的后辈物理学家总是非常尊重前辈物理学家,在肯定他们杰出的历史

---

* 马克思恩格斯全集(第十九卷),第375页.北京:人民出版社,1963

功绩的同时,根据实验事实和时代发展的需要,指出他们的不足或片面之处,从而达到认识上的飞跃,建立新理论。新理论决不是对旧理论的简单否定,而是一种批判的继承和发展,是认识上一种螺旋式的上升,新理论必须把旧理论中经过实践检验为正确的那一部分很自然地包含或溶化在内。高明的物理学家又总是很务实的,他们决不会让自己处于一种旧的"破"掉了、而新的又"立"不起来以致两手空空的僵局。物理学,尤其是量子力学发展史在这方面提供的经验,是值得其他科学借鉴的。

不过,物理学也有自己的教训。有过这样一段历史时期,物理学受到"哲学"的外来干预,有些人喜欢对各种物理理论简单地贴上"唯心论"或"唯物论"的标签。例如,量子力学的"哥本哈根观点"就常被扣上一顶"唯心论"的帽子。历史事实已经证明,这种态度对科学的发展是非常有害的,那些批评者远远没有被批评者来得高明。我们必须看到,重要的是前辈物理学家说对了或做对了什么(哪怕是不明显地或不自觉地),而不是他们曾讲错了一两句什么话,因为在他们那时讲错一两句话,跟今天的我们多讲对一两句话一样,都是毫不稀奇的事情。人类知识的发展从来是一种集体积累的长期而曲折的过程,这个过程永远不会终结。在科学探索中,我们一定要有这种历史的观点和对人宽、对己严的态度。物理学之所以发展得这样快,就是由于在主流上一直有着这种良好的或者说宽松和务实的研究传统和学术空气。

四、物理学是"美"的

几百年来,人们对物理学中的"简单、和谐和美",赏心悦目,赞叹不已。事实上,对这 3 个词含义的理解,不断地随时间而深化,这是一种不断地再发现和再创造的过程。首先,物理规律在各自适用的范围内有其普遍的适用性(普适性)、统一性和简单性,这本身就是一种深刻的美。表达物理规律的语言是数学,而且往往是非常简单的数学,这又是一种微妙的美。其中,物理学家不仅发现了对称的美,也发现了不对称的美,更妙的是发现了对称中不对称的美与不对称中对称的美。再说"和谐",人们曾经以为,只有将相同的东西放在一起才是和谐的,而物理学特别是量子物理学的发展揭示的真理,证明了古希腊哲学家赫拉克利特(Heracleitus,约公元前 540—约前 480)的话是对的:"自然……是从对立的东西产生和谐,而不是从相同的东西产生和谐。"至于"简单",人们曾以为原子是最简单而不可分的东西,后来知道它不简单,可以分,一直分到了"粒子",如中子、质子,电子。它们"简单"吗? 非常不简单,用加速器去打它,它照样可以"分",并且变出许多新的粒子来。一个粒子的稳定存在是与环境分不开的,如一个中子在不同的核环境下就有不同的寿命(半衰期)。"一个多体体系是由单体组成的,单体的存在是多体存在的前提"。这话不错,但只说了一半,另一半应该是:"单体的稳定性(粒子的质量和寿命等性质)是由多体(环境)所保证(或赋予)的,多体的存在是单体存在的前提。"当我们深入到小宇宙去的时候,时刻也不能忘记作为背景的大宇宙的存在。中国古代哲学讲"天人合一",包含有深刻的道理,我们前面说到希腊的原子论观点还需要中国"元气"学说作为补充,也是这个缘故。在我们看来,现代物理学的发展正在把东西方的智慧融合起来,并生长出真正的(非外来的)自然哲学,而这种哲学认识对于我们自己怎样做好一个现代人,成为现代社会中一个深思熟虑、负责任而有远见的成员,不会是没有启迪的。

20世纪70年代非线性、混沌、分形等一些新学科的产生,揭示了现实世界是确定性和随机性、必然性和偶然性、有序性和无序性的辩证统一。与混沌现象相伴随的图形,以及自然界存在的那么多"分形"或"自相似结构"(局部中又包含整体的无穷嵌套的几何结构),今天已能用计算机将这种图形放大、用彩色绘制出来,它们的美丽是惊人的。限于篇幅,本书对混沌和分形不作进一步介绍(见参考资料[3],附录5A)。

中华民族要在21世纪屹立于世界民族之林,就必须在科学技术上迎头赶上发达国家的水平,而科学技术的灵魂在于创新,创新需要很高的理论水平。现象往往是十分复杂而丰富多彩的,而探索背后的本质,则是科学的任务。爱因斯坦说:"从那些看来与直接可见的真理十分不同的各种复杂现象中认识到它们的统一性,那是一种壮丽的感觉。"(见参考资料[10],第347页。)科学的统一性本身就显示出一种崇高的美。

李政道也认为:"科学和艺术是不可分割的,就像一枚硬币的两面,它们共同的基础是人类的创造力,它们追求的目标都是真理的普遍性,普遍性一定植根于自然,而对它的探索则是人类创造性的最崇高表现。"[10,11]

五、科学文化与人文文化的融合[12]

文化通常包括知识、思想、方法和精神4个方面。正如参考资料[12]所指出的,反映客观世界规律的科学知识归属科学文化,科学的求真精神贯穿其始终。科学思想、方法和精神是关于精神世界的,归属人文文化,人文的求善、崇美精神贯穿其始终。物理学不仅是探索自然界的客观规律,而且包含丰富的人文内涵。物理学大师们不仅为丰富人类知识宝库做出杰出贡献,而且为全人类留下了宝贵的精神财富。在他们身上体现出来的探索自然奥秘的浓厚兴趣和理想,善于思考的智慧和丰富的想像力,不畏权威、不受传统束缚的创新胆识,不放过细微异常、刨根问底的科学态度,忘我奋斗、淡泊名利、追求真理的科学精神,以及高尚的道德风范,永远值得后人敬重和学习。

科学文化本身不能保证科技发展方向的正确,引导这一发展方向的是人文文化。人文为科学导向,科学为人文奠基。科学文化与人文文化的融合是时代发展的必然趋势,两者交融才真正有利于人的全面素质的提高,有利于两种文化的发展,有利于人类社会的进步(关于两种文化关系的论述,详见参考资料[12])。

吴健雄指出:为了避免出现社会可持续发展中的危机,当前一个刻不容缓的问题是消除现代文化中两种文化——科学文化和人文文化——之间的隔阂,而为加强这两方面的交流和联系,没有比大学更合适的场所了。只有当两种文化的隔阂在大学校园里加以弥合之后,我们才能对世界给出连贯而令人信服的描述[4]。

参考资料

[1]潘永祥,王锦光,金尚年.物理学简史.武汉:湖北教育出版社,1990

[2]赵峥.探求上帝的秘密——从哥白尼到爱因斯坦.北京:北京师范大学出版社,1997

[3]倪光炯,王炎森.物理与文化——物理思想与人文精神的融合(第三版).北京:高等教育出版社,2017

[4]冯端.半个世纪的科学生涯:吴健雄、袁家骝文集.南京:南京大学出版社,1992

[5]冯端.物理学与当代科学技术.科学,2003,**55**(6):5

[6]赵凯华.20 世纪物理学对科学、技术的影响.见赵凯华,秦克诚.物理学照亮世界.北京:北京大学出版社,2005

[7]李政道.水-鱼-鱼市场,关于基础、应用、开发三类研究的若干资料和思考.科学,1997,**49**(6):3－8

[8]杨福家.知识经济.解放日报,1997 年 10 月 20 日;人民日报,1997 年 12 月 19 日

[9]许良英,赵中立,张宣三编译.爱因斯坦文集(第三卷).北京:商务印书馆,1979

[10]李政道.艺术与科学.科学,1997,**49**(1):3

[11]施大宁.物理与艺术.北京:科学出版社,2005

[12]杨叔子.科学文化与人文文化的交融是时代发展的必然趋势.科学时报,2005 年 1 月 24 日;杨叔子.中华民族文化之我见.科学时报,2005 年 8 月 29 日

第二章　航天与力学

自古以来，人类遥望广袤而深邃的星空，在感叹宇宙深幻莫测的同时，企盼有朝一日能离开地球，飞向星球。由此产生出许多美妙而动人的神话，如我国古代"嫦娥奔月"，以及古希腊"伊卡尔飞向太阳"等故事。它寄托了人类对宇宙的关注和向往，也表达了人类渴望能飞到其他星球的心情。从我国明代万虎用"飞龙"尝试飞天开始，人类为此作了不懈的努力。

是哥白尼的"日心说"把人类从神学的枷锁中解放了出来。牛顿的"万有引力定律"不仅揭示了宇宙间万物所遵循的引力规律，还把"天上"与"人间"和谐地统一了起来。由伽利略、牛顿等建立的经典力学，以及尔后建立的电磁学、光学和热学等，使物理学形成一门完整的学科。伽利略开创的科学实验方法，牛顿所提出的自然哲学思想以及归纳法与演绎法相结合的科学研究方法，更是大大推动了近代科学的发展[1~5]。直到 20 世纪初，随着物理学所取得的极大成功，带动了整个科学技术的蓬勃发展，高新技术如雨后春笋般不断涌现。从 20 世纪 50 年代开始兴起的航天技术就是一棵在物理学丰润土壤里滋生出来的高科技新苗。正是它使人类飞向宇宙的这一梦想得以实现。人造卫星的上天，载人航天器的发射，深空探测的开展，人类首次登月的成功……一个个激动人心时刻的到来，把人类航天活动推向高潮。到目前为止，共发射了数千颗不同类型的航天器，这些航天器发挥了各自不同的作用，造福于人类。

本章着重结合航天技术来阐明基本力学原理：万有引力定律、火箭推进原理与动量守恒定律、3 个宇宙速度与能量守恒定律、航天器在轨道上的运动与角动量守恒定律，以及航天飞行中的失重原理等[2~4]。同时，还穿插阐述人类航天活动的历史过程和航天技术的发展概况、人造卫星的发射和应用，以及我国航天事业的迅速发展等[6~15]。

§2.1　万有引力定律的发现

中国是最早发明火箭的国家，早在北宋后期，民间流行的能升空的烟火，已利用了火药燃气的反作用力。到 14 世纪末,我国明朝一位专门设计兵器的官员万虎*就作过首次升空的尝试。他在一把椅子的背后装上 47 枚用火药制成的大火箭,让人把自己捆在椅子上,并两手各持一大风筝,试图借助火箭的推力和风筝的升力飞天。当火箭被点燃喷火后,这把被称为"飞龙"的座椅一下冲出山头,并急速上升,但没过多久,当火光消散后,"飞龙"突然下坠,并撞毁于山脚。万虎的尝试虽以失败告终,但他以自己的鲜血和生命、勇敢和智慧,宣告了人类航天活动的开始,并激励后人去进行新的尝试。为了纪念这位航天先驱,在 20 世纪 60 年代,国际天文联合会以"万虎山"来命名月球上的一座环形山,以表彰他对航天事业做出的贡献。

以后各国进行了各种升空尝试,如 18 世纪盛行于欧洲的热气球等,最终都不能飞离地球而回落到地面上。为什么离开地球如此困难? 是什么原因把万物牢牢束缚在地球上? 这个千百年来的疑团,直到牛顿发现万有引力以后才被解开。

三一学院中的牛顿雕像

牛顿恰巧在另一位巨人伽利略逝世那年(1642 年)诞生于英国东南部的伍尔索普。自小对探索大自然奥秘有浓厚兴趣,对问题爱刨根问底。大学期间,学习勤奋,不停思考,并表现出极高的物理和数学天赋,得到精通光学和数学的巴罗(I. Barrow)教授的指导。自 1665 年(牛顿大学毕业留校,攻读硕士学位)到 1667 年,学校因欧洲鼠疫大流行被迫停课,他回家乡住了近 20 个月。清静的生活使他有了充分思考问题的环境和时间,正是这段时间成了他一生中创造力最旺盛的时期。在万有引力定律、微积分以及光的色散等方面都有重要的创造性发现。42 岁时,牛顿再次研究以前曾深探过的引力理论,结果大获成功,最终发现了万有引力定律,并于 3 年后出版了他不朽的传世之作《自然哲学的数学原理》。该书除介绍万有引力定律外,还阐述了他综合他人成果和自己研究所得出的"物体运动三定律",以及动量守恒定律等力学规律,从而使经典力学的框架基本形成。这是人类对自然认识的第一次大综合和大飞跃。

---

*　万虎又名为"万户"。

一、牛顿的思考——月亮为什么不掉下来

牛顿晚年时,人们问他是如何得到万有引力定律的,他的回答是:"靠的是对它不停地思考。"* 实际早在牛顿之前,不少人已认识到地球上物体落地以及行星绕太阳运动都是来自引力作用。但是,这是一种什么力? 此力与什么有关? 天上运动和地上运动的描述是否相同? 这些问题都无人能明确回答。善于思考的牛顿继承古希腊先辈们所提出的自然界是简单、和谐、具有统一性的自然哲学思想,他把天上和地上运动的描述统一在一起。他对万有引力的思考是从"月亮为什么不掉下来?"这个科学问题出发的。这个司空见惯的现象促使牛顿最终发现了万有引力定律。

为了解决这一问题,牛顿对地面附近物体的下落与月亮的运动认真地作了一番比较。在高塔上如果向水平方向抛出一块石子,它将会沿一条不断向下弯的曲线运动,最后落在地面上。根据伽利略对平抛运动的研究可知,抛体的运动可看成是它同时参与了两个各自独立的运动:沿水平方向的匀速运动和沿竖直方向的自由落体运动,其轨道是一条半抛物线。如果设 x 方向为水平方向,y 方向为竖直方向,如图 2.1-1 所示,则在高为 h 的高塔上以初速 v_0 水平抛出的物体,在落地前其位置 x 和 y 随时间 t 的变化是

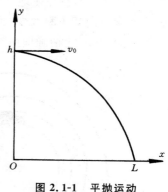

图 2.1-1 平抛运动

$$\begin{cases} x = v_0 t \\ y = h - \dfrac{1}{2} g t^2 \end{cases} \tag{2.1-1}$$

其中,重力加速度 $g = 9.8$ 米/秒^2。由此式就可求得物体的抛程 L。例如,$h = 80$ 米,$v_0 = 20$ 米/秒,则由(2.1-1)式可得石子落地的时间 $t \approx 4$ 秒,石子的抛程为 $L = v_0 t \approx 20 \times 4 = 80$(米)。如果初速 v_0 增大一倍,则石子的抛程也将增大一倍。

平抛的石子为什么会作这种抛物线运动呢? 由伽利略等所建立的惯性定律给了牛顿很大的启示。惯性定律指出:凡不受外力作用的物体将永远保持其原来的

---

* [美]威廉·H.克劳普尔著.中国科大物理系翻译组译.伟大的物理学家——从伽利略到霍金 物理学泰斗们的生平和时代(上),第 14 页.北京:当代世界出版社,2007

运动速度,即保持速度的大小(速率)和速度的方向不变。如果它运动速度改变了,则必然有某种外来力的作用。既然石块没有沿着抛出时初速 v_0 的方向运动,而是不断地弯向地面,这种外来力必然来自于地球,牛顿把这种外来力归结为地球的引力。

那么,同样在地球旁的月亮为什么不掉向地球呢? 牛顿采用理想实验,对抛体运动做进一步的设想(图2.1-2):如果有人在一个极高的山上抛石头,可以想象:抛石块的力越大,那石块就能抛得越远,运动曲线向下弯的程度也越小。只要抛石块的力足够大,使石块运动曲线的曲率恰好与地球表面的曲率相同,则石块就永远落不到地面上。牛顿认为,月亮可以比作一抛体,如果月亮没有受到地球引力的作用,则应沿直线运动,正是由于地球引力的作用,使月亮离开直线、不断偏向地球,其运动曲线的弯曲正好与地球表面的弯曲程度相同,因此,月球永远也掉不到地球上。图2.1-3为月亮在地球引力作用下运动示意图。虽然月亮的速率没有变,但它的速度方向却不断改变,且每一瞬时的改变都指向地球的中心。直至牛顿发明了微积分后,才能精确地用"向心加速度"来表示这种速度随时间的变化率。

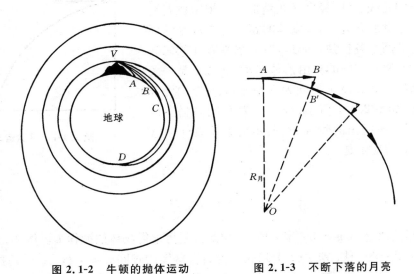

图 2.1-2   牛顿的抛体运动   图 2.1-3   不断下落的月亮

二、万有引力定律的建立

月亮绕地球的运转是由于地球引力作用的结果,而行星绕太阳的运转与月亮的运动十分相似,那么,行星也必定受到太阳的引力作用。这使牛顿领悟到宇宙间任何物体间都有引力作用。

这种引力的大小与两物体间的距离成何种关系呢？牛顿把引力与开普勒定律联系起来考虑。开普勒定律是描述行星绕太阳运动规律的3条定律（其内容已在§1.3中作了介绍），然而，开普勒定律并没有回答行星为什么这样运动。经过仔细研究之后，牛顿认为，行星的运动可以用由英国物理学家胡克（R. Hooke, 1635—1703）等人提出的其大小与距离平方成反比的引力来解释。其论证如下：

如果把行星运动简化成绕太阳作匀速圆周运动，那么，以速率 v 在半径为 R 的圆周上运动的行星，必定受到一个向心力 F 的作用，此力产生的向心加速度 a 应由牛顿第二定律 $F = ma$ 决定，F 还不清楚，但是，已知

$$a = \frac{v^2}{R} = \frac{4\pi^2 R}{T^2} \qquad (2.1\text{-}2)$$

其中，T 为行星运动的周期，$T = \dfrac{2\pi R}{v}$。于是，两个行星的向心加速度之比为

$$a_1 : a_2 = \frac{4\pi^2 R_1}{T_1^2} : \frac{4\pi^2 R_2}{T_2^2} = \frac{R_1 T_2^2}{R_2 T_1^2} \qquad (2.1\text{-}3)$$

按开普勒第三定律，行星绕太阳运动的周期的平方与它到太阳距离的立方成正比，即

$$\left(\frac{T_1}{T_2}\right)^2 = \left(\frac{R_1}{R_2}\right)^3 \qquad (2.1\text{-}4)$$

将(2.1-4)式代入(2.1-3)式，便可得

$$a_1 : a_2 = R_2^2 : R_1^2 \qquad (2.1\text{-}5)$$

上式表明，向心加速度的大小与距离的平方成反比。因此，由 $F = ma$ 可知，引力 F 是一种与距离平方成反比的力。更值得指出的是，牛顿后来进一步又证明，以上结论对椭圆轨道也同样适用，从而说明了开普勒第一定律。

牛顿阐明了引力与距离的关系后，进而研究与质量的关系。他从地球上任何物体，不论其轻重，都以同样的加速度下落这个事实出发，并运用他的第二定律，得出地球对物体的引力应与物体的质量成正比。然后，又运用他的第三定律，可知物体对地球的引力应与地球对物体的引力相等。因此，此引力也应与地球的质量成正比。由此推断，任何两天体（也包括物体）间的引力大小与这两个天体的质量乘积成正比，与两天体的距离平方成反比，这就是著名的万有引力定律，可表示为

$$F = G \frac{m_1 m_2}{R^2} \tag{2.1-6}$$

其中，m_1，m_2 分别为两天体的质量，R 为两者之间的距离，G 为引力常数。直到 100 多年后，才由英国物理学家卡文迪许(H. Cavendish，1731—1810)于 1798 年对 G 值做了测定，现在的公认值为

$$G = 6.673\ 8 \times 10^{-11} \text{ 牛顿·米}^2 / \text{千克}^2$$

知道了 G 值后，卡文迪许就根据实验测得的重力加速度 g 得到了地球的质量(为什么？请读者思考)，于是他被称为世界上第一个秤出地球质量的人。

牛顿的万有引力定律，是如此简单，却是深刻地揭示了宇宙万物间所遵循的引力规律，打破了以前人们头脑中认为天体运动与地上物体运动有着天壤之别的鸿沟，把天上和人间和谐地统一了起来。这正是体现了牛顿在他的自然哲学思想中所强调的自然规律的简单和谐以及它们的统一性。他认为："我们既不应由于自己的空想和虚构而抛弃实验证明，也不应取消自然界的相似性，因为自然界习惯于简单化，而且总是与其自身和谐一致的。"(见参考资料[1]，第 4 页。)在哲学思想指导下，结合实验和天文观察牛顿提出了万有引力基本思想："我们必须普遍承认，无论何种物体都赋有一个原则，即它们能够互相吸引。"(见参考资料[1]，第 5 页。)

三、海王星的发现

万有引力定律建立后，经历了几次重大的考验，如准确地预言了彗星的出现等，从而建立了它的权威。然而，在解释天王星的运动时却遇到了空前的危机。

自 1781 年英国的赫歇耳(F. W. Herschel，1738—1822)发现了天王星以后，经过几十年的观测，已积累了较多的天王星"行踪"资料。在此期间，在万有引力定律基础上建立起来的引力理论，已能较好地解释由行星间的相互引力作用造成的行星运动偏离椭圆轨道的摄动现象，如木星、土星等行星的运动，理论计算与观测资料完全吻合，唯独天王星总是对不上号，新的观测资料表明天王星的运动与理论计算的误差与原有观测资料相比是有增无减。于是，有人对万有引力定律的权威产生怀疑，如果它不能用来解释天王星的运动，岂可称为宇宙间的普遍规律？

然而，有不少学者并不轻易动摇。他们大胆设想，既然原先认为土星是太阳系的边界，后来被新发现的天王星所突破，那么，天王星也未必是最后的边界，在天王

星的外面可能还有一颗未知行星,由于它的引力作用,使天王星受到摄动而偏离了应有的轨道。但要根据天王星的运动轨道,通过计算来寻找这颗未知行星的位置包括它的质量,实在是太难了,当时几乎无人敢问津。只有两位年轻人:英国的亚当斯(J. Adams,1819—1892)和法国的勒维烈(J. Le Verrier,1811—1877)分别勇敢地承担起这项工作,经过无数次的失败之后,他俩都完成了这项艰苦的工作。

亚当斯几乎早勒维烈一年(1845年)计算出未知行星的轨道和质量,当他把研究成果送交格林威治天文台天文学家爱勒时,竟遭到冷遇,爱勒拖了9个月才开始寻找,且不认真,最后还是让新行星从他们的望远镜视场中"溜"掉。勒维烈却幸运得多,由于巴黎没有详细的星图,因此,他把自己计算的结果写信给柏林天文台的天文学家伽勒(J. Galle,1812—1910)。伽勒很快就于1846年9月18日复信给他,并高兴地宣布:"先生,你给我们指出位置的新行星是真实存在的。"

当勒维烈接到信时,真是惊喜交加,消息一经传出,全球为之轰动。新行星被命名为"海王星"。这个被誉为"笔尖上的发现"不仅揭开了天王星"越轨"之谜,也宣告了牛顿引力理论的彻底胜利。后来,美国天文学家洛威耳(P. Lowell)和皮克林(W. Pickering)根据类似的计算,预言海王星之外还有一颗新行星,直到1930年才由汤博(C. Tombaugh)在照片中发现,命名为"冥王星",长期来把它作为太阳系的第九颗行星,但按行星的新定义,它已被归属为矮行星。

四、为追求真理而奋斗的牛顿[5]

爱因斯坦在为纪念牛顿诞生300周年的文章《爱萨克·牛顿》中指出:"想起他就要联想到他的工作,因为像他这样的人,只有把他的一生看作为寻求真理而斗争舞台上的一幕,才能理解他。"*

牛顿在剑桥大学三一学院学习时,他身边总带着一本厚厚的笔记本,记录了他读过的对他有重要影响的前辈们(如亚里士多德、哥白尼、伽利略、开普顿、惠更斯、笛卡儿等)的学术观点,以及他经过深入思考后打算深入探索的问题,还有大量的分析、计算和心得。这就是至今仍保存在三一学院的牛顿著名的《三一学院笔记》。与这些科学巨人一样,牛顿不迷信权威、敢于追求真理。在他的笔记中醒目地记下了亚里士多德的名言:"我爱我师,但我更爱真理。"牛顿对自己的成功有着清醒的认识。他曾在一封信中写道:"如果说我比其他人看得远一点的话,那是因为我站

---

* [美]A. 爱因斯坦著. 许良英,王瑞智编. 爱萨克·牛顿,第209页. 沈阳:辽宁教育出版社,2005

在巨人们的肩上。"

牛顿临终前不久,他跟一位友人回顾自己的一生时说:"我不知道世人怎样看待我,但在我看来,我不过是像在海边玩耍的孩子,为时而发现一块比平时更光滑的石子或美丽的贝壳而感到高兴;但那浩瀚的真理之海洋,却还在我的面前未曾被发现。"在这里,一方面表达了牛顿对成功的喜悦,另一方面表明他认识到为追求真理而奋斗是永无止境的。

§2.2 宇宙速度与动量及机械能守恒

历史上最早的火箭是中国发明的。早在唐代就发明了火药,南宋周密所著《武林旧事》中记载:"烟火起轮,走线流星。"此处"流星",指一种烟火玩物,即火箭。到元明期间就出现了用火药推进的箭,用作攻击性武器。后来火药和火箭技术由中国传到欧洲,逐渐发展出近代的火箭。

在 1903 年,俄国科学家齐奥尔科夫斯基(К. Э. Циолковский, 1857—1935)发表了《利用喷气工具研究宇宙空间》等论文,提出了利用火箭向后喷气产生的反作用而运动并飞向宇宙的思想,建立了著名的齐奥尔科夫斯基公式,为现代航天技术奠定了理论基础。那么,火箭为何能升天? 又为何能在太空中加速呢?

一、火箭推进原理与动量守恒定律

1. 动量守恒定律

假设有两个质量分别为 m_1 和 m_2 的宇航员,处在不受任何其他物体作用的太空中。如果他们互相推一下,情况将如何呢? 根据牛顿第三定律,分别作用在两人身上的互推力必定大小相等而方向相反(见图 2.2-1),即

$$\boldsymbol{F}_1 = -\boldsymbol{F}_2$$

两人因受推力而获得的加速度分别为

$$\boldsymbol{a}_1 = \frac{\boldsymbol{F}_1}{m_1}, \qquad \boldsymbol{a}_2 = \frac{\boldsymbol{F}_2}{m_2}$$

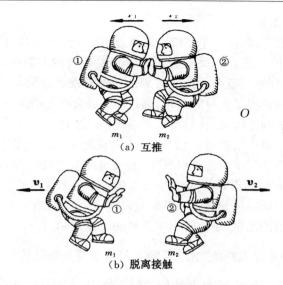

图 2.2-1　两字航员在太空中互推

设两人互推的时间为 t,且推力为恒力,则两人相互脱离接触时的速度分别为

$$\boldsymbol{v}_1 = \boldsymbol{a}_1 t = \frac{\boldsymbol{F}_1}{m_1} t \ , \ \boldsymbol{v}_2 = \boldsymbol{a}_2 t = \frac{\boldsymbol{F}_2}{m_2} t$$

由于 $\boldsymbol{F}_1 = -\boldsymbol{F}_2$,因此,可得

$$m_1 \boldsymbol{v}_1 = -m_2 \boldsymbol{v}_2 \quad 或 \quad \boldsymbol{p}_1 = -\boldsymbol{p}_2 \tag{2.2-1}$$

上式表明,互推后两人将以相同大小的动量($\boldsymbol{p} = m\boldsymbol{v}$)沿相反方向退离原处,质量较大的宇航员将以较小速度运动,而质量较小的宇航员则以较大速度运动。由(2.2-1)式可得互推结束后的总动量为

$$\boldsymbol{p}_1 + \boldsymbol{p}_2 = m_1 \boldsymbol{v}_1 + m_2 \boldsymbol{v}_2 = \boldsymbol{0}$$

由于在互推前两人的总动量也为零,因此,由上式可知:相互作用前后两人总动量保持不变,可表示为

$$\boldsymbol{p}_{总前} = \boldsymbol{p}_{总后} \tag{2.2-2}$$

(2.2-2)式表明了物理学中一个重要的守恒定律——动量守恒定律,可以表述如下:对于任何不受外力作用的系统,其总动量保持不变。

2. 火箭推进原理

根据动量守恒定律,当一个系统向后高速射出一个小物体时,该系统就会获得与小物体相同大小、但方向相反的动量,即系统会获得向前的速度。如果系统不断向后射出小物体,则系统就会不断向前加速。火箭就是利用此动量守恒原理不断推进的。在火箭内装置了大量的燃料,燃料燃烧后会产生高温高压的气体,通过火箭的尾部不断向后高速喷出,从而使火箭不断向前加速。

为了进一步说明火箭推进的原理,先不考虑地球的重力作用,并将质量为 M 的火箭中的燃料燃烧后喷出的燃料气体,看成是许多质量均为 $m(m \ll M)$、相对火箭速度大小为 u 的细小弹丸,如图 2.2-2 所示。由于火箭不受到任何外力,因此火箭系统总动量守恒。设想当第一颗弹丸以速度 u 向后喷出时,火箭就获得与弹丸等量而方向向前的动量,设此时火箭获得的速度增量为 v,则由 $Mv = mu$,可得 $v = \dfrac{m}{M}u$。若一颗颗弹丸断续地喷出,则火箭速度将呈跳跃式的增加,但实际上火箭是连续不断喷出大量质量 m 极小的燃料气体,使火箭得以连续平稳地加速。

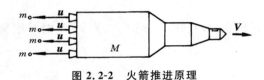

图 2.2-2　火箭推进原理

随着燃料的不断消耗,火箭的质量 M 越来越小(即 M 随 t 变化),因此喷射相同质量的燃料气体,火箭获得的速度增量也将越来越大。设火箭最初的质量为 M_i,燃料烧完后的火箭质量为 M_f,喷射的燃料气体相对于火箭的速度为 u,则经过计算,可得火箭最后获得的速度 V_f 为(推导见附录 2.A)

$$V_f = u\ln\frac{M_i}{M_f} \tag{2.2-3}$$

这就是著名的齐奥尔科夫斯基公式。

如果在地球表面垂直地发射火箭,则火箭在加速过程中还要受到地球引力和空气阻力的作用,虽然这些力与由于燃料喷射而获得的巨大推力相比极小,动量守恒仍近似成立,但火箭最后获得的速度要比(2.2-3)式中的值略小,即有引力损失和阻力损失。

3. 火箭推力

火箭推力是设计中的一个重要指标,燃料气体从火箭尾部喷出将对火箭产生

一个推力使其升空,此力的大小,近似可由下式计算(推导见附录 2. A):

$$F = u\frac{\Delta m}{\Delta t} \tag{2.2-4}$$

其中,$\Delta m/\Delta t$ 是单位时间(每秒)所喷出的燃料气体的质量。例如,相对火箭燃料的喷射速度 $u = 2$ 千米 / 秒,每秒喷出的气体质量为 1 000 千克,则可得推力 $F = 2 \times 10^6$ 牛顿 ≈ 200 吨。 如我国的"风云二号"气象卫星由"长征三号"运载火箭发射升空。火箭有 3 节,长 43.25 米,起飞推力达 280 吨,其地球同步轨道[见(2.3-2)式]运载能力为 1.5 吨。运载能力与轨道高度有关,轨道越高,运载能力越低。

二、机械能守恒定律

我们先介绍物理学中另一个重要的守恒定律——机械能守恒定律,说明地球引力范围——引力场(关于"场"的概念,将在后面章节中逐步熟悉)中势能的算法,然后依次计算为使航天器升空、脱离地球或飞离太阳系所需要的最小速度——3 个宇宙速度。

如果在地面上将质量为 m 的小球以 V_0 的初速向上抛出,小球作加速度 $a = -g$ 的上抛运动,它能上升的最大高度 $h = \dfrac{V_0^2}{2g}$。在地面处,其机械能仅表现为动能 $E_1 = \dfrac{1}{2}mV_0^2$。在最高处,其机械能仅表现为势能 $E_2 = mgh$ (以地面处为势能零点)。将 $h = \dfrac{V_0^2}{2g}$ 代入,$E_2 = mgh = mg\dfrac{V_0^2}{2g} = \dfrac{1}{2}mV_0^2$, 即

$$E_1 = E_2$$

上式表明了机械能守恒定律,可表述如下:如果一个系统在外力不做功的情况下,加上其内部又没有像摩擦力这类会消耗能量的力做功,或出现像燃烧之类从化学能转化过来的能量的话,则系统的机械能守恒。

注意:上述机械能守恒定律对于火箭加喷出气体所组成的系统并不成立,必须加上从燃烧中转化过来的化学能,才满足更广意义下的能量守恒定律。

另外,航天器离地面很远后,它与地球组成一个系统,其势能 E_p 应该用公式

$$E_p = -G\frac{M_e m}{r} \tag{2.2-5}$$

来计算,其中,M_e 是地球质量,r 是航天器 m 离地心的距离,负号表示吸力势。在

(2.2-5)式中,我们是选取了无穷远($r \to \infty$)点作势能计算的零点。当$r = R_e + h$,且离地面高度$h \ll R_e$(地球半径)时,因

$$\frac{1}{r} = \frac{1}{(R_e + h)} = \frac{1}{R_e}\left(1 + \frac{h}{R_e}\right)^{-1} \approx \frac{1}{R_e}\left(1 - \frac{h}{R_e}\right) = \frac{1}{R_e} - \frac{h}{R_e^2}$$

代入(2.2-5)式得

$$E_p = -G\frac{M_e m}{R_e} + mgh \qquad (2.2\text{-}6a)$$

其中,

$$g = \frac{GM_e}{R_e^2}$$

以$M_e = 5.974 \times 10^{24}$千克、$R_e = 6.378 \times 10^6$米代入,可得$g = 9.8$米/秒^2,这正是地球表面处的重力加速度。(2.2-6a)式中第二项正是我们熟悉的地面附近重力场中的势能;第一项是常数,可以弃去不管,这是因为势能是一个相对的概念,真正有意义的是势能之差。由上可见只有在地球表面附近的物体势能才能近似用公式:

$$E_p = mgh \qquad (2.2\text{-}6b)$$

在上式中,势能零点是取在地球表面。

记航天器在燃料燃烧完后的速度为V,动能为

$$E_k = \frac{1}{2}mV^2 \qquad (2.2\text{-}7)$$

这时它离地面的高度仍远小于地球半径R_e,所以,它的势能(2.2-5)式中的r可近似地取为R_e。在航天器飞离地球即r增大的过程中,机械能守恒定律表示为

$$\frac{1}{2}mV^2 - G\frac{M_e m}{R_e} = \frac{1}{2}mv^2(r) - G\frac{M_e m}{r} \qquad (2.2\text{-}8)$$

右端表示:随着$r > R_e$,势能增大,动能便减小,即航天器速度$v(r)$作为r的函数会不断减小。下面将根据不同要求来讨论对V的要求,即3个宇宙速度。

三、3个宇宙速度

1. 第一宇宙速度

在地面上发射一航天器,使之能沿绕地球的圆轨道运行所需的最小发射速度,

称为第一宇宙速度。

当质量 m 的航天器在距地球球心为 r 的圆轨道上以速度 v 运行时，其圆周运动的向心力就是地球对它的万有引力。由(2.1-6)式得

$$G\frac{M_e m}{r^2} = m\frac{v^2}{r}$$

由上式可得

$$v = \sqrt{\frac{GM_e}{r}} \tag{2.2-9}$$

因此,航天器的动能 $E_k = \frac{1}{2}mv^2 = \frac{GM_e m}{2r}$，航天器和地球系统的势能 $E_p = -G\frac{M_e m}{r}$，则其机械能为

$$E = E_k + E_p = -\frac{GM_e m}{2r}$$

由机械能守恒(2.2-8)式,可得发射时的动能为

$$\frac{1}{2}mV^2 = G\frac{M_e m}{R_e} - G\frac{M_e m}{2r} \tag{2.2-10}$$

可见航天器要升得越高,即 r 越大,所需初始动能也越大。

与发射时最小能量对应的是在地球表面附近(大气层外)的轨道,其半径 r 近似等于地球半径 R_e,故由(2.2-10)式直接得到第一宇宙速度 V_1 为

$$V_1 = \sqrt{\frac{GM_e}{R_e}} = 7.9(千米／秒) \tag{2.2-11}$$

2. 第二宇宙速度

在地面上发射一航天器,使之能脱离地球的引力场所需的最小发射速度,称为第二宇宙速度。

一个航天器在它的燃料燃烧完后逃离地球的过程中,该系统符合机械能守恒的条件。由此即可求得第二宇宙速度 V_2。设航天器在燃料燃烧完后的动能 $E_k = \frac{1}{2}mV_2^2$。然后继续飞行,直到脱离地球引力场,此时势能 $E'_p = 0$。再设动能 $E'_k = 0$(对应最小的发射速度),故由(2.2-8)式有

$$\frac{1}{2}mV_2^2 - \frac{GM_e m}{R_e} = E'_k + E'_p = 0$$

所以,第二宇宙速度为

$$V_2 = \sqrt{\frac{2GM_e}{R_e}} = \sqrt{2}V_1 = 11.2(千米／秒) \tag{2.2-12}$$

人类要登上月球,或要飞向其他行星,首先必须要脱离地球的引力场,因此,所乘坐航天器的发射速度必须大于第二宇宙速度。

3. 第三宇宙速度

在地球表面发射一航天器,使之不但要脱离地球的引力场,还要脱离太阳的引力场所需的最小发射速度,称为第三宇宙速度。

太阳引力场比地球引力场强得多,因此,一个脱离了地球引力场的航天器,还应有足够大的相对太阳的速度,才能逃离太阳引力场。为此,我们先计算一个已远离地球但仍在地球公转轨道附近运行的航天器(离太阳距离近似为地球公转轨道半径 $R_{se} = 1.496 \times 10^{11}$ 米)所需的最小逃离速度 V_0。这与刚才计算的第二宇宙速度完全类似,只需在(2.2-12)式中以太阳质量 $M_s = 1.989 \times 10^{30}$ 千克代替 M_e,以 R_{se} 代替 R_e,即得

$$V_0 = \sqrt{\frac{2GM_s}{R_{se}}} = 42.2(千米／秒) \tag{2.2-13}$$

其次,航天器在地球上发射时,应充分利用地球绕太阳公转的轨道速度 V_e。计算 V_e 也很简单,类似于卫星绕地球运转速度的计算,只需在公式(2.2-9)中将 M_e 改为 M_s,r 取为 R_{se} 即可,于是,得到

$$V_e = \sqrt{\frac{GM_s}{R_{se}}} = 29.8(千米／秒) \tag{2.2-14}$$

如果航天器沿着地球轨道速度 V_e 的方向发射,则只要燃料燃烧完后获得的速度 V_3 足够大,使它在脱离地球引力场时,相对地球还余下速度 V_0',且要求 V_0' 与 V_e 之和即为逃离太阳系所需的速度 V_0。于是,有

$$V_0' = V_0 - V_e = 12.4(千米／秒)$$

最后,V_3 的计算则完全是一个在地球引力场中机械能守恒的问题了,可以直接用(2.2-8)式,把左端 V 改成 V_3,右端 $r \to \infty$(即地球势能为零),$v(r)$ 改成 V_0',即得

$$\frac{1}{2}mV_3^2 - G\frac{M_e m}{R_e} = \frac{1}{2}mV_0'^2$$

由此解出 V_3,

$$V_3 = \sqrt{V_0'^2 + \frac{2GM_e}{R_e}} = \sqrt{V_0'^2 + V_2^2} = 16.7（千米／秒） \qquad (2.2\text{-}15)$$

在上式的计算中已用了(2.2-12)式。V_3 就是第三宇宙速度。地球上一个速度超过 V_3 的航天器能够先摆脱地球引力场、再摆脱太阳引力场的束缚,飞入茫茫的宇宙。

四、多级火箭

由以上讨论可知,要把航天器发射上天,则火箭获得的速度至少要大于第一宇宙速度。若要使航天器离开地球到达其他行星或脱离太阳系到其他星系,则火箭获得的速度应分别大于第二宇宙速度和第三宇宙速度。那么,单级火箭能否达到这些速度呢?

由(2.2-3)式可知,要使火箭获得尽可能大的速度 V_f,就必须尽可能大地增大质量比 M_i/M_f 的值和燃料气体的喷射速度 u。由于火箭上需装备众多仪器设备,装燃料的容器也必须足够坚固,以承受燃料燃烧时所产生的高压,所以,M_f 不可能太小,质量比通常在 $10 \sim 20$ 之间,而燃料气体的喷射速度 u 也受到诸多因素的限制。一种液态的常规燃料是偏二甲肼($H\!-\!N\!\overset{\displaystyle H}{\underset{\displaystyle |}{|}}\!-\!N\!\overset{\displaystyle CH_3}{\underset{\displaystyle |}{|}}\!-\!CH_3$)加四氧化二氮($N_2O_4$),燃烧后气体的速度 u 接近 2 千米/秒。若以非常规燃料(如液氢加液氧)做推进剂,其喷射速度 u 可达 4 千米/秒以上。为估计单级火箭所能达到的末速度,不妨设质量比 ≈ 15,$u \approx 4$ 千米／秒,则由(2.2-3)式可得

$$V_f \approx 4\ln 15 = 10.8（千米/秒）$$

由于此式导出时未计入地球引力和空气摩擦阻力产生的影响,加上各种技术原因,上述单级火箭的末速度 V_f 可能小于第一宇宙速度 $V_1 = 7.9$ 千米／秒;这就是说,此单级火箭还不能确保把航天器送上天。

运载火箭通常为多级火箭,多级火箭是用多个单级火箭经串联、并联或串并联(即捆绑式)组合而成的一个飞行整体。图 2.2-3 为串联式三级火箭的示意图,其工作过程如下:当第一级火箭点火发动后,整个火箭起飞,等到该级燃料燃烧完后,便自动脱落,以便增大以后火箭的质量比。这时第二级火箭自动点火继续加速,直至其燃料也消耗完后同样自行脱落。这样一级一级地相继点火加速直至最后达到所需的速度。对于三级火箭,设各级火箭工作时,其喷气速度分别为 u_1, u_2, u_3,其质量比分别为 N_1, N_2, N_3,则三级火箭最后获得的速度为

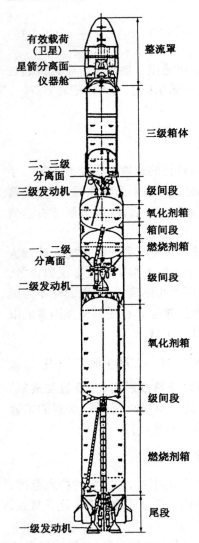

有效载荷（卫星）

星箭分离面

仪器舱

整流罩

三级箱体

二、三级分离面

三级发动机

级间段

氧化剂箱

箱间段

燃烧剂箱

一、二级分离面

级间段

二级发动机

氧化剂箱

级间段

燃烧剂箱

尾段

一级发动机

图 2.2-3　中国"长征三号"运载火箭的部位安排

$$V_f = u_1 \ln N_1 + u_2 \ln N_2 + u_3 \ln N_3 \qquad (2.2\text{-}16)$$

以美国发射"阿波罗"登月飞船的运载火箭——"土星五号"为例，其三级火箭的总质量为 2 800 吨左右，高约 85 米，第一级喷气速度为 $u_1 = 2.9$ 千米／秒，质量比 $N_1 = 16$，第二、第三级的喷气速度 u_2，u_3 均为 4 千米／秒，质量比分别为 $N_2 = 14$，$N_3 = 12$，代入(2.2-16)式，得到

$$V_f = [2.9\ln 16 + 4(\ln 14 + \ln 12)]$$
$$\approx 28.5(千米／秒)$$

实际上，火箭的最终速度要比此值小，但已远大于第二宇宙速度，足以登月了。

§2.3　卫星运动与角动量守恒

　　1957 年 10 月 4 日，苏联在哈萨克共和国中部的拜科努尔航天中心成功地发射了世界上第一颗人造地球卫星——"人造卫星一号"。这颗卫星虽然很小，直径只有 58 厘米，重仅 83.6 千克，内部结构也很简单，只装有一台双频率的小型发报机、温度计以及电池等，但它却具有重大的历史意义，表明人类有能力把重物推上天空，使它绕地球旋转，宣告了航天时代的到来。1958 年 1 月 31 日，美国也把它的第一颗人造卫星——"探险者一号"送入轨道，尽管这颗卫星更轻，仅重 8.22 千克，但它首次发现了地球周围空间存在着大量被地球磁场俘获的带电粒子区域——地球辐射带。这是航天技术最初取得的重大科学成果。

　　1970 年 4 月 24 日，我国也完全依靠自己力量成功地发射了第一颗人造地球卫星——"东方红一号"，成为继苏联、美国、法国、日本之后第五个发射卫星的国家，是我国航天史上第一个里程碑。为铭记历史、传承精神，自 2016 年起，每年 4 月

24 日被设立为"中国航天日"。"东方红一号"这颗科学实验卫星设备齐全,总重量为 173 千克,比前 4 个国家发射的第一颗卫星的重量之和还多 33 千克,并首创在卫星上向宇宙播放"东方红"乐曲的先例。1975 年 11 月 26 日,我国又成功发射了返回型遥感卫星,并经 3 天正常运行后,按预定计划顺利返回,成为世界上第三个掌握此项技术的国家。不久,我国又掌握了一箭多星技术。此后,我国航天事业迅速发展,一系列的通信卫星、气象卫星、地球资源卫星、空间探测卫星、海洋卫星和导航卫星等相继上天。2003 年 10 月 16 日载人飞船"神舟五号"安全返回,这是我国航天史上又一个重要里程碑。图 2.3-1 为我国早期发射的几种不同类型的卫星示意图。

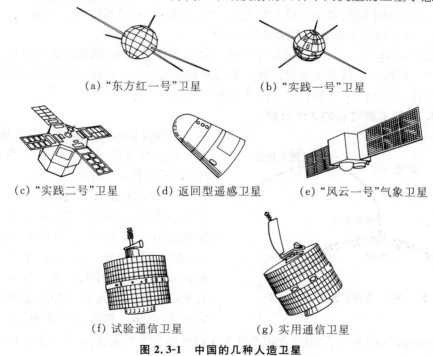

(a) "东方红一号"卫星   (b) "实践一号"卫星

(c) "实践二号"卫星   (d) 返回型遥感卫星   (e) "风云一号"气象卫星

(f) 试验通信卫星   (g) 实用通信卫星

图 2.3-1 中国的几种人造卫星

一、人造地球卫星的发射 "长征"系列运载火箭

1. "长征"系列运载火箭

卫星是由运载火箭点火发射后送入其运行轨道的。我国自行设计的"长征"系列运载火箭为我国空间技术的发展立下了汗马功劳。自 2017 年底以来,在役的有"长征一号"到"长征七号",以及"长征十一号"系列。2020 年 12 月 22 日"长征八

号"首次飞行试验取得圆满成功。每种型号中,随着技术发展,随着起飞推力和运载能力提高,又发展出 A,B,C,D……(对应甲、乙、丙、丁……)等品种。不同型号有不同用途。例如,"长征三号"主要用于发射高轨道地球同步卫星。"长征二号"和"长征四号"主要是发射近地轨道卫星(100 千米到 1 000 千米之间)。我国神舟号载人飞船发射用的都是"长征二号"F 火箭,这种火箭起飞推力达 600 吨,近地轨道运载能力达 8 吨[13]。2019 年 12 月 27 日采用全新技术的"长征五号"运载火箭成功发射"实践二十号"卫星。它长 57 米,直径为 5 米,起飞重量达 870 吨(火箭又称"胖五"),起飞推力达 1 000 多吨,其近地轨道运载能力更是有飞跃式发展(达 25 吨级),是目前中国运载能力最大的火箭。"长征五号"火箭系列将主要用于我国空间站建设和月球、火星等深空探测重大任务。

截至 2019 年 3 月,长征火箭已完成 300 多次发射任务,使我国成为继俄罗斯和美国之后世界上第三个发射运载火箭最多的国家。尤其是我国近年来火箭技术在可靠性、成功率、入轨精度等方面均达到世界领先水平。*

2. 火箭发射过程的 3 个阶段

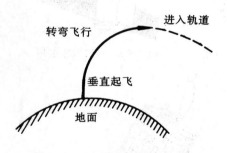

图 2.3-2 卫星发射的 3 个阶段

运载卫星的火箭通常为三级火箭,其发射后的飞行过程大致可分为如图2.3-2 所示的 3 个阶段。

第一阶段:垂直起飞阶段。由于在地球表面附近,大气稠密,火箭飞行时受到的阻力很大,为了尽快离开大气层,通常采用垂直向上发射,况且垂直发射容易保证飞行的稳定。发射后经很短几分钟的加速使火箭已达相当大的速度,至第一级火箭脱离时,火箭已处于稠密大气层之外了(习惯上把 200 千米高度看作大气层边缘)[8]。此后第二级火箭点火继续加速,直至其脱落。

第二阶段:转弯飞行阶段。当第二级火箭脱离后,火箭已具有足够大的速度。这时第三级火箭并不立即点火发动,而是靠已获得的巨大速度继续升高而作惯性飞行,并在地面控制站的操纵下,使火箭逐渐转弯,为进入轨道作准备。

第三阶段:进入轨道阶段。当火箭到达与卫星预定轨道相切位置时,第三级火

---

* 在百度"科普中国·科学百科"的"长征系列运载火箭"词条中,载有 2018 年 1 月之前我国所有火箭类型的基本参数、性能、用途和发射记录等的详细介绍。

箭点火开始加速,使其达到卫星在轨道上运行所需的速度而进入轨道。进入轨道后,火箭就完成了其运载任务,卫星随即与其脱离而单独运行。刚脱离时,卫星与末级火箭具有相同的速度,并沿同一轨道运动。由于轨道处仍有稀薄气体存在,而卫星与火箭的外形不同,致使两者所受的阻力不同,因而两者的距离逐渐被拉开。

    下面以地球同步卫星为例。该卫星的发射精度要求比一般卫星高得多,它的轨道平面与地球赤道平面重合,绕地球运行的周期 T 与地球自转周期 T_e 严格相等: $T = T_e = 23$ 小时 56 分 4 秒。这样,每隔 24 小时,地球与卫星一起转过一圈加上在地球公转轨道上转过 $360°$的 $1/365$。所以,从地面上看,地球同步卫星好像是固定在赤道某点的正上方。下面来计算它应有怎样的高度 h 和多大的运行速度 v。由圆周运动的规律可得方程如下:

$$\begin{cases} \dfrac{GM_e m}{(R_e + h)^2} = m\,\dfrac{v^2}{R_e + h} \\ T_e = \dfrac{2\pi(R_e + h)}{v} \end{cases} \tag{2.3-1}$$

将 $T_e = 86\,164$ 秒,以及 R_e 和 M_e 值代入,即可解出

$$\begin{cases} h = \left(\dfrac{GM_e T_e^2}{4\pi^2}\right)^{1/3} - R_e = 35\,786(\text{千米}) \\ v = \sqrt{\dfrac{GM_e}{R_e + h}} = 3.075(\text{千米}\,/\,\text{秒}) \end{cases} \tag{2.3-2}$$

由此可见,地球同步卫星离地的高度和它在轨道上的运行速度都是严格确定的。

    地球同步卫星的发射通常采用一个椭圆形中间转移轨道而最后进入同步轨道的方案,其发射过程大致如下(见图 2.3-3):首先依次启动运载火箭的第一级和第二级,使火箭加速飞行,至第二级火箭脱落后,通过地面控制使转弯进入一低高度的圆形轨道,称为初始轨道。在此轨道上运行少许时间后火箭再次点火,发动第三级,使卫星加速进入一个大椭圆的转移轨道,此椭圆的远地点和近地点都在赤道平面上,并且远地点与同步轨道相交。进入此轨道后,卫星即与第三级火箭脱离。在绕行几圈的过程中,地面控制站对其姿态进行调整,当其到达远地点时,启动卫星上的远地

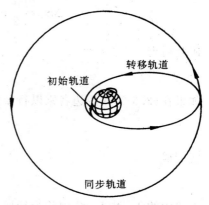

转移轨道

初始轨道

同步轨道

图 2.3-3 同步卫星发射轨道示意图

点发动机,可产生高速燃气流从喷管喷出,使卫星改变航向,进入地球赤道平面,同时加速卫星使之达到在同步轨道上运行所需的速度后,还需对其姿态作进一步的调整,才能准确地把卫星送入赤道上空的同步轨道。后面还将利用角动量守恒定律来讨论转轨过程中的速度变化问题。

　　自从美国于 1964 年 8 月 19 日成功发射了世界上第一颗地球同步卫星"辛康姆三号"以后,中国也于 1984 年 4 月 8 日 19 时 20 分成功地发射了第一颗地球同步卫星——试验通信卫星,并在 4 月 16 日 18 时 27 分 57 秒成功地定点于东经 125°的赤道上空。目前,在地球赤道的上空已有各国发射的几十颗地球同步卫星在运行。正是这些卫星使全球的电视转播和气象观测得以实现。

二、椭圆轨道与角动量守恒定律

　　航天器在圆形轨道上是以恒定不变的速率运动,那么,它在椭圆轨道上将如何运动呢?让我们首先来分析一下行星在绕太阳的椭圆轨道上的运动。开普勒第二定律指出:由太阳到行星的矢径,在相等的时间内扫过相等的面积。所谓矢径,即是太阳到行星的连线。图 2.3-4 为某行星绕太阳运动的椭圆轨道。当行星运动到远日点时,其矢径为 r_1,速度为 v_1,在较短的时间 Δt 内,其运动的距离为 $v_1 \Delta t$,则矢径扫过的面积为图中斜线部分的面积,该部分可看成是一个三角形,故其面积为 $\Delta S_1 = \frac{1}{2} v_1 \Delta t r_1$。 同样在近日点时,矢径为 r_2,行星的速度为 v_2,在同样的 Δt 短时间内矢径扫过的面积 $\Delta S_2 = \frac{1}{2} v_2 \Delta t r_2$。 由开普勒第二定律可得

$$\Delta S_1 = \frac{1}{2} v_1 \Delta t r_1 = \Delta S_2 = \frac{1}{2} v_2 \Delta t r_2$$

由此可得

$$v_1 r_1 = v_2 r_2 \qquad\qquad (2.3\text{-}3)$$

如果在(2.3-3)式两边各乘以行星的质量 m,则等式仍成立,即

$$m v_1 r_1 = m v_2 r_2 \qquad\qquad (2.3\text{-}4)$$

或写成

$$L_1 = L_2 \qquad\qquad (2.3\text{-}5)$$

上式中的 L_1 和 L_2 分别称为行星在远日点和近日点时相对太阳的角动量(也称动

量矩）。

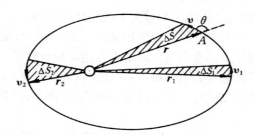

图 2.3-4 由开普勒第二定律证明角动量守恒

角动量的一般定义是：如果一个物体在某一位置的动量为 $\boldsymbol{p} = m\boldsymbol{v}$，从某一固定点到该位置的位矢为 $\boldsymbol{r}$，而两者的夹角为 θ，则物体对此固定点的角动量矢量 $\boldsymbol{L}$ 定义为

$$\boldsymbol{L} = \boldsymbol{r} \times \boldsymbol{p} \tag{2.3-6a}$$

即 L 的数值为动量大小 p、位矢大小 r 与 $\sin\theta$ 这三者的乘积：

$$L = |\boldsymbol{L}| = pr\sin\theta = mvr\sin\theta \tag{2.3-6b}$$

角动量 $\boldsymbol{L}$ 的方向按右手螺旋法则规定如下：四指握拳由 $\boldsymbol{r}$ 转到 $\boldsymbol{p}$，则大拇指方向为 $\boldsymbol{L}$ 的方向。行星运动到远日点或近日点时，其动量与矢径均垂直，即 θ 都是 $90°$，因此，有

$$L_1 = mv_1 r_1, \qquad L_2 = mv_2 r_2$$

由(2.3-4)式可知，行星在这两个位置相对太阳这一固定点的角动量相等，其实根据开普勒第二定律很容易知道，在椭圆的任意位置，如图 2.3-4 中的 A 点的角动量也与远日点和近日点的角动量相等。设 A 点处矢径为 r、行星速度为 v，两者夹角为 θ，在 Δt 时间内矢径扫过的面积为

$$\Delta S = \frac{1}{2}v\Delta t r\sin\theta$$

由 $\Delta S = \Delta S_1 = \Delta S_2$ 可得 $vr\sin\theta = v_1 r_1 = v_2 r_2$，即

$$mvr\sin\theta = mv_1 r_1 = mv_2 r_2 \quad 或 \quad L = L_1 = L_2 \tag{2.3-7}$$

(2.3-7)式表明了物理学中又一个重要的守恒定律——角动量守恒定律。它可表述如下：如果物体在运动过程中，受到的外力相对于固定点的力矩为零，则物体相对该固定点的角动量守恒。

行星在太阳的万有引力作用下沿椭圆轨道运动，行星不管在椭圆的哪个位置，

万有引力始终指向太阳,而太阳又可看成是不动的,因此,万有引力相对太阳中心这一固定点的力矩为零,这样行星相对太阳的角动量守恒。

　　航天器在地球万有引力作用下沿椭圆轨道的运动,与行星绕太阳的运动完全相似,因此,航天器相对地球中心这一固定点的角动量也守恒。由角动量守恒很容易得到航天器在椭圆轨道上的运动特点:在远地点其速度最小,从远地点到近地点的运动过程中,其速度不断增大,到达近地点时,速度最大;而其矢径扫过的面积速率却始终保持不变。

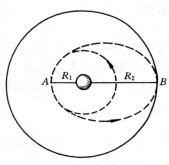

图 2.3-5　椭圆转移轨道

　　【例】图 2.3-5 是发射航天器时的椭圆转移轨道。一航天器先沿半径为 R_1 的圆形轨道绕地球运行,为了能转移到半径为 R_2 的圆形轨道上运行,航天器运动到 A 点时,启动其上的小型火箭在短时间内沿轨道切线方向加速。试问其速度应加速到原来的多少倍,才能沿椭圆轨道运动到与半径为 R_2 的圆轨道的相切点 B? 当航天器到达 B 点时,再次启动小型火箭沿轨道切线方向加速,则再问其速度应加速到它刚到 B 点时速度的多少倍,才能沿半径为 R_2 的圆周运动?(已知 $R_2 = 2.2R_1$)

　　航天器在半径为 R_1 和 R_2 的圆周上的运动速度 V_1 和 V_2 由(2.2-9)式给出,即

$$V_1 = \sqrt{\frac{GM_e}{R_1}}, \qquad V_2 = \sqrt{\frac{GM_e}{R_2}}$$

M_e 为地球质量。设航天器到达 A 点后,必须加速到 V_A 才能沿图示的椭圆轨道运动到 B 点,并设它刚到 B 点时的速度为 V_B。在此过程中,航天器相对地球中心的角动量守恒,同时,航天器与地球系统的机械能也守恒,由此可得

$$\begin{cases} mV_A R_1 = mV_B R_2 \\ \dfrac{1}{2}mV_A^2 - \dfrac{GM_e m}{R_1} = \dfrac{1}{2}mV_B^2 - \dfrac{GM_e m}{R_2} \end{cases}$$

由以上两式可解得

$$V_A = \sqrt{\frac{2R_2 GM_e}{R_1(R_1 + R_2)}}, \qquad V_B = \sqrt{\frac{2R_1 GM_e}{R_2(R_1 + R_2)}}$$

因此,

$$K_1 = \frac{V_A}{V_1} = \sqrt{\frac{2R_2}{R_1+R_2}} = \sqrt{\frac{4.4}{3.2}} = 1.17$$

$$K_2 = \frac{V_2}{V_B} = \sqrt{\frac{R_1+R_2}{2R_1}} = \sqrt{\frac{3.2}{2}} = 1.26$$

K_1 和 K_2 分别为航天器两次加速后的速度应比原先增大的倍数。

三、失重现象及其解释

在宇宙飞船或航天飞机等航天器中,人或任何物体都处在失重状态,人可以在空中自由漂移,没有上、下之别,可以头脚倒置地站立在飞船的天花板上,也可以走出飞船在太空"行走"。这是为什么呢?为了弄清失重的物理原理,我们先来考察一下在自由下落的电梯中物体的失重现象。

在静止的电梯里放置一磅秤,如图 2.3-6 所示。在磅秤的秤盘上放上质量为 m 的物体,由于物体静止,它所受到的重力 mg,应与秤盘对它的支撑力 N 相等,即有 $N=mg$,而 N 的大小就是磅秤的读数。但如果让电梯自由下落,物体也将随电梯一起自由下落,物体与电梯的运动加速度都为 $a=g$。由牛顿第二定律,物体受的合力 F 为

$$F = mg - N = ma = mg$$

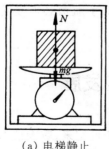
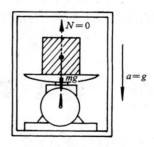

      (a)电梯静止   (b)电梯自由下落

图 2.3-6 电梯中的失重现象

因此,

$$N = mg - mg = 0$$

这时,秤盘的读数为零,即物体对秤盘的压力为零,好像物体失去了重量,这就是失重现象。

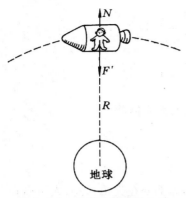

图 2.3-7　宇宙飞船中的失重

　　宇宙飞船中失重现象与电梯中的失重原理是一样的。假设一宇宙飞船在离地心为 R 的圆形轨道上飞行(见图 2.3-7),则飞船作圆周运动的向心力就是地球对它的万有引力,由牛顿第二定律可得

$$G \frac{M_e M}{R^2} = Ma$$

因此,

$$a = \frac{GM_e}{R^2}$$

式中 M_e 和 M 分别为地球与飞船的质量。在飞船飞行时,飞船中质量为 m 的宇航员与飞船作相同的圆周运动,如果宇航员正好站在飞船的壁上,设壁对他的作用力为 N,方向如图 2.3-7 所示。此时,宇航员也受到地球对他的万有引力 F',同样,由牛顿第二定律可列出以下的方程:

$$F' - N = ma$$

即

$$N = F' - ma = G \frac{M_e m}{R^2} - m \frac{GM_e}{R^2} = 0$$

可见,此时飞船壁对宇航员的作用力 N 为零。其实,不管他站在飞船的哪个位置,他对飞船壁的压力都等于零。为适应这种失重状态,宇航员必须接受长期而严格的训练。

§2.4　航天技术的发展

　　自 1957 年苏联第一颗卫星成功发射之后的半个世纪来,航天技术已在三大领域得到了迅速发展:卫星应用[5~7]、深空探测[8~12] 和载人航天[13~15]。下面前 5 小节将介绍各种人造地球卫星的应用;第六和第七小节将分别介绍深空探测和载人航天。

一、通信卫星　"东方红"系列

　　通信是现代信息社会活动中极其重要的组成部分,包括电话、传真、电视广播

以及数据传输等。通信主要是通过无线电波的传递来实现的。而远距离通信一般使用短波无线电和微波无线电。短波无线电的传播是采用天波传播方式,即电磁波通过电离层的反射来传播。由于电离层随昼夜、季节等因素的变化而变化,因此,短波通信极不稳定。目前远距离通信主要使用微波无线电。而微波无线电的传播是采用空间波(见§3.6)传播方式。它只能传到沿直线能到达的范围,即传播距离较近,以往采用沿途设若干中继站的方法来增加通信距离,犹如接力赛一样。但这种方式存在投资较大、施工困难、建设周期长等诸多弊端。有关无线电通信,将在下一章中讨论。

  通信卫星的出现,就起着中继站的作用。当某卫星地面站向卫星发射微波通信信号时,由于微波能穿透电离层,因此,卫星很容易收到信号,并把它放大后发射回地球。于是,卫星所覆盖地区的卫星地面站,就能接收到此信号。

  相对地球,通信卫星分运动通信卫星和静止通信卫星两种。目前越来越多地使用静止通信卫星,即地球同步卫星。由于它可覆盖约全球三分之一多一点的地区,因此,原则上只需发射 3 颗这样的卫星,使它们分别定点于赤道上空相隔120°处,就能实现全球通信(见图 2.4-1)。

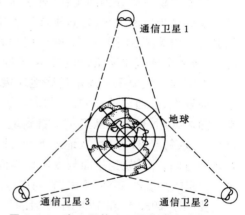

图 2.4-1   由 3 颗静止卫星构成全球通信系统

  自 1970 年 4 月到 1997 年 5 月,我国先后发射了"东方红一号"、"东方红二号"和"东方红三号"系列多颗通信卫星。自 2000 年后中国空间技术研究院相继研制了"东方红三号"和"东方红四号"卫星公用平台*。利用这些平台生产了部分"鑫诺"系列和"中星"系列等通信卫星。2017 年 4 月我国成功发射的第一颗地球同步高通量通信卫星("实践十三号")是在"东方红三号"B 平台上研制的。它最高通信容量达 20 G,信息传送能力比以前有 10 倍左右提升,开启了中国通信卫星高通量时代。在§2.3 中提到的 2019 年 12 月用"长征五号"发射的"实践二十号"卫星正是"东方红五号"新一代大型卫星平台上研制成功的新技术试验卫星,它不仅为验证超高速激光通信等技术、开辟高通量卫星应用新领域而服务,也是目前世

---

 * 卫星公用平台由卫星服务系统组成,包括除有效载荷外的卫星其余组成部分,如能源提供、数据管理、轨道测控和返回等系统。利用平台进行设计,可缩短研制周期、节约经费、提高卫星寿命和可靠性。

界上最重(重达 8 吨)、技术含金量高的地球同步卫星。

二、气象卫星 "风云"系列

气象卫星的上天,使气象观测发生了质的飞跃,改变了过去只能探测到地球表面局部地区低高度的短期气象资料,因此,常出现预报不准的情况。气象卫星可从大气层外的不同高度俯瞰地球,利用特殊的遥感仪器,不断获取并向地面传送大量气象资料,包括全球的云图、地表、海面温度和水汽分布等。在我国天气预报节目中出现的"卫星云图"照片,就是气象卫星获取的。根据气象卫星连续送回的云图等资料,可进行天气预报、气候预测,并可监视台风、强风、暴雨等灾害性天气的变化,这对保护人民生命财产,减少损失是极其重要的。

气象卫星一般分为两类:一类是地球同步气象卫星,另一类是太阳同步气象卫星。地球同步气象卫星,定点于赤道上空,相对地球位置不动,故又称静止轨道气象卫星。由美国、中国、日本、欧航局和苏联把 5 颗这类气象卫星送入地球同步轨道,即形成全球气象网络,可昼夜不停地提供全球云图资料。

太阳同步气象卫星通常是绕地球极地轨道运转的,极地轨道的轨道平面与赤道平面垂直、且通过地球的南、北极。极地轨道平面在固定的太阳坐标系中总是基本上面对太阳,也就是从卫星上看到地球由西向东旋转。由于地球的公转方向与自转一致,每经 24 小时,从地球上看,此卫星的平面由东向西地转过一圈,与太阳升降同方向,保持轨道平面与太阳取向固定,故也称此极地轨道卫星为太阳同步卫星。卫星的高度约 1 000 千米,它的优点是能覆盖全球,每天对地球表面巡视多遍。

我国于 1988 年和 1990 年发射的气象卫星"风云一号"A 星和 B 星及 1999 年和 2002 年发射的"风云一号"C 星和 D 星都是极轨气象卫星(太阳同步卫星),性能良好,可在全球范围观测,提供中长期天气预报所需的数据资料。1997 年我国发射的"风云二号"A 星则是地球同步卫星。它们定点在我国中部赤道上空,可进行昼夜不断的连续的大面积观测,监测地球大气、地表和海面温度的变化,对中短期的台风、暴雨等灾害性天气的预报有重要意义。在 2000 年到 2018 年间又有"风云二号"系列中 B 到 H 这 6 颗地球同步卫星上天,总共 7 颗"风云二号"卫星升空。2016 年 12 月 11 日第二代地球同步气象卫星"风云四号"成功发射,大幅度提高了卫星云图分辨率。2008 年到 2017 年间第二代极轨气象卫星"风云三号"系列 A,B,C 和 D 卫星升空(见图 2.4-2)。2021 年 7 月气象卫星"风云三号"E 卫星发射,它是一颗晨昏轨道卫星。它与 C 和 D 卫星组网成功,成为国际上率先同时具有晨昏轨道、上午轨道和下午轨道进行全天时、全天候、高光谱及三维定量遥感的国家。

2013 年 9 月 23 日成功发射的"风云三号"C 极轨气象卫星,已经在日常天气预报、应对气候变化以及内蒙古火情、渤海湾冰情、广东大暴雨天气过程监测等方面发挥了重要作用,同时也在国际救援中做出一定贡献

图 2.4-2　"风云三号"C 极轨气象卫星

三、地球资源卫星和海洋卫星　"资源"系列和"海洋"系列

　　地球资源的监测、勘察和利用对人类的生存、生产和发展来说是极其重要的。自古以来,人们为此饱尝实地考察的劳顿之苦,自从有了飞机以后,人们就乘坐飞机在高空对地面进行观测、摄影,效率大为提高。但要用高空飞机观测整个国家,绘制一张国家地图,那真是谈何容易,更不用说进行全球观测了。

　　人造地球卫星的上天,使这一切都从根本上改观了。卫星以高度的优势,可连续拍摄到地面大面积的照片,以此来研究地球的资源与环境。由此诞生了地球资源的卫星。它的主要用途包括:一是对地面进行监察,如监视农作物长势、监测地面环境污染、预测地震和火山爆发、发现森林火灾等;二是绘制地面的地貌、地质及水文等地图;三是用于资源勘测,调查地下水源和矿藏等。1999 年 10 月 14 日我国"长征四号乙"运载火箭"一箭双星"成功地将中国和巴西联合研制的"资源一号"卫星和搭载的巴西科学应用卫星准确送入预定轨道。"资源一号"卫星,重为 65 千克,是一颗太阳同步轨道卫星。近地点高度为 726.5 千米,远地点高度为 761.6 千米。2000 年、2002 年和 2004 年我国又先后成功发射了"资源二号"卫星系列中的 3 颗卫星。2012 年、2016 年和 2020 年又发射了"资源三号"3 颗系列卫星。

　　我国海域面积为陆地的 1/3,2002 年、2007 年、2018 年和 2020 年我国成功发射了"海洋一号"卫星 A,B,C 和 D。从 2011 年到 2021 年我国又成功发射了"海洋二号"卫星 A，B，C 和 D，用以勘察海洋资源，监测海洋污染和灾害。

四、科学探测与技术试验卫星 "实践"系列

地球到太阳之间的空间一直是人类致力研究的对象。过去只能依靠地面观测台站进行探测，由于不能直接探测，加之厚厚大气层的阻挡，人们对此空间，特别是对大气层外空间的物理性质和现象了解甚少、也不精确。科学探测与技术试验卫星可用来对地球的大气层、电离层、磁层、极光、重力场及宇宙射线和太阳耀斑等进行直接和定量的探测。早期主要用于对近地空间的探测，取得了大量的观测资料，并有许多新的发现，如发现了环绕地球周围有两个庞大的辐射带(也称为范·阿伦带)，并且通过卫星探测了这一辐射带的规律，从而为各类航天器的轨道选取、防辐射措施的确定和防辐射材料的选用等提供了重要依据，如空间站与载人飞船的轨道高度一般不超过 500 千米，以避免高度在 600 千米以上的辐射带对宇航员的伤害。近期的科学探测已转向对行星际空间物理环境的探测，如探测行星际空间中太阳辐射和银河系粒子辐射以及对太阳耀斑的监视等。这种卫星还肩负着将在各类卫星上采用的一些新技术的前期试验任务，如试验卫星上先进的供电、温控、姿态控制、探测等设备系统，以及卫星上电子设备功能的集成设计等。

我国于 1971 年 3 月发射了第一颗科学探测与技术试验卫星"实践一号"，2021年 10 月"实践二十一号"成功升空。这种卫星的轨道除了用作通信的地球同步轨道外，通常为大椭圆轨道，其近地点的高度一般为几百千米，而远地点的高度可从几千千米到几万千米，甚至可更高，这样可进行较大范围的空间环境监测。

五、导航卫星 "北斗"卫星导航系统

在 20 世纪 50 年代之前，茫茫大海中的船只、漆黑夜空中的飞机都是靠无线电导航、天文导航和惯性导航等设备进行导航的。随着 50 年代末航天技术的发展，美国发射了世界上第一颗"子午仪"导航卫星，1964 年建成了"子午仪"导航卫星系统。1994 年建成了新一代导航卫星系统，命名为"全球定位系统"(GPS)。它是由24 颗卫星组成(其中 3 颗为备用)，均匀分布在高度约为 2 万千米的 6 个不同平面的轨道上绕行，周期为 12 小时。地球上任何一个用户都可同时看到 6～7 颗导航卫星，通过接收由这些卫星发出的微波信号(GPS 卫星所发射的是 1 227.6 兆赫和1 575.42 兆赫的双频导航信号)，就能准确地确定自身所在位置和速度。不仅用于飞机、船舶和汽车的定位，也用于导弹和飞船的导航。定位的精度为 10 米，速度测

定精度为 0.1 米/秒。可见利用卫星导航精确度高,且不受气象条件限制。由于全天候卫星导航的加入,使整个导航技术产生了革命性的突破。在海湾战争中,GPS就发挥了重大的军用价值。

测量位置基本原理如下:用户利用所携带的接收器,测量卫星所发射的微波信号到达接收器的传播时间,就可知此卫星到用户的距离。当同时测到 3 颗以上卫星信号时,用户就可自行确定位置坐标。测速的原理是利用多普勒效应(见 §3.7),用户利用所测到的这些卫星信号的频率的变化大小,就可确定自身的速度大小和方向。

由于导航卫星有极高的经济价值和军用价值,因此,许多国家高度重视。苏联自 20 世纪 80 年代初开始到 1995 年建成了"全球导航卫星系统"(GLONASS*)也是由 24 颗卫星组成,它们是均匀分布在约 1.9 万千米高空的 3 个轨道平面上,其定位和测速精度与 GPS 相仿。我国逐步形成了分"三步走"的"北斗"导航卫星系统发展战略。在 2000 年 10 月和 12 月、2003 年 5 月,在西昌发射中心,先后用"长征三号"甲发射了 3 颗导航试验卫星(都是地球同步卫星),自主建立了中国"北斗一号"卫星导航系统,仅为我国服务,它具有导航和通信双重功能。

2004 年我国开始了新一代应用更广、水平更高的"北斗二号"导航系统的建设。至 2012 年 11 月有 14 颗组网卫星发射(包含静止和非静止轨道),并已投入应用,可向亚太地区提供服务。2009 年更先进的"北斗三号"导航系统启动建设,到2018 年底有 19 颗组网卫星发射(包含静止和非静止轨道),开始向全球提供服务。2019 年 12 月 16 日 26 颗组网卫星到位,完成世界一流的"北斗三号"核心星座部署,可以向全球用户提供全天候、高精度定位(精度为 10 米)、测速(精度为0.2 米/秒)和授时(精度为 20 纳秒)服务。2020 年 6 月 23 日"北斗三号"第 30 颗全球组网卫星(即"收官之星")到位,完成了全部星座部署,系统功能强大,性能一流,展现中国品质。从此,开启全球服务新时代,提到导航就会想到"北斗"。

2006 年欧洲航天局计划实施"伽利略"(GALILEO)卫星导航系统的建设[7]。按计划发射 30 颗(包括 3 颗备用)卫星,均匀分布在高度为 23 616 千米的 3 个轨道平面上。由于卫星多,且轨道位置高,定位精度比 GPS 要高,可达 1 米。到 2018年上半年,已有 22 颗导航卫星在轨,并开始投入导航服务。

六、深空探测[8~12]　　"嫦娥"系列和"天问"系列

这是航天技术发展的第二大领域。所谓深空探测,主要是对地球以外的外层

---

* "GLONASS"(格洛纳斯)是"global navigation satellite system"的缩写。

空间进行探测。包括月球探测、火星及太阳系其他行星探测,甚至是太阳系外围和更远恒星系的探测。主要目的是研究太阳系的起源和演变,研究地球环境的形成和演变,探索宇宙奥秘、地外生命的存在和太空资源等。

对月球和火星的探测是深空探测的重点和焦点[8]。

美国"阿波罗十一号"宇宙飞船经过 100 小时飞行,于 1969 年 7 月 20 日首次在月球上登陆,指令长阿姆斯特朗成为第一位登月人。他登上月球说的第一句话是:"对一个人来说,这是一小步。但对人类来说,这是一次飞跃。"至 1972 年人类先后 6 次登上月球,共有 12 人拥抱过月球。但是,至今人类对月球的了解仅限于表面和正面,且覆盖面积很小。月球探测不仅为了开发月球资源,如矿产、能源材料(丰富的氦-3,它是核聚变的主要燃料),从长远看,有望可在地球外建立科研站和人类的活动基地。

我国的探月工程是实施"绕、落、回"三步走的战略目标。2007 年 10 月和 2010 年 10 月我国先后发射了"嫦娥一号"和"嫦娥二号"。2012 年 2 月 6 日我国发布了"嫦娥二号"月球探测器获得的世界上最清晰(分辨率为 7 米)的全月图。2013 年 12 月 2 日"嫦娥三号"怀抱"玉兔号"月球车顺利升空,并于 14 日在月球表面软着落,接着月球车与着落器成功分离,开始了巡视探测任务。2018 年 12 月 8 日"嫦娥四号"成功发射,第一次实现人类探测器在月球背面软着落,第一次实现通过中继星"鹊桥号"(2018 年 5 月 21 日发射的中继星"鹊桥号",为"嫦娥四号"探测器提供地月中继通信支持),进行了月球背面与地球间的通信联系。"嫦娥四号"所带的"月兔二号"巡视器与着落器(见彩图 1)成功分离后开始月球背面巡视探测,进一步完善月球档案资料。至此完成了月球探测的前两步目标。有关"嫦娥四号"探测研究内容的详细介绍,可见参考资料[9]。

2020 年 11 月 24 日"长征五号遥五"运载火箭成功发射了"嫦娥五号"月球探测器,开启首次地外天体采样返回之旅,实施第三步探月目标。12 月 17 日"嫦娥五号"返回器携带 1 731 克月球样品安全返回,取得圆满成功。历经 23 天,闯过地月转移、环月飞行、月面着落、自动采样、月面起飞、月轨交会对接、再入返回等多个难关,成为继美国和苏联之后第三个从月球成功采样的国家。

火星不仅是距地球最近的行星,而且因为很久以前火星的环境与现在地球的环境相似,成为人类当前深空探测最为重要的行星。"火星上是否存在或曾经存在过生命物质"这一主题,将是国际火星探测活动的焦点,它将为生命的起源和演化提供一个新的研究窗口。2004 年 1 月,美国航天中心(NASA)先后发射了"勇气号"和"机遇号"两辆火星探测车,分别落在火星的两个不同半球上,并进行漫游。至 2005 年 12 月,它们已向地球传回了 13 万张照片,发现的一系列证据表明火星在过去(约30亿年前)确实有过水。但火星上经常有火山喷发和天体撞击,使火星骤然变热、水分蒸发。火星的气候反复发生干旱和湿润的循环,可能是大多数生命形成的"禁区",特别是在其炎热干旱的周期里。目前火星又正处在一个漫长的干旱周期。2012年8月6日美国"好奇号"火星探测器在火星表面着落(见图2.4-3),其使命仍是探寻火星上的生命元素。由它发回的岩石照片显示了一种典型的湖床沉积构造,再次表明古老火星或曾有过"湖泊时代"*。科学家期望自2020年开始,进一步直接寻找火星表面曾经存在古生物的证据。2021年2月18日美国"毅力号"火星探测车又成功登陆火星。除了研究这颗红色星球的地质和气候外,就是希望直接寻找数十亿年前可能生活在火星的微生物的生命痕迹。火星车的机械臂将把样品放在直径为1.3厘米的金属管中,以期在未来的任务中送回地球进行实验分析。

图 2.4-3　"好奇号"火星车

2016年1月中国火星探测任务正式立项,2020年4月24日(中国航天日)中国行星探测任务被命名为"天问"系列,首次火星探测任务被命名为"天问一号"。2020年7月23日中国首个自主火星探测器"天问一号"搭乘"长征五号遥四"运载火箭顺利升空,进入预定轨道,奔赴5 500万余公里(地球与火星间的最短距离)之外的红色星球,行程长达约7个月,迈出了我国自主开展行星探测的第一步。虽然我国起步晚,但起点高、跨越大。在"嫦娥"系列任务的技术积累基础上,将通过一次发射实现"环绕、着落、巡视"3个目标,这是国际上的首创。为此,"天问一号"携

---

* 常丽君.古老火星或曾有过"湖泊时代".科技日报,2014年12月10日

带了造访火星的两大利器——环绕器和着落器。着落器将在火星软着落后释放"祝融号"火星车(见彩图 2),开展对火星表面的科学探测;同时,环绕器继续环绕火星进行遥感探测。它们将帮助人类了解更多火星表面的信息,以及探索火星上是否存在过生命物质。在 2021 年 2 月 24 日"天问一号"成功进入椭圆"停泊轨道"(近火点 280 千米,远火点 5.9 万千米),中国有了火星卫星。3 月 4 日国家航天局发布了"天问一号"环绕火星近距拍摄的 3 幅高清火星影像图(2 幅为黑白,1 幅为彩色),分辨率约 0.7 米。

　　2021 年 5 月 15 日搭载火星车的着落器与环绕器分离,并成功着落于火星北半球的乌托邦平原预选着落区。5 月 22 日"祝融号"火星车安全驶离着落平台,到达火星表面。它将通过配置的地形相机、多光谱相机、次表层探测雷达、表面成分探测仪等 6 台载荷,开展火星表面的巡视探测任务(见彩图 3)。我国成为了一个首次探测火星就一次性实现"环绕、着落、巡视"三步走的国家。由此实现了从地月系到行星际的跨越,这是我国航天事业发展的又一具有里程碑意义的进展。

　　除了月球和火星外,科学家已探测了除矮行星以外的太阳系中的八大行星。其中,土星是太阳系中第二大行星(仅次于木星)。目前已知它有 61 颗卫星和一个美丽的光环,其中,最大的卫星——土卫六比水星还大,它虽很冷(约 −180 ℃),但有相当稠密的大气(约为地球大气压的 1.5 倍),富含氮和甲烷之类的碳氢化合物。由于土卫六的环境很可能同地球于 46 亿年前形成后不久的环境差不多,许多在地球上为生命起源提供条件的化合物也许就冷藏在那里。所以,研究土星及土卫六将有助于了解地球上生命的起源。为此,NASA 于 1997 年 10 月 15 日发射了"卡西尼号"飞船,于 2004 年 7 月 1 日到达土星,进入观测土卫六等卫星的轨道。并发射了欧洲航天局的"惠更斯号"探测器,于 2005 年 1 月 14 日在土卫六登陆。由"卡西尼号"飞船和"惠更斯号"探测器发回的大量资料已证实,土卫六的表面沟渠纵横,存在由甲烷构成的河流[10]。

　　2006 年 1 月 19 日"新视野号"飞船(New Horizon Spacecraft,约一架钢琴大小)在美国肯尼迪航天中心发射升空[11],2014 年 12 月 7 日飞船上的冥王星探测器在沉睡了 9 年(为节省电能)后被唤醒,2015 年 1 月开始从距离冥王星 2.6 亿千米上空对这颗离地球约 49.2 亿千米的冰冷天体进行探测,并发回了许多珍贵的冥王星照片。在大约半年时间任务结束后,它进入了柯伊伯带*,对其中一些天体进行

---

　　* 柯伊伯(G. P. Kuiper)为了解释海王星轨道的变化,于 1950 年提出在海王星轨道外、太阳系边缘处存在有彗星的环带,现称为柯伊伯带,其中天体称为"KBO"(kuiper belt object),现已发现 1 000 多颗 KBO,估计有 10 万颗直径大于 100 千米的 KBO。

观测研究。

除了对太阳系中的行星进行探访外,科学家对太阳系外的星系的探测也很感兴趣。目前已有一些飞船在执行这方面的任务。其中贡献最大的当属美国发射的"旅行者号"宇宙飞船[12]。1977年8月20日,"旅行者一号"先升空,"旅行者二号"飞船于1977年9月5日升空。"旅行者号"飞船的使命是探测太阳系外围和更远的恒星系,并寻找可能的外星智慧生命线索。至今,40多年过去了,它们依然行进在茫茫宇宙途中,且不断地向地球发回观测到的信息。其中速度快的"旅行者一号"在对木星、土星以及它们的卫星进行了近距观测后,现正在向太阳系边界飞去,它是迄今为止飞得最远(已超过200亿公里)的人造航天器。由于使用了寿命长的钚核电池作电源,因此,还有信息发回,但专家估计在2025年最终将失去联系。

七、载人航天 "神舟号"系列[13~15]

载人航天是航天领域中最重大的研究领域。它的目标是开发和利用太空资源为人类造福;探索太空秘密,认识太空,从而认识地球自己以及人类本身。

利用卫星上特殊的微重力、高真空或超洁净环境,可做各种太空实验。中国科学院等单位利用返回式遥感卫星(见附录2.B),进行空间材料实验(如砷化镓、锑镉汞晶体生长)、空间生命科学研究(如微生物、低等动物变异的微重力试验)以及太空育种等研究,均取得了很大进展。在太空育种方面已从实验阶段走向了应用阶段。这种太空种子,不仅提高了农作物的产量,还提高了它们的营养成分。太空育种是我国农业发展史上的一大创举。

除返回式卫星外,科学家还利用宇宙飞船和空间站进行太空实验。自从1971年苏联发射第一个"礼炮号"空间站以来,全世界已先后发射了10座空间站,其中苏联8座、美国1座、西欧1座。到1992年太空中只剩下一座苏联最后发射的"和平号"空间站,空间站要比一般航天器规模大得多、容积宽阔、配置设备多、能源供应足,可供宇航员进行多种空间科研和生产活动。"和平号"创奇迹地运行了15年,其间共接待了来自俄、美、德、法等12个国家的135名宇航员,出色地完成了历史使命。1998年1月由美国、俄罗斯、日本、加拿大和欧洲航天局的11个成员国合作的国际空间站正式启动,2001年11月首批3名宇航员进驻空间站。国际空间站长108米,宽88米,密封舱总容积为1 200米^3,重400多吨,可供6~7人在轨工作。这是载人航天发展的一个重大的里程碑式的项目。

1992年9月我国"神舟号"载人航天工程正式启动。1999年11月我国自行设计的"神舟一号"飞船的返回舱成功返回。2003年10月16日,乘坐"神舟五号"飞船(由轨道舱、返回舱、推进舱组成)在太空中遨游 21 小时(绕地球 14 圈)的中国首飞航天员杨利伟安全返回,实现了中华民族的飞天梦。这是我国航天史上又一个重要里程碑。2005 年 10 月 12 日"神舟六号"发射成功,实现了两人(费俊龙,聂海胜)5 天飞行,并进入轨道舱进行太空科学实验,这是航天技术的重大突破。2008 年 9 月 25 日"神舟七号"带着 3 名航天员(翟志刚、刘伯明和景海鹏)升天,完成了"出舱活动"任务,实现了中国载人航天工程"三步走"战略中第二步的首要任务。2011 年"神舟八号"升天,完成了与"天宫一号"飞船的空间交会对接。2012 年 6 月 16 日"神舟九号"带着 3 名航天员[景海鹏、刘旺和刘洋(女)]升空,完成了与"天宫一号"的自动和手动交会对接(见彩图 3),还进入"天宫一号"实验舱进行了一系列科学实验,13 天后顺利返回[15]。"神舟十号"于 2013 年 6 月 11 日升空,历时 15 天。期间 3 名航天员[聂海胜、张晓光和王亚平(女)]进一步考核了交会对接技术和天地往返运输能力,以及航天员生活、工作的保障力。2016 年 10 月 19 日"天宫二号"空间实验室与"神舟十一号"自动交会对接成功,航天员景海鹏、陈冬进入太空实验室进行科学实验,总飞行达 33 天。载人航天工程是一个庞大的高风险的系统工程,它的每一步成功都凝结了千万个航天人的心血和汗水。

　　2021 年 4 月 29 日,中国空间站"天和"核心舱(长 16.6 米,最大直径 4.2 米,发射质量 22.5 吨)发射成功。2021 年 6 月 17 日上午"神州十二号"载人飞船发射,并在当天下午与"天和"核心舱自主快速交会对接成功,与 5 月 30 日已对接的"天舟二号"货运飞船一起构成三舱(船)组合体。18 时 48 分航天员聂海胜、刘伯明、汤洪波先后进入"天和"核心舱,标志中国人首次进入自己的空间站。他们会完成为期 3 个月的在轨驻留,建立生活、工作环境,开展空间科学实验和技术试验,以及开展机械臂操作和太空出舱等活动。这一切标志着我国空间站建造已进入全面实施阶段,为后续任务展开奠定了坚实基础。

　　2022 年 7 月 24 日和 10 月 31 日我国先后发射"问天"实验舱和"梦天"实验舱,与"天和"核心舱对接成功,并于当年 11 月底两实验舱通过转位与"天和"核心舱一起组成 T 字构型的组合体,完成了中国空间站的建设目标。相应地,2023 年 5 月发射的"天舟六号"货运飞船的载货量已提升到 7.4 吨,处于国际领先水平。2022 年 6 月 5 日和 11 月 29 日"神舟十四号"和"神舟十五号"先后带 3 名航天员进入中国空间站实验舱,开展多项中国空间科学实验达半年左右,取得丰硕成果后顺利返回。

　　我国又将以建设国家太空实验室作为实现我国载人航天工程"三步走"战略的重要目标,为深入开展科学前沿的创新性实验和应用研究,持续推动空间科学与技术进步。

附录2.A 火箭推进与齐奥尔科夫斯基公式

在本附录中将用到简单的微积分运算,供学过微积分的读者参考,从中也可了解这一数学工具在物理学科研究中的必要性。

让我们以火箭为例,进一步说明动量守恒和牛顿定律的关系,并限于一维沿 x 轴的运动情形(略去重力等外力),用微积分推导出齐奥尔科夫斯基公式。

如图 2.2-2 所示,记在 t 时刻火箭总质量(包括内部装载的燃料质量)为 $M(t)$,到 t 时刻为止已喷出的燃料气体质量为 $m(t)$,$M(t=0)=M_i$ 是初始时刻火箭总质量,M_f 是燃料喷完后的火箭质量。由于体系总质量守恒(因速度还远小于光速,故不计相对论效应),在 t 时刻的 $M(t)$ 与 $m(t)$ 之和就等于 M_i,它是一个常数,即

$$M(t) + m(t) = M_i = 不变量 \qquad (2.A\text{-}1)$$

等式两边取微分,因 $dM_i = 0$,就有

$$dM + dm = 0 \quad 或 \quad dM = -dm \qquad (2.A\text{-}2)$$

这表示在时间 $t \to t+dt$ 这一微小间隔内喷出气体质量($dm > 0$)等于同时引起的火箭质量的减小量($-dM$),而 $dM < 0$。

设 t 时刻火箭的速度是 $V(t)$,则此时它的动量等于 $M(t)V(t)$(图 2.2-2 中朝右的方向定义为正的)。在 $t+dt$ 时刻的系统总动量由两部分组成:一部分是火箭的动量,记为 $(M+dM)(V+dV)$,dV 是火箭速度在 dt 时间间隔内的增量;另一部分动量是 dt 时间内喷出气体质量 dm 与它沿正方向速度 $(V-u)$ 的乘积,u 是气体离开喷口时相对于火箭的速率($u > 0$),因为朝反向喷出,故被 V 减去。于是,动量守恒定律给出

$$MV = (M+dM)(V+dV) + dm(V-u) \qquad (2.A\text{-}3)$$

两边消去 MV,略去 $dMdV$ 这一高阶无限小量,以(2.A-2)式代入后又消去两项,最后得到

$$MdV = -udM \qquad (2.A\text{-}4)$$

注意:u 是常数,M 和 V 虽都是时间 t 的函数,但 t 在(2.A-4)中不明显地出现,我

们可以将 M 视为 V 的函数或者相反,将此微分方程写成

$$\frac{\mathrm{d}M}{M} = -\frac{1}{u}\mathrm{d}V$$

就可以直接做积分(记住:积分不过是一种连续的加法),

$$\int_{M_i}^{M_f} \frac{\mathrm{d}M}{M} = -\frac{1}{u}\int_{V_i}^{V_f}\mathrm{d}V$$

定积分上、下限表示:当火箭质量由($t=0$ 时刻的) M_i 变到最后的 M_f 时,火箭速度相应地由开始时的 V_i 变为最后的 V_f。左端不定积分的原函数由以 $e = 2.7183$ 为底的自然对数函数 $\ln M$ 来表示,以上下限代入后即得

$$\ln M_f - \ln M_i = -\frac{1}{u}(V_f - V_i) \tag{2.A-5}$$

设 $V_i = 0$,则

$$V_f = u\ln\frac{M_i}{M_f}$$

这就是(2.2-3)式。

如果是二级火箭,则当第一级火箭燃料烧完时,无用的空结构立即分离舍弃,第二级火箭在新的初始质量 M_{2i} 和初始速度 $V_{2i} = V_{1f}$ 下开始工作。假设燃料气体的喷速也改为 u_2,则二级火箭喷完燃料后的速度及质量 M_{2f} 将有下面的关系:

$$V_{2f} = u_2\ln\frac{M_{2i}}{M_{2f}} + V_{2i} \tag{2.A-6}$$

以 $V_{2i} = V_{1f} = u_1\ln\dfrac{M_{1i}}{M_{1f}}$,即(2.2-3) 式代入,便可得到

$$V_{2f} = u_1\ln N_1 + u_2\ln N_2 \tag{2.A-7}$$

其中, $N_1 = \dfrac{M_{1i}}{M_{1f}}$, $N_2 = \dfrac{M_{2i}}{M_{2f}}$。 正文中还写出了对三级火箭的相应公式(2.2-16)。推导完毕。

从上面的推导过程可以看出:用动量守恒定律的好处是不必明显地考虑力。下面仍以火箭为例写出(推广的)牛顿第二定律,同时说明牛顿第三定律。

现将总系统分为火箭(a)和喷出气体(b)这两个"子系统",分别有动量 p_a 和 p_b(指向右方为正)。前已指出, $p_a = MV$,但如记 $p_b = mv$,这个 v 只是已喷出那团气体的平均速度。牛顿第二定律是说:b 对 a 的作用力 F_{ba} 等于 p_a 随时间的改

变率，

$$F_{ba} = \frac{d}{dt} p_a = \frac{d}{dt}(MV) \tag{2.A-8}$$

同理，a 对 b 的作用力 F_{ab} 等于 p_b 的变化率，

$$F_{ab} = \frac{d}{dt} p_b \tag{2.A-9}$$

牛顿第三定律是说：作用力 F_{ba} 与反作用力 F_{ab} 大小相等而方向相反，

$$F_{ba} = -F_{ab} \tag{2.A-10}$$

或

$$F_{ba} + F_{ab} = \frac{d}{dt}(p_a + p_b) = 0 \tag{2.A-11}$$

对时间 t 积分后即得

$$p_a + p_b = 常量 \tag{2.A-12}$$

这就是动量守恒定律。不过喷出气体不是刚体，p_b 写不清楚，我们清楚的是在 dt 微小时间间隔内的 p_b 的增量 dp_b，它就是（2.A-3）式右端的第二项减去 dm 乘 V，

$$dp_b = dm(V - u) - Vdm = -udm \tag{2.A-13}$$

由此式及（2.A-9）和（2.A-10）两式，在 dt 时间内喷气的推力 F_{ba} 与 dt 的乘积为

$$F_{ba}dt = -F_{ab}dt = -\frac{dp_b}{dt}dt = udm \tag{2.A-14}$$

$F_{ba}dt$ 叫做推力 F_{ba} 在 dt 时间内的"冲量"，它又直接变为火箭在 dt 时间内动量 MV 的增加量。（2.A-14）式告诉我们：要增大冲量，有两个因素：一是增大喷气的质量 dm；二是增大气体离开喷口时相对喷口的速率 u。把此式除以 dt 后，

$$F_{ba} = u\frac{dm}{dt} \tag{2.A-15}$$

这就是火箭的推力公式（2.2-4）。

附录 2.B　人造地球卫星等航天器的返回

有些人造地球卫星以及载人飞船、空间站、空间探测器等航天器，在完成预定

的飞行任务后,需要返回地面以便获取卫星上摄制的照片、科研数据等空间活动成果,或使宇航员安全归来。本附录将介绍如何安全返回的问题。

卫星等的发射过程是一个加速上升,使卫星不断获得能量的过程;而返回过程是其逆过程,即是使卫星减速下降、不断减少其能量的过程。那么,如何来减少其能量呢? 从理论上讲,可以启动卫星上的发动机产生与卫星原速度反向的推力来使其减速。但这种方法需要卫星上装有相当质量的动力装置和推进剂,这是既不经济、也不现实的。比较好的方法是利用地球周围大气层对返回卫星的阻力来减速。这种方法只需用一个能量不大的变轨发动机作用很短的一段时间,使卫星脱离原来的运行轨道转入一条朝向大气层的轨道即可。其返回过程大致也分为图 2.B-1 所示的 4 个阶段。

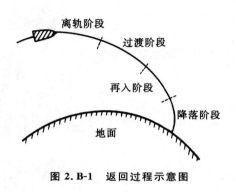

图 2.B-1　返回过程示意图

1. 离轨阶段

首先启动卫星上的变轨发动机,使卫星获得一个与原运行方向不相同的附加速度。这样,卫星就脱离原运行轨道转入一条能进入大气层的过渡轨道。

2. 过渡阶段

卫星上的变轨发动机停止工作后,卫星即进入一条过渡轨道,在卫星重新进入大气层之前,轨道上的空气较为稀薄,故卫星基本上依惯性飞行直至进入大气层。

卫星再入大气层时与当地水平线的夹角称为“再入角”,再入角一般只能在2°~7°之间。再入角过大,卫星就会沿较短路线返回地面,致使减速过程太短而到达地面时速度过大而坠毁;而再入角过小,卫星只能在大气层边缘擦过而不能进入大气层。因此,要精确控制变轨发动机的点火时间,以使卫星再入大气层时有一合适的再入角。

3. 再入阶段

卫星从过渡轨道以一定的再入角进入大气层后,进入返回轨道,受到稠密大气强烈的摩擦,使其表面温度升高达几千摄氏度,因此,卫星必须采取可靠的防热措施。常用的措施有烧蚀法与辐射法两种:烧蚀法是有意让表面部分材料烧蚀后产生气化来带走大量热量;辐射法则是由耐热合金做表面,通过辐射来散热。

4. 着陆阶段

再入大气层后,卫星巨大的速度因空气阻力的作用急剧减小。下降至离地面约 15 千米高处时,速度一般已降至音速以下,然后打开速降伞,使其进一步减速。在离地面约 4 千米处,脱离速降伞并打开主降伞。最后卫星悬挂在主降伞下以大约 9 米/秒的速度返回地面着陆。着陆位置主要有陆地、水上两种,苏联与我国主要采用陆地着陆方式,而美国主要采用水上回收方法。

习　　题

1. 在光滑水平面上,一质量 $M = 6$ 千克 的发射器射出质量 $m = 120$ 克、速度 $v = 125$ 米/秒 的小弹丸,试问发射器的反冲速度 V 为多大?

2. 某人造卫星沿一椭圆轨道绕地球运动,其近地点离地面的高度 $h_1 = 300$ 千米,远地点离地面高度为 $h_2 = 1400$ 千米。试求卫星在近地点和远地点时的运动速度 V_1 和 V_2。(设地球半径 $R_e = 6\,370$ 千米)

3. 利用动量和能量守恒方程讨论下面 3 个问题:

(1) 在图 2.B-2 所示的冲击摆实验中,设子弹质量 $m = 0.02$ 千克,沙袋质量 $M = 10$ 千克,子弹速度 $v = 1\,000$ 米/秒,绳长 $l = 2$ 米,试问当子弹穿入沙袋后,沙袋摆起的最大偏转角 θ 等于多少?

(2) 假如 M 是一块钢,子弹作完全弹性碰撞后反弹回去,试再计算 θ 的值。

(3) 在以上两种情况下,当摆开始(即处于垂直位置时)以速度 V 摆动时,问绳子的张力各为多少?

4. 试用角动量守恒定律说明一个芭蕾舞演员如何通过改变身体各部分质量相对于转轴的分布来改变他(她)的转速(跳水运动员也是如此)。

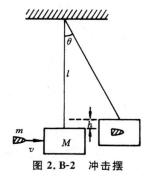

图 2.B-2　冲击摆

参考资料

[1] [美]塞耶. 王福山等译. 牛顿自然哲学著作选. 上海:上海译文出版社,2001

[2] 倪光炯,王炎森. 物理与文化——物理思想与人文精神的融合(第三版). 北京:高等教育出版社,2017

[3] 郑永令,贾起民. 力学. 上海:复旦大学出版社,1989

[4] 赵凯华,罗蔚茵. 力学. 北京:高等教育出版社,1995

[5] [美]詹姆斯·格雷克. 吴铮译. 牛顿传. 北京:高等教育出版社,2004

［6］杨立忠,杨钧锡,周碧松.航天技术.合肥:中国科学技术出版社,1994

［7］杨志根等.全球第一个民用卫星导航定位系统.科学,2006,**58**(2):10

［8］欧阳自远(月球探测工程首席科学家).月球和火星是深空探测焦点.科学时报,2005 年 12 月 16 日

［9］"嫦娥四号"专题文章.现代物理知识,2019,3:3

　　　(王琴.中国探月工程;陈学雷.打开宇宙电磁频谱的新窗口——超长波;贾瑛卓等.月球背面——低频射电天文观测的圣地;徐琳."嫦娥四号"月球背面探秘之旅;王琴等."嫦娥四号"对我国空间科学国际合作模式的启示和展望)

［10］刘金寿.现代科学技术概论.北京:高等教育出版社,2008

［11］胡中为.新视野号飞船启程探访冥王星和柯伊伯带.科学,2006,**58**(2):6

［12］孝文."旅行者"1 号飞出了太阳系吗?科技日报,2013 年 7 月 5 日

［13］袁家军.载人航天发展现状及展望.知识就是力量,2003,10:13

［14］熊伟.载人航天——中国飞航控制者的现场讲述.北京:北京大学出版社,1999

［15］柏合民.神舟九号天宫之旅的任务及意义.科学,2012,**64**(5):1

第三章　无处不在的波

我们生活在波的"海洋"里。每天清晨醒来,光——它只占电磁波频谱中非常窄的一段——给我们带来外部世界的第一个信息。随后我们听到了"声音",那是空气中传来的声波。在忙碌的白天,当我们讲话时,或者用无线电话与远方的同事通话时;在晚上,当我们打开电视机或收音机时,各种波长的声波和电磁波又在为我们工作着。在当今信息化的社会里,各种信息的获取和传播,一般都离不开波,尤其是电磁波。可以说,20 世纪人类正是通过电磁波来认识世界和改变世界的。

本章在§3.1和§3.2中先对振动和声波作初步的介绍,分析振动和波的表示式及有关超声、次声和噪声问题。§3.3介绍法拉第发现电磁感应和"场"概念的提出,以及麦克斯韦预言电磁波、电磁波谱及其产生。§3.4和§3.5以可见光为主,介绍波的反射、折射、干涉、衍射和偏振等各种性质,即光在传播过程中所显示出的各种波性及它们的应用。§3.6介绍有关无线电波和微波的应用。§3.7介绍多普勒效应及其应用。§3.8介绍光的波粒二重性。

§3.1　振动

一、一个弹簧振子的振动

图 3.1-1 所示是一个常见的弹簧振子。将质量为 m 的物体放在光滑的水平桌面上,与一根固定的弹簧相连,设其平衡(不受力)时的位置为 x_0,则当移动到 x($>x_0$)时,它将受到弹簧的拉力 F,此弹性力的大小最早由英国物理学家胡克测出,

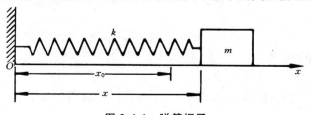

图 3.1-1　弹簧振子

$$F = -k(x - x_0) = -ku \tag{3.1-1}$$

其中，$u = x - x_0$ 是振子离开平衡点的位移，公式前面的负号表示当 $u > 0$ 时 $F < 0$，即力指向负 x 轴；而当弹簧受到压缩，即 $u < 0$ 时，$F > 0$，力指向正 x 轴。系数 k 称为弹簧的倔强系数。

将弹簧拉长到最大位移 A，然后放手，就看到物体振动起来，位移 u 在 A 与 $(-A)$ 之间周期性地变化，A 称为振幅。观察和分析告诉我们：振动产生的原因是有两个对立的因素（或"力量"）在起作用（竞争着），一个是物体的"惯性"，以它的质量 m 来表征；另一个是弹簧的"刚性"，以它的倔强系数 k 来表征。从力的观点看：带有惯性 m 的物体运动经过力的平衡点（$u = 0$）时不会停下来，它继续压缩弹簧直至速度为零，但这时弹簧又用力把它推出来了，于是来回振动不息。力和速度是有方向性的，更方便的观点是看无方向性的能量：物体的动能为

$$E_k = \frac{1}{2}mv^2 \tag{3.1-2}$$

另一方面，当物体位移为 u 时，处于紧张状态的弹簧具有弹性势能

$$E_p = \frac{1}{2}ku^2 = \frac{1}{2}k(x - x_0)^2 \tag{3.1-3}$$

为理解此式可设想慢慢地（物理上说是"准静态"地）把物体从 x_0 点移到 x 点，不让它有速度，则我们用力（$-F$）所作之功便全部储存起来，变为弹性势能。由 (3.1-1)式乘位移 u 再乘 $\frac{1}{2}$（表示在到达位移 u 的过程中，平均力只有 ku 的一半），即可得到(3.1-3)式。

在振子往复振动过程中，机械能守恒，其动能 E_k 和势能 E_p 相互转化，但保持它们的和不变，始终等于最初的势能 $\frac{1}{2}kA^2$，即

$$E = E_k + E_p = \frac{1}{2}kA^2 \tag{3.1-4}$$

二、振动的描述

上述振子振动时，位移 u 作为时间 t 的函数，可以用三角函数中的余弦函数来描写：

$$u(t) = A\cos\omega t \tag{3.1-5}$$

注意:用上式描写振动时,已假定初始条件为 $t=0$ 时 $u=A$。式中三角函数的宗量 ωt 是无量纲数(用弧度来量度的角度数),故 ω 的量纲是时间 t 的倒数,它的大小反映了"刚性"和"惯性"两种对立力量的对比,即

$$\omega = \sqrt{\frac{k}{m}} \tag{3.1-6}$$

$\cos\omega t$ 的宗量 ωt 每增加 2π,函数值还原,即:它是以 2π 为周期的周期函数,换算到时间的"周期" T,

$$T = 2\pi\sqrt{\frac{m}{k}} \tag{3.1-7}$$

周期 T 的倒数叫做频率,表示每秒振动的次数,

$$\nu = \frac{1}{T} = \frac{1}{2\pi}\sqrt{\frac{k}{m}} = \frac{\omega}{2\pi} \tag{3.1-8}$$

常称 ω 为角频率(或圆频率)。频率 ν(有时记为 f)的单位是赫:

$$1 \text{赫} = 1 \text{次} / \text{秒} = 1 \text{秒}^{-1}$$

如果把振子经过平衡点 $(u=0)$ 的时间记作为 $t=0$,则对振动的描述要用正弦函数,

$$u(t) = A\sin\omega t \tag{3.1-9}$$

如果 $t=0$ 时,振子既不在平衡位置,也不在位移最大值处,则振动方程应有如下一般表示式:

$$u(t) = A\cos(\omega t + \varphi) \tag{3.1-10}$$

式中 $(\omega t + \varphi)$ 称为相位,其中,$t=0$ 时的值 φ 叫做初相位。当 $\varphi=0$ 时,(3.1-10) 式回到 (3.1-5) 式;当 $\varphi = \frac{3\pi}{2}$ 时,(3.1-10)式即回到(3.1-9)式。

三、电(偶极)振子模型

设有两个小球,质量各为 m_1 和 m_2,分别带有相反的等量电荷 $+q$ 和 $-q$,彼此由一个"虚拟"的弹簧相连,无外电场时的平衡距离为 d_0,如图 3.1-2 所示。

首先介绍质心的概念。在图上有一点用"×"标记,它位于两个小球球心的连线上,离 m_1 和 m_2 的距离分别为 r_1 和 r_2,满足条件:

$$m_1 r_1 = m_2 r_2 \qquad (3.1\text{-}11)$$

这一点叫做两球系统质心的原因如下:假如使两小球的距离 d 在 $t=0$(初始)时刻偏离一下平衡值 d_0,以后不再加外力,则两个小球就会振动起来,与图 3.1-1 中的物体 m 类似,不同的是:两个球的振幅不同,保持质心在空间的位置不动。因此,以质心为基准,可以说两个球以同频率作反相的振动。振动的角频率也与(3.1-6)式类似:

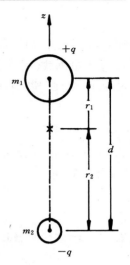

$$\omega_0 = \sqrt{\frac{k}{\mu}} \qquad (3.1\text{-}12)$$

其中,

$$\mu = \frac{m_1 m_2}{m_1 + m_2} \qquad (3.1\text{-}13)$$

叫做(m_1 与 m_2 这一"二体系统"的)约化质量。特殊情况下,如 m_1 远远大于 m_2,则由(3.1-11)式可见 r_2 远远大于 r_1,质心基本上与 m_1 的中心重合,只看到 m_2 在振动,而其约化质量由(3.1-13)式可见 $\mu \to m_2$(因 $m_1 + m_2 \approx m_1$),(3.1-12)式便回到(3.1-6)式的单振子情形。

两个相距为 d 的小球带有等量的异号电荷 $+q$ 和 $-q$,质量分别为 m_1 和 m_2。图上"×"点表示质心位置,由条件 $m_1 r_1 = m_2 r_2$ 决定。$p_{偶} = qd$ 叫做电偶极矩

图 3.1-2　电振子模型

振子是一个最简单的发射电磁波的"天线"模型。荷电小球的振动使电偶极矩(定义为 $p_{偶} = qd$)作角频率为 ω_0 的周期振荡,这时便会向四面八方发射电磁波,但不是各向同性的,特别在 z 方向没有发射。由于波不断带走能量,使振子振幅逐渐减小,这叫做阻尼。

§3.2　声波[1,2]

一、声波

我们敲击一下音叉,它便以一定的频率振动,并发出一定声调的声音。这是由于音叉作为"声源"振动时,一会儿压缩空气,使其变得"稠密";一会儿空气膨胀,变得"稀疏"。音叉的周期振动,就在空气中形成一系列疏-密变化的波,将振动能量传送出去。可见空气质点只作振动,并不向前移动,且振动方向与波的传播方向一

致,这种波称为纵波,且是一种弹性波。图 3.2-1 表示了音叉振动引起声波的传播,它是对某一瞬时(确定时刻 t)画出的,由一个最密(疏)点到下一个最密(疏)点的距离叫做波长,记为 λ。空间任一空气质点振动的频率与音叉的频率一样,记为 ν。图上是以易测量的"声压"的变化来反映空气稀稠的变化。

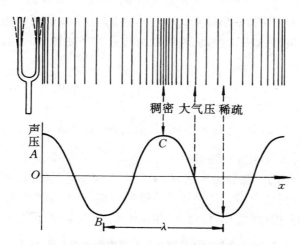

图 3.2-1　音叉振动在空气中形成的声波传播,
声压的零点表示正常值

声音在固体中传播时,既有弹性纵波,也存在横波形式的弹性波。横波是指质点的振动方向与波的传播方向互相垂直的波。声波在液体中传播时,例如声音在水中的传播,由于水的流动性和不可压缩性使水波比在一般弹性介质中完全借弹力传播的波要复杂得多。但由于声波目前仍是已知的唯一能在水中远距离传播的波动形式,因此非常重要,已形成了一门专门学科——水声学(见参考资料[2])。

二、波的描述、超声和次声

既然波是振动的传播,质点的振动位移 u 就不仅随时间 t 而变化,而且随沿波传播方向的位置坐标 x 而变化,所以,描写波的方程需将(3.1-10)式推广为振动位移 u 是两个变量 x 和 t 的函数:

$$u(x, t) = A\cos\left[\omega t + \varphi - 2\pi\frac{x}{\lambda}\right] \tag{3.2-1}$$

上式对纵波和横波都成立。像振动一样,$t=0$,$x=0$ 时的相位 φ 称初相位。式中

ω 是波传播时各质点振动的角频率,它与周期 T 的关系为 $T = \frac{2\pi}{\omega}$。但现在多了一

项 $\left(-2\pi\frac{x}{\lambda}\right)$,这表示在 t 时刻 x 处的振动相位比 $x = 0$ 处的相位要落后 $2\pi\frac{x}{\lambda}$。

式中 λ 是波在固定时间 t 下对空间坐标变化的"周期"(即波长),如图 3.2-1 所示。
T 和 λ,一个是时间周期,一个是空间周期,它们是描写波的两个极重要的物理量,
试想在 T 时间内每完成一次振动,波就往前推进一个波长 λ 的距离,因此,波的传
播速度 v 应为

$$v = \frac{\lambda}{T} = \lambda\nu \tag{3.2-2}$$

其中,$\nu = \frac{1}{T}$ 是波的频率(固定 x 点测到的每秒振动次数)。

对声波而言,人耳能听到的各种声音(可听声)的频率在 20~20 000 赫之间。
频率超过 20 000 赫的声波为超声波,频率低于 20 赫的声波为次声波,人耳都不能
听到,但它们各有重要应用。在空气中传播的声波,在 0℃时其速度为 331 米/秒。
一种声波在各种介质(媒质)中传播时,频率不变,但其速度不同,如表 3.2-1 所示。

表 3.2-1   几种物质的密度和在其中传播的声速(纵波)

物　　　质	空气(20℃)	水(20℃)	脂肪	脑	肌肉	骨	钢
密度(千克/米³)	1.21	988.2	970	1 020	1 040	1 700	7 800
声速(10^2 米/秒)	3.44	14.8	14.0	15.3	15.7	36.0	50.5

注意到在钢铁等固体材料中声波不仅能以纵波传播,还能以横波传播,但横波
速度约为表 3.2-1 中纵波速度的 50%~60%。

三、声压、声强级和噪声

声波传播时空气质点的振动位移很小,其振幅不过只有几十纳米(1 纳米 =
10^{-9} 米)的数量级,测量它很困难,因此,常转而讨论一个与振幅成正比而较易测量
的量,即声压。显然,在稠密区空气的压强比正常值(大气压)增大,而在稀疏区则
减小。这种相对于正常值的周期性变化即为声压,也可由(3.2-1)式所示,并画在
图 3.2-1 中。声压的单位是牛顿/米²[记为帕(Pa),1 大气压约等于 10^5 帕]。

为了反映声波传播的能量大小,又常引进一个物理量——声强,它被定义为在
垂直于声波传播方向的单位面积上、单位时间内所通过的声波能量,单位是瓦/米²

（W/m²）。声强与声压的平方成正比。表 3.2-2 给出若干例子表示不同级别的声压和声强 I。考虑到人耳能听到的声音其声强变化范围非常宽，而在"响度"的感觉上近似地与声强有对数函数的对应关系，故定义一个"声强级"L_I 为

$$L_I = 10 \times \log_{10} \frac{I}{I_0} \text{（分贝）} \tag{3.2-3}$$

其中，作为基准的 I_0 是指表上第一行中人耳刚能听到的频率为 1 000 赫的声强，因人耳对声音的感觉还与频率有关，对 1 000 赫频率的声音最灵敏。在表 3.2-2 上也列出了不同声强所对应的声强级。由这张表可见，人对声音感觉的主观"响度"，用 L_I 表示更加适当。

表 3.2-2　响度、声压、声强和声强级

	声压(帕)	声强 I(瓦/米²)	声强级 L_I(分贝)
刚能听到的声音 （1 000 赫）	2×10^{-5}	10^{-12}	0
在客厅里正常交谈	2×10^{-2}	10^{-6}	60
高声叫喊	6.5×10^{-1}	10^{-3}	90
风　铲	6.5	10^{-1}	110

　　工业噪声和交通噪声也是一种严重的环境污染，对人的生理和心理健康都有严重影响，被称之为"慢性杀手"。有的大城市在主要交通区竖起了测量噪声声强级的声级计，显示当时噪声大小的分贝数。我国和大多数国家都规定工业噪声所允许的上限是 90 分贝，少数北欧国家则定为 85 分贝。对交通噪声的规定如下：在交通干线两侧，白天的上限是 70 分贝，晚上是 55 分贝。通常可采用吸音和隔音措施来降低噪声。例如，高架桥上的隔音墙，是利用塑料板做成，有一定弧度，使道路上产生的噪声在墙壁上不断反射而损耗能量，起到隔音作用。那些喜欢连续用耳塞机听音乐的人要引起注意，耳塞机的音量常可达 90 分贝以上，远高于声强级在 60 分贝以下的无害区，长期忽视，对人的耳蜗会造成损伤，使听力下降。

四、超声的特性及应用[1~3]

　　超声波的频率非常高，使其具有一般声波没有的特性。在超声发现后，人们就致力于研究超声的产生、接收，以及它的特性和应用。

1. 超声的产生和接收

通常的方法是利用超声换能器,其功能是能将其他能量(如电能)转换成声能;反过来也能将声能转换成其他能量。目前这种器件主要是用压电晶体制成的。利用压电晶体作为超声换能器的发明,要归功于第一次世界大战期间法国著名物理学家朗之万(P. Langevin, 1872—1946)和他的同事们。当时,联军的船只遭到了德国潜水艇的重创,如何探测水下潜艇成为当时一项重要的军事任务。法国政府将此任务交给了朗之万教授。计划的目标是设法在水中产生 100 千赫的超声,通过它在障碍物上的反射波来探查潜艇的位置。当时他们就想到了用压电晶体。因压电晶体有如下性质:当它受到外力作用时,它们的两个表面会分别产生正、负电荷,这种效应称为正压电效应(见图 6.5-1);反过来,将这种晶体置于高频交变电场中,则晶体将按电场变化的频率发生伸-缩的振动形变,称为逆压电效应。当压电晶体的固有频率与外加交变电场频率一致时,振幅可非常大(称为谐振)。当这种振动频率超过了 20 千赫,便产生超声波。1918 年朗之万等人第一次利用压电晶体石英制成的超声换能器获得了频率 150 千赫的超声并能探测到 1.5 千米远处的潜艇。尽管他们的杰出贡献当时未能在大战中发挥作用,但是后来制成的声纳(意为"声音导航和测距"),除军事用途外已成为船舶导航、海底地质勘测、石油勘探和鱼群探测的有效的水下探测设备。

今天压电材料已大大改进,广泛应用人工制造的压电陶瓷(见§6.5),其中用得较多的是锆钛酸铅(简称 PZT)。如用多个条式压电陶瓷片列成一横排而成为阵列,构成多阵元探头,就成为医院里用的 B 超仪器(见后面的图 3.2-2)。

2. 超声波的特性和应用

(1) 超声波是一种弹性振动的机械波,与电磁波不一样,只要是弹性介质,它都可以在其中传播。也就是说,可进入任何弹性材料,不论气体、液体或固体,包括人体,而且不受材料的导电性、导热性、透光性等性能的影响。正是这些特点,使超声检测具有广泛的应用。

(2) 超声波在物体中的传播与材料的弹性密切有关。一旦在传播过程中遇到弹性情况的变化,在界面处会发生波的反射和透射。医院中常用的超声诊断仪——B 超正是通过测量这种反射的超声波来了解人体内脏器官中的病变情况。在工业上利用超声制成的探伤仪,通过测量在裂缝界面上反射的超声波可对材料进行无损伤的断层检测。

超声检查的基本原理就是利用超声探头发射出脉冲式的超声波(一般超声频率为几兆赫,脉冲宽度为 10 微秒)。当这个超声脉冲通过两种介质的界面时,由于两种介质有不同密度或不同成分,在界面上一部分超声波将被反射,另一部分透过界面继续前进,到下一个界面再反射。反射回来的波进入换能器,转换成交变电压,通过电子线路在示波器上显示出一个光点,光点的亮或者暗代表了回声(反射)信号的强和弱,这种强弱反映了界面情况。通过两个光点之间的距离还能测出两个界面间的距离。医院中用的 B 超是使用多阵元探头,以便一次就能将图像显示在荧光屏上,不必移动探头。图 3.2-2 就是心脏的多阵元探头 B 超显像示意图,这是一个二维切面的显像图。

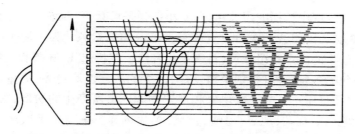

图 3.2-2 心脏的多阵元探头(左)和 B 超显像示意图(右)

当脏器组织中有病变时,正常的与病变的组织间就必然形成界面,通过 B 超就可在荧光屏上显示出病变程度以及病灶大小。利用一般 X 光摄影可检查骨骼或一些固体异物情况,而对一般脏器(软组织)中的病变是难以分辨的,必须要依靠 B 超,既方便,又便宜,且是一种非损伤性的检查。所以,目前医院中 B 超和 X 光已成为两种相互补充的常规的检查手段。

另外,超声的多普勒技术在医学诊断上也有独特应用,见 §3.7。

(3) 超声波频率高、波长短,具有很好的直线定向传播的特性,这为超声波的应用带来方便。科学家已发现,在自然界中许多动物(如蝙蝠、蚱蜢、蝗虫、家鼠、豚类等)都能发射和利用超声。例如,蝙蝠在晚间正是通过接收从障碍物或猎物所反射回来的超声波,进行导向飞行和觅食。所发射的超声频率越高、方向性越好,导向能力越强。蝙蝠可发射 80 千赫的超声,它的耳朵可接收到从 0.1 毫米的金属丝反射回来的波。前面提到的"声纳"的各种应用,也主要利用了超声定向传播好的特性。

(4) 高频的超声波,具有较大的功率。一般说,超声功率与其频率的平方成正比,也与声压平方成正比。如利用声聚焦透镜,还能在局部得到更大功率的超声束,这种超声束振动的作用力很大,可用来对硬脆性材料(如石英、陶瓷、宝石、硅片等)进行超声加工(如超声打孔、超声切割等)。

除了诊断,超声在医学的治疗方面也有重要应用。例如,利用超声的高频振动,通过共振效应来击碎结石,在牙结石、肾结石、胆结石的治疗中得到了应用,也可击碎血栓,减少血液流动障碍。利用这种"超声波刀"不必切开皮肤,使病者免受开刀之苦。近年来高能超声聚焦刀的出现,采用体外发射数百束高能超声波,聚焦在体内病灶处,可直接杀死肿瘤细胞。

五、次声的特性及应用

在整个大气层中传播的声波中,仅一小部分是可听声,而绝大部分是听不见的频率小于20赫的次声波。次声波波源有人工源和自然源。人工源主要是工业和交通工具所产生的次声频段噪声(特别是超音速喷气机起飞、降落和飞行时产生的冲击波),还包括各种爆炸(特别是核爆炸)产生的次声波。更多、更重要的次声源是自然源,主要是由一系列气象现象和地球物理现象所产生的次声,如火山爆发、流星、极光、电离层扰动、地震、海啸、台风、龙卷风等。来源广是次声波的一个特点。次声波的另一个重要特点是频率低、传得远。这是因为频率低,传播时不易被介质吸收,所以传得远,在大气中可以传到几千千米以至上万千米以外的地方,在固体材料中也有强的穿透力。

利用次声探测可进行自然灾害的预报,因为这些灾害都与一定特色的次声波相联系,通常在灾害发生之前的数小时至一两天就可探测到。在军事上,可通过接收核爆炸、火箭发射、导弹、火炮等所产生的次声波来探测它们的位置、强度等特性。一些国家正在研制次声武器,它只杀伤生物而无损于建筑物和对方的武器设备。

次声对人体有危害,主要是人体内脏固有频率在次声范围,如果外来的次声频率与人体内脏振动频率相接近,就会引起人体内脏的"共振",从而使人产生头晕、烦躁、耳鸣、恶心等一系列症状(如晕车和晕船等),甚至血管破裂,促使死亡。

§3.3 电磁波概述

一、电磁现象和电磁感应

人类对电磁现象的认识开始很早。公元前人们就已经知道,用毛皮摩擦过的琥珀会吸引头发、丝线等;天然的磁石会相互吸引或相互排斥。我国东汉时代的王充在《论衡·乱龙篇》中有"顿牟缀芥,磁石引针"的记载,"顿牟"就是琥珀,它能吸引轻小的芥籽。王充把这种摩擦生电的静电吸引和磁石吸针这两种现象相提并论,而又不相互混淆,反映他对电磁现象已有一定的认识,但在当时电与磁还似乎是两种完全不同的现象。

　　19世纪初,丹麦物理学家奥斯特发现了电流的磁效应。奥斯特信奉康德的哲学,认为自然界各种基本力是可以相互转化的。他论证了化学力与电场力的等价性(1812年发表了论文《关于化学力与电力的统一性》),而且他深信电和磁有联系。终于经过多年的不懈努力,在1820年4月的一次实验中,他发现当接通电源有电流通过导线时,导线下方与导线平行放置的小磁针会发生偏转。电流磁效应的发现立即在全世界引起了很大的轰动,使人们开始认识到电和磁之间的联系。不少科学家开始致力于这方面的研究,其中有一位学徒出身、后来为电磁学的发展做出伟大贡献的英国科学家——法拉第[4]。

　　法拉第家境贫寒,读到小学三年级就停学了,13岁时便在一家订书店里当学徒。他勤奋好学,利用工余时间博览群书、动手实验,对科学产生了浓厚兴趣。1812年满师,通过自荐,又经英国化学家戴维(Sir H. Davy, 1778—1829)推荐,到皇家研究院当助理研究员,在戴维的指导下,从事化学研究,成为实验室的工作狂。由于他非凡的实验才能,取得了很多成果,1825当上了实验室主任。1833年成为皇家学院教授。

　　1821年,即奥斯特关于电流磁效应的重要发现公布的第二年,戴维受英国权威杂志《哲学年鉴》主编之约,撰写一篇介绍电流磁效应发现以来一年中电磁学研究进展的文章,他把此任务交给了法拉第,促使法拉第把研究方向转到了电磁学

法拉第

领域。法拉第对奥斯特的发现给予了高度的评价:"它突然打开了一个科学领域的大门,那里过去是一片漆黑,如今充满了光明。"(见参考资料[4],第126页。)法拉第与奥斯特一样,受到康德哲学思想的影响,信奉哲学对自然科学的指导。因此,也深信"自然界各种基本力的统一性",既然电能产生磁,那么,磁是否也能产生电呢?为此,他口袋里总放着一个小的电磁线圈,时刻提醒自己不断思考磁产生电的实验研究。经历了10年之久的无数次失败之后,终于发现了"磁生电"的几种途径(参考资料[5]§3-3中记载了法拉第设计完成的磁生电的几个重要实验)。更明确地

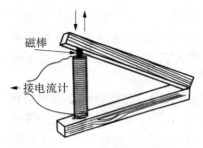

磁棒

接电流计

图 3.3-1 磁棒相对线圈运动,在
线圈中产生感应电流

说,应该是"变化的磁能产生电"。例如,法拉第
设计了如图 3.3-1 所示的实验。当磁棒在线圈
内插入和拔出的同时,在线圈中就有感应电流
产生,一旦磁棒停止运动,感应电流立即消失。
"电生磁"和"磁生电"的现象统称为"电磁感
应"。有一次他在皇家学会演讲结束后,英国首
相格拉斯通(Glastone)问他:"你的这一切发现
有何用处?"他风趣地回答说:"先生,说不定过
不了多久,你能够从它收税呢!"(见参考资料
[4],第 286 页。)实际上,有广泛应用的电动机和发电机就是基于电磁感应原理。

二、法拉第的科学想象力——"场"的发现

法拉第另一个重要贡献是提出了"场"的概念。两个带电体之间有力的作用,
两根通电导线之间也有力的作用,为什么两个不接触的物体之间会有力的作用呢?
牛顿在发表他的万有引力定律时,曾简单地认为引力是不需要物质传递、也不需要
任何传递时间的一种作用。这种"超距作用"观点虽曾使牛顿本人也深感困惑,但
由于牛顿的权威,还是被当时大多数人所接受,并用于解释电荷之间和电流之间的
相互作用。法拉第极具想象力,他认为,任何相互作用都不可能是超距的,而应通
过某种媒质来传递。在电荷、电流或磁体周围存在着一种"场"的物质,正是这种
"场",即"电场"和"磁场"传递着电或磁的作用。实际是,早在 1831 年,法拉第就发
现了"磁力线"。他用一张纸盖在磁棒上,撒上铁屑后轻敲纸张,这些铁屑便形成了
"磁力线"图形(见图 3.3-2)。经过大量实验后于 1845 年他才形成和明确提出了
"场"的概念,布满磁力线的空间是一个"物理空间",就是"场"。这种看不见的"场"
可用"力线"来形象地描绘。引入了"场"的概念,就可以对电磁感应实验作出物理

图 3.3-2 条形磁铁周围的磁力线分布

解释,解决了经典力学无法对电磁感应现象给以科学说明的难题(见参考资料[5], §3-3)。例如,在图 3.3-1 中,当磁棒运动时,线圈所处的磁场发生变化,在变化的磁场周围可产生与磁场方向垂直的涡旋电场,从而使线圈中产生感生电流。

法拉第关于"场"的概念及其"力线"是物理学中具有开创性意义的见解。爱因斯坦认为:场的概念的提出"是自牛顿的时代以来最重要的发明"。"用来描写物理现象最重要的不是带电体,也不是粒子,而是带电体之间与粒子之间的空间中的场,这需要很大的科学想象力才能理解。"(见参考资料[6],第 180 页。)爱因斯坦还说过:"想象力比知识更重要,因为知识是有限的,而想象力概括着世界上的一切,推动着进步,并且是知识进化的源泉。"*

法拉第的成功是与他的勤奋刻苦、坚韧不拔的精神、丰富的科学想象力和严格的科学态度分不开的。他认为做实验就是与自然的直接对话,工作起来废寝忘食,遇到困难百折不挠。在化学实验中多次发生试管爆炸,伤及了眼睛,他绷上纱布继续做下去。在他勤奋实验的 40 年间,他坚持记下 3 000 多页的实验日记,内容包括几千幅插图和大量的实验条目等。其最后一条的编号是"No. 16041",由于有些条目编号重复、实际的条目比这个数还要多。这里记录了他的成功与更多的失败,这本日记连同他共 20 多集的《电的实验研究》,是他留给后人的宝贵遗产。法拉第也被后人誉为"19 世纪最伟大的实验物理学家,电磁学的奠基人之一"。法拉第不仅是一位伟大的科学家,而且是一位待人亲切、谦恭热心的科学普及家。在每年圣诞节他都亲自为少年儿童举办"圣诞节少年科学讲座"。他淡泊名利,对政府要封他为"爵士"、英国皇家学会要邀他当"会长",他都一一拒绝,表示"我是普通人,我必须保持平凡的法拉第以终"**。

三、麦克斯韦预言电磁波 电、磁、光的统一

在法拉第发现电磁感应现象的那一年,英国诞生了另一位物理学家——麦克斯韦,他的青年时代与法拉第大不一样,他是英国两所著名大学——爱丁堡大学和剑桥大学的研究生,受到严格而正规的教育,有着深厚的数学根基和高超的逻辑推理能力。当他读到法拉第的著作时,被他著作中丰富的内容,尤其是"场"的概念深深吸引。他有与众不同的眼光,深刻体会到引入"场"的革命意义,于是全力投入电磁理论的研究之中。与法拉第一样,麦克斯韦也是一位富有想象力的科学家,他要

---

* 许良英等. 爱因斯坦文集(第一卷),第 284 页. 北京:商务印书馆,1979
** 路甬祥. 创新辉煌:科学大师的青年时代(下册),第 601 页. 北京:科学出版社,2001

麦克斯韦

用数学方程来给出电场和磁场的变化及相互转换，以及向外传播所遵循的基本规律。

麦克斯韦在总结法拉第等前人工作成果的基础上，抓住了电磁理论的两根主线：其一是"变化的磁场产生电场"，这是法拉第发现电磁感应现象后提出的；另一则是"变化的电场产生磁场"，这是麦克斯韦基于电与磁的统一性和对称性所提出的假设，极具创造性。认识到电场和磁场在"变化"的情况下，形成不可分割的和谐统一体——电磁场，并把电磁场的基本规律用极其精辟的数学语言——4 个方程表达出来，这就是著名的麦克斯韦方程组（见参考资料[5]，§3-4）。1856 年麦克斯韦曾把有关论文寄给法拉第，法拉第读后写回信大加赞扬说："起初当我看到这种数学的力强加于这个主题上时，我几乎被吓坏了，尔后我惊异地看到：这个主题居然能处理得这么好！"

麦克斯韦方程组的一个重要结果就是预言了电磁波的存在。从麦克斯韦方程组可以推得：变化的电场在其周围产生与之垂直的涡旋磁场，变化的磁场也会在其周围产生与之垂直的涡旋电场，变化的电场和变化的磁场沿着与两者均垂直的方向传播，这就是电磁波（见示意图 3.3-3）。经计算在"国际单位制"中，电磁波的传播速度为 $\dfrac{1}{\sqrt{\varepsilon\mu}}$，在真空中是 $\dfrac{1}{\sqrt{\varepsilon_0\mu_0}}$。$\varepsilon$ 与 μ 分别为媒质的介电常数与磁导率。而从真空介电常数 $\varepsilon_0 = 8.854 \times 10^{-12}$ 库仑^2/（牛顿·米^2）（书末常数表中有更精确值）、真空磁导率 $\mu_0 = 4\pi \times 10^{-7}$ 牛顿/安培^2，即可算得 $\dfrac{1}{\sqrt{\varepsilon_0\mu_0}} = 3 \times 10^8$ 米/秒。麦克斯韦指出："电磁波的这一速度与当时测得的光速如此接近，看来有充分理由断定光本身（以及热辐射和其他形式的辐射）是以波动形式按电磁波规律传播的一种

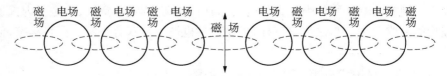

图 3.3-3 电磁波的形成和传播

电磁振动。"从而把表面上似乎毫不相干的光现象与电磁现象统一了起来,实现了继牛顿之后人类对自然界认识的又一次大综合,也为人类深刻认识光的本质树起了一座历史丰碑。

麦克斯韦的理论是如此的深刻、完美和新颖,使它在问世以后的相当长时间里并不为人们所接受。甚至像德国著名的物理学家亥姆霍兹(H. L. F. Helmhotz, 1821—1894)这样有才能的人,为了理解它,也花费了好几年的时间。1878 年的夏天,身为柏林大学教授的亥姆霍兹出了一道竞赛题,要学生用实验方法来验证麦克斯韦的电磁理论。他的一位学生,

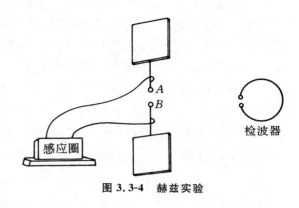

图 3.3-4   赫兹实验

后来成为著名物理学家的赫兹从此开始了这方面的研究。1886 年 10 月,赫兹在做一个放电实验时,偶然发现在其近旁的一个线圈也发出火花,他敏锐地想到这可能是电磁共振。随后他又做了一系列实验,得到证实。实验中,他用一个感应圈与两根一端各装一金属板,另一端各有一金属小球 A 和 B 的金属杆连接,两杆的小球端靠得很近,相当于一个电容器,从而构成一个 LC 振荡回路,并在其附近再放置一个具有开口的金属圈,作为检测器,如图 3.3-4 所示。回路中的振荡电流在电容器的两极间形成交变电场,变化的电场产生磁场,变化的磁场又产生电场,从而形成电磁波,电磁波的交变电磁场使附近开口的金属圈中也产生高频振荡,高压致使开口处发生火花。因此,此开口金属圈起到了检验电磁波存在的作用。接着赫兹又用类似实验证明电磁波具有类似光的特性,如反射、折射、衍射、偏振等,证实了麦克斯韦电磁理论的正确性。

赫兹的实验轰动了当时整个物理学界,全世界许多实验室立即投入了对电磁波及其应用的研究。在赫兹宣布他的发现后不到 6 年,意大利的马可尼与俄罗斯的波波夫(А. С. Попов, 1859—1906)分别实现了无线电远距离传播,并很快投入实际应用。在以后的三四十年间,无线电报、无线电广播、无线电话、传真、电视以及雷达等无线电技术像雨后春笋般地涌现了出来。近几十年来,又实现了无线电遥控、遥测、卫星通信等。可以说,麦克斯韦电磁理论和赫兹实验为人类开创了一个电子技术的新时代。

四、电磁波谱及其产生

　　赫兹发现电磁波后,人们又进行了许多实验,不仅证明了光是一种电磁波,而且发现了更多形式的电磁波。1895 年发现的 X 射线以及 1896 年发现的放射性射线中的一种 γ 射线都是电磁波。现在为人们熟知的红外线与紫外线也是电磁波。这些电磁波本质上完全相同,只是频率与波长不同而已。

　　如前所说,真空中电磁波的传播速度是一个常数,记为

$$c = 299\ 792\ 458\ \text{米／秒}$$

它比空气中声速几乎大了 100 万倍! 但电磁波的速度 c 与频率 ν 及波长 λ 的关系仍类似于(3.2-2)式,即 *

$$c = \lambda\nu \tag{3.3-1}$$

　　100 多年来,人们已经认识并且应用的电磁波,其波长最长的达 10^5 米,最短的波长只有 10^{-13} 米,相应地,频率从 $1\ \text{kHz} = 10^3$ 赫 $= 1$ 千赫的极低频直到超过 10^9 太赫(10^{21} 赫)的极高频,跨度竟达到 10^{18} 倍! 如表 3.3-1 所示,可见光只占波长从 0.38 微米(紫光)到 0.78 微米(红光)(1 微米 $= 10^{-6}$ 米)极窄的一个波段。关于相应的“光子”能量 $h\nu$,将在 §3.8 中讨论。

　　上述的电磁波谱是如何产生的? 首先让我们来看无线电波的产生。由麦克斯韦电磁理论可知:只要空间某区域存在着一交变的电场或磁场,则变化的电场会产生磁场,而变化的磁场会产生电场,这种交变的电磁场以一定的速度在空间传播,从而形成电磁波。那么,如何来获得一交变的电场或磁场呢? 用无线电电子学的振荡电路就可产生无线电波的交变电磁场。

　　图 3.3-5 所示的是由电容器 C 和自感线圈 L 构成的振荡电路。给电容器充电并接通电路后,电路里就会产生大小和方向作周期性变化的振荡电流,从而在电容器的两极板间以及线圈中分别获得一交变的电场和磁场,就会产生无线电波。当然,图 3.3-5 所示的电路里是无法维持稳定的振荡,这是因为任何电路都有电阻,它会把一部分能量转化为热能,同时,由于电磁波也会带走一部分能量,致使振荡的能量逐渐衰减。如要维持稳定的等幅振荡,实际的振荡电路是把图示 LC 电

---

　　* 由于铯原子钟及光速测定的高精度,1983 年国际度量衡委员会规定时间单位“秒”的定义为“铯同位素 ^{133}Cs 原子两超精细能级间跃迁产生的辐射电磁波周期 T 的 9 192 631 770 倍”(辐射波长 λ 约为 3.26 厘米),而长度单位“米”定义为“光在真空中经时间间隔 $\left(\dfrac{1}{299\ 792\ 458}\right)$ 秒所传播的路程长度”。

表 3.3-1   电磁波谱

名 称		波长范围	频率范围
γ 射线		10^{-4} 纳米～0.01 纳米	$3×10^7$～$3×10^9$ 太赫
X 射线		0.01 纳米～10 纳米	$3×10^4$～$3×10^7$ 太赫
紫外线		10 纳米～0.4 微米	750～$3×10^4$ 太赫
可见光		0.4～0.8 微米	375～750 太赫
红外线	近 红 外	0.8～1.3 微米	230～375 太赫
	短波红外	1.3～3 微米	100～230 太赫
	中 红 外	3～8 微米	38～100 太赫
	热 红 外	8～14 微米	22～38 太赫
	远 红 外	14 微米～1 毫米	0.3～22 太赫
电波	微波	亚毫米波	0.1～1 毫米	0.3～3 太赫
		毫米波（EHF）	1～10 毫米	30～300 吉赫
		厘米波（SHF）	1～10 厘米	3～30 吉赫
		分米波（UHF）	0.1～1 米	0.3～3 吉赫
	超短波（VHF）	1～10 米	30～300 兆赫
	短 波（HF）	10～100 米	3～30 兆赫
	中 波（MF）	0.1～1 千米	0.3～3 兆赫
	长 波（LF）	1～10 千米	30～300 千赫
	超长波（VLF）	10～100 千米	3～30 千赫

路接到晶体管电路中,组成振荡器,靠电路中的直流电源不断补给能量。LC 振荡电路的振荡频率 ν 或周期 T 由自感系数 L 和电容 C 决定:

$$\begin{cases} \nu = \dfrac{1}{2\pi\sqrt{LC}} \\ T = 2\pi\sqrt{LC} = \dfrac{1}{\nu} \end{cases} \quad (3.3\text{-}2)$$

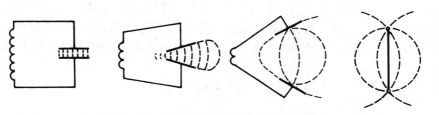

图 3.3-5   从 LC 振荡电路转变成偶极振子

由普通电容器和线圈构成的振荡电路,其辐射电磁波的本领是很差的。这是由于电场能量几乎全部集中在电容器的两极板间,而磁场的能量几乎全部集中在线圈中。因此,这种"闭合"电路在电磁振荡过程中,电场能与磁场能主要是在电路内互相转变,辐射电磁波的能量极小。为了能把电磁波发射出去,即把电磁能辐射出去,必须把电路加以改造,以使这种"闭合"变为"开放",即把电场能与磁场能分散到空间。最后,振荡电路演变为一根直导线,电流在其中上下振荡,两端出现正负交替的等量异号电荷。这种电路称为振荡偶极子或称偶极振子。电视台和无线电广播电台的发射天线都属于这类偶极振子。

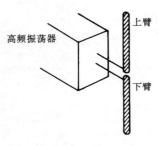

高频振荡器

上臂

下臂

图 3.3-6 偶极振子天线

简单的偶极振子天线是由两段相同的直导线沿一直线排列而成,其间留有一小间隙,如图 3.3-6 所示。当天线中产生某一频率的交变电流时,其周围的电磁场的大小和方向都发生周期性的变化。这种交变的电磁场向外传播形成了无线电波。

电磁波谱中可见光和紫外线一般是受激发的原子退激时所发出的原子光谱,而且这种光谱是来自原子中外层电子能级之间的跃迁(见§4.2,二)。而波长较可见光长的红外线谱主要是来自受激发的分子退激时所发出的分子光谱,包括分子振动能级之间和转动能级之间的跃迁所辐射的光谱。其中,转动谱一般在波长更长些的远红外谱区,也可能落在微波谱区(见附录4.A)。X 射线谱也是原子光谱,但它是在原子中内层电子被电离产生空穴的情况下,外层电子向内壳层跃迁时所辐射出来的,相应谱线的频率高、波长短(见§4.3)。而波长最短的 γ 射线则是处于激发态的原子核退激时所辐射出来的(见§4.4,四)。

五、电磁波——横波

如图 3.3-7 所示,当波沿着正 z 轴传播时,它的电场强度 E 沿 x 轴方向,则其磁感应强度 B 沿 y 轴方向,E 和 B 的振动方向与波的传播方向(沿 z 轴)垂直,且组成右手螺旋关系。注意:E 和 B 的振动是同相位的,即同时到达极大值和极小值。

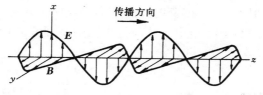

图 3.3-7 电磁波是一种横波

最后指出,沿 z 轴方向的电偶极子的振动(如图 3.3-6 的天线中电流的振荡)所引起的电磁波辐射的角度分布,一般地说,垂直于 z 轴方向的辐射最强,越倾向于 z 轴方向的辐射越弱,沿 z 轴则没有辐射,这与电磁波是横波的性质分不开。

§3.4 光的反射、折射和全反射

自 17 世纪以后,人们开始对光的本性展开研究,其中,以牛顿为代表的微粒说和以荷兰物理学家惠更斯为代表的波动说最为重要。在早期约 100 多年的争论中,微粒说一直占统治地位,直到 19 世纪初波动说才被科学家所普遍接受。20 世纪初,爱因斯坦把光的微粒说与波动说在新的层次上统一起来,提出了光具有波粒二象性,使人们对光的本性有了更全面的认识。本节只介绍波动说,有关微粒说的介绍可见参考资料[5]中的§4.1。

一、光的波动说　惠更斯原理

惠更斯是波动说的早期代表人物,他在前人的波动观念基础上明确提出,光是发光体中微小粒子振动在弥漫于宇宙空间的完全弹性介质中的传播过程,即光是振动的传播,而不是粒子本身的运动(见参考资料[7],第135 页)。光(或一般的电磁波)在空间的传播可以由惠更斯提出的原理进行说明:

在图 3.4-1(a)点光源 S 发出的在 t 时刻的波面(振动传播同时到达的点所组成的面)Σ 是一个球面,最前面的一个波面称为波前。波前为球面的波称球面波。球面上的每一点都可以看作一个新的点光源,它们各自向前

惠更斯

发出球面子波,下一时刻($t+\tau$)新的波面Σ'是与这些子波面相切的包络面,显然也是球面。在图 3.4-1(b)中,给出了波前为平面的平面波的传播示意图,这就是著名的惠更斯原理。

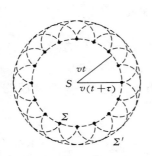 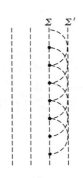

(a) 球面波的传播:从点光源 S 发出的光于 t 时刻到达球面Σ,在($t+\tau$)时刻到达 Σ',Σ'是 Σ 上各点发出的球面子波的包络面(v 是波的速度)

(b) 平面波的传播:Σ'是 Σ 上各点发出的球面子波的包络面

图 3.4-1　惠更斯原理示意图

波与粒子有一个本质的不同:波动满足线性叠加原理,而粒子没有这种特性。利用叠加原理,可方便地描述有多束光相干叠加时产生的总效应。这一点在下节对光的干涉和衍射现象的解释中有重要应用。

二、镜面反射

每一个人都有在镜面前看物的经验。我们可简单地分析一下其中的道理。设镜外的物是一个点光源 S,它发出两束光 1 和 2(见图 3.4-2),分别在镜面上反射后进入人眼,反射的规律如下:入射角等于反射角,即 $\theta_i=\theta_r$。于是,1 和 2 分别变为 $1'$ 和 $2'$,在人眼看来,$1'$ 和 $2'$ 的延长线交于镜内的一点 S',它与原物 S 处于镜面对称的位置上,S' 叫做 S 的虚像。

历史上,光的“微粒说”似乎也可解释反射,只须假定光的“微粒”在镜面上作完全弹性反射。不过光的“波动说”解释更合理,尤其只有利用光的波动说才可以对光的折射作出正确的解释。

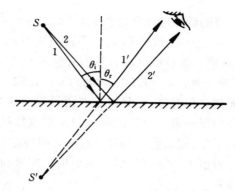

S'是点光源 S 经镜面反射后所成的虚像。光线 1 的入射角 θ_i
（1 与镜面法线的夹角）等于它反射后 $1'$ 与法线的夹角 θ_r（叫反射角）

图 3.4-2　镜面反射成像

三、两种媒质界面上光的折射和反射

一束光在各种媒质(亦称介质,包括空气或真空)中传播时频率不变,但速度 v(因而波长)是各不相同的。按电磁波理论,在真空中,

$$v_{真空} = c = \frac{1}{\sqrt{\varepsilon_0 \mu_0}} \tag{3.4-1}$$

在一般不导电的媒质中,介电常数可写为 $\varepsilon = \varepsilon_r \varepsilon_0$,$\varepsilon_r$ 是相对介电常数,也简称为介电常数。注意:它是一个无量纲数,磁导率 μ 和真空的 μ_0 差不多,故速度 $v = \frac{1}{\sqrt{\varepsilon \mu}}$ 与真空光速 c 之比值为

$$\frac{v}{c} = \sqrt{\frac{\varepsilon_0 \mu_0}{\varepsilon \mu}} \approx \frac{1}{\sqrt{\varepsilon_r}} \tag{3.4-2}$$

通常把速度比

$$n = \frac{c}{v} \tag{3.4-3}$$

定义为该媒质的折射率 n。比较上两式可见,$n = \sqrt{\varepsilon_r}$,但是,注意在高频($\nu > 10^{14}$ 赫)光波作用下媒质的介电常数 ε_r 与在静电或低频实验中测定的 ε_r 相差很

大。例如,水对 $\nu = 10^5$ 赫的低频电波测量到 $\varepsilon_r = 78.2$, $n = \sqrt{78.2} = 8.84$,与水对高频光的折射率 $n = 1.33$ 之比达到 6.65 倍。不过空气的 $\varepsilon_r \approx 1$,同时,$n \approx 1$,因此,空气与真空常不加区别。各种玻璃和石英的折射率大致在 $n = 1.45 \sim 1.75$ 这一范围。例如,通常石英晶体的 $n = 1.50$,玻璃的 $n = 1.52$。

下面讨论折射率 n 的几何意义,它是涉及在两种媒质的界面上入射角与折射角的正弦之比。现在我们用一束平行光(平面波)从空气投射到媒质的界面上,入射角为 θ_i(见图 3.4-3),于是,观察到一部分光被反射回到空气,另一部分光进入媒质,不过改变了方向,即折射了。下面我们用惠更斯原理来讨论折射光(至于反射光部分的讨论留作习题)。

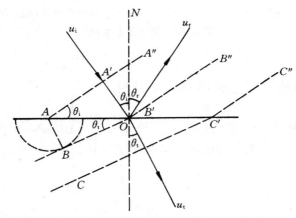

光线 u_i 以入射角 θ_i 从媒质 1(空气)投射到与媒质 2(有折射率 n)的界面上,一部分 u_r 反射($\theta_i = \theta_r$),另一部分 u_t 以折射角 θ_t 透入媒质 2

图 3.4-3 光的折射和反射

入射光 u_i 是平面波,它的一个波面 $AA'A''$ 画在图上,与光线方向垂直,如果不存在媒质 2 的界面,这个波面在隔一定时间 τ 后,将推进到与 $B'B''$ 平行的位置,再隔 τ 后,到达与 $C'C''$ 平行的位置,等等。然而,界面的存在使它们畸变了。从 A 点发出的子波在媒质 2 中的传播速度为 v,经过 τ 时刻到达 B 点,与此同时,从 A' 点发出的子波在媒质 1 中以速度 c 传播,已到达 B' 点,恰与图上选取的原点 O 重合。根据直角三角形性质可见,角度 $\angle A'AO = \theta_i$,故 $A'B' = AB' \sin \theta_i$。OB 作为子波球面的切线,垂直于 AB,而 AB 的方向就是媒质中光速 v 的方向,故角度 $\angle AOB = \theta_t$,$AB = AB' \sin \theta_t$,结合 $A'B' = c\tau$ 和 $AB = v\tau$,相除即得[注意(3.4-3)式]

$$\frac{\sin\theta_i}{\sin\theta_t} = \frac{c}{v} = n \tag{3.4-4}$$

不难看出,如果媒质 1 不是空气,其折射率为 n_1,而记媒质 2 的折射率为 n_2,当光线从媒质 1 入射到媒质 2 时,

$$\sin\theta_i/\sin\theta_t = v_1/v_2 = n_2/n_1 \equiv n_{21} \tag{3.4-5}$$

物理上常以记号"$\equiv$"表示"定义",这里定义 n_2 与 n_1 之比为"媒质 2 对于媒质 1 的相对折射率 n_{21}",它等于光在媒质 1 和媒质 2 中的速度(v_1 和 v_2)之比。这个折射定律是 1618 年由荷兰科学家斯涅耳(W. Snell, 1591—1626)首先发现的,故亦称斯涅耳定律。

以上只讨论了光在反射和折射时的方向问题,进一步要讨论光的强度问题,即能量流大小的问题。由 §3.2 关于声波的讨论可知,这时要计算光的(电场强度)振幅 u 的平方。这当然与两种介质的性质和入射角有关。我们只指出:当光从媒质 1 垂直地(正)入射到媒质 2 的表面上时,反射率 R 最小,即

$$R = \frac{u_r^2}{u_i^2} = \left(\frac{n_{21}-1}{n_{21}+1}\right)^2 = \left(\frac{n_2-n_1}{n_2+n_1}\right)^2 \tag{3.4-6}$$

例如,从空气射到玻璃表面时,$R = 0.043$,表示约有 4% 光强被反射回去,光的透射率为 96%。实际设计照相机时,可通过镀增透膜的方法来减小这一反射损失(其原理见 §3.5,一)。

四、全反射

按(3.4-5)式,若 $n_2 > n_1$,则称媒质 1 为光疏介质,媒质 2 为光密介质,光从光疏介质 1 射向光密介质 2 而折射时,$\theta_t < \theta_i$,光折射后向法线靠拢;反之,若 $n_2 < n_1$,光从光密介质射向光疏介质时,$\theta_t > \theta_i$,光折射后进一步偏离法线而向界面靠拢,如图 3.4-4 所示。

由(3.4-5)式,当 $n_1 > n_2$,$\sin\theta_t = \frac{n_1}{n_2}\sin\theta_i$,$\theta_t > \theta_i$;当入射角 θ_i 增大到使

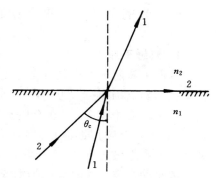

$n_1 > n_2$,以临界角 $\theta_c = \arcsin\dfrac{n_2}{n_1}$ 入射的光线折向界面(图上未画出反射光束)

图 3.4-4 光的全反射

$\sin\theta_{t}=1$，则 $\theta_{t}=\pi/2$，这表示从光密介质入射的光折射后将沿界面传播，而不再进入光疏媒质 2。这个 θ_{i} 的最大值叫临界角，记为 θ_{c}，由 $\sin\theta_{c}=\dfrac{n_2}{n_1}$ 决定，即

$$\theta_{c}=\arcsin\left(\frac{n_2}{n_1}\right) \quad (n_1 > n_2) \tag{3.4-7}$$

例如，当媒质 2 是空气，媒质 1 是玻璃或石英，那么，$n_2=1$，$n_1\approx1.5$，$\theta_{c}=\arcsin\left(\dfrac{1}{1.5}\right)=41.8°$。这表示从玻璃（或石英）射向空气时，入射角超过临界角

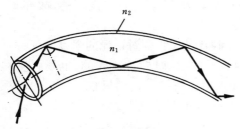

图 3.4-5　光学纤维导光原理

41.8°的光束都 100% 地被反射了（仍满足 $\theta_{r}=\theta_{i}$ 规律），这种现象称为全反射。根据这个道理，用玻璃（或石英）做成直径几微米到几十微米的细丝，称为光学纤维，光被约束在其中沿着弯折的路径靠全反射的机制传播（见图 3.4-5），损耗极少，使现代"光纤通信"（见 §6.7）和医学上的"内窥镜"技术（见 §8.2）得以实现。

§3.5　光的干涉、衍射和偏振

一、光的干涉　不畏权威的托马斯·杨

1. 双缝干涉

水面上波的干涉现象日常可见。例如，用两个音叉在水面上相隔一定距离作同频率的振动，就可在水面上形成干涉条纹，在有些点上，水的振动很剧烈，有些点上则接近静止，但如果用手指代替音叉而无规则地敲击水面，干涉就看不见了。这是由于干涉是两个波叠加时彼此相消或者相长的结果，为使图像稳定，必须要求像（3.2-1）式中波的相位是确定的空间位置和时间的函数，而不允许"初相位角"φ 无规则变化。这个要求对光的干涉是相当

托马斯·杨

苛刻的。光源中各原子的发光彼此是无规则的,所以,任取两个光源是看不到干涉的。既然两个独立的光源是不相干光源,那么,如何可以获得相干光源呢?

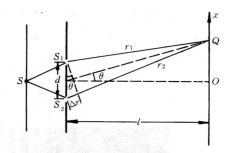

图 3.5-1　杨氏双缝干涉装置示意图

下面介绍英国物理学家托马斯·杨(T. Young, 1773—1829)的工作。他是一位想象力异常丰富的博学通才。早期他受叔父(著名的医生)的影响学习医学,1799年毕业于剑桥大学。他对眼睛生理学和颜色的视觉很有研究。在学医的同时,他对物理学也很有兴趣,曾精读过牛顿的力学和光学,对光的波动说尤其感兴趣。1802 年他想出了一个巧妙的办法,他将同一光源(垂直于纸面的线光源)发出的光,通过位于同一屏上的两条细缝,人为地分成两束。这两束光必然满足相干条件,即:有相同频率,有稳定的相位差,有相同的振动方向(见后面关于偏振光的介绍)。此时,两个缝便成了相干光源。

图 3.5-1 是杨氏双缝干涉实验装置的示意图。两缝(与光源平行)S_1, S_2 的间距为 d,双缝屏与像屏的距离为 l。从 S_1, S_2 射来的光束在屏上任一点 Q 相遇,由几何关系可知,这两束光在到达 Q 点前所经过的路程之差为

$$\Delta r = r_2 - r_1 \approx d\sin\theta = \frac{xd}{l}$$

其中,距离 OQ 记为 x。两束光传到 Q 点时的光程差 Δr 为波长的整数倍 $n\lambda$(此时两束光相位差为 2π 的整数倍)时,即当

$$x = \frac{n\lambda l}{d} \quad (n = 0, \pm 1, \pm 2, \cdots) \tag{3.5-1}$$

时,两光波到达 Q 点时相位相同,叠加后相互加强,使该处的振幅为每一束光波的两倍,因而呈现明亮的条纹,称为相长干涉。而如果光程差 Δr 为半波长的奇数倍 $(2n+1)\dfrac{\lambda}{2}$(此时两束光相位差为 π 的奇数倍)时,即当

$$x = (2n+1)\frac{l\lambda}{2d} \quad (n = 0, \pm 1, \pm 2, \cdots) \tag{3.5-2}$$

时,两光波到达 Q 点时相位相反,叠加后相互削弱,使该处的振幅为零,因而呈现暗条纹,称为相消干涉。由此可知,在像屏上 $x=0$ 处为一亮条纹,上下两边对称

地依次出现暗条纹和亮条纹,对应的位置分别是(3.5-1)式和(3.5-2)式中 n 取 $\pm1,\pm2,\cdots$的地方,从而形成明暗相间的干涉条纹(见图3.5-2)。两相邻亮条纹或两相邻暗条纹的间距相等,为

$$\Delta x = \frac{l}{d}\lambda \tag{3.5-3}$$

图 3.5-2   双缝干涉图样

利用杨氏双缝干涉实验,只要测出干涉条纹的间距 Δx 和实验装置中的 l 和 d,即可从(3.5-3)式求出所用光的波长。杨氏当时就是用此方法求出了太阳光的平均波长。双缝干涉实验的完成,以及用波动说对干涉现象的成功解释,宣告了光的"波动说"的重大胜利。这对牛顿的微粒说是一个严重的挑战。面对两种学说的争论,托马斯·杨说:"尽管我仰慕牛顿的大名,但我并不因此非得认为他是万无一失的。我……遗憾地看到他也会弄错,而他的权威也许有时甚至阻碍了科学的进步。"不出所料,托马斯·杨的工作很快就遭到一些学术权威的攻击,说他的工作"没有任何价值"、"称不上是实验"等。但是,他毫不动摇,坚信自己的实验和解释的正确,并进一步对光的波动性质作深入研究,几年后又作出光波不是纵波而是横波的正确解释,由此对偏振光(见§3.5,四)的来源作了说明(见参考资料[7],第137页)。

2. 薄膜干涉及其应用

在日常生活中常可见到在太阳光的照耀下,肥皂泡或水面的油膜上会呈现出色彩绚丽的彩色条纹图样,这种条纹就是一种干涉条纹。当太阳光从空气射到肥皂泡或油膜的薄膜(一般将厚度小于 10^{-4} 厘米的膜称为薄膜)表面上时,一部分光直接反射,而另一部分光折射后进入薄膜,又经下表面反射返回上表面,最后经折射又回到空气时与直接反射的光就有一光程差 Δ。于是,由上、下两表面反射出来的两束光就发生了干涉。而这种薄膜的厚度一般并不均匀,不同厚度处的光程差也不相同,不同的光程差对应于不同的相位差,因此,在薄膜上会显示出干涉条纹,这种干涉称为薄膜干涉。另外,由于太阳光并非单色光,而薄膜对各种不同频率光

的折射率并不相同,因此,组成太阳光的各种频率色光以不同的折射角折射入薄膜,使得在同一位置处,不同频率的两部分光的光程差 Δ 也不相同。这样,各种频率的色光在薄膜的表面各自形成一套干涉条纹。由(3.5-3)式可知,这些条纹的间隔与波长有关,各种色光的干涉条纹并不重叠,而是相互错开,从而形成各种颜色都有的美丽的彩色条纹图样。

在科学研究、工业生产以及精密测量等方面常采用薄膜干涉方法来测量薄膜的厚度或检验光学平面的平整度。例如,为了检验一光学平面的平整度,可用一标准平面玻璃覆盖其上,由于空气、灰尘等因素会使两者之间形成夹角极小的楔形空气膜。例如,用诸如钠灯发出的单色光照射,由于在不同厚度处两部分的光程差不同,因而可以观察到干涉条纹。如果待测平面很平整,则干涉条纹应是平行的直线,如果干涉条纹发生了弯曲,如图 3.5-3 所示,则表明该处的平面凹凸不平。

（a）干涉法

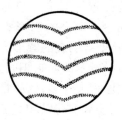

（b）干涉条纹

图 3.5-3   用干涉法测平面的平整度

利用薄膜干涉的原理,我们可以在某些光学表面镀上一层适当材料[如氟化镁(MgF_2),折射率为 1.38]的薄膜,用以增加光在该表面的透射,减少反射,这种薄膜叫增透膜。在照相机或望远镜中有很多透镜,如光在每一表面都有一定量的反射损失的话,经过诸多表面后的损失就相当可观,况且这些反射光会造成有害的杂光,影响成像清晰度,镀上增透膜后可以使反射光大为减少。其原理是选择适当厚度的薄膜,使正入射的光经薄膜两个表面反射的光产生相消干涉,这样返回空气的反射光的能量大大减弱,相应地增加了透射光。由于太阳光不是单色光,照相机镜头表面所镀的增透膜是按太阳光的平均波长(约黄光波长)来考虑的,它对蓝光和红光的反射率比绿光和黄光的略高,因此,镜头表面呈蓝紫色。

近年来一些豪华大厦用不同颜色的"幕墙玻璃"来代替外墙。从里面可见外面景物,但从外面看不见内部,看到的只是某种颜色的反射光。其原理就是在玻璃上镀上一层薄膜(一般可用金属氧化物),通过控制薄膜厚度可使某种颜色光在膜内、外两个表面的反射光产生干涉加强,从而使玻璃呈现不同颜色。但也必须指出,由于幕墙玻璃的反射率很高,强烈的反射光刺激人眼,超过了人眼能承受的程度,这也是一种环境污染(称为光污染)。

二、光的衍射　菲涅尔预言"泊松亮点"

在房间里,人们即使不能直接看到窗外的声源,却能听到从窗外传来的声音,这表明声波能绕过障碍物传播。一切波在传播中遇到障碍物时,它能偏离直线传播,这种现象叫做波的衍射。光的衍射不易被觉察,给人们印象深的是直线传播。其主要原因是光的波长很短。

1. 光的衍射

如果让点光源 S 发出的光通过一直径可调的圆孔,如图 3.5-4(a)所示,在孔后适当位置处设置一光屏。当孔的直径比光的波长大得多时,屏上出现的是如图 3.5-4(b)所示的明亮的圆形光斑。逐渐缩小孔径,当其直径与波长可以比拟时,除正对小孔处有明亮的圆形光斑(在某些条件下也可能是暗斑)外,其周围出现了如图 3.5-4(c)所示的明暗相间的圆环形图样,整个图样的面积比由光沿直线传播所能照射的面积大许多,这就是衍射现象。如果将点光源换为线光源,并将小孔换成一狭缝,只要缝宽可以和光的波长相比拟*,就可在光屏上观察到如图 3.5-5所示的图样。注意到图 3.5-2 中的双缝干涉条纹是等间距的,这里单缝衍射图样是不等距的,且中间的条纹最宽、最亮。读者不妨将两支铅笔合拢起来,透过其间的狭缝去看电灯,可以看到单缝的衍射条纹。无论是圆孔衍射,还是单缝衍射,衍射图样的中央亮斑(或条纹)的亮度要比边上条纹的亮度大得多。

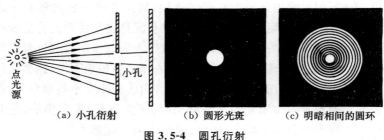

(a) 小孔衍射　　　　(b) 圆形光斑　　　　(c) 明暗相间的圆环

图 3.5-4　圆孔衍射

为了解释衍射现象,法国的一位年轻科学家菲涅尔(A. J. Fresnel, 1788—

---

* 实际当屏远到 1 米以上、缝宽小到 1 毫米以下时,就可看到明显的条纹(间隔接近毫米数量级)。

1827)进一步发展了惠更斯原理。他毕业于理工
大学，曾是一位土木工程师，但他精通数学，尤其
对光学非常有兴趣，热衷于对光的性质的研究。
在惠更斯和托马斯·杨工作的基础上，他于
1818 年提出了惠更斯-菲涅尔原理："波前 Σ 上

图 3.5-5　单缝衍射图样

每个面元 dΣ，都可以看成是新的振动中心，它们发出次波，在空间某一点处的振动
是所有这些次波在该点的相干叠加。"从此原理出发，他通过严密的数学理论，定量
地计算了圆孔、狭缝、圆板等障碍物所产生的衍射花纹，结果与实验符合得很好（但
当时还没有圆板的衍射实验）。就在 1818 年，法国科学院举行了一次关于光的衍
射现象理论和实验研究的悬赏论文比赛活动，菲涅尔参加了。评奖委员会中微粒

菲涅尔

说的支持者——著名的泊松（S. D. Poisson, 1781—
1840）认为，菲涅尔计算所得到的在圆板衍射图样中阴
影区中央出现亮点的结果是"荒谬"的。当时很快有人
做了圆板衍射实验，证实菲涅尔的计算完全正确，在法
国科学院引起轰动。菲涅耳的论文获得首奖，后人戏
剧性地称这个亮点为"泊松亮点"（见参考资料[7]，第
140 页）。

可见在衍射现象中，不只是简单地偏离直线传播
的问题，而且与干涉效应有联系。衍射现象与干涉现
象本质上都是光的波动性的表现。正是由于波动说对
衍射现象的成功解释，使波动说取得决定性的胜利，代
替微粒说占据统治地位。

2. 衍射光栅

上述单缝衍射图样的条纹间距与光的波长有关，因而可用于测量光的波长。
然而，单缝衍射中央亮条纹的宽度一般较大，致使测量的精度不高。如果用平行的
多狭缝来代替单缝的话，则衍射图样的亮条纹会变窄。狭缝越多，亮条纹就越窄。
德国物理学家夫琅和费（J. von Fraunhofer, 1787—1826）于 1821 年首次用极细的
金属丝并排紧靠而形成一密集而等间距的多狭缝——衍射光栅。后来有人用金刚
钻在薄玻璃层上刻划极细而密集的平行直线，制成每厘米长度上有几百条狭缝的
光栅。现代高科技则可制成每厘米上有超过 1 万条狭缝的光栅。这种光栅的衍射
条纹非常细锐，常被用作分析复色光（指含有两种以上单色光）光谱的光谱仪。然
而，只有光栅的间距可以与光的波长相比拟时，才能产生衍射效应。对于波长非常
短的 X 射线（波长一般为零点几纳米）来说，每厘米上有 1 万条狭缝的宽度也显得

太宽,而晶体中整齐排列的原子点阵间隔正好与之相当,这种天然光栅可使 X 射线产生明显的衍射,有重要实际应用。例如,利用已知波长的 X 射线的衍射图样可测量晶体的原子排列结构。

3. 光学仪器分辨本领

照相机、望远镜、显微镜等光学仪器,甚至包括人的眼睛都是利用透镜成像原理的。这些仪器中常装有限制光束通过孔径的圆形光阑。透镜本身也是一个圆形光阑。因此,光通过光阑和透镜成像的过程,实际上就是圆孔衍射的过程。如果把被观察的物体看成是由无数个点光源所组成,每个点光源都会在像平面上产生一个衍射图样,其中央亮斑的半径为 R,如两个相邻点光源所成像的中心间距刚好等于 R 时,则这两个点光源刚可分辨,因此,为减小 R(即提高仪器的分辨本领),应设法减小衍射效应。

例如,用光学显微镜观察物体时,物对物镜的半张角为 α,在物镜与载物片之间有一层折射率为 n 的油,则此显微镜的最小分辨距离为 *

$$d = \frac{0.61\lambda}{n\sin\alpha} \tag{3.5-4}$$

通常称 $n\sin\alpha$ 为显微镜的数值孔径(NA)。可见滴油的好处是提高 NA,从而减小 d[滴油的另一好处是减少光在物镜上的反射,见(3.4-6)式]。由于衍射引起的(3.5-4)式的限制,一般情况 $n\sin\alpha$ 的最大值为 1.5,所以,最小的 $d \approx 0.4\lambda \approx 0.24$ 微米(取黄光波长)。考虑到人眼分辨本领为 0.2 毫米,所以,一般光学显微镜的放大率达到上千倍即可,再高的放大倍数也不会增加像的清晰度。要提高分辨本领,必须进一步减小波长 λ,可见光办不到,紫外光也有限(且它不能透过普通玻璃,石英玻璃既贵又不易加工),这一困难到电子显微镜发明才被突破(见§4.5,一)。到 2000 年后,科学家发明的超分辨率荧光显微技术更是突破了光的衍射对分辨率的限制,将光学显微技术带到了纳米尺度(见§4.5,六)。

三、全息照相

普通照相是运用透镜成像原理,使物体在感光底片上成一实像,把物体的影像记录下来,其记录的仅是物体表面发射的光或反射光的强度。而全息照相[1950 年英籍匈牙利裔科学家伽柏(D. Gabor,1900—1979)发明]则是运用光的干涉原

---

 * 这一公式来源:章志鸣,沈元华,陈惠芬.光学(第二版),§4.2.北京:高等教育出版社,2000

理,使感光底片上不仅记录光的强度,还记录了光的相对相位。所谓全息,就是把物体发出或反射的光信号的全部信息,包括光的振幅(强度)和相位全部记录下来,在再现被摄物体时就能得到物体的立体图像。

图 3.5-6 是现在记录全息照相装置的示意图。从激光器 L 发出的激光束被分束镜 L' 分成两束:一束被反射镜 M_1 反射,并经扩束透镜 L_1 扩束后照射到被摄物体上,再经物体反射后照射到感光底片上,这部分光叫做物光;另一束光经反射镜 M_2 反射改变光路,并经扩束透镜 L_2 扩束后直接照射到感光底片上,这部分光叫做参考光。由于两束光均是由同一束激光分离出来,因此,它们是相干光。两束光在感光底片上相互叠加,形成干涉条纹。这样,被摄物体反射光中的全部信息,以不同浓黑程度和不同疏密分布的干涉条纹形式被感光底片储存下来,经显影、定影后就得到全息照片。这种全息照片与普通照片不同,照片上看不到物体的影像,只能通过高倍显微镜看到一些干涉条纹。要看到被摄物体的像,只需用一束波长与拍摄时的参考光完全相同的激光束且沿相同方向照射底片*,从底片的另一面(非原来实物一面)观察,即可看到物体的虚像,犹如从窗口去观察屋内的物体,有立体的感觉,并可以从不同的角度去观察物体的不同侧面,甚至在某个角度被物体遮住的东西,也可从另一角度看到它。由于全息照片上的每一点,都接受到从物体上各点反射的光,因此,它包含物体上所有点的光信息。如果把全息照片打碎,其中任一小碎片都可以再现整个物体,不过视角略有不同,分辨率也会变差。1969 年后又发明了可以用白光看到的彩色全息照相。

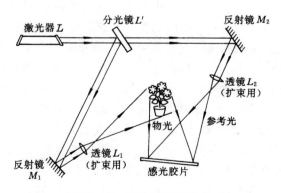

图 3.5-6　全息照相的记录

---

* 实际再现时所用的照明光束的波长和传播方向不一定要求与参考光束完全相同,这时仍能看到立体图像,只是再现像的大小、位置将与原物不同,且有一定像差。

由于全息照相再现物体的立体感很强,如果连续摄像,再现时即可看到活动的立体景像。全息照相在科学技术的许多领域有应用。例如,可用于研究微小形变、微小振动、高速运动现象以及生物的三维立体图像等。另外,红外线、超声波和微波也可用来制作全息图,即红外全息、超声波全息和微波全息。红外和微波全息在军事侦察和监视上具有重要意义。超声波全息可用于医疗诊断、水下侦察和工业上的无损探伤等。

四、有趣的偏振光

在§3.3中已经指出,光作为电磁波应是横波,其振动矢量(即电场矢量 E 和磁场矢量 B)都与波的传播方向垂直。但是,人们的认识有个过程。早期波动说的代表人物惠更斯错误地将光波类比于声波,认为光波也是纵波,振动体的振动方向与波的传播方向一致。利用纵波思想无法解释光的偏振现象。直到托马斯·杨领悟到必须用横波的概念代替纵波后,人们才能解释光的偏振来源。

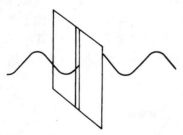

如果有一列横波沿某一绳子传播,该绳子穿过一障碍物的狭缝,如图 3.5-7 所示。只要横波的振动方向与狭缝的方向相同,则横波就能通过狭缝。若横波的振动方向与狭缝的方向垂直,则横波就通不过狭缝。

由于光经过物质时,物质中电子受到光波中的电场作用比磁场作用要强得多,因此,人们通常把光波中的 E 矢量方向作为光矢量方向,E 振动称为光振动。由太阳或普通光源发出的自然光,

图 3.5-7　绳子上的横波通过障碍物上的狭缝

在垂直于光传播方向的振动平面里,光振动沿各可能方向分布,没有哪一个方向比其他方向更占优势,如图 3.5-8(a)所示,这种光称为非偏振光。如果将图中各矢量分解为沿 x 轴和 y 轴的分量的话,则可以简化成图 3.5-8(b)的表示方式,即非偏振光可看成是由两个沿互相垂直方向振动、且振幅相等的光矢量所合成。现在让自然光通过一个能吸收某一方向(如 x 方向)振动的偏振片,其作用相当于绳子所穿过具有狭缝的障碍物。结果,沿 x 方向振动的光矢量通不过偏振片,而通过偏振片的光矢量全部沿着 y 方向振动,如图 3.5-8(c)所示,这种光称为全偏振光。如果 x 和 y 两个方向上振动都有,但强度不一样,则称为部分偏振。偏振片最初是用很多金属丝拉紧并紧密地平行排列而成的栅网,当光通过栅网时,在沿金属丝方向(x 方向)的电场 E 的作用下,金属丝中的电子沿丝方向振动,通过碰撞把能

量传给原子变成原子的振动能,即变成热能;另外,电子的振动也会发出电磁波,这种电磁波与入射电磁波相互干涉的结果,会抵消 x 方向的电场,使透射光只留下沿 y 方向的振动。现在常用的偏振片是由聚乙烯醇加热后沿一定方向拉伸,使它的线形高分子整齐排列来代替金属栅网。由上讨论可知,光振动有互相垂直的两个偏振方向,因此,在两束光的相干条件中要加上"有相同振动方向"的要求。

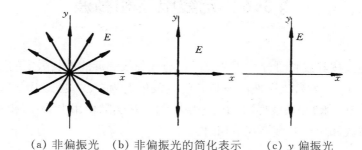

(a) 非偏振光   (b) 非偏振光的简化表示   (c) y 偏振光

图 3.5-8 偏振光

偏振片不仅可以使非偏振光变成偏振光,还可用作是否偏振光的检测。例如,让一束自然光连续通过两个叠在一起的偏振片,则通过第一偏振片出来的光应该发生偏振。它究竟是不是偏振光呢?这可用第二个偏振片作为检偏器来检验。若不是偏振光,则当旋转第二个偏振片时,透射出来的光的强度应该不随旋转而变化。若是偏振光,则旋转第二个偏振片时,出来的透射光的光强将在最大和最弱(近似为零)间发生周期性的变化。

在阳光充足的白天驾驶汽车,从路面或周围建筑物的玻璃上反射过来的耀眼的阳光,常会使眼睛睁不开。由于光是横波,可近似认为这些强烈的来自上空的散射光基本上是水平方向振动的。因此,在雪地行走时,只需戴一副只能透射竖直方向偏振的偏振太阳镜便可挡住大部分从雪地反射回来的光。偏振光在立体电影中的作用也非常有趣。平时正因为两只眼睛同时看物体,才有了立体感。在立体电影制作中,正是利用两个相距约 7 厘米(相当人眼间距)的镜头,同步进行拍摄,而且这两个镜头正好分别能通过互相垂直的两种偏振光。放映时,两卷胶片同步放映,在镜幕上两种图像叠加,直接看时图像模糊。当戴上一副偏振眼镜,且两偏振镜片分别只能通过互相垂直的两种偏振光中的一种,与拍摄时一致。于是,两眼所看到的图像叠加起来,就有了立体感了。人的眼睛对光的偏振的状态是不能分辨的,但某些昆虫的眼睛对偏振却很敏感。例如,蜜蜂飞行的主要参考物是太阳,它在飞行时正是利用散射阳光的偏振来指导飞行的。

　　上面主要介绍了可见光的一些重要的物理现象和它们的应用。关于不可见的红外线和紫外线的性质和应用将在附录 3.A 中作简要介绍,以便读者对不同波长的电磁波谱有一个较全面的了解。

§3.6　无线电波和微波

　　无线电波按其波长可分为 4 个波段。与红外线邻近的波长最短的波段称微波(波长约 $1\sim10^{-4}$ 米),比微波的波长长的波段依次为短波(波长 $10^{2}\sim1$ 米)、中波(波长 $10^{3}\sim10^{2}$ 米)和长波(波长 $10^{5}\sim10^{3}$ 米)。在实际使用中,不同波段的无线电波的传播方式和应用领域等各不相同。

一、无线电波的传播

　　由于地面、高山、电离层等对各波段无线电波的吸收、反射、透射等性能的不同,无线电波在空间的传播通常采用 3 种传播方式:地波传播,天波传播和空间波传播,如图 3.6-1 所示。

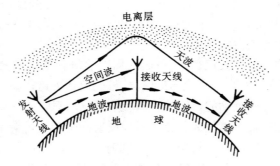

图 3.6-1　无线电波的 3 种传播方式

1. 地波传播

　　地波传播是无线电波沿地球表面附近空间的传播,传播时要求无线电波能绕过地球表面起伏不平的山峦,以及高低不一的建筑物等障碍物,这样才能传到较远的地方。当电磁波的波长大于或相当于障碍物的尺寸时,波的衍射性能较好,即可绕过障碍物。因此,长波能很好地绕过几乎所有的障碍物,而中波还能较好地绕过不太大的障碍物,短波和微波的绕射能力就很差。由此可知,地波的传播方式是较适合于长波和中波的传播。

当地波沿地面传播时,也会被地面所吸收而损失部分能量。这种吸收与地面导电性能和波长有关。导电性能越好,波长越长吸收越小。由于海水导电性能好,因此,无线电波在海面上传播比在陆地上衰减少。由于地面的电性质在短时间内变化很小,因此,地波传播的优点是比较稳定、受干扰小。对长波来讲更是具有传播距离远的优点。

2. 天波传播

天波传播是无线电波通过电离层反射方式而进行的传播。地球的大气层一般可分为 3 层:离地面 18 千米以内,大气是互相对流的,称为对流层;离地面 18~60 千米的空间,气体对流现象减弱,称为平流层;离地面 60~20 000 千米的范围,称为电离层。

电离层中的气体分子在太阳紫外辐射和微粒辐射的作用下,被电离成带正电的离子和自由电子,因此,电离层中有大量的自由电子,它们的密度随高度而变化,在某一高度处最大,向两边逐渐减小,在电离层的内、外边缘处为最小。这样可把电离层看成是由许多自由电子密度逐渐变化的平行薄层所组成,每一层中的自由电子密度是均匀的。由于电离层对电波的折射率与电子密度有关,电子密度较大的层对电磁波的折射率较小,故当无线电波由地面入射到电离层的第一薄层,并相继入射到第二、第三……薄层时,都是从波密媒质进入波疏媒质,所以,折射角大于入射角,如图 3.6-2(a)所示,这样波线不断向下偏折。如果无线电波在到达密度最大层(n)以前,入射角 φ_i 已近似为 90°,则可到达最高点并经全反射后波线向下偏折,再经各层的折射离开电离层返回地面,这就是电离层的反射。如果无线电波的入射角 φ_0 太小,它在到达密度最大层时,入射角 φ_n 仍未近似达 90°,则将继续折射入更高层,而这以后波线将开始向上偏折[见图 3.6-2(b)],最后穿过电离层不再返回地面。因此,电离层只反射入射角较大的无线电波,使它经电离层的反射可传播到相当远的距离。

电离层反射特性还与无线电波的波长有关,长波、中波和短波都可以被电离层反射,波长越长,越容易反射。而微波和超短波基本上穿透电离层而不反射。

当无线电波射入电离层后,在无线电波交变电磁场的作用下,电离层中的自由电子会作相应的振动,通过与正离子或中性原子的碰撞,使它们的无规则热运动加剧。这样无线电波的部分能量将转化为热能被损耗。电离层的这种吸收作用随自由电子密度或气体分子密度的增大和无线电波波长的增长而增大。因此,综合以上诸多因素,天波传播最适合于短波的传播,因为波长太短的超短波,电离层不反

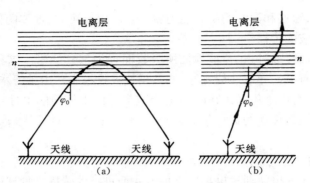

图 3.6-2　无线电波在电离层中的反射或折射

射；而对长波和中波，则电离层的吸收又太强*。

　　天波传播的最大缺点是传播不稳定。电离层气体的电离状况取决于太阳辐射的强弱，使其中自由电子的密度在一天中有很大的变化。这种不稳定情况在傍晚和黎明最为明显，如收听远地的电台，会发现原已调准的电台突然声音变小，继而听不清楚，称为"频率逃逸"现象。

3. 空间波传播

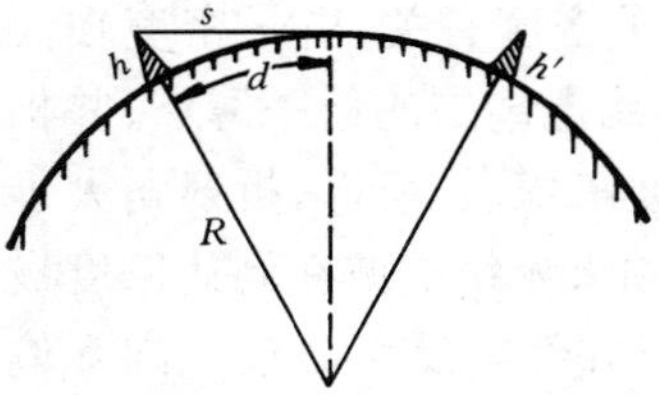

　　空间波传播是无线电波像光那样沿直线的传播。由于地球近似是球体，因此，空间波是传不远的，传播的最远距离不能超过视线距离。若发射天线的高度为 h，则由图 3.6-3 可知视线距离为

图 3.6-3　视线距离

$$d \approx s = \sqrt{(R+h)^2 - R^2} = \sqrt{h^2 + 2Rh}$$

$$(3.6\text{-}1)$$

由于 $R \gg h$，故 $d \approx \sqrt{2Rh}$，将地球半径 $R_e = 6\,370$ 千米代入，可得

$$d \approx 3.57\sqrt{h}\,(\text{千米}) \tag{3.6-2}$$

式中 h 的单位为米。若将天线架设在高度约 1 000 米的高山顶上，其视线距离也仅为 113 千米左右。如安装接收天线的高度为 h' 米，则两条天线间的最大视线距离仅为 $d \approx 3.57(\sqrt{h} + \sqrt{h'})$（千米）。可见直线传播的空间波是不能进行远距离

* 有趣的是：当 1901 年马可尼提出向大西洋彼岸传送无线电信号的设想时，曾遭到专家们的嘲笑，他们认为不可能，因为地球是圆的而波则直线传播，马可尼坚持努力并得到成功，实际上是靠了当时还不知道的电离层反射的帮助。

传播的。当然,无线电波除了直接从发射天线传播到接收天线外,也可以经地面反射而传到接收天线。因此,接收天线接收到的应是这两种波的合成波,但微波与超短波采用空间波传播,没有电离层反射。

空间波传播中的一个主要问题是大气吸收。大气对低于 1 000 兆赫频率的无线电波的吸收非常微弱,但对于高于此频率的微波,吸收则明显增大,这是由于微波频率所相应的光子能量与大气中一些分子的转动能级的间距相接近(见附录4.A),从而引起有选择性的共振吸收。因此,在微波通信中,选择微波的频率应避开会引起共振吸收的频率。如果在大气内有像雨、雾之类小水滴的话,则吸收将更为显著,这是因为水分子为有极分子。当有高频变化的电场存在时,会使这些分子朝电场方向偏转,并随场的变化而转动。无线电波的频率越高,则转动越快,产生的热能也越多,从而对无线电波的吸收也越强(见后面四中关于微波炉的讨论)。

地波、天波、空间波这 3 种传播方式,适合于不同波长无线电波的传播。长波一般采用地波传播。长波传播具有稳定性好、受干扰影响小、传播距离远等优点,超长波甚至能作环球传播。但长波需要庞大的天线设备,实际应用不多。通常只用于潜艇和远洋航行的通信等。中波可用天波与地波两种方式传播。白天由于电离层吸收作用较大,主要靠地波传播。晚上电离层吸收作用减少,天波传播可大大增加传播距离。所以,中波昼夜信号强度差别较大,不适合远距离通信,而常用于国内广播等。短波主要靠天波传播,经电离层和地面的多次连续反射,可传播到很远的地方。短波传播的最大缺点是不稳定,一般用作各种长、短距离的通信。超短波与微波的绕射能力差,又会穿透电离层,因此不适合地波或天波传播,只适合空间波传播,由于空间波传播的距离有限,为增加传播距离,可采取增高发射天线高度和接力通信等方法。

二、无线电广播、电视

广播传递的是声音信号,传真传递的是文字和图片信号,而电视台传递的不仅有活动图像信号、还有声音信号,那么,这些信号是如何通过发射无线电波被传送出去的呢? 在无线电技术中,通常是把这些信号先转变成电信号,由于这种电信号的频率太低,不能直接用来发射无线电波,因此,必须将此电信号"加"到较高频率的等幅振荡电流上,前者是低频的"调制波",后者是频率较高(又称"射频")的"载波"。把"调制波"加到"载波"上去的过程称为调制。常用的调制方法有调幅和调频两种:调幅是使载波的振幅随调制信号而改变,调频则是使载波的频率随调制信

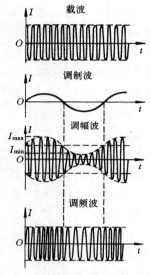

图 3.6-4　两种调制方法所形成的高频振荡电流

号而改变。经调制的载波再经过放大后,就可通过发射天线向外发射载着声音或图像信号的无线电波。两种调制方法所发射的无线电波分别称为调幅波和调频波。图 3.6-4 表示了两种调制方法所形成的频率较高的振荡电流。当接收天线接收到这种调幅波或调频波,通过检波的方法可把调制信号分离出来,再经过放大即可获得被传送的声音和图像信号。

世界上无线电波发射台不计其数,它们发出许多频率各不相同的无线电波同时在空中传播,这些无线电波都会使接收天线中产生与其同频率的感应电流,只有从感应电流中选出所需接收的那个频率成分,才能通过检波获得所需信号。这种将所需频率成分从感应电流中选出的过程称为选台。在无线电技术中,选台是通过调谐来实现的。图 3.6-5 为调谐电路示意图。由电感 L 和电容器 C 构成一振荡电路,其振荡频率为 $\nu = \dfrac{1}{2\pi\sqrt{LC}}$,调节可变电容器的电容,使其振荡频率与所需接收的频率相同,通过类似共振吸收的电谐振就可选出所需的频率。电视(TV)传送的是活动图像,信息量远比无线电广播大,载波频率大大提高(见下小节)。新型电视机已进入数字化时代(见 §6.7)。

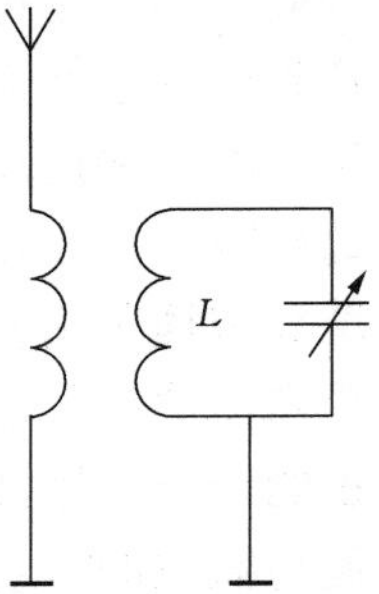

图 3.6-5　调谐电路

三、频带宽度、载波频率和频道数目的关系

人讲话时的声波频率 ν 约从几十赫到 4 000 多赫。不妨粗略地说,声频信号的频带宽度约 4.5 千赫。把声音通过无线电广播传出去时,如使用 $\nu = 1$ 兆赫的中频电磁波作为声波的载波,它被声波调制后的频率就在 1 兆赫基础上加减 4.5 千赫。这就是说,经调制后电磁波的频宽展宽为 $\Delta\nu = 9$ 千赫。为了各电台的广播不互相干扰,各频带不许重叠,故从 500~1 600 千赫整个中频段范围理论上能够容纳的电台最多是 120 个,实际上远不到这个数字。

电视传送的图像信号信息量大,其频宽也大得多,电视频道间隔一般取 8 兆赫。现我国规定 VHF(甚高频)段为 48.5~223 兆赫,内设 12 个频道;UHF(特高频)段为 470～958 兆赫,内设 56 个频道。总共可容纳 68 个频道。这些频率的波在超短波和微波范围(见表 3.3-1),主要靠空间波传播。

显然,要大大增加"通频带"数目,即可容纳的频道数目,就应该大大提高载波的频率,这时用光波作载波的优越性就突出了。

四、微波通信[8]和微波能利用

在表 3.3-1 中,微波频率从 0.3 吉赫($=0.3\times10^9$ 赫) ～ 0.3 太赫($=0.3\times10^{12}$ 赫),占了高频无线电波的一大段,可见微波波段的频带宽,信息容量大。仅用微波中一个厘米波段(频率从 3～30 吉赫)进行通信,就可同时容纳上百套电视节目和几万路电话,用毫米波段更可增大 10 倍。但微波在空中传输时只能靠空间波的直线方式传输,传输距离较近。为了远距离传输,早期采用同轴电缆传输的方法。由于微波能穿透电离层,通信卫星的出现,使微波通信跃上新台阶,实现了全球通信。从 20 世纪 80 年代发展起来的小型卫星地面站,一个用户用直径为1.2～1.8 米的小天线,就可直接通过卫星与世界各地交换各种信息。

近年来发展极快的移动通信主要包括无绳电话和手机。中国手机的使用量发展很快,现居世界第一,我国手机使用的频段在微波区。

微波照射能穿透介质表面,深入到物体内部,但其能量(指此微波频率相应的光子能量,见§3.8)不会改变物质分子的内部结构、破坏分子的化学键。例如,微波能穿入生物体,成为医学透热疗法的重要手段。生物体内的水、脂肪之类的介质,其吸收微波的比例就较高。水的分子 H_2O 是一种极性分子,其结构如图3.6-6 所示。该分子可视为由两个靠得很近且电量相等的正、负电荷组成。由于分子无规则

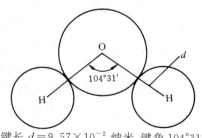

键长 $d=9.57\times10^{-2}$ 纳米,键角 104°31′
图 3.6-6 水分子示意图

热运动,因此,分子正负电荷的朝向也是杂乱的,这样从整体上看水并不显电性,但如有电场存在时,极性分子会向电场方向转动。当有微波照射时,其高频变化的电场会使分子来回作每秒 10^8 次以上的高速转动,这些分子间的相互碰撞会使分子的热运动加剧,表现为温度升高,这就是水吸收微波而加热的机理。

一般的加热方式是由热源通过热辐射和热传导烘烤物体的表面,然后,热量向物体内部传递。这种表面加热方式常会造成外焦而里不热的现象。而微波加热时,微波能穿透到介质表面下一定的深度,使其表里同时被加热;而且实验已证明:

微波同时起到杀菌作用,比常规加热方法有效得多。现在已进入千家万户的微波炉,常使用的频率为 915 兆赫或 2 450 兆赫。

微波加热还被广泛地用于干燥物体。例如,在农林业上用于木材、棉花和粮食的干燥,有利于长期存放;在工业上可用于皮革、纺织品、纸张、胶片等的干燥。实验表明,适当的微波照射可以提高种子的发芽率,还可能会促进人的生理循环。

但是,过量的微波照射肯定对人体有害,这是一种电磁辐射污染。为此,微波炉的整个外壳设计,包括门上的特殊玻璃,都能有效防止微波泄漏。

在军事上,前面所讲的隐形飞机靠涂料吸收雷达波而减少它的反射,却可能成为新型微波武器攻击的致命弱点,强大的微波辐射可能烧毁这种飞机。

§3.7　多普勒效应

一、多普勒效应及其应用

声波和电磁波的多普勒效应在航天、军事、医学、宇宙学、气象预报和激光冷却原子等许多方面都有非常重要的应用。例如,雷达是英文"radio detection and ranging"(无线电探测和定位)的缩写音译,是第二次世界大战间同盟国(主要是英国)开发的新技术,它在粉碎纳粹德国对英国的空袭中起着极其重要的作用。传统雷达的工作波长是 1 米,用转动的天线定向发出电磁波脉冲,脉冲间隔约为 10^{-6} 秒,当脉冲波在空间遇到目标物时,一部分会被反射回来,如在两次脉冲间隔时间内回到天线,接收后测定其往返经过的时间为 t,即知目标物离天线距离 s 为

$$s = \frac{1}{2}ct \tag{3.7-1}$$

雷达不仅可以定位,还可以测速。雷达如何测速呢?可以先从声波出发进行讨论。读者可能都有这样的经验:当你站在铁路旁,一列鸣着汽笛的火车从身旁飞速驶过时,汽笛声会从很尖的音调突然降为低沉(注意:不是指音量)。这一现象可分析如下:声源发声的频率原来是 ν_0,当它以速度 u 向静止观察者运动时,声速还是原来的 V,但空气中声波的波长却从原来的 $\lambda_0 = V/\nu_0$ 减小为 $\lambda = (V-u)/\nu_0 = \lambda_0 - \dfrac{u}{\nu_0}$,即观察者接收到的表观频率 ν 将升高为

$$\nu = V/\lambda = [V/(V-u)]\nu_0 \tag{3.7-2}$$

如果声源离开观察者运动,则 u 取负值(或 u 仍取正值,但上式中的"一"号要改为"+"号),ν 将减小。注意上述是声源动、观察者不动。换一种情况,如果观察者以速度 v 向静止的声源运动,虽然静止空气中的声波波长 λ_0 不变,但相对运动观察者,声波波速从原来的 V 增至 $V+v$,故他接收到的表观频率将从 ν_0 提高到 ν',

$$\nu' = (V+v)/\lambda_0 = [(V+v)/V]\nu_0 \tag{3.7-3}$$

同样,如果观察者离开声源运动,则 v 取负值(或 v 仍取正值,但上式中的"+"号要改为"一"号)。上述因波源与观察者有相对运动而引起所接收到的表观频率改变的效应叫多普勒效应。

假定在某 A 处声源所发出的声频为 ν_0,它被运动目标物反射的过程,可看成是被目标物先接收后再发射的过程。因此,先用(3.7-3)式,目标物作为接收体以速度 v 向静止波源运动,所接收到的表观频率为 ν';再用(3.7-2)式,此时,目标物作为发射体朝观察者(也在 A 处)运动,并发出反射波 ν',但式中 u 要改成 v(即为目标物朝观察者运动的速度),从而得到在 A 处所接收到的表观频率,

$$\nu = \left(\frac{V}{V-v}\right)\left(\frac{V+v}{V}\right)\nu_0 = \left(\frac{V+v}{V-v}\right)\nu_0 \tag{3.7-4}$$

于是,接收到的反射波频率 ν 与发射波频率 ν_0 之差为

$$\Delta\nu = \nu - \nu_0 = \left(\frac{2v}{V-v}\right)\nu_0 \tag{3.7-5}$$

现在来看雷达波的反射,尽管雷达所发射的电磁波完全不同于声波,传播时不靠空气作媒质,而且不论观察者与波源哪一个运动,接收器所测到的光速永远是常数 c,但是,雷达所测得的反射波频率和发射波频率之差仍可用(3.7-5)式近似表示,只要将其中的 V 改为 c 即可(要详细了解电磁波的多普勒效应,可见参考资料[5],§8-3)。由于 $c \gg v$,以及如果飞行体的飞行方向与它和雷达天线的连线交成一个 θ 角,则上式变为

$$\Delta\nu = \left(\frac{2v}{c}\cos\theta\right)\nu_0 \tag{3.7-6}$$

由此解出速度 v 为

$$v = \frac{c\,\Delta\nu}{2\cos\theta\,\nu_0} = \frac{1}{2}\lambda_0\,\frac{\Delta\nu}{\cos\theta} \tag{3.7-7}$$

其中,λ_0 为雷达波的波长。由此可见,只要测出反射波与发射波的频率差 $\Delta\nu$,便可

获知目标物的速度。现代战争中飞机为逃过敌方雷达的探测,使用了种种办法,如超低空飞行(100 米以下是雷达的盲区)等。一种所谓隐形飞机,则使用特殊的设计,表面加上一层特别的涂料以吸收雷达波,使反射大大减少,一架大飞机的等效反射面积可小到 0.025 米²。

现在雷达已逐步转向民用,如用于气象预报以及航空、航海和地面的交通管制等。所谓多普勒气象雷达,就是当微波波长 2.4～15 厘米的电磁波在云层(或降水粒子)上反射时,利用多普勒效应测定它们相对于雷达站的径向运动速度,大大提高气象预报的精度,可以有效地监测暴雨、冰雹、龙卷风等灾害性天气。

上面介绍了基于多普勒效应、雷达在军事和气象预报方面的应用。在第二章§2.4 中所提到的利用导航卫星进行定位和测速的基本原理与上面介绍的利用雷达定位和测速是完全相似的。在宇宙学中利用所测量到的遥远星系所发射谱线的"红移"现象来说明宇宙在不断膨胀(见§9.4),以及在原子物理研究领域中利用激光冷却原子(见§5.2)的基本原理都是利用了电磁波的多普勒效应。下面我们将着重介绍超声波的多普勒效应在医学诊断上的重要应用。

二、超声多普勒技术的医学应用

血流速度测量对于脑循环、心血管疾病的诊断非常重要。从 20 世纪 50 年代开始将多普勒效应用到医学,尤其是利用超声多普勒技术测量血流的成功,也是物理学对医学的一个重要贡献。从此,人们就可不必切开皮肤、在血管中插入导管来测血流,只需在体外就可实现血流的无损测量。

当超声波被流动的血流反射时,接收到的反射波频率也与入射波频率不一样,有频移。图 3.7-1 是多普勒超声血流计的原理示意图。频率为 ν_1 的超声波由探头(换能器)Ⅰ发出,被流动的血流反射后,由探头(换能器)Ⅱ接收,频率为 ν_2。设血流速度为 v,超声束与血流方向夹角为 θ,超声在人体组织中传播的平均速度为 u,则测到的频率移动为[见(3.7-6)式]

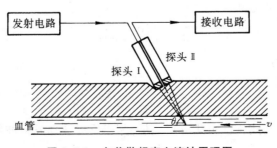

图 3.7-1　多普勒超声血流计原理图

$$\Delta\nu = \mid \nu_2 - \nu_1 \mid = \frac{2v\cos\theta}{u}\nu_1 \tag{3.7-8}$$

在实际应用中是利用测到的 $\Delta\nu$ 来推算出血流速度 v，即

$$v = \frac{u}{2\nu_1\cos\theta}\Delta\nu \tag{3.7-9}$$

实际测到的频移 $\Delta\nu$ 与入射频率 ν_1 之比约为 $10^{-4} \sim 10^{-6}$（可见要求测量仪器有好的灵敏度），$u \approx 1\,500$ 米/秒，可得到血流速度 v 约为 $10^{-1} \sim 10^{-3}$ 米/秒。利用超声多普勒效应也可研究心脏的运动（见习题 8）。

我国多普勒仪器的研制工作始于 1962 年，到 20 世纪 80 年代初，在上海、武汉、北京等地已都取得了很好的成果。复旦大学电子工程系医学电子学教研室也是国内开展医学超声研究的较早的单位之一，尤其在利用多普勒技术测量血流速度的研究中，从基础理论到产品开发方面都做了很好的工作，多年来先后研制成功了十多种超声医用仪器，如超声定量速度仪、超声胎心仪、彩色血流声谱仪等，都已提供临床使用。

§3.8　光的波粒二象性

前面章节着重介绍光的波性，本节将着重介绍在普朗克著名的"能量量子化"假设的启示下，爱因斯坦所提出的"光量子"假设及光的本性——波粒二象性。

一、黑体辐射和普朗克"量子化"概念的提出

1. 黑体辐射实验和经验公式

物体在低温时能吸收什么波长的光，高温时也会发出同样波长的光；换言之，吸收本领越强，即越"黑"的物体，在高温时将越"白"，即发光本领也越强。那么，世界上什么东西最"黑"，即能 100% 地吸收投射到它上面的一切电磁辐射呢？到哪里去找呢？19 世纪末的物理学家提出了这样一个极重要的问题（虽然他们当时还不知道什么光子和量子能级），并且想出了一个非常聪明的实验办法。

让我们白天去看一间房子上开的小窗，它是漆黑一团的，到了晚上开灯后再去看时，它变得分外明亮了。由此可见，在一个密闭空腔上开一个小孔，则小孔就可

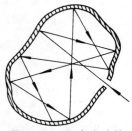

**图 3.8-1　开有小孔的
空腔作为黑体**

看成是"理想黑体"的表面,因为光线一经穿入小孔,在空腔内壁来回反射,实际上没有机会再从小孔逃出来;也就是说,任何辐射都将有进无出,完全被小孔吸收掉,如图 3.8-1 所示。

事实上,小孔同时也在不断地辐射,这当加热空腔到高温时就明显了。从小孔出来的电磁辐射,包括一切波长的连续谱,比同温度下任何其他物体表面的辐射都强。研究空腔上小孔出来的辐射,即所谓黑体辐射,具有极其重要的理论和实际意义,因为它反映了电磁波及其与物质相互作用的最基本规律。从小孔出来的辐射与腔内的辐射场有关,而空腔内的各种连续谱辐射在一定的温度下很快地达到平衡态,此时腔内辐射场与空腔内壁是由什么材料做的毫无关系,只与温度有关。

果然,实验上测出的黑体辐射连续谱强度,对一定的温度 T [用国际实用温标开(K)做单位, $T = 0$K 相当于摄氏温标 $-273℃$],它是波长 λ 的函数(见图 3.8-2)。对黑体辐射的实验结果,1900 年 10 月首先由德国物理学家普朗克在他人工作的基础上,提出了一个能描述整个实验曲线的经验公式。假设小孔单位面积内每秒向 2π 立体角方向辐射波长从 λ 到 $\lambda + \mathrm{d}\lambda$ 的电磁波能量为 $W(\lambda, T)\mathrm{d}\lambda$,则其中辐射能流密度 $W(\lambda, T)$ 与温度 T 的变化关系经实验拟合后的表式是

$$W(\lambda, T) = \frac{2\pi c^2 h}{\lambda^5} \frac{1}{e^{ch/\lambda kT} - 1} \qquad (3.8\text{-}1)$$

其中, h 就是普朗克引进的描述微观世界的关键常数(称普朗克常数,其大小见下文), c 是光速, k 是玻耳兹曼常数,

$$k = 1.380\,649 \times 10^{-23}\ 焦耳／开$$

$$= 8.617\,332 \times 10^{-5}\ 电子伏／开$$

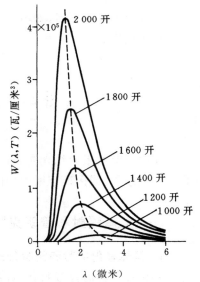

实线由(3.8-1)式描述,虚线表示
维恩位移律(3.8-2)式
**图 3.8-2　黑体辐射在不同
温度下的波长谱**

$W(\lambda, T)$ 的单位是 瓦/(米^2 · 微米)(波长 λ 用微米做单位)或瓦/厘米^3。图 3.8-2 画出了不同温度 T 下 $W(\lambda, T)$ 对 λ 的分布。可见对一定温度 T 的曲线

有一个峰,对应于辐射最强的波长 λ_m,它与 T 的关系可从(3.8-1)式求出,

$$\lambda_m T = 常数 = 2.897\,756 \times 10^{-3} 米 \cdot 开 \qquad (3.8\text{-}2)$$

这一公式是 1893 年德国物理学家维恩(W. Wien, 1864—1928, 1911 年获诺贝尔物理学奖)在研究黑体辐射时首先得出的,叫做维恩位移定律。它表示黑体温度 T 越高,辐射最强的波长 λ_m 越是向短波方向移动。如把太阳当作黑体,从太阳连续谱分析,λ_m 在 0.5 微米左右,即黄、绿色光最强,故由(3.8-2)式估计 $T = 5\,800$ 开,这大体是太阳表面层的温度。

将(3.8-1)式对各种波长的辐射进行累加,可得到(计算从略)黑体表面单位面积的辐射功率与温度 T 的四次方成正比,即有

$$W(T) = \sigma T^4 \qquad (3.8\text{-}3)$$

其中,

$$\sigma = \frac{2\pi^5 k^4}{15c^2 h^3} = 5.670\,37 \times 10^{-8} 瓦/(米^2 \cdot 开^4)$$

叫做斯忒藩-玻耳兹曼常数。已知太阳表面单位面积的辐射功率约为 6.13×10^7 瓦/米^2,由(3.8-3)式估计表面温度为 5 730 开左右,这与从维恩位移定律估计的相近。所以,我们可把太阳表面近似地当成黑体的表面,而温度约 6 000 开不到一些(注意:太阳内部温度高达 1 500 万开,这将在 §7.4 讨论)。

如果把人体表面也当成黑体表面,温度只有 310 开左右,由维恩位移定律可知,人体发射的电磁波是 $\lambda_m \approx 9.35$ 微米附近的红外线。

出人意料的是,最漂亮的黑体辐射谱是在宇宙空间测到的,在第九章将谈到宇宙空间充满了 λ_m 在 1 毫米附近的微波背景辐射,它严格地对应于 2.725 开的温度。

2. "能量量子化"假设——量子论宣告诞生

作为理论物理学家,普朗克并不满足这个他认为是"碰运气猜测而发现的"经验公式,决心"致力于给它一个真正的物理解释"。经过两个月的日夜奋斗,终于在 1900 年 12 月他进一步从理论上导出了公式(3.8-1)。在推导中,普朗克作为物理学史上第一个打破经典连续性观念束缚的科学家,提出了一个大胆的量子化假设:在辐射场中有大量包含各种频率的谐振子*,一个频率为 ν 的谐振子的能量不是

---

* 从今天的观点看来,普朗克的"振子"并非器壁上分子、原子的"化身",而是"量子化后电磁场的等价物"。他在 1900 年的推导是超越了他的时代的,是非常出色的天才猜测。[参见:王福山. 近代物理学史研究(二),第 101 页. 上海:复旦大学出版社,1986;倪光炯,陈苏卿. 高等量子力学(第二版),第 169 页. 上海:复旦大学出版社,2004]另一种观点是认为普朗克的"振子"是一种遵守物理规律的抽象化模型。(参见:赵凯华,罗蔚茵. 量子物理. 北京:高等教育出版社,2001)

普朗克

连续的,只能是能量元(又称能量子)$\varepsilon_0 = h\nu$ 的整数倍,即能量 $E_n = nh\nu$ ($n = 0, 1, 2, \cdots$ 称为量子数)。这就是著名的"能量量子化"假设。这一假设与经典理论是完全相抵触的。在此假设下,大量谐振子体系与辐射场的能量交换必然也是量子化的。由此出发,普朗克严格从理论上导出了黑体辐射公式(3.8-1)。当时由实验所得的普适常数值

$$h = 6.55 \times 10^{-34} \text{ J} \cdot \text{s}$$

与精确数据 6.626×10^{-34} J·s 已非常接近。但是在传统的能量连续性观念束缚下,普朗克的"量子化"观点遭到了许多科学家的质疑,头几年一直没人理会。他本人也为这种与经典物理格格不入的量子观念深感不安,甚至认为引入量子概念"只是理论上的假设","只有附属的数学价值"(见参考资料[5],§7-1)。只是在经过许多年的努力证明任何回归于经典理论的企图都以失败而告终之后,他才坚定地相信"量子"概念的提出和普适常数 h 的引入确实反映了新理论的本质。可以说普朗克的贡献是继 X 射线、放射性和电子的三大发现之后,吹响了向量子物理学进军的号角。1918 年他荣获诺贝尔物理学奖。1947 年普朗克逝世后,墓碑上刻着他的姓名和" $h = 6.62 \times 10^{-27}$ 尔格·秒"。

二、光电效应和爱因斯坦"光量子"的提出

1. 光电效应实验和经典物理失效

1886 年,赫兹用紫外线照射加有高电压的两块平行金属板的板面,发现极间产生火花放电现象。1897 年电子发现后,了解到这是由于紫外线从金属板内"打"出电子而引起的。让我们来看如图 3.8-3 所示的"光电效应"实验。

用紫外线等光照射真空管内金属板阴极 K,当 K 与阳极 A 间有图示的正向电压时,电路里产生了电流,这种由光电子形成的电流称为光电流。从实验可得出以下几个结论:

(1)对某一种金属,要能产生光电流,则照射

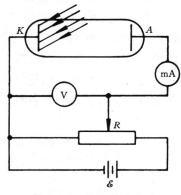

图 3.8-3 光电效应实验

光的频率必须大于某一最小频率 ν_{min}——称为极限频率(又称阈频率)。低于极限频率的照射光,无论其强度多大、照射时间多久,都不会产生光电流。

由 $\lambda\nu=c$,可见 ν_{min} 对应于一个最大极限波长:

$$\lambda_{max}=\frac{c}{\nu_{min}} \tag{3.8-4}$$

波长比 λ_{max} 更长的光波,是无论如何也不能产生光电流的。例如,对钾(K)和钠(Na),λ_{max} 分别等于 0.551 微米和 0.541 微米,对应于绿光。但如要从铜(Cu)的表面产生光电流,一定要用波长比 0.284 微米更短的紫外线照射。

(2)从光照到产生光电流的时间间隔很短,一般不超过 10^{-9} 秒。

(3)光电子的最大初动能与照射光的强度无关,而正比于其频率与极限频率 ν_{min} 之差。

(4)在单位时间里从金属表面出射的光电子数与入射光的强度成正比。

按照经典电磁理论,波传递的能量正比于它的强度,即正比于振幅的平方,而与频率无关。但从以上光电效应实验的几个结论可知,光的频率才是决定性的因素。如何解决这一尖锐矛盾呢?

2."光量子"假设——悍卫和发展量子论

1900 年,德国物理学家普朗克为解释"黑体"辐射的能量分布,首先创造性地提出"量子"观点。这一观点并没得到科学界承认,甚至他本人也怀疑引入量子观念和普朗克常数 h 的必要性,在这种情况下爱因斯坦勇敢地站出来,支持和捍卫新生的"量子"观念。1905 年,爱因斯坦推广并发展了普朗克的量子观点,提出新的假设:当光束和物质相互作用时,光的能量不是连续分布的,而是量子化的,是由"能量子所组成"。这里的能量子后来被称为"光量子"或"光子"。每个光子的能量是与频率 ν 成正比,

爱因斯坦

$$E=h\nu \tag{3.8-5}$$

代表了电磁辐射的量子。当光照射到金属表面时,金属内的一个电子吸收一个光子,就得到一份能量 $h\nu$,如果照射光的频率足够高,使得电子吸收的光子能量足够

大,能够克服金属表面的势垒而逸出成为自由电子,并获得一定的动能。对某种金属,电子逸出表面所需的能量称为"逸出功",记为 W[以电子伏(eV)作单位]*,也叫做"功函数"。于是,电子在吸收光子全部能量 $h\nu$ 后所获得的最大初动能 $\frac{1}{2}mv_m^2$ 为

$$\frac{1}{2}mv_m^2 = h\nu - W \tag{3.8-6}$$

此方程被称为爱因斯坦光电方程。爱因斯坦利用这个方程可以解释前面的所有 4 点实验事实。

首先,速度 v_m 的最小值是零,故使电子刚能逸出金属表面的光子频率有一个下限(即 ν_{min}):

$$h\nu_{min} = W \tag{3.8-7}$$

这证明了结论(1)。将(3.8-7)式代入(3.8-6)式,得到

$$\frac{1}{2}mv_m^2 = h(\nu - \nu_{min}) \tag{3.8-8}$$

这说明了结论(3):一个电子只吸收一个光子,它的动能 $\frac{1}{2}mv_m^2$ 与光强(正比于光子数)确实无关,而只与($\nu - \nu_{min}$)成正比。同时,光电子的数目才与光强成正比,这说明了结论(4)。

其次要指出,电子吸收光子是一种不连续的量子(跃迁)过程,而不是过去想象的那种在连续电磁波驱动下作强迫振动而逐渐吸收能量的过程,也解释了为什么从光照到光电子出现的时间极短的实验结论(2)。

合并(3.8-7)式和(3.8-8)式,可将逸出功 W 表示为极限波长 λ_{max} 的函数,当 λ_{max} 单位取为微米时,并考虑到 $hc = 1.240$ 电子伏·微米,于是,有

$$W = \frac{hc}{\lambda_{max}} = \frac{1.24}{\lambda_{max}}(电子伏) \tag{3.8-9}$$

表 3.8-1 列出了若干金属的 W 和 λ_{max} 的值。右面一列则列出了当金属原子处于自由原子状态时从它电离出一个电子所需要的最小能量,称为原子电离能,也以电子伏为单位。我们看到,它比相应的 W 值大了许多。

---

* 是一个电子(电荷绝对值为 $e = 1.6 \times 10^{-19}$ 库仑)在 1 伏电位差加速下所获得的(动)能量。1 电子伏 $= 1.602\,177 \times 10^{-19}$ 焦耳。

表 3.8-1 若干金属的逸出功 W, λ_{max} 和原子电离能

金属	逸出功 W(电子伏)	极限波长 λ_{max}(微米)	原子电离能(电子伏)
钾	2.25	0.551	4.318
钠	2.29	0.541	5.12
锂	2.69	0.461	5.363
钙	3.20	0.387	6.09
镁	3.67	0.338	7.61
铬	4.37	0.284	6.74
钨	4.54	0.274	8.1
铜	4.36	0.284	7.68
银	4.63	0.268	7.542
金	4.80	0.258	9.18

请注意表上的可见光与紫外线的交界在 $\lambda = 0.39$ 微米处,故如用金属的光电效应来探测可见光,只有用钾、钠和锂这些碱金属做阴极,才能做出对可见光灵敏的光电管和在射线测量中非常有用的光电倍增管来。

但是,光子的概念与人们原来对光的认识相差实在太大,这种新的光的"粒子性"概念刚提出时同样不能为科学界普遍接受,一些科学家(包括普朗克)表示怀疑,普朗克曾表示"有时,他可能在他的思索中失去目标,如他的光量子假设"* 。直到后来(1914 年)美国科学家密立根(R. Milikan, 1868—1953)从实验上精确地证明了光电方程的正确性后,光的量子论才开始得到科学界的承认(见参考资料[5],§4.4)。

三、光的波粒二象性

爱因斯坦光量子假设的提出,使人们对光的本性的认识又进了一步。单用波性来描写电磁辐射是不全面的,继"光量子"假设的提出,1909 年爱因斯坦在他的论文《论我们关于辐射本质和结构的观点的发展》中提出:"我认为,理论物理学发展的最近一个阶段,将给我们提供一种光的理论,这一理论可以被理解为波动理论和微粒说的一种统一……"(见参考资料[5],§4-4)。在这里爱因斯坦已明确提出了光的"波粒二象性"。除了光子有能量[(3.8-5)式]外,他又提出光子有动量,大小为

---

* 郭奕玲,沈慧君. 物理学史(第二版),第 217 页. 北京:清华大学出版社,2005

$$p = \frac{h}{\lambda} \qquad\qquad (3.8\text{-}10)$$

动量方向即光波(电磁波)传播方向。(3.8-5)和(3.8-10)两个著名关系式就是光的波粒二象性的数学表述。从这两式可以看到:普朗克常数 h 在这里把表征粒子性质的能量 E 和动量 p 与表征波动性质的频率 ν 和波长 λ 联系了起来。爱因斯坦在《物理学的进化》一书[6]（第190页）中指出,用光量子来代替旧的光微粒,使"牛顿理论在这个新形式下复活"。可见牛顿的光的微粒说对爱因斯坦光的波粒二象性的提出也起了重要的作用。

光不但有波性,也有粒子性。光在传播时显示出波性,在与物质相互作用而转移能量时显示出粒子性,两者不会同时显示出来。这就是光的本性——波粒二象性。

爱因斯坦"因在数学物理方面的成就,尤其是发现了光电效应的规律"获得了1921年诺贝尔物理学奖。

四、康普顿效应和正负电子对的产生

任何重要的物理规律都必须得到至少两种独立的实验方法的验证。1923年,美国科学家康普顿(A. H. Compton, 1892—1962)在研究 X 射线被物质散射的实验中,证明了 X 射线的粒子性。在实验中他测到了 X 射线(波长很短,约0.1纳米)波长改变的现象,而波长在380~780纳米的可见光被散射时,可认为波长不改变。康普顿发现要解释 X 射线的波长改变竟十分简单,只需按爱因斯坦的假定,一个"X 光子"不仅有一份能量 $E = h\nu$,而且带着一份动量 $p = h/\lambda$。然后,考虑这个光子与一个质量为 m 的静止的自由电子发生碰撞,改变运动方向(偏转了 θ 角度)。由图3.8-4可见,光子频率由 ν 减小为 ν',相应能量由 $h\nu$ 减小为 $h\nu'$,所减少的能量 $(h\nu - h\nu')$ 转移给了电子,同时转移一部分动量,使电子发生了反冲运动。光子频率减小,相应的波长将增加,由 λ 变为 λ',$\Delta\lambda = \lambda' - \lambda > 0$。

为了推导出光子波长、能量(即频率)的变化,在理论处理上假定光子与电子是完全弹性碰撞,利用能量守恒定律和动量守恒定律,能方便导出这些变化。由于光子是相对论性粒子,要用相对论关系式。我们将在第九章中再讨论公式推导(见第九章习题6)。下面仅给出推导结果。首先给出波长变化:

$$\Delta\lambda = \frac{h}{mc}(1 - \cos\theta) \qquad\qquad (3.8\text{-}11)$$

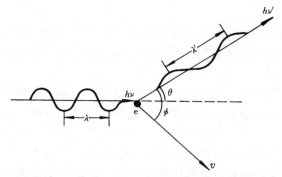

图 3.8-4　康普顿散射中的入射光子 $h\nu$、散射后光子 $h\nu'$ 和反冲电子

其中,m 为电子质量,括号前面的因子叫做康普顿波长,大小为

$$\lambda_C \equiv \frac{h}{mc} = 2.426 \times 10^{-12} \text{(米)} \tag{3.8-12}$$

但近代文献已习惯定义所谓电子的康普顿波长为

$$\lambda_C = \frac{\lambda_C}{2\pi} = \frac{\hbar}{mc} = 3.861\,593 \times 10^{-13} \text{(米)} \tag{3.8-13}$$

其中,

$$\hbar \equiv \frac{h}{2\pi} = 1.054\,573 \times 10^{-34} \text{(焦耳·秒)}$$

$$= 6.582\,122 \times 10^{-22} \text{(兆电子伏·秒)}$$

由公式(3.8-11),可得

$$\frac{1}{h\nu'} - \frac{1}{h\nu} = \frac{(1 - \cos\theta)}{mc^2}$$

由上式可得散射后光子能量为

$$h\nu' = h\nu \frac{1}{1 + \gamma(1 - \cos\theta)}, \quad \gamma \equiv \frac{h\nu}{mc^2} \tag{3.8-14}$$

相应反冲电子所得动能为

$$T = h\nu - h\nu' = h\nu \frac{\gamma(1 - \cos\theta)}{1 + \gamma(1 - \cos\theta)} \tag{3.8-15}$$

(3.8-11)式、(3.8-14)式和(3.8-15)式是康普顿散射的 3 个主要公式。显然光子与电子对头碰撞时(即光子散射角为180°时),光子损失能量最大,相应电子获得动

能最大。

实验上在 X 射线散射谱中,在不同角度测得了波长产生移动的 X 射线,其移动量 $\Delta\lambda$ 与由(3.8-11)式计算的结果完全一致,反冲电子的能量的测量结果也与(3.8-15)式完全一致。

请读者注意(3.8-11)式有一个十分有趣的性质,即康普顿散射中光子波长的改变量 $\Delta\lambda$ 与它原来的波长 λ 没有关系! 最大的改变量等于 $2 \times 0.002\,426$ 纳米 $= 0.004\,852$ 纳米。 对波长 λ 为 0.1 纳米左右的 X 光子,这个最大改变量相当于百分之几($\sim 10^{-2}$)的明显可见的变化;而对可见光的光子,$\lambda \sim 480$ 纳米,$\Delta\lambda/\lambda$ 只有 10^{-5} ,这种情况下康普顿效应是几乎观察不到。这正说明了为什么只有在 X 射线被发现后,科学家才有可能观测到康普顿效应。

继爱因斯坦提出"光量子"假设对光电效应做出解释,并随后提出光子有动量的假设后,康普顿实验又进一步证实了电磁辐射的"粒子性",光子不仅有能量,而且有动量。康普顿因此获得 1927 年诺贝尔物理学奖。在他的研究工作中,当时一起工作的中国物理学家吴有训(1897—1977,康普顿的研究生)也有重要的贡献 *。

还要说明的是,1930 年,中国物理学家赵忠尧(1902—1998,密立根的研究生)在实验中发现:能量为 2.65 兆电子伏,波长比 X 射线更短的 γ 射线在铅中的吸收比从康普顿散射理论预期的要强得多,并伴随有一定能量的额外散射光子产生。现在清楚,这是一个历史性的重大发现(见参考资料[7],第 284 页)。实际是一个能量超过 1.02 兆电子伏(即两倍电子的静止能量)的 γ 光子在一个重原子核旁转变为正负电子对[见(3.8-16)式],其中,e^+ 是负电子 e^- 的反粒子(见 §4.4,六),

$$\gamma \xrightarrow{\text{(核)}} e^- + e^+ \tag{3.8-16}$$

因正电子不能长久存在,在物质中会很快与一个负电子结合(称之为"湮灭现象")而产生两个能量为 0.51 MeV 的光子[见(3.8-17)式],这正是赵忠尧观测到的额外散射光子。由此可见赵忠尧是正负电子对的产生和湮灭的最早发现者[9]。

$$e^+ + e^- \longrightarrow 2\gamma \tag{3.8-17}$$

1932 年,密立根的第一学生安德逊(C. D. Anderson, 1905—1991)在用云室观测宇宙射线时,测到了正电子的径迹,1936 年获得诺贝尔物理学奖。尽管赵忠尧没能对自己的重大发现作出上述解释,但对正电子发现提供了有力证据。在反

---

* 在康普顿的工作中包含了吴有训所测得的 X 射线被 15 种元素所散射的实验结果,在国外有些物理教科书中把康普顿效应称为康普顿-吴有训效应。(见参考资料[7],第 247 页;更详细可参见:吴宗汉.《文科物理十五讲》,第十五讲. 北京:北京大学出版社,2004)

物质世界的探讨中,这一项先驱性的工作值得提到。还值得一提的是,赵忠尧毕生从事科学和教育事业,为中国核科学事业的发展、为培养核物理科学人才做出了重大贡献,是中国原子核物理、中子物理、加速器和宇宙线研究的开拓者和奠基人之一。

　　光电效应、康普顿散射和电子对产生是 γ 光子与物质相互作用可能发生的 3 种基本过程,其中哪个为主是与入射光子的能量和物质的原子序数 Z 密切有关(希深入了解的读者可参见本书第二版§4.1)。

附录 3.A 红外线与紫外线

本附录作为本章的补充知识,介绍红外线和紫外线的产生、特性和应用。

一、红外线[10]

红外线按其波长可粗分为 3 段:0.78～3 微米为近红外区;3～14 微米为中红外区;14～1 000 微米为远红外区。在全部电磁波谱中,产生红外线是最容易的,只需加热物体就行。它是由分子的振动能级或转动能级间的跃迁所产生的电磁辐射。

　　在实际应用中,尤其在遥感技术(见§6.6,二)中,与大气的红外吸收密切有关。让具有连续谱的红外辐射穿过一定距离的大气,测量其不同波长的强度与原始强度之比,即透射率随波长的变化(见图 3.A-1)。由图可见,在许多波长附近,透射率下降为零,即这种波长的红外线将全部被大气中某种分子所吸收,而且实验上测到的并不是一条窄的吸收线,往往是有相当宽度的吸收带。例如,水汽的红外吸收带位于 1.1 微米、1.38 微米、1.87 微米、2.7 微米和 6.3 微米处,在大于 18 微米的中、远红外区还有些吸收带。CO_2 则在 2.7 微米、4.3 微米和 15 微米处各有一较强的吸收带。这同 20 世纪以来地球日益严重的"温室效应"(见§7.1,三)有密切关系。在吸收带之间又有许多透射率达 80% 左右的"高地"或"山峰",表示这些波长的红外线被大气分子和尘埃等吸收很弱,能够透过大气,它们大致被分割为 3 个波段范围,即 1～2.5 微米、3.5～5.5 微米和 8～13 微米,常被称为 3 个"红外的大气窗口"。可见当航天器要探测地球表面的红外辐射时,主要探测的波长范围应在上面 3 个波段区,才能测得较强的红外辐射。

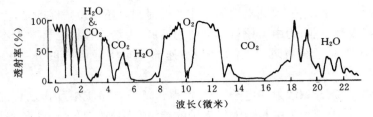

图 3. A-1　大气的红外光谱透射特性

红外线用作加热、干燥等用途历史悠久,但在高新技术上应用却是第二次世界大战以后的事。它在军事上的潜力是显而易见的,做成红外"夜视镜"或"夜视仪"后,使敌方在明处而我方在暗处。接着,在医疗、地球资源勘测和气象监测等许多方面也开始广泛采用红外线。

下面对上述应用作一些具体介绍。

(1) 红外热像仪。通常说人体温度为 37℃,实际上不同部位皮肤的温度并不相同,鼻部与头顶部温度较低。当人体患病时,全身或局部的热平衡遭到破坏,便在相应部位的皮肤温度上反映出来。红外热像仪可以对肿瘤作早期诊断,特别是对浅表性的乳腺癌和皮肤癌更有效。

(2) 机载成像光谱遥感和地球资源卫星。地球表面温度不但随昼夜变化,而且与地面一定厚度层内物质的物理性质有关。因此,测量地表温度分布及其变化,可对地质构造、地热和火山活动、地下文物探测、地面覆盖物等有所了解。一般地说,在高空测到地表发射的红外线,波长在 3 微米以下是从太阳光反射回去的;3～5 微米既有反射的,又有地表自己发射的;高于 5 微米,主要为自己发射;大于 12.5 微米的则全是自己发射的。碳酸岩在 2.35 微米处有明显的吸收峰,大部分矿是蚀变岩,吸收谱在 2.2 微米处,这一差别在"机载成像光谱遥感"中能够区分。

(3) 在气象卫星上安装多光谱扫描辐射计等遥感装置,利用卫星运行速度快、视场面积大的特点,在短时间内就可以取得全球性的气象和地质资料。在各种电磁波段的遥感中,红外遥感占有重要的地位,如它能摄制云图,特别是地球背着太阳部分的云图(可见光就无能为力),收集地面温度垂直分布(晴空时测量 CO_2 的 15 微米或 4.3 微米的红外光谱,有云时则改测 O_2 的 5 毫米微波辐射)、大气中水汽分布(测 H_2O 的 6.3 微米红外光谱)、臭氧(O_3)含量(测 O_3 的 9.6 微米红外光谱)及大气环流等宝贵的气象资料。

红外技术还有其他应用,如红外通信、红外安全、报警、文物鉴定和红外防伪等。家用电视机或空调器的遥控器,也是一个小功率的红外发射器,由于红外线被墙壁吸收,不会像无线电波那样去干扰邻室的电器。

二、紫外线[11]

在表 3.3-1 的电磁波谱上,紫外线占波长从 0.4 微米到 10 纳米的一段,相应的光子能量 $h\nu$ 从 3.1 电子伏到 124 电子伏,对应于原子中电子能级间的跃迁能量,所以,在气体放电或电弧中除可见光外,同时产生大量紫外线。反之,对可见光透明的物质,如空气、水、玻璃等,对紫外线有强烈的吸收。如波长 $\lambda < 0.2$ 微米的紫外线被空气强烈吸收,必须在真空中应用,因此,这一波段也叫真空紫外。一般如医院中用作杀菌消毒时的紫外线光源,在空气中使用,其波长范围是 $0.25 \sim 0.39$ 微米,且放电管是用石英制成,因为石英只吸收 $\lambda < 0.2$ 微米的紫外线,而一般玻璃会强烈吸收 $\lambda < 0.35$ 微米的紫外线。

紫外线之所以能杀虫杀菌,是因为它的光子能量刚好能破坏细胞等生命物质,因此,人若受紫外线的长期照射,将损害人的免疫系统,诱发眼睛的白内障。同时,紫外线的长期照射,对海洋和陆地生态系统也将产生有害影响,抑制农作物生长,使粮食减产;损害海洋生物,破坏海洋食物链。可以说,我们今天能活着来讨论这个问题,全靠地球上的一顶"保护伞"。在离地面 $15 \sim 50$ 千米的大气平流层中,臭氧的浓度最大,达 10^{-6} 数量级。臭氧本身就是大气中氧气吸收太阳光中 0.24 微米的紫外线通过如下的光化学过程产生的:

$$\begin{cases} O_2 + h\nu \rightarrow 2O \\ O + O_2 \rightarrow O_3 \end{cases} \quad\quad\quad (3.A\text{-}1)$$

臭氧层形成后,能强烈吸收 $0.2 \sim 0.32$ 微米波段的紫外线,使来自太阳的紫外线只有不到 1% 能到达地面。

1985 年,英国南极考察队在南极上空发现臭氧层出现了一个面积达数百万平方千米的空洞,起屏蔽作用的保护伞被破坏了,这引起了科学家的重视。近年来,科学家于每年 2 月在北极上空也发现了臭氧空洞,面积为南极臭氧空洞的 1/3。由于北极臭氧空洞更接近人类生活区,引起了欧美发达国家的强烈反响。谁是罪魁祸首呢? 科学家马林纳(M. Molina)等指出,它就是人类生活中越来越大量使用的制冷剂如氟利昂等氯氟烃物质,它们包含有氟氯化碳(以简式 F—C—Cl 代表),排放到大气到达平流层后,在太阳紫外辐射下会分解出氯自由基[11]:

$$F\text{—}C\text{—}Cl + h\nu \rightarrow F\text{—}C \cdot + Cl \cdot \quad\quad\quad (3.A\text{-}2)$$

右端产物是氟碳自由基和氯自由基,后者反应能力极强,导致臭氧迅速分解:

$$Cl \cdot + O_3 \rightarrow ClO \cdot + O_2 \qquad\qquad (3.\,A\text{-}3)$$

右端产物 ClO · 又会把(3. A-1)过程的中间产物自由氧原子"夺"过去发生反应:

$$ClO \cdot + O \rightarrow Cl \cdot + O_2 \qquad\qquad (3.\,A\text{-}4)$$

它不但破坏了(3. A-1)过程中臭氧的形成,(3. A-4)式右端所产生的"Cl·"又会发生(3. A-3)式的反应,进一步破坏已存在的臭氧。这是一个链式反应:一个氯自由基可以破坏 10 万个臭氧分子,最终导致臭氧层空洞的出现!

　　科学家估计,大气中臭氧每减少 1%,照到地面的紫外线将增加 2%,皮肤癌的发生率则可能要增加约 3%,白内障患者将增加 1%。危机迫在眉睫,1987 年国际会议已拟定公约,各国都要逐步停止含氯氟烃制冷剂的生产,改用代用品来制造无氟(无氯)的所谓绿色冰箱。我国是氯氟烃的主要排放国之一。事关人类的命运,我们一定要密切关心。

习　　题

　　1. 一个只能听到 80 分贝声音的耳病患者能否听到 10^{-5} 瓦/米^2 的低声谈话?

　　2. 声强级为 80 分贝的声波入射到面积为 0.6×10^{-4} 米^2 的耳鼓膜上,试求 3 分钟内耳鼓膜吸收的能量。

　　3. 已知一台机器工作时产生的噪声级为 60 分贝,如果两台同样噪声的机器一起开动时,问产生的噪声级为多大?

　　4. 根据图 3.4-3 用惠更斯原理证明反射光 u_r 与法线 ON 的夹角 θ_r 等于入射光 u_i 的入射角 θ_i。

　　5. 放一支筷子在一杯水中,看上去筷子好像在水面下折曲了,试解释之。

　　6. 假定在垂直入射的情况下,试计算光从放在水中的玻璃上的反射率,以及在空气中从金刚钻($n = 2.4$)上的反射率,并由此说明为什么放在水中的玻璃不易被看出,以及为什么金刚钻看上去特别亮?

　　7. 已知声速为 340 米/秒,火车汽笛声的频率为 1 000 赫。当一列火车以 20 米/秒的速度离你而去时,你听到的火车汽笛声的频率将为多少? 相应的波长为多少?

　　8. 用多普勒效应也可研究心脏运动。以 5 兆赫的超声波直射心脏壁,设超声束与心脏运动方向夹角为零,已知声波在组织中的平均传播速度 $u = 1\,500$ 米 / 秒,检测到接收波和发射波的频率差为 500 赫,试求心脏壁的运动速度。

　　9. 试计算能通过光电效应从金属铜中打出电子所需的光子最小能量及其相应的最小频率和最大波长(见表 3.8-1)。(为运算方便,可用组合常数 $hc = 1.24$ 纳米·千电子伏)

　　10. 已知金属铯的电子逸出功为 1.9 电子伏,试问:

　　(1) 金属铯的光电效应阈频率及其相应波长为多少? 并指出是什么颜色的光。

（2）如果要得到能量为 2.1 电子伏的光电子,必须使用多少波长的光照射? 并指出这种波长属于什么颜色光。

11. 在康普顿散射中,一定能量的光子入射时,电子可获得的最大动能公式如何? 在光子与电子对头碰撞时,要使铜原子的电子被电离,则所需入射光子的能量为多大? 相应光子的波长为多大?

参考资料

[1] 应崇福,查济璇.超声和它的众多应用.长沙:湖南教育出版社,1994

[2] 马大猷,杨训仁.声学漫谈.长沙:湖南教育出版社,1994

[3] 江键,屈学民,邓玲.医学物理学.北京:高等教育出版社,2013

[4] 秦关根.法拉第.北京:中国青年出版社,2010

[5] 倪光炯,王炎森.物理与文化——物理思想与人文精神的融合(第三版).北京:高等教育出版社,2017

[6] [美]爱因斯坦,[波]英费尔德.周肇威译.物理学的进化.上海:上海科学技术出版社,1962

[7] 郭奕玲,沈慧君.物理学史(第二版).北京:清华大学出版社,2005

[8] 李炳炎.微波通信.济南:山东科学技术出版社,1980

[9] 李炳安,杨振宁.赵忠尧与电子对产生和电子对湮灭.见杨振宁文选.台北:台北时报出版公司,1995

[10] 纪红.红外技术基础与应用.北京:科学出版社,1979

[11] 刘旦初.化学与人类.上海:复旦大学出版社,1998

第四章　微观世界及其探索

望着茫茫大海、巍巍丛山，面对丰富多彩的大自然，自古到今，人们就在不断地思索：自然界的奥秘何在？世界万物是由什么构成的？它有最小结构吗？人们向往揭开物质结构之谜。

在古代，一方面人们不得不求助于宗教，产生上帝创造世界的神话；另一方面，也有一些古代科学家和哲学家，以物质为基础，寻找自然界的客观规律。早在周代，我们的祖先就提出了五行说，认为万物是由金、木、水、火、土 5 种物质构成。在古希腊，有人认为水、火、泥土和空气是构成物质的基本元素。他们的共同想法是由少数东西构成了世界万物。

约在公元前 400 年，古希腊哲学家德谟克里特明确指出，物质是由最小的不可再分的粒子构成，英语中"atom"（原子）一词出自希腊文，意思是不可分割的东西。在中国早在春秋战国时期（公元前 467—前 221）就出现了类似观点。墨家是著名的代表，类似原子，墨翟（即墨子，约公元前 468—前 376）提出了"端，体之无厚，而最前者也"。"端"的意思是不可再分（无厚），是组成物质的最原始（最前者）的东西。但是，不管是在古希腊还是在中国，都有人提出了相反的观点。古希腊的亚里士多德、我国战国的公孙龙（约公元前 320—前 250）等人，他们认为物质是无限可分的，不存在最小单元。公孙龙有一句名言："一尺之棰，日取其半，万世不竭。"（亦载于《庄子·天下》）从现代物理学发展来看，人们对物质结构层次的认识也已经越来越深，物质的最小构成单元已经不再是分子、原子，也不是中子和质子，而是夸克和轻子（电子是轻子中的一种），它们的线度是小于 10^{-18} 米。夸克和轻子有否结构的问题，正有待人们的进一步研究。

本章将重点介绍 19 世纪末揭开近代微观世界研究序幕的 3 个重大发现（X 射线、放射性和电子的发现）；介绍原子结构及描述微观粒子运动的波粒二重性；介绍 X 射线的产生和原子结构的关系，以及 X 射线的应用；讨论比原子更小的两个层次，即原子核的结构和原子核的组成体（中子和质子）的结构；最后介绍探索微观世界奥秘的近代技术等。

正是由于人们对微观世界运动规律的认识的逐步深入，大大推动了激光技术、材料科学、信息技术、能源新技术、医学、生命科学及宇宙学研究的新的重大发展。在后面各章中将一一介绍。

§4.1　揭开研究微观世界序幕的三大发现

　　古代的原子假设毕竟是少数人的主观臆想,所谓原子,只不过是哲学术语。直到两千年后的 19 世纪,才被科学家以科学实验所证实,创建了科学原子论。其中英国科学家道尔顿(J. Dalton, 1766—1844)是科学原子论的创始人。1807 年,他依据一系列实验提出:"气体、液体和固体都是由该物质的不可分割的原子组成的。"他还认为:"同种元素的原子,其大小、质量及各种性质都相同。"在这里,道尔顿所说的原子已不再是哲学术语,而是实实在在的组成物质的基本单元。在这以后不少化学家和物理学家以大量实验事实证明了科学原子论的正确。1869 年,俄国科学家门捷列夫(Д. И. Менделеев, 1834—1907)在此基础上,发现了自然界的一个重大定律——元素周期律。但是,人们不禁还要问:线度大约是 10^{-8} 厘米的原子是否真的不可再分割了?

　　大约又经过了 100 年,直到 19 世纪末,物理学家的研究有了突破性的进展,3 年有 3 个大发现[1,2],即 X 射线、放射性和电子的发现。这三大发现,揭示了原子存在内部结构,人们开始进入到比原子更小的微观世界的研究。

一、X 射线的发现　抓住异常、严谨治学的伦琴

　　1845 年伦琴(W. C. Röntgen, 1845—1923)生于一个德国商人家庭,母亲是荷兰人,3 岁时全家搬到荷兰。1869 年他在苏黎世大学获博士学位。1885 年起在维尔兹堡大学任教授,1894—1900 年任维尔兹堡大学校长。他的学术生涯中有较长一段时间十分平凡。但是伦琴热爱并关注实验工作,十年磨一剑,为日后他的惊人发现打下良好的基础。另外,伦琴发现 X 射线也是时代的产物,当时真空技术的发展和对阴极射线的研究为 X 射线的发现创造了机会。

　　那是 1895 年 11 月 8 日傍晚,伦琴正在做阴极射线管中气体放电的实验,为了避免可见光的影响,他特地用黑色纸板将放电管包了起来,而且在暗室中进

伦琴

行实验。在离管子一定距离处放有一荧光屏［屏上涂有荧光材料铂氰化钡（BaPt(CN)$_6$）］。使伦琴奇怪的是荧光屏有微弱的荧光放出，但这时阴极射线管是被黑纸板包着，没有光或阴极射线能从里面出来。甚至他将荧光屏"转了个身"，使未涂荧光材料的一面朝着管子，而且将屏放到 2 米远处，发现荧光屏仍有荧光发出。伦琴认为这决不是阴极射线，因为它不能穿透黑纸板或大于 1 米距离的空气。对此异常，严谨治学的伦琴决不放过，在接下去的 7 周中，他日以继夜地对这种神秘射线（被称为 X 射线）的性质作了进一步研究，发现这种射线是直线行进，不被磁场偏转，尤其是有很强的穿透性。

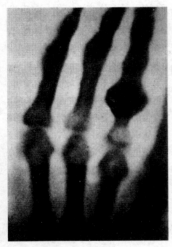

图 4.1-1　1895 年 12 月 22 日伦琴用 X 射线得到的其夫人的手指骨照片

1895 年 12 月 28 日，伦琴宣读了第一个报告《一种新射线》，并公布了他妻子手指骨的 X 光像片（见图 4.1-1）。1896 年 1 月 1 日他的文章刊发，在全世界引起轰动。在这以后许多国家的实验室开展了对 X 射线的研究，反应之迅速和强烈是科学史上罕见的。仅 1896 年 1 年内，关于 X 射线研究的论文达 1 000 多篇。在 X 射线发现 3 个月后，维也纳的医院中首次利用 X 射线对人体进行拍片。一个重大发现如此快地被应用到实际中也是很少见的。

值得指出的是，在伦琴发现 X 射线之前，人们在实验室里操作阴极射线管已有 30 多年的历史，而且也有人发现在阴极射线管附近的照相底片变黑或出现模糊阴影，这说明 X 射线早已产生过，但这些现象并未受到重视，而被认为是底片质量问题，或把底片放到别处完事。就这样一项重大发现被放过去了。这些人，正如恩格斯所描述的，是"当真理碰到鼻子尖上的时候，还是没有得到真理"的人[3]。在科学发展史上，这类事实是屡见不鲜的（本教材后面还将提及）。但是，伦琴将完美的实验技术和极端严谨自觉的科学态度结合在一起，在实验中不放过任何一个可疑现象，反复试验，终于发现了 X 射线，并很快显示了重要的应用价值。为了表彰这一杰出贡献，瑞典皇家科学院于 1901 年 12 月，将历史上第一个诺贝尔物理学奖授予伦琴。

伦琴淡泊名利的高尚品德更加令人称颂。他拒绝接受英国王室为表彰他发现 X 射线而授予的贵族爵位封号，他把自己得到的诺贝尔奖的全部奖金捐献给维尔兹堡大学以加强科学研究。他还拒绝申请专利，将他的发现和发明全部奉献造福人类(见参考资料[4],第230页)。

1912年,德国物理学家劳厄(M. F. T. von Laue, 1879—1960)等人还从实验上证实了X射线通过晶体可发生衍射现象,确定它像光一样,也是电磁辐射。只不过X射线的波长比紫外线还短,在0.01~10纳米范围,肉眼看不到。在当时X射线的来源却是一个谜,它激励人们去探索和研究原子内部结构,从此人类进入了微观世界之门。很多科学家很快都投入到对X射线本性及其应用方面的研究,其中不少人获得了诺贝尔物理奖。迄今为止,除伦琴外,另有15项获诺贝尔奖的课题与X射线有关,涉及20多位科学家。

二、放射性的发现　贝克勒尔的科学灵感和居里夫人的顽强拼搏

放射性是由法国科学家贝克勒尔(H. Becquerel, 1852—1908)在1896年发现的。这一发现与前一年伦琴发现X射线密切有关。

贝克勒尔出身于物理学世家,他的祖父、父亲,包括他自己的儿子,4代人都是物理学家。贝克勒尔的祖父是法国自然史博物馆设置物理学教授职位时的第一任教授,他的父亲从担任他祖父的一名助手到后来也成为博物馆中一名教授。对荧光的研究,是这个家族的"传统"。贝克勒尔自幼聪明好学,受到科学熏陶。后来,他也在自然史博物馆担任教授。

在X射线发现不久,贝克勒尔很快想到,如果把荧光物质放在强光下照射,是否在发出荧光的同时,能放出X射线。于是,他把荧光物质(一块铀化合物——钾铀酰硫酸盐晶体)放在用黑纸包住的照相底片上,然后放在太阳光下曝晒。如果此铀化合物在阳光激发下,发射荧光的同时也有X射线发出的话,由于X射线的强穿透性,定能使底片感光。结果,在底片上果然发现了与荧光物质形状相同的像。1896年2月24日,他向法国科学院报告了此实验结果。但是,事隔一周,在3月2日,他向科学院又作了一个报告,宣布了一个惊人的发现:在上次报告后,他想继续实验,但天公不作美,连续两天不见太阳。他把铀化合物和底片一起放在抽屉里。丰富的实践经验使他富有灵感,他想到要看一下此铀化合物未经太阳曝晒,底片是否感光。原以为最多能看到非常微弱的影像,但恰恰相反,底片冲出后,在上面出现了很深的感光黑影,使他大为惊奇。他进一步用不发荧光的铀化合物进行实验,结果发现也能使底片感光。这说明了铀化合物本身也会放出一种肉眼看不见的射线,它与荧光是完全无关的。以上就是放射性发现的简单经过。应该说放射性的发现,是这个家族几代人努力的结果。另外,正如杨振宁在讲述贝克勒尔发现放射性的故事时讲到,科学家的"灵感"对科学家的发现"非常重要","这种灵感必定来

源于他丰富的实践和经验"。

　　放射性的发现也引起了居里夫人(Marie Sklodowska Curie, 1867—1934)的极大兴趣。玛丽·居里,1867 年 11 月 7 日生于波兰华沙一个家境贫寒的物理教师家庭。她 16 岁时以优异成绩中学毕业。当时华沙的波兰大学不收女大学生,父母又无钱送她去国外学习,但她并没有向命运低头,出国留学意志坚定。为此她选择先参加工作,做一名家庭教师。白天教书,晚上自学。几年后于 1891 年,她利用平时积省下来的钱,买了一张四等车票,离开祖国来到巴黎,考入当时著名的梭朋科学院学习。她喜欢物理,有强烈的求知欲,有理想,能吃苦,意志坚强,出色完成了学业,并得到了梭朋科学院的最高奖励。

　　1896 年夏,放射性刚发现不久,许多问题有待进一步探索和研究,对此居里夫人有极大的兴趣。她在丈夫皮埃尔·居里(P. Curie, 1859—1906)的支持下,毅然决定选择放射性研究这个极具挑战性的世界难题作为她的博士论文选题。当时,贝克勒尔认为要找到比铀的放射性还要大得多的元素是不大可能的。可是居里夫人不保守,她首先想到,铀不一定是唯一能放出射线的元素,并且很快于 1898 年初,在当时已知的一些元素中,发现了"钍"也可发射类似于铀放射的射线,强度也相近。"放射性"这个词,正是当时居里夫人所提出的。

在实验室工作的居里夫妇

　　放射性元素钍发现后,居里夫人的丈夫也开始参与放射性的研究工作。他们对所能找到的各种矿石进行了大量测试,尤其对由放射性导致的空气电离所引起的微弱电流进行了高精度的定量测量,从中他们发现了有一些矿石(如沥青铀矿)的放射性远强于铀和钍的放射性。通过分离和浓缩,于 1898 年 7 月他们在沥青铀矿中发现了放射性比铀强得多的放射性新元素。居里夫人把这种新元素命名为"钋"(polorium),以纪念她的祖国波兰。接着,居里夫妇于 1898 年 12 月又宣布,在沥青铀矿中发现了比铀的放射性要强 100 万倍以上的新元素"镭"(radium),镭是"放出射线"的意思。他们的研究,使放射性研究有了一个大的飞跃。1903 年,居里夫妇与贝克勒尔共享了诺贝尔物理学奖。

　　当时他们的实验是在一个简陋的棚屋中用简陋的仪器进行的。由于缺少经费,他们利用自己的积蓄、购矿石、做实验。由于没钱购买大量含镭的沥青铀矿矿石,只能改用矿渣进行实验。矿渣中镭的含量仅百万分之一。夫妇俩经过长达4年之久的顽强拼搏,克服了罕见的困难,终于从几吨矿渣中提炼出0.1克纯氯化镭,并测定了镭的原子量。由于镭的放射性具有治疗癌症的功效,镭的发现和成功分离也在社会上引起了轰动。居里夫妇淡泊名利,坚决拒绝了商业性的专利申请,而是毫无保留地将研究成果公布出来,为人类服务。就是在这几年中,居里夫人的健康受到了很大损害,体重减轻了10千克。然而,她却幸福地回忆:"正是在这陈旧不堪的棚子里,度过了我们一生中最美好的和最幸福的年月。"居里夫人还深情地讲过这样一段话:"我们的生活都不容易,但那有什么关系? 我们必须有恒心,尤其要有自信力! 我们必须相信,我们的天赋是要来做某种事情的,无论代价多大,这种事情必须做到。"她有一句名言:"人要有毅力,否则将一事无成。"从1896年开始直到逝世的38年科学生涯中,她以惊人的毅力、顽强的意志、高度的智慧,全身心投入到放射性研究,成果累累。1911年,居里夫人又因对放射性研究所做出的杰出贡献,第二次荣获了诺贝尔奖(这次是化学奖)。1934年居里夫人在饱受长期贫血症折磨后去世。在1935年11月23日纽约洛里奇博物馆举行的居里夫人悼念会上,好友爱因斯坦在悼词中说:"在像居里夫人这样一位崇高人物结束她的一生的时候,我们不要仅仅满足于回忆她的工作成果对人类做出的贡献。第一流人物对于时代和历史进程的意义,在其道德品质方面,也许比单纯的才智成就方面还要大……我幸运地同居里夫人有20年崇高而真挚的友谊。我对她的人格的伟大越来越感到钦佩。她的坚强,她的意志的纯洁,她的严于律己,她的客观,她的公正不阿的判断——所有这一切都难得地集中在她一个人身上。她在任何时候都意识到自己是社会的公仆,她的极端的谦虚,永远不给自满留下任何余地。"(见参考资料[4],第256页)

放射性发现后不久,英国剑桥大学卡文迪许实验室的卢瑟福(当时还是电子发现者 J. J. 汤姆逊教授的研究生)也投入到对放射性的研究工作。在科学家们的共同努力下,发现在各种放射性元素所放出的射线中包括 α, β 和 γ 这 3 种射线。实际上卢瑟福在1898年首先区分出 α 和 β 两种射线,并发现 γ 射线迹象,3 种射线也是由他命名的。卢瑟福发现:α 射线是带两个正电荷的氦离子(又称 α 粒子);β 射线是带负电荷的电子流;γ 射线是电中性的电磁辐射,与可见光和 X 射线一样,只是波长比 X 射线还要短。对这 3 种射线,用它们在磁场中的不同轨迹就可区分。在图 4.1-2 中,磁场方向垂直纸面向内,则带正电的氦离子(原子核发现后,可知就是氦核)向左偏,由于质量大偏转小;带负电的电子质量小向右偏转大;电中性的 γ 射线方向不变。放射性元素放出这 3 种射线的过程,又分别称为 α 衰变、β 衰变和

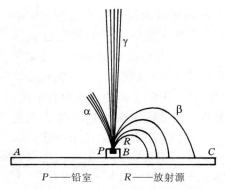

P——铅室　　　R——放射源

图 4.1-2　α，β 和 γ 3 种射线在垂直于运动方向的磁场（磁场方向垂直纸面向内）中发生不同的偏转

γ 衰变。后来卢瑟福又与他的助手发现了放射性的指数衰变规律（见 §8.1，一）。

实验事实告诉我们，有的元素有放射性，有的没有。有的放出 α 射线，有的只能放出 β 射线，而 γ 射线一般是伴随 α 和 β 射线的发射而放出。这是什么原因呢？将在 §4.4，四中作进一步的介绍。

放射性的发现是人类第一次接触到核现象（从后面可以知道放射性是来自原子核衰变），它不仅进一步揭开了微观世界的奥秘，而且与 X 射线一样，放射性具有广泛的实际应用。在科学高度发展的今天，放射性已在工农业生产、医学、生命科学、材料科学等许多领域中，占有重要的不可替代的地位[5]，如在 §8.1 中将对放射性在医学上的重要应用作专门介绍。

三、电子的发现　突破传统观念的 J.J.汤姆逊

电子是人们在微观世界探索中最早发现的带有单位负电荷的一种基本粒子，它的发现直接涉及对原子结构的研究。真正从实验上认识电子的存在，是 1897 年由英国科学家 J.J.汤姆逊所做出的。他 28 岁就受聘于剑桥大学卡文迪许实验室当教授。在他的领导下，实验室的新发现不断涌现（电子、云雾室、X 射线和放射性的早期工作等），并且培养了大批科学人才。他的不少学生先后获得诺贝尔奖，如卢瑟福、威尔逊（G. T. Wilson，1869—1959），巴克拉（C. G. Barkla，1877—1944）和 G. P. 汤姆逊（G. P. Thomson，1892—1975）等著名科学家。他本人也于 1906 年由于发现电子荣获诺贝尔物理学奖。

电子的发现是和阴极射线的实验研究联系在一起的，而阴极射线的发现和研究又是从真空管中放电现象开始的。早在 1858 年，德国物理学家普吕克（J. Plücker，1801—1868）在利用放电管研究气体放电现象时发现了阴极射线。当时，水银真空泵发明不久，利用真空泵，普吕克发现随着玻璃管内空气稀薄到一定程度时，管内放电逐渐消失，这时在阴极对面的玻璃管壁上出现了绿色荧光。当改变管外所加的磁场，荧光的位置也会发生变化，可见这种荧光是从阴极所发出的电流撞击玻璃管壁所产生的。阴极射线究竟是什么呢？在 19 世纪后 30 年中，许多

物理学家投入了研究。当时英国物理学家克鲁克斯(W. Crookes,1832—1919)等人已经根据阴极射线在磁场中偏转的事实,提出阴极射线是带负电的微粒。并且根据偏转算出阴极射线粒子的电荷 e 与质量 m 之比 e/m(称为荷质比)*,要比氢离子的荷质比大 1 000 倍之多。但是,面对这个测量结果,由于当时受"原子不可分"经典物质观的影响,以及当时没有发现过比原子小得多的粒子,因此,很多人(包括克鲁克斯等权威人士在内)都不愿意相信阴极射线粒子的质量只有氢离子的千分之一,而宁可假定阴极射线粒子大小与原子相仿,只是电荷要比氢离子大得多。另外,当时电磁波发现者赫兹和他的学生勒纳德(P. Lenard,1862—1947),在阴极射线管中加了一个垂直于阴极射线的电场,企图观察它在电场中的偏转,但实验结果却没看到射线的偏转,为此他们认为阴极射线不带电(实际是由于当时真空度还不高,静电场建立不起来)。

在这样的环境下,支持阴极射线是粒子的 J. J. 汤姆逊,决心从实验事实出发,来弄清楚这些微粒的大小和性质。首先,他设计了新的阴极射线管(见图 4.1-3),在电场作用下由阴极 C 发出的阴极射线,通过 A 和 B 聚焦,从另一对电极 D 和 E 间穿过。右侧管壁上贴有标尺,供测量偏转用。他重复了赫兹的电场偏转实验,开始也和赫兹一样,没见到任何偏转,但他分析了不发生偏转的原因很可能是由于管内真空度不高,电场没建立起来。于是,他利用了当时最先进的真空技术获得高真空,终于成为第一个使阴极射线在电场中发生偏转的人,从偏转方向也说明阴极射线是带负电的粒子。接着他用管外线圈加上了一个与电场和射线速度都垂直的磁场。当电场力 eE 与磁场产生的偏转力 evB 相等时,可使射线不发生偏转,打到管壁中央,由此可得到粒子的速度 $v=E/B$。再根据阴极射线在电场下引起的荧光斑点的偏转半径,就可以推算出阴极射线粒子的荷质比 e/m。汤姆逊当时所测得的 $e/m \approx 10^{11}$ 库仑/千克。此后,他又通过进一步的大量实验,发现当改变阴极物质材料或者改变管内气体种类,测得的荷质比 e/m 保持不变。可见这种粒子是各种材料中的普适成分。

---

* 当一个带电粒子(电荷为 q)以速度 v 进入均匀磁场 $\boldsymbol{B}$ 中,$\boldsymbol{B}$ 的方向与 v 垂直,则此带电粒子会受到一个偏转力(称洛仑兹力),其大小为 qvB。这个力提供了一个向心力 $\boldsymbol{F}$(与 v 和 $\boldsymbol{B}$ 垂直),使此粒子在与磁场垂直的平面中作圆周运动。由于向心力的大小 $F = \dfrac{mv^2}{r}$(r 为圆周半径),则有关系式 $\dfrac{mv^2}{r} = qvB$。由此可得荷质比 $\dfrac{q}{m} = \dfrac{v}{rB}$,在已知 v,B 时只要测得圆周运动的半径 r,即可得荷质比大小。

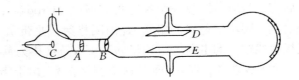

图 4.1-3 汤姆逊测定电子荷质比的实验装置示意图

1898 年,汤姆逊又和他的学生们继续做直接测量荷电粒子的电量的研究。其中一种方法是采用威尔逊所发明的云室,即在饱和水蒸气中带电粒子可以作为一个核心,使它周围的水蒸气凝成小水滴(成为雾滴),测定了雾滴的数目和电荷的总量,可以算出电子电荷的平均值。当时测得的电子电荷是 1.1×10^{-19} 库仑,同电解中所得到的氢离子的电荷是同一数量级,从而直接证明了电子的质量约是氢离子的千分之一。由此,J. J. 汤姆逊完全确认了电子的存在,且它是所有不同材料原子的普适成分,最终解开了阴极射线之谜。从电子发现的历史可见,正如英国著名科学家贝尔纳(J. D. Bernal,1901—1971)所说:"发现的最大困难,在于摆脱一些传统的观念。"

在这以后,不少科学家不断努力,较精确地测量电子的电荷值。其中最有代表性的是美国科学家密立根(R. A. Milliken,1868—1953),他严谨的科学态度和追求精确的测量受到人们的赞誉。1906 年他第一次测到电子电荷量为 $e = 1.34 \times 10^{-19}$ 库仑,后来不断改进,到 1913 年他最后测得电子电荷量为 $e = 1.59 \times 10^{-19}$ 库仑。在当时的条件下,这是一个高精度的测量值。近代精确的电子电荷量值是

$$e = 1.602\ 176\ 56(54) \times 10^{-19} \text{ 库仑}$$

括号中的值是测量误差。密立根当时还发现电荷量是量子化的,e 是最小的电荷量,即粒子所带电荷都是 e 的整数倍*。

电子是第一个被发现的微观粒子,电子的发现打破了原子不可分的经典的物质观,向人们宣告原子不是构成物质的最小单位。它的发现,对原子组成的了解起了极为重要的作用,因为它是构成所有物质中的普适成分。正由于电子的发现,汤姆逊被后人誉为"一位最先打开通向基本粒子物理学大门的伟人"。电子的发现开辟了原子物理学的崭新研究领域,也开辟了电子技术的新时代。

---

* 有必要说明,目前在关于强子(如中子和质子)结构的夸克模型中,被囚禁在强子中的夸克的电荷是 e 的分数倍($\pm 1/3$ 或 $\pm 2/3$),而不是整数倍,但自由夸克至今没找到。关于夸克在后面 §4.4,五中有进一步介绍。

§4.2 原子结构[3]

19 世纪的三大发现揭开了研究微观世界的序幕。人们开始思索,到底原子是由什么组成? 它的结构又是怎样的呢?

一、坚信实验事实 卢瑟福发现原子核

1. 原子的"葡萄干布丁模型"

汤姆逊发现电子后,人们马上想到电中性的原子很可能是由电子和带正电荷的部分所组成。问题是正负电荷如何分布? 在各种模型中,汤姆逊本人所提出的一种"葡萄干布丁模型"最引人注目。他假定:原子的正电荷是均匀分布在整个原子球体内,而电子是一个个嵌在其中。为了解释元素周期表,他还进一步假定:电子可能是分布在一个个同心圆环上,每个环只能包含有限个电子。当时实验室内几乎所有人都相信汤姆逊的模型,当时还是研究生的卢瑟福却表示怀疑,因为他坚信只有实验才能最后揭示原子的奥秘。后来的实验(例如,下面要介绍的 α 粒子在金箔中的散射实验)确实证明了这个模型是不对的。

2. 原子的"有核模型"

原子核的发现是与卢瑟福的名字分不开的。卢瑟福 1871 年 8 月 13 日诞生在新西兰一个苏格兰移民后裔家庭里,1894 年大学毕业。1895 年通过考试获得奖学金,到英国剑桥大学,成为 J.J. 汤姆逊(电子发现者)的研究生。当时,X 射线与放射性刚发现不久,他在 X 射线与放射性所引起的气体导电方面作了出色研究。J.J. 汤姆逊在发现电子的著名实验中所用的仪器,不少是卢瑟福制作的。尤其是他发现了 α 射线,并利用特征光谱线证实了 α 射线就是带两个正电荷的氦离子(即 α 粒子)。接着他就开始用镭

1971 年新西兰发行的纪念卢瑟福百年诞辰的邮票
(左为 α 粒子散射实验)

源放出的 α 粒子作为"炮弹",去轰击各种原子,通过测量出射 α 粒子的偏转情况,研究 α 粒子与物质的相互作用。1908 年卢瑟福由于"元素衰变与放射性性质化学的研究"所做出的贡献,荣获了诺贝尔化学奖。1907 年,他去曼彻斯特大学担任教授兼物理实验室主任,指导他的研究生继续利用 α 粒子散射实验研究原子结构。据他的研究生马斯登(E. Marsden)回忆说,一天卢瑟福主动建议他,"看你能不能得到从金属表面直接反射 α 粒子的某种效应"。可见卢瑟福是有意让他的助手盖革(H. Geiger,1882—1945)和他的研究生去做这方面的实验。这是因为他们曾经观察到云母片中原子可使 α 射线偏转约 2°,而且散射角会随材料原子量增大而变大。尊重实验事实是物理学家的过人之处。正如卢瑟福所说:"物理学家们有理由为自己的信念辩护,因为这些信念是建筑在事实这一坚固的岩石之上的。"(见参考资料[5]和[6])

1909 年,新的奇迹出现了。他的助手盖革和研究生马斯登在用 α 粒子轰击原子的实验中,从大量的观察记录里,发现了 α 粒子居然约有八千分之一的几率被反射回来。对此,卢瑟福感到很惊奇,他说:"就像一枚 15 英寸的炮弹打在一张纸上又被反射回来一样。"(见参考资料[3],第 12 页)但他坚信实验事实,抓住了与原子结构直接有关的信息,经过严谨的理论推导,于 1911 年提出了原子的"有核结构模型"。他认为所有正电荷(Ze)和原子质量都集中在原子中心的一个非常小的体积内(半径 $R \leqslant 10$ 飞米,1 飞米 = 1 fm = 10^{-15} 米),这就是"原子核"。这是一个划时代的伟大发现。原子中的电子绕核运动,带正电的核和带负电的电子间靠静电引力把整个原子结合在一起。由于 α 粒子的质量约是电子的 8000 倍,因此 α 粒子与电子作用时,几乎不会改变方向;而当它与原子中心的靶核发生散射时,将受到靶核的库仑排斥,有可能发生大角度散射。这就是著名的"卢瑟福散射"。计算表明,α 粒子确实有非常小的概率被反射回来,与实验事实相符。

为了证明卢瑟福模型和他的散射理论的正确,他们不但重复实验,并且从不同角度、用不同方法对卢瑟福散射理论进行详尽实验验证。图 4.2-1 是他们的实验装置。R 是装在铅盒中的放射源,α 粒子经过狭缝射入金属箔 F,穿过箔 F 的 α 粒子打到荧光屏 S 上,发出微弱闪光,卢瑟福和他的学生长年累月地在暗室中,频繁地重复通

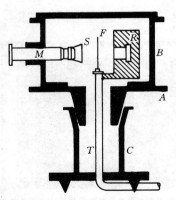

图 4.2-1　盖革和马斯顿研究 α 粒子散射用的实验装置

过显微镜 M 观察闪光,逐个进行计数。B 是一个真空室,通过 T 管抽真空。整个真空室固定在有刻度的圆盘 A 上,且可以在套轴 C 上转动,此时荧光屏 S 和显微镜 M 一起转动,以便可以测到从不同角度散射出来的 α 粒子,包括散射角大于 90° 的 α 粒子。由卢瑟福散射理论,可知从不同角度有不同数目的 α 粒子散射出来。经过无数次的反复实验,最后他们以严格、确凿的实验结果肯定了散射理论和"原子有核结构模型"的正确性。

卢瑟福不仅是一位伟大的科学家,而且是一位受学者尊敬的导师。中国高能物理学家张文裕(1910—1992)1935 年曾是卢瑟福的研究生。在他的回忆中,每年至少有 10 多位研究人员在卢瑟福指导下工作,卢瑟福平易近人、和蔼可亲、对学生和助手关怀备至。他回忆说:"一见面,他就问我们有什么想法。他很希望学生有见解,有想法。如果你有想法,哪怕是跟他辩论;如果你什么想法也没有,他就不满意。""对做实验的学生,要求用各种办法从不同角度做,强调正确的实验结果一定要能够重复。"[*] 在他的学生中有十几位获得了现代科学界最高荣誉——诺贝尔奖,其中包括 N. 玻尔[(N. Bohr, 1885—1962)将量子理论用到原子结构]、查德威克[(J. Chadwick,1891—1974)发现中子]、科克罗夫特[(J. D. Cockcroft, 1897—1967)发明高压倍加器]、卡皮察[(П. Л. Капица, 1894—1984)在低温物理研究中发现液氦的超流现象]、哈恩[(O. Hahn, 1879—1968)发现裂变]等著名科学家。

卢瑟福这种尊重实验事实、一切从实验事实出发的严格科学态度,勇于探索、艰苦奋斗、思想敏锐、敢于创新的科学精神,对学生的严格要求和热情关怀都给人们留下了深刻印象和宝贵经验。

原子核的发现意义深远,使人们对原子结构有了正确的认识,原子不可分的传统观念被打破了;同时,也开始了人类对原子核研究的历史,在人们探索微观世界的道路上又树立了一块新的里程碑。另外,卢瑟福散射方法为材料分析提供了重要的实验手段。值得指出的是,卢瑟福于 1919 年利用 α 粒子轰击氮原子核在人类科学史首次利用人工打破了原子核,实现了原子核反应,使一种元素嬗变成了另一种元素,反应式为

$$\alpha + {}^{14}N \rightarrow p + {}^{17}O \qquad\qquad (4.2\text{-}1)$$

其中,${}^{14}N$, p, ${}^{17}O$ 分别表示氮核、质子和氧核(此符号在 §4.4 中将详细解释)。从此开辟了人工嬗变元素的时代,实现了中世纪炼金士们梦寐以求的"炼金术"。他还预言了在原子核中存在中性粒子,即后来他的学生所发现的中子(见 §4.4,一)。

---

[*] 张文裕. 回忆卢瑟福. 现代物理知识,2010,1:22

卢瑟福不愧为原子和原子核物理发展的主要奠基人。

二、和谐统一的乐章——玻尔模型

1. 卢瑟福模型的困难

卢瑟福原子有核模型取得了成功,但也存在着严重困难,主要是不能解释原子的稳定性和同一性。因为绕核旋转的电子具有加速度,按照经典电动力学,任何带电粒子在作加速运动的过程中要以发射电磁波的方式放出能量,这样,电子绕核转动的轨道半径会越来越小,最后很快地(时间约 10^{-9} 秒数量级)落到原子核上,原子就不可能稳定,而事实上原子是稳定的。另外,大量事实告诉人们,同种物质的所有原子是相同的,即具有同一性。例如,来自不同国家的铁、甚至在月球上的铁,它们的原子都是相同的。但是,卢瑟福把原子模型看作电子绕核旋转的经典行星模型,对此同一性就无法理解了。这是因为按经典行星模型,太阳系的形成是由当初形成时宇宙的初条件决定的,不同初条件不会有相同结果,即宇宙中不可能存在两个完全一样的太阳系;类似地说,不可能有两种完全相同的原子。但是,原子的稳定性和同一性是不可否认的事实。为此,卢瑟福模型遇到了很大困难,模型提出以后并没引起学术界的重视。

玻尔和泡利在看旋转的陀螺

在 1911 年,年仅 26 岁的丹麦物理学家 N. 玻尔来到了英国的剑桥大学,在 J. J. 汤姆逊指导下进行工作。同年 11 月他在曼彻斯特大学去听由卢瑟福实验室所开设的放射性测量实验课,了解到卢瑟福实验室关于原子核的惊人发现。随即他转到了曼彻斯特,卢瑟福实验室的生气勃勃的工作,卢瑟福本人的那种富于想象的洞察力、严谨的科学态度、充沛的精力和平易近人的高贵品质大大鼓舞了玻尔,玻尔与他的老师卢瑟福建立了终生不渝的友谊。同时,卢瑟福也非常钟爱这位

腼腆、谦虚、好学的年轻人。玻尔后来的成功与卢瑟福对他的影响、帮助和鼓励是分不开的。

作为卢瑟福的学生,他对卢瑟福模型的正确性是坚信不疑的,为此要设法找到

一个根本性的修正办法,既能说明原子的稳定性,同时能说明原子的同一性。

2. 模型提出的背景

在玻尔模型提出之前,在物理学界除了卢瑟福模型外还有几件大事,对他很有启发。

一是 1900 年,德国物理学家普朗克为了解释黑体辐射实验(见 §3.8),提出了能量量子化概念,他认为物质中的原子和分子可看作某种能吸收和放射电磁辐射的"振子",这种"振子"的能量不是连续变化的,而是只能取一些分立值,$E = nh\nu$,其中,ν 是振子的固有频率;h 正是上一章讨论光子能量时所给出的普朗克常量,是能量量子化的量度,n 为正整数。

二是 1905 年爱因斯坦为了解释光电效应的实验,提出了光量子假定,即可将电磁波看作光子,光子的能量为 $E = h\nu$,这在第四章中已作过介绍。

三是 1885 年首先由瑞士物理学家巴耳末(J. J. Balmer, 1825—1898)对实验上最早所测到的氢原子光谱中可见光波段的一些谱线找到了如下经验公式,即一系列波长的倒数可用两项相减来表示,被称为巴耳末公式:

$$\tilde{\nu} = \frac{1}{\lambda} = \frac{4}{B}\left(\frac{1}{2^2} - \frac{1}{m^2}\right) \quad (m = 3,\ 4,\ 5,\ \cdots) \tag{4.2-2}$$

其中,λ 为谱线波长,$\tilde{\nu}$ 是波长的倒数,称为波数;$B = 364.56$ 纳米是由实验定出的常量。当 m 取大于 2 的一系列正整数(3, 4, 5, 6, …)代入(4.2-2)式时,可得一系列的 $\tilde{\nu}$ 值,即一系列波长 $\lambda = 656.21$ 纳米、486.08 纳米、434.00 纳米、410.13 纳米 …… 与实验所测得的可见光波段的氢光谱波长 656.28 纳米、486.13 纳米、434.05 纳米、410.17 纳米……非常一致。这一组谱线构成一个系列,称为巴耳末系。

后来到 1889 年,瑞典物理学家里德伯(J. R. Rydberg, 1854—1919)将巴耳末公式改写为如下的里德伯公式:

$$\tilde{\nu} = \frac{1}{\lambda} = R_{\text{H}}\left(\frac{1}{n^2} - \frac{1}{m^2}\right) \tag{4.2-3}$$

其中,里德伯常量 $R_{\text{H}} = 4/B$ 也是经验参数,要靠实验来定;m,n 都为正整数。当 $n = 1$,$m = 2$, 3, … 时可得一组谱线的波长,这个谱线系称为赖曼系($n = 1$);当 $n = 2$,$m = 3$, 4, … 时,所得的一组谱线波长正是上面的巴耳末系($n = 2$);当 $n = 3$,$m = 4$, 5, … 时所得的谱线系为帕邢系($n = 3$)。类似可得布喇开系($n = 4$)和普丰特系($n = 5$)等。其中,赖曼系在紫外光区,巴耳末系在可见光区,其他都在红外光区。图 4.2-2 给出了赖曼系、巴耳末系和帕邢系 3 个谱线系,图中表出了谱线的波数 $\tilde{\nu}$。

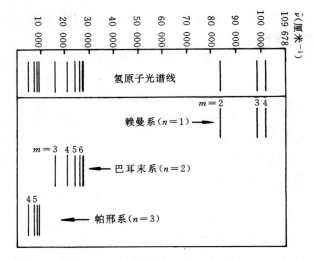

图 4.2-2　氢原子光谱的 3 个谱线系

上述经验公式是根据实验数据凭经验凑出来的。但是,如此简单的公式却能把大量的谱线按规律分成许多谱线系,而且计算所得的波长与实验值非常一致。这在当时确实是一个无人知晓的"谜"。这个谜底将由玻尔来揭晓。

3. 玻尔模型的 3 个基本假定

在普朗克和爱因斯坦的量子化概念以及巴耳末和里德伯的实验公式启发下,经过两年坚持不懈的努力,玻尔终于在 1913 年,首次将量子化概念用到了卢瑟福的原子模型中,并且将原子结构与光谱联系起来,提出了关于氢原子的理论——玻尔模型。模型的关键是如下的 3 个基本假定。

(1) 定态条件假定:氢原子中的一个电子绕核作圆周运动,但是与经典理论不同的是,他假定电子只能处于一些分立的"允许轨道上",且绕核运动时不会辐射电磁波。每一个"允许轨道"半径为 r_n,对应一个确定的分立能级 E_n($n=1,2,3,\cdots$)。也就是说,电子是在一些具有确定能量的"定态"轨道上运动,不会损失能量,这就是定态条件。在这个假定下,原子可保持稳定性。定态能量 E_n 是动能和势能之和,即

$$E_n = T + V = \frac{1}{2}m_e v_n^2 - \frac{e^2}{4\pi\varepsilon_0 r_n} \tag{4.2-4}$$

由 $F = ma$ 可得

$$\frac{e^2}{4\pi\varepsilon_0 r_n^2} = \frac{m_e v_n^2}{r_n} \tag{4.2-5}$$

于是(4.2-4)式可化为

$$E_n = -\frac{1}{2}\frac{e^2}{4\pi\varepsilon_0 r_n}$$ (4.2-6)

(E_n 和 r_n 之值在下面将讨论。)

(2)频率条件假定:当电子从一定态能量为 E_m 的"允许轨道"跃迁到另一个定态能量为 E_n 的"允许轨道"时,会以电磁波形式放出(当 $E_m > E_n$)或吸收(当 $E_m < E_n$)能量 $h\nu$(即光子能量)。前一过程称"自发辐射",发生时间很短,约 $10^{-8} \sim 10^{-9}$ 秒[见图 4.2-3(a)],后一过程称"受激(共振)吸收"[见图 4.2-3(b)]。由于能量守恒,光子能量为两定态能量之差。若 $E_m > E_n$,则放出光子的能量为

$$h\nu = E_m - E_n$$ (4.2-7)

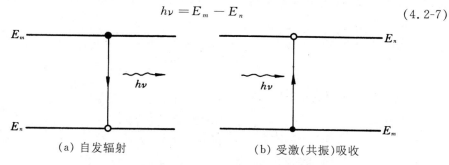

（a）自发辐射   （b）受激(共振)吸收

图 4.2-3   两个原子定态能级之间的电磁跃迁

反之,为吸收光子情况。上式为频率条件。玻尔提出此假定正是受到巴耳末公式的启发,他认为(4.2-2)式中两项之差正是表明原子辐射来自两个能级之间的跃迁。所以他曾说:"一当我看到巴耳末公式,一切都豁然开朗了。"由(4.2-2)式可得

$$\tilde{\nu} = \frac{1}{\lambda} = \frac{1}{hc}(E_m - E_n)$$ (4.2-8)

上式与里德伯公式(4.2-3)完全类同。因此,通过两式类比,玻尔立即得到了氢原子中电子所具有的一系列分立能量为

$$E_n = -hcR\,\frac{1}{n^2} \quad (n = 1,\ 2,\ \cdots)$$ (4.2-9)

其中,n 是分立的正整数,由不同的 n 可得一系列不同的分立能量 E_n,n 被称为主量子数。将(4.2-9)式代入(4.2-6)式,可得 E_n 相应的分立轨道半径 r_n 为

$$r_n = \frac{1}{4\pi\varepsilon_0}\frac{e^2 n^2}{2Rhc} \quad (n = 1,\ 2,\ \cdots)$$ (4.2-10)

由(4.2-9)式可知,当 n 很大时, $E_n \to 0$。对有限 n 值,电子束缚在原子中的一系列能量都为负值(因为能量零点在 $n \to \infty$ 处)。

在(4.2-9)和(4.2-10)两式中,还有一个里德伯常量 R。但对这个常量,玻尔将从理论上将其算出,不再是一个要靠实验来确定的经验参数了。

(3) 角动量量子化假定[*]:角动量 L_n 也是描写原子中电子运动的一个重要物理量,它也是量子化的:

$$L_n \equiv m_e v_n r_n = n\hbar \quad (n = 1, 2, \cdots) \tag{4.2-11}$$

其中, $\hbar \equiv h/2\pi$。可见 $\hbar$ 是电子基态时 ($n=1$) 的角动量的大小,这又一次表明了普朗克常量 h 在描写微观粒子运动中的重要性。利用(4.2-5)和(4.2-11)两式,可得

$$r_n = \frac{4\pi\varepsilon_0 \hbar^2}{m_e e^2} n^2 \tag{4.2-12}$$

将上式代入(4.2-6)和(4.2-10)两式,可得

$$E_n = -\frac{1}{(4\pi\varepsilon_0)^2} \frac{m_e e^4}{2\hbar^2} \frac{1}{n^2} \tag{4.2-13}$$

$$R = \frac{1}{(4\pi\varepsilon_0)^2} \frac{2\pi^2 m_e e^4}{ch^3} \tag{4.2-14}$$

至此,描写电子运动的轨道半径、能量、角动量以及里德伯常量都可由一些基本常量(e, m, h, c)来表示。实际上,对于类氢离子,描写电子运动的能量、半径等物理量也只与 z 有关[**]。可见玻尔理论很好地说明了原子的同一性。由此可算得 $R = 109\ 737.31$ 厘米$^{-1}$,与实验数据一致。由(4.2-9)和(4.2-10)两式,并利用 $hcR = 13.6$ 电子伏和电子电荷的平方值 $\frac{e^2}{4\pi\varepsilon_0} = 1.44$ 电子伏·纳米,可得

$$E_n = -13.6 \text{ 电子伏} /n^2 \tag{4.2-15}$$

---

* 实际上,此角动量量子化假定是玻尔在利用对应原理计算的基础上推广而来的。为了简单明晰起见,我们这里直接将角动量量子化作为假定提出来。有兴趣的读者可见参考资料[3], §7 的玻尔模型。

** 对于类氢离子(如 He^+, Li^{2+}, …),核外都只有一个电子,不过核电荷 Z 不同。电子能量和半径分别为

$$E_n = -13.6 \frac{Z^2}{n^2} \text{电子伏}, \quad r_n = 0.052\ 9 \frac{n^2}{Z} \text{ 纳米}$$

$$r_n = 0.052\,9n^2 \text{ 纳米} \tag{4.2-16}$$

当 $n=1$ 时，$E_1 = -hcR = -13.6$ 电子伏，这是氢原子中电子的基态能量，n 越大能级越高。当 $n \to \infty$ 时，$r_n \to \infty$，$E_n \to 0$。这相当于以电子刚脱离原子时的能量取为零(即能量零点)，于是在原子内部被束缚的电子能量都是负值。由于我们感兴趣的是与光子发射能量直接有关的能级间的能量差，它与零点取在何处是无关的。13.6 电子伏正是使氢原子中基态电子电离(脱离原子)所需提供的最小能量，称为电离能。

当 $n=1$ 时，氢原子中基态电子的轨道半径 $r_1 = 0.052\,9$ 纳米，称为"玻尔半径"。

$n=2$ 为第一激发态，$E_2 = -3.4$ 电子伏，$r_2 = 0.212$ 纳米；$n=3$ 为第二激发态，$E_3 = -1.51$ 电子伏，$r_3 = 0.476$ 纳米……能量依次增高，轨道半径依次增大。处于激发态的原子不稳定，要向低能级跃迁，在跃迁过程中发出电磁波(光子)，最终原子总要处于最低能量状态(即基态)，保持原子的稳定性。根据(4.2-15)式可以得到不同 n 下氢原子的一系列能级。图 4.2-4 为氢原子能级图。由高能级 m 向低能级 n 跃迁时所发射的光波的波长可由(4.2-8)式决定：

$$\tilde{\nu} = \frac{1}{\lambda} = \frac{1}{hc}(E_m - E_n) = R\left(\frac{1}{n^2} - \frac{1}{m^2}\right) \tag{4.2-17}$$

即里德伯公式[(4.2-3)式]，但这里 R 不再是经验参数。在图 4.2-4 中给出了实验测得的氢原子几个不同谱线系和所包含谱线的波长。利用(4.2-17)式可以方便地计算这些波长，理论与实验符合得非常好。例如，巴耳末系中理论计算可得 H_α 线波长是 656.1 纳米，H_β 线波长是 486.0 纳米(同学们可自行计算)，与实验非常接近。从此氢光谱之谜被揭晓。后来科学家又证实实验测得的氢离子(类氢离子)光谱与玻尔模型计算结果相符。对玻尔模型的成功，爱因斯坦曾给予高度评价："在我看来如同是一个奇迹，甚至在今天仍然是作为奇迹出现。这就是思想领域中最和谐的形式。"(见参考资料[7]，第 137 页)

实际上，在玻尔发表的论文中，也着重指出了在多电子原子体系中，同样包含量子化的能级(定态能量)。在玻尔理论发表后不久，在德国科学家夫兰克(J. Franck, 1882—1964)和赫兹(G. Hertz, 1887—1975)利用电子轰击汞原子的实验结果中，就显示出在汞原子内部电子能量确实是量子化的(见参考资料[3]，§9)。这是对玻尔理论的极大支持。

玻尔模型告诉我们，原子能级的分立性决定了所发射光子能量的分立性，经摄谱仪拍下来的是一条条分开的"线光谱"，叫做原子的"发射光谱"。反过来，若让白

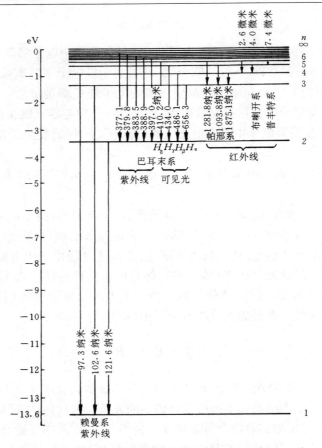

图 4.2-4　氢原子能级图与发射的光谱

光通过某种元素的稀薄气体,则在原来是连续谱的明亮背景上会出现若干暗线,位置与这种元素的原子的"发射光谱"的亮线一一对应,叫做"吸收光谱"。这正证明了原子吸收光子过程的存在,原子吸、放光子的过程是可逆的。例如,在地球上测到的太阳光谱中有多达 3 万条的暗线,称为夫琅和费(Fraunhofer)线,它们反映了太阳大气中的元素成分。在附录 4.A 中将简要介绍分子能级和光谱以及固体的光谱。

　　在历史上玻尔第一个奇迹般地将量子化概念、原子有核结构模型和原子光谱这 3 个表面上看来并不相干的内容和谐地统一起来,提出了量子化原子结构模型,揭开了 30 年来令人费解的氢光谱之谜,对量子论和原子、原子核物理的发展做出了重大贡献。正如爱因斯坦在关于"探索自然界统一性的乐趣"一文中所说:"从那些看来同直接可见的真理十分不同的各种复杂的现象中认识到它们的统一性,那是一种壮丽的感觉。"*1922 年玻尔荣获诺贝尔物理学奖。

玻尔成功后,当时世界上许多科学发达国家的著名大学和研究所都对他发出邀请,并提供高薪报酬,包括他的导师卢瑟福也发出邀请,但他一一婉言谢绝了。他一心致力于在自己诞生的国土(丹麦)上建立一个物理研究所,1921 年 3 月在哥本哈根大学由他创建成立了理论物理研究所(1965 年改名为 N. 玻尔研究所)。这位 35 岁的所长,在成立大会上热情洋溢地说道:"……极端重要的是,不仅仅要依靠少数科学家的才能,而且要不断吸收相当数量的年轻人,让他们熟悉科学研究的结果和方法。只有这样才能在最大程度上不断地提出新的问题。更重要的是,通过青年人自己的贡献,新的血液和新的思想就不断涌入科研工作。"(见参考资料[8],第 32 页)玻尔以他的崇高声望,吸引了世界上一大批优秀的青年物理学家到他的研究所工作,并开创了平等自由讨论和相互紧密合作的治学环境。在科学家们的不懈努力下,玻尔研究所生气勃勃地发展起来,使这个人口不到 500 万的国家,建成了一个当时与英国剑桥、德国哥廷根齐名的国际物理学研究中心,哥本哈根被许多著名物理学家誉为"物理学界的朝拜圣地"。

三、电子的波粒二象性和玻尔的哲学思考

1. 玻尔模型的困难

与卢瑟福原子模型一样,玻尔模型在成功的同时,同样存在着一些难以克服的矛盾。这主要是玻尔仍把电子看作经典力学中的粒子,仍是在静电作用下绕核作圆周轨道运动,但又硬性规定没有电磁辐射产生,这显然相互矛盾的。另外,对电子从高能态到低能态的跃迁,只是讲了如果发生跃迁,所发射(或吸收)的电磁波能量与能级差的关系,对于是否高能态可向任一个低能态跃迁(实际不可以)以及跃迁的几率是否一样(实际不一样)等问题,在玻尔模型中都无法回答。面对这些困难,人们期待着新思想的产生。什么新思想呢?那就是对原子中的电子不能再看作经典粒子,而必须赋予波性,即电子与光子一样,具有波粒二象性。

2. 电子的波粒二象性

最早提出必须赋予电子以波性的是德布罗意(L. de Broglie, 1892—1987)。这位年轻人出生于法国贵族家庭,早期对历史学研究感兴趣,并于 1909 年获历史学学士学位。后在他哥哥的影响下,逐渐对物理发生了兴趣。第一次世界大战期

---

* [美]A. 爱因斯坦著. 许良英,王瑞智编. 走近爱因斯坦,第 134 页. 沈阳:辽宁教育出版社,2005

间,他在军队服役,从事无线电台工作。战争结束后,德布罗意又回到他哥哥的实验室工作,参与了一些 X 射线研究。在这里,他不但获得了许多原子结构知识,而且接触到 X 射线的时而像波、时而像粒子的奇特性质。后来德布罗意进入巴黎大学当研究生,研究量子理论。1924 年 11 月,在他的博士论文中,打破了传统观念,把爱因斯坦所提出的光的波粒二重性推广到了所有的物质粒子,提出了物质波的基本假设,即"任何物体伴随着波,而且不可能将物体的运动和波的传播分开";并且根据狭义相对论导出了粒子的动量与伴随波的波长 λ 之间的关系,即著名的德布罗意关系式(其推导详见参考资料[9]):

$$\lambda = h/p \tag{4.2-18}$$

德布罗意的物质波假设对量子物理的发展极为重要,这是一个革命性的假设,超出了科学家们当时的思维方式和认识水平,使不少科学家感到不可想象、难以捉摸。但是,它却得到了爱因斯坦等一些有名望的科学家的肯定和支持,因此也受到了国际物理学界的重视。当然德布罗意的假设及上述关系式是否正确必须要经过实验的验证。从(4.2-18)式我们再一次看到普朗克常量的重要性,它是联系粒子性与波性的桥梁。已知电子的静能是 $m_e c^2 = 511$ 千电子伏,所以当电子动能比 $m_e c^2$ 小得多时(至少小一个数量级),可以用非相对论的动能 E_k 与动量 p 的关系式:$p = \sqrt{2m_e E_k}$。利用此关系则有

$$\lambda = \frac{h}{\sqrt{2m_e E_k}} = \frac{hc}{\sqrt{2m_e c^2 E_k}}$$

$$= \frac{1.24}{\sqrt{2 \times 511 \times E_k}} = \frac{1.226}{\sqrt{E_k(电子伏)}} (纳米) \tag{4.2-19}$$

注意:用此式求波长时,电子动能 E_k 要以电子伏为单位。在上述计算中用到了组合常数 $hc = 1.24$ 纳米·千电子伏。例如,利用(4.2-19)式,对动能为 10 电子伏的电子,可得 $\lambda = 0.39$ 纳米;对动能为 100 电子伏的电子,可得 $\lambda = 0.123$ 纳米。电子能量越高,相应波长越短。这种短波长电子在阴极射线管中运动时,波性可以忽略,它的运动可作为粒子运动来处理。但是当波长为 0.1 纳米数量级的电子被束缚在大小为纳米数量级的原子中时,波性就明显表现出来(见彩图 4)。

　　1927 年,电子的波性得到了实验的证实。英国物理学家 G. P. 汤姆逊(G. P. Thomson, 1892—1975, J. J. 汤姆逊的儿子),利用高能电子(几万电子伏)打到多晶的金属箔上,在箔后照相底片上得到了同心圆的衍射图 4.2-5(a)。这同光波的小孔衍射(见图 3.5-4)完全相似。后来科学家又测到了电子束的双缝干涉图 4.2-

5(b),也与光的双缝干涉(见图3.5-2)完全相似。通过这些实验还测得了电子的波长,证实了电子波长与动量完全满足德布罗意关系式(4.2-18)。以后的一系列实验不断证实:不只是电子,中子、质子、原子等一切实物粒子都有波粒二象性。这种波粒二重性意味着:在原子中有一定能量的电子根本不是在一定的轨道上运动,而是可以出现在整个原子空间,只是在不同地方出现的几率不同,有的地方出现几率大,有的地方出现几率小。对氢原子来讲,计算表明:玻尔轨道处正是电子出现几率最大的地方,从而使玻尔模型的内在矛盾自然消失。德布罗意的新思想,使量子物理朝量子力学的诞生又迈开了革命性的一步。1929年他荣获诺贝尔物理学奖。

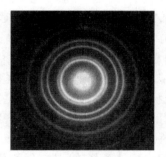 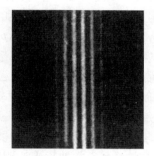

(a) 电子在金(Au)多晶上的衍射图像   (b) 电子双缝干涉图像

图 4.2-5 电子的波性实验

3. 玻尔的哲学思考

源于对波粒二象性的肯定和理解,玻尔提出了富有哲理的"互补原理"。玻尔在《原子论和自然的描述》(商务印书馆,1964)一书中总结他的互补思想说:"一些经典概念的应用,将不可避免地排除另一些经典概念的同时应用,而这另一些经典概念在另一种条件下又是描述现象所不可缺少的;必须而且只须这些既排斥、又互补的概念汇集在一起,才能形成对现象的详尽无遗的描述。"依据"互补原理",波和粒子两种概念在描述微观现象时是不会同时出现的,但为了完整地描述微观现象和对实验做出解释,这两种"对立"的概念又都是"互补"的,两者缺一不可。

对电子这样的物质粒子的波性(物质波)描写,既不同于经典波,也不同于光波。1926年,奥地利物理学家薛定谔建立了一个描写这种物质波波性的波动方程——薛定谔方程,它是一个能够描写微观粒子运动的量子力学基本方程。利用它,可以得到电子在原子中的分立能级的大小以及一定能量的电子在原子中不同地方出现的几率。有兴趣深入了解微观粒子描述的读者可见参考资料[5],§7-4和§7-5。

四、粒子运动的测不准关系

1927 年,德国物理学家海森伯提出了描述微观粒子运动的极为重要的关系式——测不准关系。下面是其中两个主要的关系式:

$$\Delta x \Delta p_x \geqslant \hbar / 2 \tag{4.2-20}$$

$$\Delta E \Delta t \geqslant \hbar / 2 \tag{4.2-21}$$

其中,(4.2-20)式的物理意义是:对一个微观粒子(如电子、质子等)不能同时具有确定的坐标位置和相应动量。如果 $\Delta x \to 0$,即电子的位置完全确定时,则其动量完全不确定($\Delta p_x \to \infty$);反之,$\Delta p_x \to 0$,必有 $\Delta x \to \infty$。这是一个反映微观粒子运动的客观规律,不能同时精确测量粒子的坐标和动量。在(4.2-21)式中,ΔE 是粒子所处的能量状态的不确定性,Δt 是在此能量状态下所停留的时间(也可认为是平均寿命);这就是说,只有当粒子在某能量状态的寿命无限长(即稳定)时,它的能量才是完全确定的 ($\Delta E = 0$)。 实际上,以量子力学为基础,可以严格导出测不准关系式,这说明正是微观粒子的"波粒二象性"导致测不准关系出现。

测不准关系也常被用来说明原来经典概念无法解释的问题,现举两个例子。

一个例子是利用它可定性地说明原子中的电子为什么不会掉到原子核里去。因为当电子要掉向核时,受到的吸引越来越强。此时电子位置的不确定性 Δx 正在变小,从 0.1 纳米量级的活动范围(原子线度),缩小到接近核范围(10^{-6} 纳米),此时按(4.2-20)式,电子的 Δp_x 必然要逐渐变大,即动量将越来越大,因而电子动能越来越大。这就产生了一种抗拒电子落入核内的排斥倾向。吸引越强,距离变小,但此时排斥也越强,两者在每一特定状态下总会达到某种平衡,形成一个个稳定的量子态;也就是说,测不准关系保证了原子中电子可处于一个个定态而不会掉向核内使之崩溃。

另一个例子是关于谱线的自然宽度的解释。我们知道谱线来自电子从高能级向低能级的跃迁。由于跃迁过程中电子在高能级上必有一定的寿命 Δt,则根据(4.2-21)式这个能级必存在一个相应的能量宽度 ΔE,因此谱线不可能对应于一个确定的波长 λ,而是必有一个宽度 $\Delta \lambda$,此即谱线的自然宽度。例如,假定电子处在某激发态的寿命为 $\Delta t = 10^{-9}$ 秒,则由不确定关系可估计与该激发态相应的谱线的自然宽度为 $\Delta E \approx \dfrac{\hbar}{2\Delta t} = 3.3 \times 10^{-7}$ 电子伏。 实验测到的谱线确实不是一条线,而是有一定的自然宽度 ($\Delta \lambda / \lambda = \Delta E / h\nu$)。

§4.3　X射线与原子结构

在§4.1中已介绍了 X 射线的发现,本节将在原子结构基础上深入讨论 X 射线的产生、X 射线谱的特征及其应用。

一、X 射线的产生和 X 射线谱

1. X 射线的产生

X 射线的波长比紫外线还短,约在 $0.01 \sim 10$ 纳米范围。一般称波长较长的 X 射线(>0.1 纳米)为软 X 射线,波长较短的 X 射线(<0.1 纳米)为硬 X 射线。图 4.3-1 是一种常用的 X 射线管的示意图,管中用旁热式加热的阴极 K 发射出电子,在阳极 A 和阴极 K 间加上一个高电压,一般是几万伏到几十万伏,管内抽真空,真空度小于 1.33×10^{-4} 帕,因此电子可以在电场作用下几乎不受阻挡地飞向阳极。阳极是一种金属靶,一般是用钨、钼、铂等重金属制成。打在阳极上的电子,突然受阻,速度下降到零,具有大的加速度(实际是减速度,即负加速度),于是就产生电磁辐射,X 射线就是一种电磁波。现在问:在这种 X 射线谱中,所包含的波长成分如何?

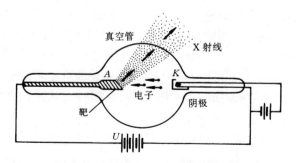

图 4.3-1　常用 X 射线管示意图

2. X 射线谱

图 4.3-2 是阳极为铜靶 ($Z = 29$),在外加 35 千伏电压时,所测得的 X 射线的波长和对应的相对强度(纵坐标是所测得的 X 射线的计数率,计数率大小反映了

X 射线的相对强度)。由图可见,有一个连续谱,这个连续谱有一个最短波长 λ_{min},图中所示的 $\lambda_{min} \approx 0.035$ 纳米 (相应光子有最大的能量)。以后随波长增加相对强度有一个极值。此外,还可见叠加在连续谱上的两个明显的尖峰,即 X 射线中所包含的分立谱成分,这种分立谱又称为特征谱。为什么 X 射线谱包含两种成分?连续谱中的最短波长由什么决定?分立谱的波长又如何决定?

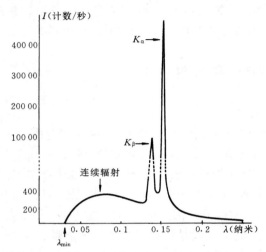

图 4.3-2　铜靶的 X 射线谱(外加高压 $U = 35$ 千伏)

(1) 连续谱来源于轫致辐射。这是由于高速电子打到靶上,电子在与靶原子相碰的过程中,受到原子核的库仑场作用,骤然减速、损失能量。所损失的动能就转化为电磁辐射能放出。这种辐射称为轫致辐射。一般地说,一个电子将通过许多次的碰撞才损失它的全部动能。因此,由轫致辐射发射的 X 射线其波长呈连续变化。这个最短的波长,相当于入射电子是通过一次碰撞失去全部动能的情况。因为在高压 U 下,电子到达阳极时的动能可达 $E_k = eU$。当这些能量全部转化为辐射光子的能量时,光子的能量最大,有关系式 $h\nu_{max} = E_k$。最大频率 ν_{max} 相应的波长最短,其值为

$$\lambda_{min} = \frac{c}{\nu_{max}} = \frac{hc}{h\nu_{max}} = \frac{hc}{E_k} = \frac{hc}{eU} = \frac{1.24}{U} (纳米) \qquad (4.3\text{-}1)$$

其中,高压 U 以千伏为单位,相应所得 λ_{min} 的单位为纳米。在图 4.3-2 中,外加高压 $U = 35$ 千伏,所以由(4.3-1)式可得 $\lambda_{min} \approx 0.035$ 纳米,与图中所示完全一致。显然 λ_{min} 与靶材料无关,仅与高压 U 的大小有关。

(2) 分立谱来源于特征辐射。在分立谱(线光谱)中所包含的分立波长的大小完全决定于材料本身。我们知道,不同元素的原子各有它自己的一套能级。在不

考虑精细结构情况下,不同的能级可用不同的主量子数 n 来区分。通常又将 $n=1$
层称为 K 层, $n=2$ 层称为 L 层,依次称 $n=3$ 为 M 层, $n=4$ 为 N 层, $n=5$ 层为
O 层……在每一层中容纳的电子数是不同的,但都有一个上限。在 n 层上可容纳
的最多电子数是 $2n^2$ 个。当内层电子填满时(基态原子就是这种情况),则外层电
子不能跳到内层上去。但一旦当 K 层中被移去一个电子、出现一个空穴时,则从
外面 L, M, N 或 O 层甚至更高层中,只要上面有电子,则此电子就有可能跃迁到
K 层,填充此空穴,同时向外辐射能量。所辐射出的 X 射线的能量是由上下两个
跃迁能级的能量差所决定。从电子外层跳到 K 层(终态)时所发射的 X 射线统称
为 KX 射线。从 L, M, N, O, P, …不同外层跃迁到 K 层所发射的 X 谱线则分
别称为 K_α, K_β, K_γ, K_δ, K_ε, …。若终态为 L 层,则得到的 X 射线统称 LX 射线,
其中包含 L_α, L_β, L_γ, …,依此类推。图 4.3-3 给出了各种特征 X 射线发射示意图。

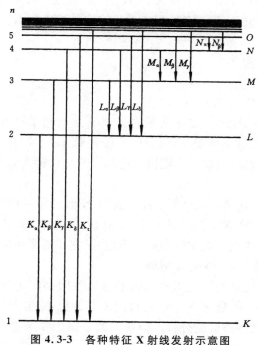

图 4.3-3　各种特征 X 射线发射示意图

可见特征辐射是来自电子内壳层的跃迁,这种由内壳层跃迁所放出的 X 射线
称为特征 X 射线。特征 X 射线的波长对不同原子是不同的,完全由材料本身决
定。因此,可以通过测定某材料所发射的特征 X 射线谱来决定这种材料的成分,
即此材料由什么原子所组成。这种特征 X 射线谱又称标识谱,可用它来标定和识

别这种谱是由什么原子所发出的。

对于常用的特征 X 射线 K_α 的频率可用玻尔氢原子模型来近似计算。这是因为越是内层电子受外面电子的屏蔽越小,当 $n=1$ 层出现一个空穴时,$n=2$ 层中电子仅受到 $n=1$ 层中一个电子屏蔽,相当于 $(Z-1)$ 个正电荷的吸引,于是近似有

$$\nu_{K_\alpha} = \frac{c}{\lambda_{K_\alpha}} \approx R_H c (Z-1)^2 \left(\frac{1}{1^2} - \frac{1}{2^2} \right)$$

$$= \frac{3}{4} R_H c (Z-1)^2 = 0.246 \times 10^{16} (Z-1)^2 (\text{赫}) \tag{4.3-2}$$

$$\lambda_{K_\alpha} = \frac{c}{\nu_{K_\alpha}} \approx \frac{3 \times 10^8}{0.246 \times 10^{16} (Z-1)^2} (\text{米}) = \frac{122}{(Z-1)^2} (\text{纳米}) \tag{4.3-3}$$

图 4.3-2 中铜的两个峰一个是来自 K_α X 射线,由(4.3-3)式,当 $Z=29$ 时,$\lambda_{K_\alpha} \approx 0.156$ 纳米,也与图示相符;另一波长较短的峰来自 K_β X 射线。

二、X 射线的应用

1. 连续谱的应用

在医院中透视、拍片及工业探伤用的 X 光正是利用了这种连续的 X 射线谱。一般 X 射线管中用得较多的是钨靶,它的原子序数 $(Z=74)$ 大,能输出高强度的 X 射线(因为轫致辐射的强度正比靶核电荷的平方),且钨具有熔点高、导热性能好的优点。

一种让电子作高速圆周运动所产生的连续 X 射线是一种新型光源,称同步辐射光源。这种光源相比 X 光管所产生的 X 射线,具有输出功率大、射线的方向性好、能量可调等许多优点。在实际中有重要应用,在第五章中将作专门介绍。

2. 元素的"指纹"——特征 X 射线

上面已介绍,各元素的特征 X 射线的波长(或能量)值是各不相同的。正如指纹被作为人的特征一样,特征 X 射线可被用来作为元素的"指纹"。通过对特征 X 射线的测量来进行材料成分的分析。但在上面已指出要产生特征 X 射线,必须先在 K 层或其他内层上先移去一个电子,即先产生一个空穴,这是产生标识辐射的先决条件。产生空穴的方法很多,主要是用一定能量的粒子或射线将内层电子击出。常见的是用电子束、质子束、X 射线及其他离子束来击出内层电子。相应的分析方法称为电子 X 荧光分析、质子 X 荧光分析、X 荧光分析及离子 X 荧光分析。在本章 §4.5 中,将对质子 X 荧光分析作适当介绍。

§4.4　原子核的结构

前面对原子结构作了初步介绍,重点讨论了在 0.1 纳米线度范围中电子的运动。本节将再进入更小的层次,即要研究线度为几个飞米的原子核的组成,以及核中核子的运动,并讨论一种新的力——核力的性质以及核能的来源等问题。

一、中子的发现

原子是由电子和原子核组成,原子核又是由什么组成的呢?

当时,人们已知氢原子的核是带正电荷 e(与带负电的电子电荷量绝对值相同)的质子。在 1932 年中子发现以前,电子和质子是人们仅知的两个基本粒子,并且普遍接受原子核是由质子和电子所组成的假设。

但是早在 1920 年,卢瑟福以他丰富的科学想象力提出,"在某些情况下,也许由一个电子更加紧密地与氢核结合在一起,组成一个中性的双子",并断言:"要解释重元素的组成,这种中性双子的存在看来几乎是必需的。"作为卢瑟福的学生查德威克等人深信老师的科学预言。他们坚持不懈地从实验上寻找这种质量与质子差不多的中性粒子,终于在 1932 年,查德威克从实验上找到了它(后被称为中子)。中子的发现具有划时代的意义,是原子核物理发展史上的一个里程碑。这是因为中子的发现不仅使人们了解了原子核是由中子和质子所组成;而且中子不带电,用它作为"炮弹"去轰击其他原子核时,不受静电斥力,使它有更多的机会和靶核发生碰撞。中子"炮弹"的利用,为原子核物理的研究开辟了崭新的道路,为后来核能的利用打下了基础。

中子发现的历史值得回顾。在查德威克发现中子前,在实验中已有迹象表明在核中可能存在一种中性子。例如,1930 年德国物理学家玻特(W. Bothe, 1891—1957)和他的学生利用 α 粒子轰击铍(Be)元素时,发现产生了一种穿透力极强的射线。后来居里夫人的女儿 I. 居里(I. Curie, 1897—1956)和她丈夫约里奥(F. Joliot, 1900—1958),对这种射线进行了研究。他们将这种射线射到石蜡上,测到了有反冲质子从石蜡放出,他们认为反冲质子是由这种不带电的射线所轰击出来的。但遗憾的是约里奥·居里夫妇和玻特等人都没能抛弃传统的旧观念,而断言这种射线正是大家所知的 γ 射线。太可惜了! 尤其对约里奥·居里夫妇来说,只要根据打出质子的动能,仔细地推算一下,假如入射粒子是 γ 光子的话,那么它的能量将达几十兆电子伏,要比实验测得的这种未知中性粒子的能量大得多。于是就会发现,这种未知中性粒子不可能是 γ 射线。可惜旧的传统观念太深了,以致快到手的成果丢掉了。后来他们回顾当年工作时说,如果他们读过并且领会1920 年卢瑟福的演讲内容,了解卢瑟福提出的中子假说,则将会对这个实验做出正确的解释。而当时对核内可能存在中性粒子早有思想准备的查德威克,在了解了他们的实验结果后,马上意识到质子是被某种新的中性粒子所击出。正如德国著名微生物学家和化学家巴斯德(L. Pasteur,1822—1895)所说:"在观察的领域里,机遇只偏爱那些有准备的头脑。"* 查德威克经过更仔细的实验研究,宣布了一种新的中性粒子——中子的发现。实际是 α 粒子轰击铍核,发生了核反应(核的符号表示,见下面介绍):

$$\alpha + {}_{4}^{9}\mathrm{Be} \longrightarrow \mathrm{n} + {}_{6}^{12}\mathrm{C}$$

其中,反应产物是一个碳核($_{6}^{12}$C)和一个中子(n),并没有 γ 射线放出。他还通过实验测得了中子的质量仅比质子的质量略大一些,精确测量结果为

$$m_{\mathrm{n}} = 1.008\,665\mathrm{u}, \qquad m_{\mathrm{p}} = 1.007\,277\mathrm{u}$$

其中,u 是原子质量单位,$1\mathrm{u} = 1.660\,538\,9 \times 10^{-24}$ 克。

由于中子和质子除有质量微小差别以及电荷差异外,其余性质十分相似,于是人们把中子和质子统称为核子。任何一种元素的原子核都可用符号 $_{Z}^{A}\mathrm{X}_{N}$ 来表示,其中,X 是元素的化学符号;Z 是质子数(即原子序数);N 是中子数;$A = N + Z$ 为核内的核子数,又称质量数(与用 u 来表示的原子量最接近的整数)。一种具有确定 Z 和 N 的原子核所对应的原子,称为核素。因此,表示某种原子核的符号也可用来表示所对应的核素。人们将 Z 相同(属于同一元素)、N 不同的一些核素称为同位素。例如,氢记为 $_{1}^{1}\mathrm{H}_{0}$,氘(重氢)记为 $_{1}^{2}\mathrm{D}_{1}$(或 $_{1}^{2}\mathrm{H}_{1}$),氚(超重氢)记为 $_{1}^{3}\mathrm{T}_{2}$(或 $_{1}^{3}\mathrm{H}_{2}$)。上面的氢、氘和氚是同位素,天然氢中绝大部分是 $_{1}^{1}\mathrm{H}_{0}$,氘只占万分之一多些,而氚是放射性核素,天然并不存在。又如,天然存在的氧有 3 种稳定的同位素:$_{8}^{16}\mathrm{O}_{8}$,$_{8}^{17}\mathrm{O}_{9}$ 和 $_{8}^{18}\mathrm{O}_{10}$,分别占 99.759%,0.037% 和 0.204%。

正像原子物理中把所有不同原子序数 Z 的元素排成元素周期表一样,人们也把核素排在一张核素图上,图的横坐标是中子数 N,纵坐标是质子数 Z(即原子序数),如图 4.4-1 所示。图中间的黑方块表示稳定核素,天然存在的核素中有 280多个稳定核素和 60 多个长寿命的天然放射性核素。这些稳定核素所形成的一条

---

* [英]W. I. B. 贝弗里奇. 陈捷译. 科学研究的艺术,第 165 页. 北京:科学出版社,1979

线,称为 β 稳定线,稳定核都在 β 稳定线附近。随着 Z 增大,可以发现中子数比质子数增加得快,$N > Z$,才能保持核的稳定。自然界中天然存在的核素中 Pu 的 $Z(=94)$ 为最大。表 4.4-1 中列出了一些稳定核素的丰度和原子质量。

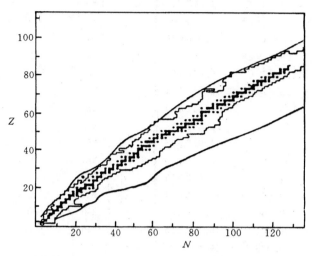

稳定核素(黑方块)、实验已发现的核素(在两条折线内)
以及理论预告的核素(在最外两条实线内)
图 4.4-1　核素图

自 1934 年,法国约里奥·居里夫妇利用 α 粒子轰击铝($^{27}_{13}$Al)获得了第一个人工放射性核素磷($^{30}_{15}$P)以来 *,人们已能制备出 1 600 多个放射性核素,其中不少是远离 β 稳定线的核素。图中所示折线内是天然存在的和人造的核素区。理论预告,允许存在的核素至少可有 5 000 多个,处在图中最外两条实线和折线之内。在 1966 年,著名物理学家李政道预告在 $Z \approx 114$ 附近有一个超重元素稳定岛存在,许多年来科学家利用重离子反应,制造出不少超重元素。在德国达姆施塔德重离子中心研究所(GSI)自 1981 年以来先后生成了 $Z=107 \sim 112$ 的 6 种新元素。自 1999 年以来,在俄罗斯杜布纳联合原子核研究所俄罗斯和美国的科学家合作,以及在其他一些国家的研究所通过国际合作,先后生成了 $Z=113 \sim 118$ 号超重元素。到 2014 年得到国际上认可的只有到 112 号元素。它被正式命名为 Copernicium(纪念哥白尼),符号为 Cn,原子量为 277。

---

* 约里奥·居里夫妇因"人工放射性"的发现而荣获 1935 年诺贝尔化学奖。

表 4.4-1　一些稳定核素的丰度及原子质量

Z	核素	丰度	原子质量 (u)	Z	核素	丰度	原子质量 (u)
1	^{1}H	99.985	1.007 825	38	^{84}Sr	0.56	83.913 429
	^{2}H	0.009~0.023	2.014 102		^{86}Sr	9.8	85.909 273
2	^{3}He	1.38×10^{-4}	3.016 029		^{87}Sr	7.0	86.908 890
	^{4}He	99.999 86	4.002 603		^{88}Sr	82.6	87.905 625
3	^{6}Li	7.5	6.015 123	39	^{89}Y	100	88.905 856
	^{7}Li	92.5	7.016 004	42	^{92}Mo	14.8	91.906 809
4	^{9}Be	100	9.012 182		^{94}Mo	9.3	93.905 086
5	^{10}B	19.3	10.012 938		^{95}Mo	15.9	94.905 838
	^{11}B	80.2	11.009 305		^{96}Mo	16.7	95.904 676
6	^{12}C	98.89	12.000 000		^{97}Mo	9.6	96.906 018
	^{13}C	1.11	13.003 355		^{98}Mo	24.1	97.905 405
7	^{14}N	99.63	14.003 074		^{100}Mo	9.6	99.907 473
	^{15}N	0.366	15.000 109	55	^{133}Cs	100	132.905 431
8	^{16}O	99.76	15.994 915	60	^{142}Nd	27.2	141.907 731
	^{17}O	0.038	16.999 131		^{143}Nd	12.2	142.909 822
	^{18}O	0.189~0.209	17.999 159		^{144}Nd	23.8	143.910 095
9	^{19}F	100	18.998 403		^{145}Nd	8.3	144.912 581
10	^{20}Ne	90.51	19.992 439		^{146}Nd	17.2	145.913 125
	^{21}Ne	0.27	20.993 845		^{148}Nd	5.7	147.916 900
	^{22}Ne	9.22	21.991 384		^{150}Nd	5.6	149.920 900
11	^{23}Na	100	22.989 770	82	^{204}Pb	1.42	203.973 036
12	^{24}Mg	78.99	23.985 045		^{206}Pb	24.1	205.974 455
	^{25}Mg	10.00	24.985 839		^{207}Pb	22.1	206.975 885
	^{26}Mg	11.01	25.982 595		^{208}Pb	52.3	207.976 641
18	^{40}Ar	99.6	39.962 383	83	^{209}Bi	100	208.980 389
26	^{54}Fe	5.8	53.939 612	90	^{232}Th	100	232.038 054
	^{56}Fe	91.8	55.934 939	92	^{234}U	0.005	234.040 947
	^{57}Fe	2.15	56.935 396		^{235}U	0.720	235.043 925
	^{58}Fe	0.29	57.933 278		^{238}U	99.275	238.050 786

　　在 1993 年法国出版的国际权威核素图上,有两个核素是中国首次发现的:一个是中国科学院上海原子核研究所生成和鉴别的 ^{202}Pt,它的半衰期是(43.6±15.2)小时;另一个是中国科学院兰州近代物理研究所发现的 ^{185}Hf,它的半衰期是(3.5±0.6)分。这两个核素都是丰中子核素。直到 2018 年,兰州近代物理研究

所又先后成功合成了不少新核素,包括丰中子同位素 ^{208}Hg($T=42\pm^{23}_{12}$ 分)、^{239}Pa($T=106\pm30$ 分)和 ^{175}Er($T=1.2\pm0.3$ 秒),以及缺中子同位素 ^{235}Am($T=1.5\pm5$ 分)和 ^{205}Ac($T=20\pm^{97}_{9}$ 毫秒),还有若干最缺中子新核素 ^{215}U($T=0.73\pm^{1.33}_{0.29}$ 毫秒)、^{216}U($T=4.72\pm^{4.72}_{1.57}$ 毫秒)和 ^{219}Np($T=0.15\pm^{0.72}_{0.07}$ 毫秒)等。中国科学家还参与了其他国际合作研究组,为合成超重元素做出了贡献。

二、一种新的相互作用力——核力

在接受了核由质子和中子组成的假设后,人们不禁要问:带正电的质子怎么能聚集在一起呢? 在中子发现前,人们只知道在自然界有两种相互作用,即有两种力:电磁力和万有引力,两者都是长程力,大小都与距离平方成反比。其中电磁力比万有引力强得多,单独核子间万有引力远不能克服排斥力而将质子聚到原子核这么小的体积中。为此,物理学家就猜测有第三种相互作用存在,这就是核子与核子之间的核力相互作用,这种相互作用的特点如下。

(1) 核力是一种强相互作用,且主要是吸引力,要比库仑力强得多。实验证实,在吸引范围内核力要比静电库仑力约大两个数量级。

(2) 核力是短程力,只有当两核子间距离为原子核的尺度(~飞米)时,才有相互作用。当距离大于 0.8 飞米表现为吸引力,且随距离增大而减小;到 10 飞米时,核力几乎消失;而在距离小于 0.8 飞米时,表现为斥力,以阻止核子互相融合在一起。目前对距离 $r>0.8$ 飞米时的吸引范围了解得比较清楚;而对 $r<0.8$ 飞米时的核力还不十分清楚,因为在这么小距离时,要真正了解清楚核子间相互作用,必须考虑到核子的内部结构,即要考虑到核子的组成物(夸克)间的相互作用,情况就变得复杂了。

(3) 核力有饱和性。实验指出所有核子结合在一起形成原子核时,所放出的能量(称为结合能,具体计算见下小节)近似与总的核子数 A 成正比,也就是每个核子的平均结合能是常数,与总的核子数 A 的大小无关,这就是核力的饱和性。核力是短程力,这是核力具有饱和性的必要条件。核力的饱和性类似于一个液滴中水分子相互作用的饱和性,这种饱和性使原子核和水一样呈现不可压缩性,即原子核的密度近似为常数。作为对比,原子中电子间及电子与核之间的库仑力是长程力,没有饱和性。

原子核的密度有多大呢? 实验测得原子核的半径(近似将核看作一个球体)与核子数 A 有如下近似关系:

$$R=r_0A^{1/3} \tag{4.4-1}$$

其中,常量 $r_0 \approx 1.2$ 飞米。 于是,可求得原子核的密度近似为如下常量:

$$\rho = \frac{A \times 核子质量}{\frac{4}{3}\pi R^3} = \frac{核子质量}{\frac{4}{3}\pi r_0^3}$$

$$\approx \frac{1.66 \times 10^{-24}}{\frac{4}{3}\pi(1.2 \times 10^{-13})^3} \approx 2 \times 10^{14}(克/厘米^3)$$

可见 1 厘米³的核物质的质量将达 2×10^3 亿千克!

三、核能来源

在了解原子核的组成后,第三和第四两个小节将介绍核能来源以及各种核衰变的条件,这是了解核能利用和核技术应用的基础知识。

1. 原子核的结合能及其计算

当所有核子(中子和质子)由于相互吸引而聚集在一起时,将放出能量,这个能量大小就定义为核的结合能。反过来我们也可以讲,核的结合能就是我们要把原子核打碎,使所有核子全部分开到无穷远时,所需要提供的能量。

由定义可知,结合能 B 可由下面的公式计算:

$$B(Z, A) = [Zm_p + Nm_n - m(Z, A)]c^2 \tag{4.4-2}$$

其中,Z 是质子数目,N 是中子数目,m_p 和 m_n 分别是质子和中子的质量,$m(Z, A)$ 为原子核质量。上式中利用了爱因斯坦的质能关系(见 §9.2,二) $E = mc^2$。由于一般数据表中所给出的(即实验测得的)是原子质量 M,不是核质量,因此上述结合能公式必须改用原子质量来表示。在略去电子的结合能的差异的情况下,(4.4-2)式可改写为

$$B(Z, A) = [ZM_H + Nm_n - M(Z, A)]c^2 \tag{4.4-3}$$

可见,式中中子质量不变,质子质量 m_p 用氢原子质量 M_H 替代,核质量 $m(Z, A)$ 用相应的原子质量 $M(Z, A)$ 替代。

例如,氘(D,即 ^{2}H)是氢(H)的同位素,在海洋中 100 万个氢原子中约有 150 个氘原子。氘核是热核反应的主要原料,它由一个质子和一个中子组成,所以氘核的结合能

$$B = [M_H + m_n - M(D)]c^2$$

$$= [1.007\,825 + 1.008\,665 - 2.014\,102]uc^2$$

$$=0.002\,388uc^{2}=2.224(兆电子伏)$$

上面利用了 $1uc^{2}=931.5$ 兆电子伏,这是一个常用的转换量。氘核的结合能值已为实验所证实。事实上,一体系的质量比其组分的个别质量之和来得小,这在原子和分子的组成中也同样如此。例如,两个氢原子组成一个氢分子时,会放出 4 电子伏的结合能。一个电子与一个质子组成一个氢原子时,会放出 13.6 电子伏的结合能。但请注意,这里所放出的能量 13.6 电子伏与电子的静能(利用质能关系式 $E=mc^{2}$,电子静能为 $m_{e}c^{2}$)511 千电子伏之比非常小(约 3×10^{-5})。 而当一个中子与一个质子组成氘核时,所放出的能量与核子静能(一个质子的静能 $m_{p}c^{2}\approx$ 938 兆电子伏)之比为

$$\frac{2.224}{938}\approx 2\times10^{-3}$$

可见后一个相对比值比前一个要增大两个数量级。核子结合成核所释放能量的相对比值达到 10^{-3},这为核能利用提供了可能性。

2. 核能何来

原子核中每个核子的平均结合能为

$$\varepsilon = B/A \tag{4.4-4}$$

又称比结合能。例如,氘核的平均结合能为

$$\varepsilon = 2.224 兆电子伏 /2 个核子 = 1.112 兆电子伏 / 核子。$$

图 4.4-2 给出了平均结合能 ε 随质量数 A 的变化曲线。此图极为重要,图中将 A 划分为两个区:在 $A>30$ 的核区中,$\varepsilon = B/A\approx$ 常数 =8 兆电子伏 / 核子,近似为一个常数,这正体现了核力的饱和性。曲线两头低、中间高,在 ^{56}Fe 处有一个极值,$\varepsilon =8.5$ 兆电子伏 / 核子。 在 $A<30$ 的核区中,呈起伏变化,极大值上都为稳定核。由图可见有两种方法可获得能量。

第一种方法是重核裂变,即一个重核可裂变为两个中等质量的核。由上述平均结合能可知,重核 $\varepsilon \approx 7.5$ 兆电子伏 / 核子,中等核的 ε 约为 8.5 兆电子伏/核子。现假定质量数 A 约为 200 的重核裂变为两个质量差不多(~100)的中等核,则一次裂变估计有 $2\times100(8.5-7.5)=200$ 兆电子伏的结合能释放出来。

第二种方法是轻核聚变。依靠两轻核聚合成一个较重的、平均结合能较大的核而获得结合能释放的方法称为轻核聚变。这是取得原子能的又一途径。例如,氘核和氚核可聚合为氦核,同时放出一个中子。这个聚变反应所放出的结合能即为反应前后所有粒子的静能之差(请读者自己证明):

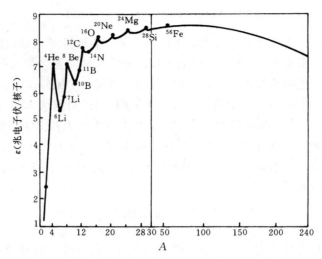

图 4.4-2 原子核的平均结合能曲线

$$B = [M(D) + M(T) - M(^4He) - m_n]c^2$$

$$= [2.014\ 102 + 3.016\ 049 - 4.002\ 603 - 1.008\ 665]uc^2$$

$$= 0.018\ 883uc^2 = 17.6(兆电子伏)$$

上述聚变反应可表示为

$$D + T \longrightarrow ^4He + n + 17.6(兆电子伏) \tag{4.4-5}$$

其中,17.6 兆电子伏是正值,表示此反应所放出的能量。这里共有 5 个核子反应,平均每个核子放出能量约 3.5 兆电子伏,要比裂变中平均每个核子所放能量(1 兆电子伏)大得多。

　　人们利用了重核裂变方法制成了原子反应堆和原子弹,利用轻核聚变制成了氢弹,而可控聚变反应堆则还在研制中。由上述讨论可知,核能是来源于原子核的结合能变化时所释放的能量。核能通常称为原子能。平时我们燃烧煤、石油等燃料所获得的能量是化学能,它是来自原子的外层电子在不同元素间的位置变化而放出的能量。例如,燃烧煤是空气中两个氧原子和煤中一个碳原子结合在一起形成一个二氧化碳分子,同时放出能量。此时,氧核和碳核都没发生变化,变化的只是氧原子和碳原子的外层电子的状态。化学能比起核能来小得多,关于核能利用将在第七章中详细讨论。

四、α, β 和 γ 放射性衰变

在上述介绍原子核结构的基础上,我们可对有重要应用的 α, β 和 γ 这 3 种衰变作进一步介绍。

1. α 衰变

原子核 α 衰变可表示为

$$_Z^A X \rightarrow _{Z-2}^{A-4} Y + _2^4 He \tag{4.4-6}$$

其中,$_Z^A X$ 为母核,$_{Z-2}^{A-4} Y$ 为子核,α 粒子即 $_2^4 He$ 核。由于母核放出了 α 粒子,因此子核 Y 的质量数为 $A-4$,电荷数为 $Z-2$。例如,钋-210 元素是常用的 α 放射源,它的衰变方式为

$$_{84}^{210} Po \rightarrow _{82}^{206} Pb + _2^4 He \tag{4.4-7}$$

其中,$_{82}^{206} Pb$ 为稳定的铅核。

2. β 衰变

β 衰变有 3 种形式。

(1) β⁻ 衰变:一般表达式为

$$_Z^A X \rightarrow _{Z+1}^A Y + e^- + \bar{\nu}_e \tag{4.4-8}$$

其中,$\bar{\nu}_e$ 为反中微子,足标"e"是表示伴随电子一起产生的反中微子,中微子和反中微子的静止质量目前作为零处理*。例如,氚的 β⁻ 衰变为

$$^3 H \rightarrow ^3 He + e^- + \bar{\nu}_e \tag{4.4-9}$$

(2) β⁺ 衰变:一般表达式为

$$_Z^A X \rightarrow _{Z-1}^A Y + e^+ + \nu_e \tag{4.4-10}$$

其中,ν_e 为中微子,e^+ 为正电子。例如,^{13}N 的 β⁺ 衰变为

$$^{13} N \rightarrow ^{13} C + e^+ + \nu_e \tag{4.4-11}$$

(3) 轨道电子捕获(EC):一般表达式为

$$_Z^A X + e_i^- \rightarrow _{Z-1}^A Y + \nu_e \tag{4.4-12}$$

这表示母核俘获了核外 i 轨道上一个电子所发生的衰变。例如,钒($_{23}^{47} V$)的 EC 为

---

* 近几年来,已有实验表明中微子和反中微子的静止质量可能不为零,但尚需进一步研究。

$$^{47}_{23}\text{V} + \text{e}^-_\text{K} \rightarrow ^{47}_{22}\text{Ti} + \nu_\text{e} \tag{4.4-13}$$

其中，e^-_K 是表示 K 层电子。我国科学家王淦昌于 1942 年首先提出可通过测量 K 俘获过程(4.4-12)中末态核($^A_{Z-1}\text{Y}$)的反冲来间接证明中微子的存在，此法简单、有效，后得到了实验证实。

应该指出，绝对不是所有核素都能发生 α 和 β 衰变，这受到能量条件的限制，即必须要求衰变前母核的静能大于衰变后各衰变产物的静能之和(注意：对 EC 还要加上俘获核外电子所需提供的能量，即该电子电离能)，多余的能量才能提供衰变产生的动能。一般来说，α 衰变发生在重核($A \geqslant 140$)，β 衰变在轻核和重核中都可能发生，少量的 β 放射性核可同时发生 3 种形式的 β 衰变。例如，^{64}Cu 就是这种核，它有 40% 的几率发生 β^- 衰变，19% 的几率发生 β^+ 衰变，41% 的几率发生 EC，见图 4.4-3。一般在核素数据表中将会告诉读者某核素是稳定还是能发生放射性衰变以及衰变形式和半衰期。

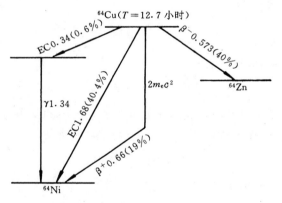

图 4.4-3 ^{64}Cu 的 β 衰变纲图(能量单位为兆电子伏)

原子核 β 衰变是一种弱相互作用过程，其发生几率要比电磁相互作用小 3 个数量级(因此衰变寿命一般比 γ 衰变要长得多)。1956 年，李政道和杨振宁首先在分析大量实验事实后指出：宇称守恒定律在弱相互作用中有可能不成立*。很快在李政道、杨振宁的建议下，吴健雄等从实验上证实了在弱相互作用过程中宇称不守恒。这一重要发现极大地推动了粒子物理学的发展。为此，李政道和杨振宁共享 1957 年诺贝尔物理奖，这是华裔科学家首次获此殊荣。

---

* 欲详细了解弱相互作用宇称不守恒问题的读者，可见参考资料[3]中附录Ⅱ：高能物理浅说。

3. γ 衰变

一个核由于某种原因被激发到激发态,当处在激发态的核退激时将放出 γ 射线。γ 射线也是一种电磁波,只不过波长在一般情况下比原子所发射的 X 射线还短,一般波长小于 0.01 纳米。由于通常 α 衰变和 β 衰变后子核有可能处在激发态,于是就会在 α 和 β 衰变时伴随 γ 射线发射。在绝大多数情况下,原子核处于激发态的寿命相当短,典型值约 10^{-14} 秒。但是,有一些激发态寿命可能较长,一般可长于 0.1 秒。处于这种寿命较长的激发态的核素(在核素符号的左上角质量数旁加上字母 m),称为同质异能素,它与稳定核素有相同的质量数和电荷数。例如,医学上常用的 $^{99m}_{43}\text{Tc}$ 和 $^{113m}_{49}\text{In}$ 分别是 $^{99}_{43}\text{Tc}$ 和 $^{113}_{49}\text{In}$ 的同质异能素(见 §8.1,二)。表 4.4-2 中列出了一些常用的放射性核素的衰变类型和半衰期。

表 4.4-2　一些放射性核素的衰变类型和半衰期

核素	衰变类型	半衰期	核素	衰变类型	半衰期
$^{3}_{1}\text{H}$	β^-	12.33 年	$^{90}_{38}\text{Sr}$	β^-	28.8 年
$^{11}_{6}\text{C}$	$\beta^+(99.75\%)$ EC(0.24%)	20.4 分	$^{99}_{42}\text{Mo}$	β^-, γ	66.02 小时
$^{14}_{6}\text{C}$	β^-	5 730 年	$^{99m}_{43}\text{Tc}$	γ	6.02 小时
$^{18}_{9}\text{F}$	$\beta^+(96.9\%)$ EC(3.1%)	15 小时	$^{113m}_{49}\text{In}$	γ	99.5 分
$^{24}_{11}\text{Na}$	β^-, γ	15 小时	$^{113}_{50}\text{Sn}$	EC, γ	115 天
$^{28}_{12}\text{Mg}$	β^-, γ	21 小时	$^{125}_{53}\text{I}$	EC, γ	60 天
$^{32}_{15}\text{P}$	β^-	14.3 天	$^{131}_{53}\text{I}$	β^-, γ	8.04 天
$^{38}_{17}\text{Cl}$	β^-, γ	37.3 分	$^{137}_{55}\text{Cs}$	β, γ	30 年
$^{40}_{19}\text{K}$	$\beta^-(89.33\%)$ EC(10.67%), γ $\beta^+(0.001\%)$	1.28×10^9 年	$^{198}_{79}\text{Au}$	β^-, γ	2.7 天
$^{51}_{23}\text{Cr}$	EC, γ	27.7 天	$^{201}_{81}\text{Tl}$	EC, γ	73 小时
$^{59}_{26}\text{Fe}$	β^-, γ	44.6 天	$^{210}_{86}\text{Rn}$	$\alpha(96\%)$, γ EC(4%)	8.3 小时
$^{57}_{27}\text{Co}$	β^+, γ	271 天	$^{222}_{86}\text{Rn}$	α, γ	3.8 天
$^{60}_{27}\text{Co}$	β^-, γ	5.27 年	$^{226}_{88}\text{Ra}$	α, γ	1 600 年
$^{67}_{31}\text{Ga}$	EC, γ	78 小时	$^{233}_{92}\text{U}$	α, γ, 自发裂变 (1.3×10^{-12})	1.59×10^5 年
$^{68}_{31}\text{Ga}$	$\beta^+(90\%)$ EC(10%), γ	68 分	$^{235}_{92}\text{U}$	α, γ, 自发裂变 (2×10^{-9})	7.04×10^8 年
$^{68}_{31}\text{Ge}$	EC	288 天	$^{236}_{92}\text{U}$	α, γ, 自发裂变 (10^{-9})	2.34×10^7 年
$^{71}_{32}\text{Ge}$	EC	11 天	$^{238}_{92}\text{U}$	α, γ, 自发裂变 (0.5×10^{-6})	4.47×10^9 年

五、核子结构[3]

迄今为止,从实验结果来看,直到 10^{-18} 米的线度内电子仍无结构,但实验表明核子是有结构的(见参考资料[3],附录Ⅱ)。高能电子波长很小,如果根据后面的(4.5-2)式,可知 10^{10} 电子伏的电子波长为 10^{-16} 米,要比质子半径小一个数量级。所以科学家用高能电子作探针,用它轰击质子,看到了"卢瑟福散射的影子",即:观测到质子内部的电荷也不是均匀分布的,而是由几个"硬心"所组成,电荷集中在这些硬心处(相当于原子中正电荷集中在原子核内)。可见不同于原子,质子中硬心不止一个。这充分表明了核子有结构,那么组成物是什么呢?

早在 1970 年实验发现核子有结构前,于 1964 年美国物理学家盖尔曼(M. Gell-Mann, 1929—　)等人提出了强子 * 由夸克组成的模型。几乎同时,中国一些科学家也提出了强子是由层子组成的模型。在两种模型中都认为核子是由 3 种夸克(层子)所组成。

今天,一系列实验支持了夸克模型的存在。在夸克模型中,人们最初预言的 3 种夸克是上夸克(u)、下夸克(d)和奇异夸克(s)。按夸克模型,质子是由(uud)组成,即两个上夸克和一个下夸克,而中子是由(udd)组成。有趣的是,夸克所带的电荷是分数电荷,其中,u 夸克电荷为 $2e/3$,d 夸克电荷为($-e/3$)。不过,需要强调的是,至今人们不能将夸克从强子中打出来,即无法获得自由夸克(像自由质子、自由中子那样),夸克始终被"禁闭"着,这是一个尚未解开的谜。

于 1970 年物理学家又预言了粲夸克(c)的存在,后又进一步提出了底夸克(b)和顶夸克(t)的存在。

1974 年 12 月,美籍华裔物理学家丁肇中(1936—　)和美国物理学家里克特(B. Richter, 1931—　)领导的两个实验小组分别宣布发现了一个新粒子,震动了物理学界。他们分别称它为 J 粒子和 ψ 粒子,现在大家统称它为 J/ψ 粒子。它的质量为 3 097 兆电子伏/c^2,是质子质量的 3 倍多。

在用正负电子对撞方法来获得 J/ψ 粒子的实验中,当正、负电子的能量达到一定大小时,测量相碰几率,会出现一个尖锐的共振峰,即显示出一个共振态,它就对应于一个 J/ψ 粒子($e^+ + e^- \rightarrow J/\psi$)。这个粒子的寿命($\tau \sim 10^{-20}$ 秒)要比普通强子共振态长 10^3 倍,具有十分奇特的性质。理论计算很快证实 J/ψ 是由一个粲夸克

---

　* 强子泛指所有能产生强相互作用的粒子,具体包括介子(如 π 介子、K 介子等)和重子(如质子、中子、Λ 超子、Σ 超子等)两类。

(c)和一个反粲夸克(c̄)所组成 (J/ψ＝cc̄)。丁肇中和里克特的发现,第一次从实验中揭示了粲夸克的存在,为夸克模型的正确性提供了有力证据。为此他们两人于1976 年共享诺贝尔物理学奖。

看来传统的物质结构观念要改变了。过去当两个粒子a和b组成复合粒子C时,结合能 B 与粒子静能之比远小于1(见前面§4.4中三及第九章的前言部分),且不考虑结构粒子a和b在束缚状态与分离后的自由状态之差别。而在高能物理中情况完全改观了:像夸克只有束缚态,没有自由态。以 J/ψ 粒子讲,它是由e$^+$和e$^-$碰撞产生,静能为电子静能的 6 000 多倍,显然 J/ψ 不可能原来就存在于 e$^+$ 或e$^-$ 内。另外,c和c̄夸克始终被"禁闭"着,无法从 J/ψ 中游离出来。

紧接着,1977 年莱德曼(L. M. Lederman, 1922—　)领导的实验组发现了 Υ介子,它被认为是由底夸克(b)和反底夸克(b̄)组成的。最后,终于在 1994 年由美国费米实验室发现了第六种夸克——顶夸克。那是由不同国家的几百名科学家经过 8 年的奋斗,利用在地下环形隧道中的长 6.4 千米的加速器,将质子和反质子流加速到接近光速(能量达 9×10^{11} 电子伏)相碰时,终于在产物的分析中发现了顶夸克的存在。6 种夸克的全部发现,更进一步证实了夸克模型的正确性。

从 1895 年 X 射线的发现,至今已有一个世纪。在这个世纪中,人类在探索和认识微观世界的道路上取得了辉煌的成果,人们对世界的构成有了崭新的认识,那就是从宇观→宏观→微观。具体地说,是从宇宙→银河系→太阳系→地球→凝聚态物质→分子→原子→原子核→强子→夸克或是轻子。这是人们所逐步认识到的一条物质结构链。但是至今在粒子物理中还有不少谜待人去探索、去研究。

六、神秘的反物质 *

早在 1930 年,英国物理学家狄拉克(P. A. M. Dirac, 1902—1984)就给出了描写电子运动的相对论性方程(称狄拉克方程)。由方程的解,他预言了自然界中可能存在带正电荷的电子。两年后,美国物理学家安德森在对宇宙射线的研究中,利用云室观察到了带正电荷的电子,即前面(3.8-16)式中的正电子 e$^+$。正电子是人们发现的第一个反粒子。1955 年美国物理学家塞格雷(E. Segre, 1905—1989)和张伯伦(O. Chamberlain, 1920—2006)在高能加速器上获得了反质子,其质量和质子相等,电量也相等,但是带负电。1956 年反中子被发现。1959 年底,在苏联杜布纳联合核子研究所由我国物理学家王淦昌(1907—1998)所领导的一个小组,又发

---

* 可见参考资料[1, 10],以及《神秘诱人的反物质》一文(李鸿英. 文汇报,1997 年 2 月 21 日)。

现了反西格马负超子($\overline{\Sigma}^-$)。随后,新的反粒子不断发现,从而促使科学家们开始考虑是否可由反粒子组成反物质。如果用反质子和反中子代替原子核中的质子和中子,就可能得到一个反原子核,再配上相应的正电子,就可得到一个反原子,人们还可用反原子构成反分子开展基本研究。用反粒子构成反元素原子是物理学家一直梦寐以求的课题。因为反氢原子最基本,由一个反质子核和一个正电子组成,所以人们首先着手反氢原子人工合成。

从 1995 年 9 月开始,德国和意大利的 5 个研究机构利用欧洲核子研究中心的"低能反质子环"(LEAR),发现在 LEAR 环内 5×10^{12} 个反质子中,产生了 9 个反氢原子,存在时间为三亿分之四秒,这是人工合成反原子道路上的里程碑。2011年 4 月由 12 个国家(包括中国)组成的国际合作组在美国布鲁克海文国家实验室"相对论重离子对撞机"上利用两束接近光速的金原子核对撞,探测到 18 个反物质氦 4 原子核(包含两个反质子和两个反中子)的存在。

按照大爆炸宇宙学说,在宇宙创生时正、反粒子数量相等,所以应该形成等量的正、反物质。但是不知何种原因,到目前为止,我们所观测到的宇宙都是由正物质组成的,却没有发现反物质存在(见§9.4,五)。

1998 年 6 月 2 日美国"发现号"航天飞机升空,载有以丁肇中为首、由 16 个国家和地区(美国、中国、俄罗斯等)约 60 个大学和研究机构的科学家通过大型国际合作研制的探测器"阿尔法磁谱仪"(简称 AMS,因其被放置在美国阿尔法空间站上而得名)[10],对仪器性能作测试。其中关键的核心部件是一个直径为 1.2 米、长0.8 米、重 2 吨,呈圆筒状,场强为 1.4×10^{-1} 特斯拉的钕铁硼永磁体,它是由中国科学院电工研究所等单位研制成功的。利用这台磁谱仪,可对宇宙空间的带电粒子进行直接观测,并区分带电的正、反粒子和正、反物质,因为它们质量相同而电荷符号相反。主要科学目标是探测宇宙中可能存在的反物质和宇宙中大量存在的不发任何光的物质,即所谓的暗物质(见§9.4,一)。

在探测反物质的实验中,最为关注的是寻找反氢。因为更轻的正电子和反质子可在次级相互作用中产生,而反氢只能由大爆炸时产生的原初反粒子组合而成。其他更重的反粒子更少、更难找[10]。对暗物质的存在和探测将在后面§9.4,一中作较详细介绍。

2011 年 5 月 16 日重约 7.7 吨的新"阿尔法磁谱仪 2"又顺利升空,被安放在国际空间站,其中中国制造的永磁体系统被保留。通过对大量宇宙线事例的收集,将大大扩展人们对宇宙线粒子的了解和认识,对反物质和暗物质的寻找有重大意义,人们期待新的谱仪为揭开宇宙奥秘写下不朽篇章。

*§4.5 探索微观世界奥秘的近代技术

下面介绍 6 种常用的探索物质结构各层次的近代技术。

一、电子显微镜和冷冻电子显微技术

借助光学显微镜,人们能用肉眼直接看到细胞、细菌和其他微生物,分辨本领达 10^{-4} 毫米左右。但正如(3.5-4)式所指出,不管放大倍数多大,比 10^{-4} 毫米还小的东西始终看不清,这是因为在光学显微镜中,利用点光源所发的光波进入显微镜时,由于光的衍射,使成的像不是一个完全清晰的点,而是有一定大小的光斑。随着生产和科学技术的发展,人们对微观世界的探索要求越来越迫切,于是推动科学家发明了电子显微镜。1931 年德国柏林大学鲁斯卡(E. Ruska, 1906—)博士发明了世界上第一台透射式电子显微镜。一开始只能放大几百倍,到 1933 年很快提高到 1 万倍以上,分辨率达 10^{-5} 毫米。电子显微镜的发明开创了物质微观世界研究的新纪元,因此鲁斯卡获得 1986 年诺贝尔物理学奖。

1. 为什么用电子束代替光

要提高成像分辨率必须改用波长比可见光短得多的射线。在§4.2 中,我们向读者介绍过电子束具有波动性,由(4.2-19)式可以计算不同能量的电子束相应的波长 λ。在电子显微镜中通过对电子的加速来提高电子的动能,从而缩短电子的波长。若加速电子所用的高压为 U(伏),电子被加速到最大的动能为 eU(电子伏),则由(4.2-19)式可得电子波长为

$$\lambda = \frac{h}{\sqrt{2em_0 U}} = \sqrt{\frac{1.50}{U}} \text{(纳米)} \tag{4.5-1}$$

注意到(4.5-1)式是非相对论公式,当 $U > 10^5$ 伏时,电子速度就接近光速,要用下面的相对论公式计算 λ(在§9.2 中有推导):

$$\lambda = \frac{h}{\sqrt{2em_0 U\left(1 + \frac{eU}{2m_0 c^2}\right)}} = \sqrt{\frac{1.50}{U(1 + 0.978\,5 \times 10^{-6} U)}} \text{(纳米)} \tag{4.5-2}$$

表 4.5-1 所示是常用加速电压下电子的波长。可见当 $U=10^5$ 伏时,电子波长约为 4×10^{-3} 纳米,要比可见光小 5 个数量级。在一般电子显微镜(俗称电镜)中,从电子枪出来的电子束正是得到了 10^5 伏以上的电压的加速,电子的波长已经远比材料中原子间距和原子的半径(10^{-1} 纳米量级)来得小,因此可用这种高能电子作为探针来探测样品中原子的分布情况。目前电镜在医学、生物学、材料科学等领域得到了广泛的应用。

表 4.5-1 常用加速电压下电子的相应波长

加速电压 U(千伏)	60	80	100	200	500	1 000
电子波长(纳米)	0.004 86	0.004 17	0.003 70	0.002 50	0.001 42	0.000 87

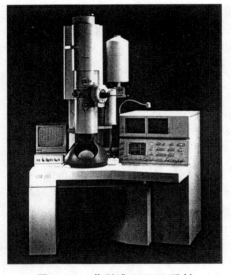

图 4.5-1 菲利浦 CM200 透射电子显微镜外形

我国电镜技术研究开始较迟,在 1958 年我国自行设计和制造了第一台分辨率为 10 纳米、放大倍数为 2 万～3 万倍的 DX-10A 型三级电镜,首次填补了我国电镜技术的空白。到 1977 年成功地制成 80 万倍、分辨率为 0.14 纳米的大型电镜,使我国电镜技术进入世界行列。图 4.5-1 是菲利浦 CM200 透射电子显微镜外形。

2. 电子透镜

有了短波长的电子束,要制成显微镜,还必须像光学显微镜一样,要有复杂的"透镜"组,使电子束会聚到样品上,然后成像和放大。对电子束所用的"电子透镜",当然不是用玻璃做的,而是用电磁镜,即利用通电线圈所产生的一定分布的磁场来控制电子束运动,完全类似光学显微镜,也有聚光镜、物镜和投影镜之分。用聚光镜使电子束会聚到样品上,通过物镜成像,再通过投影镜,在荧光屏上得到放大的像。

3. 两种电镜装置

目前常用的电镜有两种:一种是透射式电镜,这是通常所说的电子显微镜;二是扫描电镜。图 4.5-2 给出了光学显微镜光路与透射和扫描两种电子显微镜中电子束运行光路的对照。

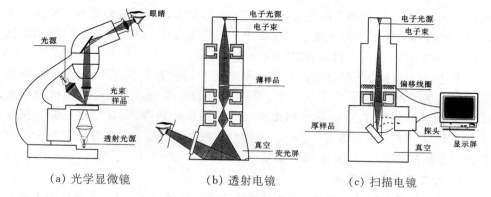

（a）光学显微镜   （b）透射电镜   （c）扫描电镜

图 4.5-2   3 种显微镜对照示意图

（1）透射电镜。

透射电镜的外形如图 4.5-2(b)所示。在直立镜筒中,高压电缆从顶部进入镜筒。顶部装有电子枪,中部的电子透镜系统起着聚光成像与放大作用,下部是观察记录的荧光屏。当电子影像射到荧光屏上时,由于电子激发荧光物质而产生荧光,便可在屏上看到标本的放大像,荧光屏下为照相室,内装照相底片。移开荧光屏,可将影像直接投到底片上。通过对图像的处理和分析,可获得样品结构图。

由于透射电镜成像是记录与样品发生过相互作用而从标本穿透出来的电子,而电子穿透样品的能力较低,故要求标本制作得很薄,约 0.2 微米。另外,电镜是以高速电子作为工作束,所以镜筒内要求保持高度真空(达 1.33×10^{-5} 帕),否则电子与残余气体原子相碰,进而引起电离和放电,造成灯丝被腐蚀、样品被玷污。此外,现代透射电镜为达到更高分辨率,要求电压和电流非常稳定,漂移不能超过十万分之一,甚至要求达到百万分之一左右。

（2）扫描电镜。

实际上,不是所有透射电镜的样品都能制得很薄,加上在具体应用中对有些样品只需观察其表面的细节,于是 1942 年制成了第一台扫描电镜,主要用来获取和分析厚样品表面的微观信息。目前扫描电镜的放大倍数超过 100 万倍,分辨率可达 1 纳米。

扫描电镜也有电子枪和电磁透镜,但这里电磁透镜的作用是产生直径约 1 纳米的很细的电子束,打到样品上。利用扫描线圈使电子束产生偏转,并一行一行地扫描样品表面某一特定的区域。由于只研究表面情况,无需穿透样品,因此扫描电镜的电压约在 200 伏～30 千伏。图 4.5-2(c)是扫描电镜示意图,利用探头接收从样品中原子内部原子核经卢瑟福散射反射回来的背散射电子和从样品中原子的外层击出的低能电子(称为二次电子,以区别于入射电子),最后在显像管的荧光屏上得到反映样品表面形貌的图像。二次电子一般产生在样品表面下 1～10 纳米的区域,它是研究样品表面形貌最有用的电子信息区。

上述电镜技术对医学、生物学、材料科学的发展起着重要作用,使基础医学研究从细胞水平进入分子水平。例如,可以迅速确定生物大分子、脱氧核糖核酸(DNA)的详细结构,也可以看到病毒和细菌的内部结构等,因此电镜已成为医学基础研究不可缺少的主要工具之一。目前利用电镜也可以直接观察到某些大的有机分子及晶体的结构像,甚至单个重原子。

4. 冷冻电子显微技术 *

由于生物样品的特殊性能,使其易受高能电子辐照损伤,加上生物样品不能离开水,在高真空环境中水分易丢失,因此上述两种电镜难以观察"活"的生物样品。科学家为解决这两个难点,逐步研发出了冷冻电子显微技术,不仅克服了上述技术难点,而且与 X 射线晶体衍射技术和核磁共振波谱技术一起成为了目前获取生物大分子高分辨结构的主要手段。对生物大分子结构的了解,将使人们对生命过程有更深层次的认知。

2017 年 10 月 4 日,2017 年度诺贝尔化学奖被授予 3 位科学家:瑞士杜波切特(J. Dubochet)、美国弗兰克(J. Frank)和英国亨德森(R. Handerson),以表彰他们发展了冷冻电子显微技术(冷冻电镜),对溶液中的生物分子结构进行高分辨测定。简单地说,冷冻电子显微技术包括 3 个步骤:①冷冻样品制备。将含水的生物样品快速冷冻于液氮温度(-196 ℃)下的无序冰(非晶体冰)中。由于液氮温度下无序冰的蒸汽压远低于电子显微镜内部真空度,加上液氮温度下的样品可减少辐照损伤,能够有效克服上述两个难题。②电镜图像收集。利用透射电子显微镜,把电子束透过冷冻样品时所发出的散射信号成像记录下来。③图像三维重构。利用计算机图像处理,生成生物分子样品高分辨的三维图像,日前已达原子线度分辨率水平。

二、质子激发 X 射线荧光分析(PIXE)

1. 原理和特点

前面已提到用特征 X 射线可分析材料成分。激发 X 射线的方法有多种,可用质子、电子或其他 X 射线源。这里着重介绍质子激发 X 射线荧光分析法(PIXE)。

PIXE 方法就是利用加速器加速的质子轰击样品,把样品原子的内层电子打

---

* 范潇,王宏伟.冷冻电子显微学介绍.现代物理知识,2017.6:19

掉,产生空穴。同时,探测样品所放出的特征 X 射线的能量和强度,以获知样品中所含元素的种类和浓度。

PIXE 与其他 X 射线荧光分析法都是无损分析法,不会损伤样品是它们共同的优点,利用此法可分析一些珍贵的文物和不允许损坏的样品。但 PIXE 分析优于用电子激发 X 射线,这是因为:①质子所引起的韧致辐射要比电子引起的要小得多,探测灵敏度高;②质子可以通过薄膜引出真空室,在大气中对样品进行分析,不必要求真空,这对那些"活"的生物样品或大型珍贵文物的分析非常适合。另外,PIXE 又优于用 X 射线激发,因为一般 X 射线难以准直,且通常 X 源强度不够、分析灵敏度不高。但应该指出,目前有了同步辐射 X 源,这些困难都可以克服。在第六章中将重点介绍同步辐射光源。

总之 PIXE 方法具有取样少、灵敏度高、无损分析以及可非真空分析的特点。

2. 应用举例[11]

(1) PIXE 在考古中的应用。

由于 PIXE 有无损分析和非真空分析的特点,因此在考古上有广泛应用前景。不仅可分析文物的材料成分,还可用于鉴别文物的真伪。

1965 年,在湖北江陵望山一号楚墓出土了一把考证下来是 2 500 年前的越王勾践的宝剑(见图 4.5-3),长 64.1 厘米、宽 5 厘米,表面有黑色花纹,剑格上嵌有玻璃和绿松石等饰物。此剑虽在春秋战国时期制作,又埋在地下已达 2 500 年之久,但至今仍是光彩夺目、非常锋利。此国宝闻名于世。到底什么原因使它仍是那么完好呢?复旦大学加速器实验室在有关研究单位的支持和合作下,成功地利用 PIXE 方法对此剑进行了非真空环境下的无损分析。分析结果表明:剑的主要成分是铜和锡,并有少量铁和铅。其中铁的含量远低于我国铜矿内的铁含量,再加上从剑表面发现有少量硫,研究冶金史的专家们认为此剑表面经过了硫化处理,这对越王勾践剑的防锈起了很大作用。这种硫化处理技术在过去考古中尚未发现过。另外,从剑柄上的玻璃材料的特征 X 射线分析中,发现大量的钾和钙,这说明早在 2 500 年前中国已有了钾-钙玻璃。而过去长期认为这个时期中国只有铅-钡玻璃。

图 4.5-3 2500 年前的越王勾践剑

复旦大学加速器实验室与有关研究单位合作,又对随陕西临潼秦始皇兵马俑一起出土的一些仍闪闪发光的锋利箭镞作了 PIXE,发现箭镞表面竟有大量的铬元素,在箭镞断面和周围泥土中都未发现铬,这说明我国古代已经知道用表面铬化处理技术来防锈。形成对照的是铬化处理防锈技术在法国是 1937 年的专利,在美国是 1950 年的专利。

(2) PIXE 在生命科学中的作用。

微量元素在生命科学中占有重要地位。人体各部分都含有生命所必需的各种微量元素,这些元素过量或过少都会对人体健康不利。如何了解人体所含微量元素的情况呢? 可以利用人发分析,因为头发中微量元素的含量与人体内微量元素的贮存、吸收和排泄等代谢过程密切有关。而且由于头发中代谢过程极其缓慢,于是体内各种元素的代谢随时间的变化会在头发中被记录下来。通过对头发的分析,比较正常人与患者的微量元素的含量,这对疾病的诊断、治疗很有价值,加上头发取样方便、易保存,引起了科学家对头发分析的兴趣。

例如,分析表明正常儿童头发中铜和锌的含量是低能弱智儿童的 5 倍之多。又如,陕西省永寿是大骨节病发病率很高的病区,对患病儿童的头发进行了分析,发现不少元素(如硫、铜、硒等)含量比健康儿童的要少,而某些元素(如铁、锰)则偏多;再分析病区的水质,发现相比其他非发病区,也是病区水中含硫、铜、硒少,含铁、锰多,两者完全一致,为此病的病因研究提供了依据,经过对患者施以含硒药物的治疗,取得了显著疗效,病情明显减轻,这说明硒的含量起了重要作用。

三、中子活化分析

上面介绍的 PIXE,所测的特征 X 射线是发生在原子线度范围内,这里介绍中子分析方法是深入到核大小区域的分析,是通过分析核素的成分和含量达到了解元素成分和含量的目的。

1. 基本原理

利用中子对样品进行辐照,通过中子与样品中一些待测原子的原子核发生核反应,生成新的具有放射性的核素,这种核素比稳定核素多了一个中子,因此一般要发生 β 衰变。由于母核 β 衰变后,有可能衰变到子核的激发态,于是将接连放出 γ 射线。通过对放射性的测量,可鉴别和确定样品中核素的成分和含量。中子的获得一般是利用反应堆所放出的中子,也可用同位素中子源(如 ^{252}Cf)。这种方法取样量少、灵敏度高,在地质、考古、材料分析、生物医学中有十分广泛的应用。

2. 应用举例

例如,对岩矿样品中铀和钍元素分析。利用速度很慢的热中子轰击矿样时,有如下反应:

$$n + {}^{238}U \rightarrow {}^{239}U + \gamma$$
$$\xrightarrow{\beta^-} {}^{239}Np + e^- + \bar{\nu}_e \quad (T = 24 \text{ 分})$$
$$\xrightarrow{\beta^-} {}^{239}Pu + e^- + \bar{\nu}_e \quad (T = 2.35 \text{ 天})$$

注意:第二个衰变过程半衰期较长,而且 ${}^{239}Np$ 通过 β 衰变可以到达 ${}^{239}Pu$ 的基态,也可到达 ${}^{239}Pu$ 的激发态,此激发态退激时,就有 γ 射线产生。主要 γ 射线的能量为 228.2 千电子伏和 227.5 千电子伏,一般是测量这两种 γ 射线的能量和强度来鉴定此矿样中是否含有 ${}^{238}U$,并计算其含量。

再举一个拿破仑死亡之谜的例子:赫赫有名的法国皇帝拿破仑一世在滑铁卢之战惨败后,1815 年 6 月被囚禁在大西洋中远离法国本土的圣赫勒拿岛上,死于 1821 年 5 月 5 日黄昏。死前拿破仑经常呕吐和虚脱,全身浮肿。对于他的死因,100 多年来一直是个谜,各国专家争论不休。1961 年,英国科学家利用中子活化分析,分析了拿破仑的头发,发现其中砷(砒霜)的含量比正常人高出许多倍。结合死前症状,终于揭开了这个谜底,拿破仑是由于砒霜加氰化物慢性中毒而死。

四、扫描隧道显微镜(STM)[12~14]

长期来人类就有一个幻想,那就是直接"看到"原子,而不是通过 X 衍射方法作间接观测。随着现代科学技术的发展和材料科学、表面科学、生命科学等学科领域的发展需要,1982 年这个幻想成为现实。世界上第一台能直接观测到物质表面的单个原子立体形貌的扫描隧道显微镜(scanning tunneling microscope, STM)问世了。这是由美国 IBM 公司设在瑞士苏黎世的实验室中一位年轻的德裔物理学家宾尼(G. Binning, 1947—　)和他的老师罗雷尔(H. Rohler, 1933—　)所发明的。宾尼和罗雷尔与电子显微镜发明人鲁斯卡共享了 1986 年诺贝尔物理学奖。

STM 和下面要介绍的原子力显微镜是继光学显微镜(第一代显微镜),电子显微镜(第二代显微镜)后出现的第三代显微镜,为扫描探针显微镜,也称纳米显微镜。第三代显微镜的发明及其广泛应用,直接促进了纳米科技的诞生和发展。尤其令人惊叹的是,1990 年在低温下,利用 STM 实现了人类直接操纵原子和排布原子的奇迹。以后在常温下,也实现了单个原子的拾取和填充,完成了按人类意愿重新排布单个原子的幻想。与此同时,我国也做了类似的原子级水平的实验,从而进入了能实现原子级操纵的世界先进行列。

1．基本原理及用于纳米结构分析

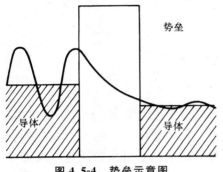

图 4.5-4   势垒示意图

在两块导电物体之间夹一层绝缘体，若在两个导体之间加上一定的电压，通常是不会有电流从一个导体穿过绝缘层流向另一个导体的。两个导体之间存在着势垒，像隔着一座山一样，如图 4.5-4 所示。

假如这层势垒的厚度很窄，只有几个纳米时，由于电子在空间的运动呈现波性，根据量子力学的计算，电子将穿过而不是越过这层势垒，从而形成电流。形象地看，就如同我们常见的在山腰部打通了一条隧道、火车通过隧道那样，这种现象在量子力学中称为隧道效应。

STM 就是用一非常细小的针尖和被研究物质的表面作为两个导体，形成两个电极，当针尖与样品表面非常接近，一般小于 1 纳米时，在针尖与样品表面间施加一定电压后，电子会穿过两个电极之间的绝缘层流向另一个电极，此绝缘层一般为空气或液体，这正是上面所述的隧道效应，其产生的电流则称为隧道电流。隧道电流的大小强烈地依赖于针尖到样品表面之间的距离。测量时让针尖在样品表面作二维扫描，即沿平面坐标 x 和 y 两个方向顺次扫描。通常人们采用恒流扫描模式（见图 4.5-5），即控制隧道电流不变，这样就要求针尖随着样品表面的高低起伏，相应地作高低起伏的运动，以使针尖与样品之间的距离保持不变。针尖的三维运动可通过计算机系统在计算机屏幕直接显示，或在记录纸上打印下来，可见 STM 所获得的信息正是样品表面的三维立体信息。这种恒流扫描模式应用广泛，获取的信息全面，显微图像质量高，可用于显示导电材料表面的原子排列情况。图 4.5-6 是扫描隧道显微镜示意图，图 4.5-7 是 Al(1 1 1) 表面原子排列的 STM 图像。

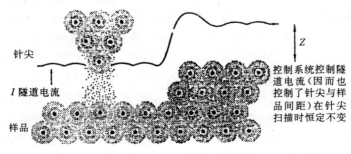

图 4.5-5   STM 恒流工作模式

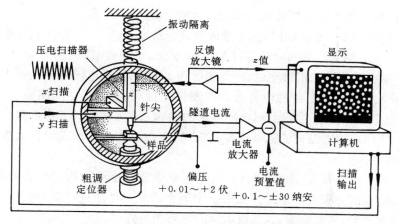

图 4.5-6 扫描隧道显微镜(STM)示意图(取自参考资料[13])

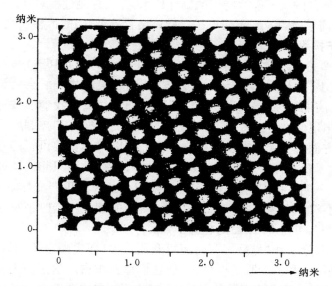

图 4.5-7 Al(1 1 1)表面的原子排列的 STM 图像(取自参考资料[12])

2. 用 STM 进行表面分析的特点

STM 的出现,使人类第一次能够立体显示单个原子在物质表面纳米尺度的结构,观察原子、分子的排列和取向,直接了解与表面电子行为有关的物理、化学性质,从而大大促进表面科学、材料科学、纳米电子学、生命科学等领域的研究和发展(见§6.4 中三和§8.5 中五)。

STM 与其他表面分析技术不同,具有独特优点。

(1) 高分辨率。STM 在样品表面的横向分辨率可达 0.1 纳米(晶体中原子间距为 0.1～0.3 纳米),纵向分辨率可达 0.01 纳米,可分辨出单个原子。

(2) 实空间测量。粗略地说,距离变化 0.1 纳米,隧道电流可变化达 1 个数量级。利用 X 射线或电子波的衍射看到的图像不直观,不是实空间图像,而是投影图像,通过数据处理后才能了解物质内部的结构。现在利用 STM 可得到原子尺度下的实空间中表面结构的三维图像,以进行表面结构研究和表面扩散等动态过程的研究。

(3) 可进行单层局部研究。我们可以观察表面一层原子的局部表面结构,而不是像其他表面分析技术是对体相或整个表面的平均性质进行观察。因此,可直接观察表面缺陷、表面重构、表面吸附体的形态和位置等。

(4) 适应性强。可在真空、大气、常温、低温等不同环境下工作,从而大大扩展了 STM 的应用范围。不需要特别的制样技术,并且探测过程对样品无损伤。

(5) 结构简单、体积小,不像电子显微镜装置复杂,因此价格便宜。

3. 单原子操纵

1959 年 12 月,美国物理学家费曼(R. P. Feynman, 1918—1988,因在量子力学所作的基础工作,获 1965 年诺贝尔物理学奖)在美国物理学会会议上作了一次富有想象力的演说《最底层大有发展空间》,他指出:"倘若我们能按意愿操纵一个个原子,将会出现什么奇迹?"他说:"我想谈的是关于操纵和控制原子尺度上的物质的问题,这方面确实大有发展潜力——我们可以采用切实可行的方式进一步缩小器件的尺寸。我不打算讨论我们将如何做到这一点,而只想谈谈原则上我们能做些什么。……现在我们还没有走到这一步仅仅是因为我们没有在这方面花足够的时间和精力。"(见参考资料[14],第 7 页)费曼的想法在当时被科学界认为只不过是"科学幻想",可是 30 年后幻想成了事实。

利用 STM,除了作"显微镜"外,还可利用针尖(即尖端原子)对样品原子或分子的吸引力来操纵和移动原子或分子,使它们重新排布。这是因为在针尖与样品间有一个距离,称为平衡距离,约 0.2～0.25 纳米,在这个距离上净力为零。当大于此距离时为吸引力,小于此距离时为斥力。在引力距离上,可以操纵和移动原子或分子,进行纳米加工,实现纳米图形人工构建。

1989 年在美国加州的 IBM 实验室,埃格勒博士(D. Eigler)在低温、超高真空条件下实现了利用 STM 针尖将吸附在金属表面的氙(Xe)原子从一处移动到了另一处,其移动过程如图 4.5-8 所示。图中 1～5 表示针尖的位置。在状态 1,针尖距氙原子较远,不产生什么影响。当把针尖向氙原子逼近到位置 2,其间相距约 0.3

纳米时,在针尖与原子之间产生一个吸引力,其大小约等于原子与金属基底之间的吸附力,但又不足以使氙原子脱离基底表面而吸附到 STM 针尖上。这时,把针尖向右移动,就会拖着氙原子在表面滑动,从位置 2 经由位置 3 移到位置 4。此时,将针尖的位置上升至位置 5,氙原子就留在了这个位置上。这样可使原子按我们设想的方案移动,重新进行排布。利用上述技术,埃格勒将 35 个氙原子排布成了世界上最小的 IBM 商标(见图 4.5-9)。这个纳米人工图案是单原子操纵成功的一种象征。1993 年 IBM 的科学家利用上述技术,把 48 个铁原子在铜的表面围成一个直径为 14.3 纳米的"量子围栏",并用 STM 观测到了这个铁原子构成的围栏,尤其是世界上首次直接观测到围栏中电子形成的驻波图像(见彩图 4)。

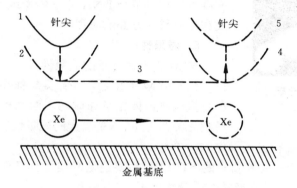

其中 1~5 表示针尖位置

图 4.5-8　用 STM 针尖移动原子的原理示意图

图 4.5-9　由 35 个氙原子写出的世界上最小的 IBM 商标
(取自参考资料[14])

原子尺度的操纵技术在高密度信息存储、纳米级电子器件、新型材料的组成和物种再造等方面,将有非常重要和广泛的应用前景,它是公认的 21 世纪高新技术。

图 4.5-10　用一氧化碳分子排成的"分子人"
（取自参考资料[14]）

4. 单分子操纵

当前,单原子操纵移位技术进一步发展为单个分子的探测、操纵和人工合成新分子等新技术领域。单分子操纵涉及化学键、分子识别、特异结合等化学、生物学问题,远比单原子操纵复杂。图 4.5-10 是 IBM 公司将一氧化碳分子(图中白团所示)在铂金的表面上排成的一个"分子人"。这个分子人从头到脚只有 5 纳米高,可谓世界上最小的人形图案。目前科学家从操纵小分子扩展至大分子,乃至生物大分子。在 §8.5,五中将介绍对单个 DNA 分子的操纵、拉伸、切割等有关在生命科学方面的应用。

5. 局限性[12,14]

STM 也有其如下的局限性。

（1）STM 工作是依靠针尖与样品间的隧道电流,因此只能测导体和半导体的表面结构,对不导电的材料就无能为力了,这是最大的局限性。实际上,很多我们感兴趣的材料往往是不导电的。

（2）为了获取一幅高质量的 STM 图像,要选定最佳工作条件,这是很不容易的。相比之下,电子显微镜操作就简单多了。

（3）STM 图像不能提供样品的化学成分,必须借助于其他分析手段才能获得。这就促使科学家们去思考、发明新的技术来弥补 STM 的不足。

我国在 STM 方面也开展了出色的工作,在 20 世纪 80 年代末中国科学院化学研究所和电子显微镜实验室,以及原中国科学院上海原子核研究所(现为中科院上海应用物理研究所)和北京大学等单位在当时尚无成熟商品化 STM 的情况下,先后研制成功了 STM,其中中科院化学研究所白春礼等人研制成功中国第一批扫描隧道显微镜。由于 STM 在中国自行研制成功,这无疑大大推动了我国纳米科技的发展,在许多领域发挥了重要作用,我国有关 STM 方面的研究工作也进入了世界先进行列。

五、原子力显微镜（AFM）[12,14]

1. 基本原理

考虑到 STM 技术只能用于导体或半导体的局限性,1986 年宾尼博士在斯坦福大学访问期间与奎特教授一起又提出了能否利用原子间的力的变化来观察样品表面的原子形貌的设想。所谓原子力,这里是指针尖原子与材料表面原子之间存在着的极微弱的随距离变化的相互作用力。经过他们的努力,设想变成了现实,世界上第一台原子力显微镜(atomic force microscope,AFM)诞生了。图 4.5-11 是AFM 原理示意图。

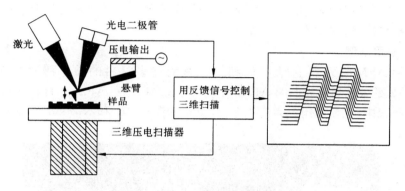

图 4.5-11 AFM 原理示意图

    首先让我们来估计一下原子间的力随距离变化的大致数量级。已知结合在分子中的原子或晶格中的原子,其振荡频率 ω 在 10^{13} 赫以上,原子质量 M 为 10^{-25}千克左右,则原子间弹性系数的大小为 $\omega^2 M = 10^{-8}$ 牛/纳米,即原子移动 1 纳米的恢复力为 10^{-8} 牛。而一片长 4 毫米、宽 1 毫米铝箔的弹性系数为 1 牛/米或 10^{-9}牛/纳米,即偏离 1 纳米时其间作用力为 10^{-9} 牛,利用此铝箔作为弹性悬臂即可探测出原子偏离 0.1 纳米的偏移量。可见探测原子相互作用力并不是想象中那样力不能及。科学家将一个对微弱力极端敏感的微悬臂的一端固定,另一端有一微小的针尖(见图 4.5-11),针尖与样品表面很靠近。这种微型弹性悬臂的弹性系数为0.1 牛/米,很适合 AFM 的需要。通常在 AFM 中,悬臂与针尖可用同一种材料,常用的是氮化硅。在 AFM 技术中,一般采用接触式模式,此时针尖与样品距离很小[< (0.2~0.25)纳米],针尖顶端原子和样品表面原子间的作用力是斥力。这种斥力会使悬臂向上弯曲,偏离其原来的位置。当样品扫描时(针尖不动),针尖在表面滑动,发生上下偏离,若测量出这一偏离量,即能得到原子级的表面形貌图。如何测量悬臂的偏离大小呢?这是利用激光来实现的(见图 4.5-11),一旦悬臂向上弯曲,则反射到光电检测器上的激光点即发生位移,从而使光电二极管的电压输出发生一定变化,这种电压变化对应于悬臂的偏离量。

实际扫描时类似于 STM 的恒流模式,这里是控制作用力不变,微悬臂将对应于针尖与样品表面原子间作用力的等位面,而在垂直于样品表面的方向作起伏运动,由此获得样品表面形貌的信息。利用接触模式,通常可得到稳定的高分辨图像。

AFM 不仅可以用来研究导体和半导体表面,还能以极高分辨率研究绝缘体表面,弥补了 STM 的不足。在 STM 和 AFM 基础上发展起来的其他一些特殊功能的扫描显微镜,这里不一一介绍了。

2. 应用举例

利用 AFM 可获得包括导体和绝缘体的许多材料的原子级分辨率图像,图 4.5-12 是激光唱盘表面的 AFM 图像。与 STM 一样,AFM 在材料科学与生命科学的研究中,也显示出强大的生命力(见参考资料[14]和本书§8.5,五)。

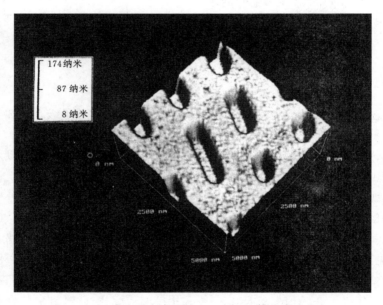

图 4.5-12 激光唱盘表面的 AFM 像(凹槽代表记录位)
(取自参考资料[12])

六、超分辨率荧光显微技术简述[15,16]

2014 年的诺贝尔化学奖授予美国贝尔实验室应用物理学家埃里克·贝齐格

(Eric Betzig,1960——　)、斯坦福大学物理学家威廉·莫纳(William Esco Moerner,1953——　)和德国海德堡大学化学家斯特凡·黑尔(Stefan W. Hell,1962——　)，以表彰他们在超分辨荧光显微技术领域取得的突出贡献。

　　长期以来科学家普遍认为光学显微镜无法突破由于光的衍射所带来的对分辨率的限制，即分辨率超不过 0.2 微米[见第三章(3.5-4)式]，也就是无法看到 0.2 微米以下的细胞内的小分子、病毒和蛋白质分子等，因此也无法跟踪细胞内分子的运动以达到充分了解细胞功能的目的等。电子显微镜的发明，虽然在很大程度上提高了观察分辨率，但难以观察活的样品(见§4.5，一)。2000 年以后这 3 位科学家先后采用两种不同的光学显微技术突破了上述限制，使人们的视野进入了纳米世界，而且可以观察活的样品，目前该技术已逐步得到广泛应用。下面对这两种技术方法的基本思路作一简单介绍，并给出应用举例。

1. 基本思路[15,16]

　　德国科学家黑尔于 2000 年发明了受激发射损耗(stimulated emission depletion,STED)显微技术。基本思路是采用两束激光，其中一束用来激发荧光物质分子使其发光，同时用另外一束光将第一束光产生的激发光的光斑中的大部分荧光物质通过受激辐射(见§5.1，一)强行猝灭(退激)回到基态，从而大大减小了衍射光斑，提高了显微镜分辨率。

　　美国科学家贝齐格和莫纳两人独立研究了单分子荧光显微技术，采用了不同于黑尔的方法。贝齐格称他们的方法为光激活定位显微技术(photoactivate localization microscopy, PALM)，基本思路是每次只利用很低能量的激光，只能激活待测区域中稀疏分布的几个荧光分子，设法将它们定位。然后通过拍摄很多张这种照片，每张照片仅有稀稀拉拉的定位清楚的发光分子，将它们叠加在一起，就可得到分辨率很高的整个待测区域中分子的影像。这种方法已经在 2006 年投入了实际应用。

2. 应用举例

　　这种显微技术尤其在化学和生命科学方面有广泛应用，如在医学和生命科学方面的一个重要应用是活细胞和蛋白质的成像。它可使活细胞中不同分子的运动路径可视化，以便了解细胞的功能，还可以观察到与帕金森氏症、阿尔兹海默氏症等疾病相关蛋白质分子的变化过程。随着这种超分辨的荧光显微成像技术的不断完善，可使实时动态观察生物有机体内的生化反应过程成为现实，为人们认识复杂生命现象的本质以及提高医疗诊治水平提供必要的资料和数据。

附录 4.A　分子能级和光谱、固体的光谱

一、分子能级和光谱

设想两个原子互相靠近,电子间的相互作用可能使它们结合而成为一个"双原子分子"。分子内部的电子状态当然不同于原来在原子中的状态,因此分子能级与原子能级并不相同。不过粗略地说,能级的数目增加了一倍,因此能级间距离缩小了二分之一,相应地分子发光的能量比原子低,即电磁波频谱向长波方向移动。特别要指出:双原子分子的能级中包含了 3 种类型的能级成分。一类是单电子能级,这些能级的能量较高;另两类是与原子整体运动有关的能级,其中又可分为两种,一是与原子的振动相联系的能级,二是与原子转动相联系的能级,这两种能级的能量都低于单电子能级的能量。

例如,HF,HCl,HBr,HI 和 CO 这 5 种双原子分子的振动能级中分别有波长为 2.52 微米、3.46 微米、3.90 微米、4.33 微米和 4.66 微米的特征振动谱线,它们来自两个振动能级之间的跃迁,属于近红外波段。振动能级与电子能级不同,基本上是等距离间隔的[见图 4.A-1(a) 和(b)]。例如,一个外来波长为 4.66 微米的光子可被 CO 分子吸收,使后者在振动能级上往上跃迁一格,经过约 10^{-1} 秒(这比电子态的寿命 10^{-8} 秒长得多了)后,会自动往下跃迁一格,并(在各种可能方向上)放出同样能量的光子。但这种量子吸收和再自发辐射的过程常常也用经典的

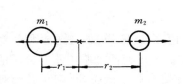

(a) 振动的经典图像(质心位置由 $m_1 r_1 = m_2 r_2$ 决定,r_1 和 r_2 作角频率为 ω_v 的周期变化)

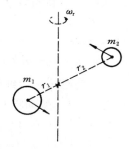

(c) 转动的经典图像(转轴通过质心,与固定长度的 r_1 和 r_2 垂直)

图 4.A-1

$$E_4 \underline{\hspace{5cm}}$$
$$E_3 \underline{\hspace{5cm}}$$
$$E_2 \underline{\hspace{5cm}}$$
$$E_1 \underline{\hspace{5cm}}$$
$$E_0 \underline{\hspace{5cm}}$$

$$E_4 \underline{\hspace{5cm}}$$
$$E_3 \underline{\hspace{5cm}}$$
$$E_2 \underline{\hspace{5cm}}$$
$$E_1 \underline{\hspace{5cm}}$$
$$E_0 \underline{\hspace{5cm}}$$

(b) 量子化的振动能级 E_n(量子数 $n = 0, 1, 2, \cdots$),$E_n = (n + 1/2) \cdot \hbar \omega_v$,经典振动角频率 $\omega_v = \sqrt{\dfrac{k}{m}}$,其中,$k$ 为力常数,$m = \dfrac{m_1 m_2}{m_1 + m_2}$ 是分子约化质量

(d) 量子化的转动能级 E_J($J = 0, 1, 2, \cdots$),$E_J = (\hbar^2/2I) J(J + 1)$,其中,$I = m_1 r_1^2 + m_2 r_2^2$ 是经典转动惯量,转动角动量量子数 J 与经典转动角频率 ω_r 的关系是

$$\omega_r = \sqrt{J(J + 1)} \hbar / I$$

图 4. A-1　(异核)双原子分子的振动能级和转动能级

图像来描写:异核双原子分子 CO 这个内部有正负电荷分离的"极性分子"像一个电偶极子,在外来波长为 4.66 微米的电磁波强迫驱动下共振,吸收入射能量后把它散射出去。

　　像哑铃状的双原子分子除振动外,还可能绕垂直于原子连线的轴(它通过两原子的质心)而转动。转动能级也是量子化(分立)的,但不是等间距的[见图 4. A-1 (c)和(d)]。转动很容易激发,对应能量很低,如极性分子 HF, HCl 等的转动谱波长一般落在 $100 \sim 1\,000$ 微米的远红外区。如 CO 的转动谱波长达 2.6 毫米,就已落到微波区了(见表 3.3-1)。无极性分子,如同核双原子分子 H_2, N_2 等,没有这种远红外谱,这是因为它们无电偶极矩、与电磁波耦合太弱的缘故。

二、固体的光谱

　　现在设想有 N 个($N \gg 1$)同种原子相互靠近,组成凝聚态物质——液体或固体。相互作用使原来原子中的能级经历十分复杂的分裂和重组过程,粗略地说,原子内层电子还被束缚在各自的原子核附近,但外层电子的一个能级变成包含有 N 个能级的"能带",与之联系的电子运动状态不再局限在一个原子附近(见§6.2)。特别是,如果固体是金属,原子中最外层的电子都变成相当自由的电子了,它们可以在整个大块金属中运动。当然,相对于外部的真空而言,它们还是被束缚在金属内部,要逃出去还需外来的能量——逸出功 W(见表 3.8-1)。

　　由此可见,在液体或固体中,充满了密集的能级。间距是如此之小,使低能量

的电磁辐射很容易被吸收,即液体和固体对外来长波长的电磁辐射大多数是不透明的。反过来,当物质被加热时,分子运动加剧,分子、原子和它们的外层电子很容易被激发到较高能级,在往下跃迁时发出大量波长近似连续的电磁辐射来。由此不难理解,当物体温度逐渐升高时,首先发出的是看不见的微波和远红外线,然后是近红外线,当温度上升达 600 ℃左右,物体开始呈现暗红色,表示辐射已进入可见光波段。如温度再升高,可见光比例更高,红、橙、黄、绿等色光相继出现,物体经历由暗红变亮、最后变成"白炽"的过程。

习　　题

1. 试问当一个动能为 5 兆电子伏的氦核(α 粒子, $Z_1 = 2e$),与金核($Z_2 = 79e$)对头相碰时,氦核与金核能靠得最近的距离是多少?〔提示:在最近距离处,氦核的动能正好全部转化为氦核与金核间的静电势能。在计算中,可利用组合常数 $e^2/4\pi\varepsilon_0 = 1.44$ 电子伏·纳米〕

2. 当 X 射线管中,加速电子的高压为 50 千伏时,所发射的 X 射线的最短波长为多大?

3. 试计算钼 ($Z = 42$) 的 K_αX 射线的波长。

4. 试计算氦核(^{4}He)和氧核(^{16}O)的结合能和比结合能,并和氘核的比结合能进行比较。由此可得出什么重要结论?

5. 在可控聚变反应中,下面的氘-氘反应也很重要,试计算此反应可放出的能量〔已知:氘(D)的原子质量为 2.014 102 u,氦(^{3}He)的原子质量为 3.016 029 u,中子(n)的原子质量为 1.008 665 u〕,

$$D+D \rightarrow {}^3He + n$$

6. 求下列各粒子相应的德布罗意波的波长:
(1) 能量为 100 电子伏的自由电子。
(2) 能量为 0.1 电子伏的自由中子。
(3) 能量为 0.1 电子伏、质量为 1 克的质点。

7. 设一电子被电势差 U 所加速,最后打在靶上。若电子动能全部转化为一个光子,计算当这个光子相应的光波波长分别为 500 纳米(可见光)、0.1 纳米(X 射线)和 0.000 1 纳米(γ 光子)时,加速电子所需的电势差 U 为多少伏特?

8. 试问当氢原子被激发到 $n = 3$ 的激发态时,退激时有几种谱线可观测到? 它们分属什么谱线系? 它们的波长为多大?

9. 设光子和电子的波长均为 4 纳米,试问:光子的动量与电子的动量之比是多少? 光子的动能与电子的动能各是多少?

参考资料

[1][美]埃米里奥·赛格雷.夏孝勇,杨庆华,庄重九,梁益庆译.从 X 射线到夸克.上海:上海

科学技术文献出版社,1984

[2] 郭奕玲,沈慧君.物理学家的足迹.长沙:湖南教育出版社,1994

[3] 杨福家.原子物理学(第四版).北京:高等教育出版社,2008

[4] 路甬祥.创新辉煌——科学大师的青年时代(上).北京:科学出版社,2001

[5] 倪光炯,王炎森.物理与文化——物理思想与人文精神的融合(第三版).北京:高等教育出版社,2017

[6] [新西兰]约翰·罗兰.姜炳炘译.欧内斯特·卢瑟福.北京:原子能出版社,1978

[7] [美]埃米里奥·赛格雷.夏孝勇等译.从 X 射线到夸克——近代物理学家和他们的发现.上海:上海科学技术文献出版社,1984

[8] [丹麦]P.罗伯森.杨福家,卓益忠,曾谨言译.玻尔研究所的早年岁月.北京:科学出版社,1985;杨福家.追求卓越.上海:复旦大学出版社,1995

[9] 倪光炯,李洪芳.近代物理.上海:上海科学技术出版社,1979

[10] 杨明,陈国明.国际空间站上的 AMS 实验.现代物理知识,2011,5:10

[11] 杨福家,赵国庆.离子束分析.上海:复旦大学出版社,1985

[12] 白春礼.原子与分子的观察与操纵.长沙:湖南教育出版社,1994

[13] [美]陈成钧.华中一,朱昂如,金晓峰译.扫描隧道显微镜引论.北京:中国轻工业出版社,1996

[14] 李民乾,胡钧,张益.分子手术与纳米诊疗,上海:上海科学技术文献出版社,2005

[15] 吕志坚等.几种超分辨率荧光显微技术的原理和近期发展.生物化学与生物物理进展,2009,**36**(12):1626 - 1634

[16] 刘霞.打掉光学显微技术发展的拦路虎——美德 3 人分享 2014 年诺贝尔化学奖.科技日报,2014 年 10 月 9 日

第五章　光彩夺目的新光源

光,对人类是何等重要。在北京周口店的考古发掘中,就发现了四五十万年前猿人用火时留下的灰烬堆积物。从钻木取火用火把照明,到使用蜡烛和油灯,人类经历了几十万年。直到 1879 年,美国发明家爱迪生(T. A. Edison,1847—1931)用碳丝试制成了世界上第一个碳丝白炽灯,使光源发生了革命性变化。100 多年来,出现了各种新型电光源以供多方面应用,如日光灯、钠灯、碳弧灯、高压汞灯、脉冲氙灯和发光二极管(LED)光源 * 等相继问世,性能越来越好,用途越来越广。

在电光源发明后不到 20 年,于 1895 年底 X 射线被发现,这是一种特殊性能的光源——X 光光源(在第四章已作过介绍)。它的出现,也称得上是一次革命性变化。这种光源不是用来照明,而是使人的视野扩展到了肉眼所看不到的物体内部的微观领域,在医疗、材料科学、工业上得到了广泛的应用。

到了 20 世纪 60 年代,激光光源的出现,可以说是在人工制造光源历史上又一次革命性的变化。激光的英文名称是"Laser",音译"莱塞",它是由全称"light amplification by stimulated emission of radiation"(辐射的受激发射光放大)的第一个字母所组成。1964 年 10 月我国著名科学家钱学森建议称为"激光",之后一直沿用至今。

激光器的发明是 20 世纪中能与原子能、半导体、计算机相齐名的重大科技成就。激光的高亮度以及非常好的方向性、单色性和相干性使它自 1960 年问世至今,60 年来激光技术得到了迅速发展,已在工农业生产、医疗卫生、通信、军事、文化艺术、能源等许多方面获得了重要应用。

继 X 光光源和激光光源之后,20 世纪 60 年代又出现了第一代同步辐射光源,这种新光源所发射的同步辐射光是利用同步加速器加速电子而产生的,不仅具有前述光源的优点,而且具有波长覆盖面广(从远红外光到硬 X 光)以及连续可调的特点。目前已经出现了第三代同步辐射光源。这种光源在物理、化学、生命科学、医学、材料科学、微电子工业、微加工技术等领域中获得了广泛应用。

---

* 20 世纪 50 年代科学家发明了红色和绿色 LED,但制造蓝光 LED 是个难题。直到 20 世纪 90 年代日本科学家赤崎勇和天野浩及美籍日裔科学家中村修二发明了蓝光 LED,有了三原色就可以获得白色 LED 光源,使照明技术产生重大变革。3 位科学家于 2014 年共同获得诺贝尔物理学奖。

本章将介绍激光和同步辐射两种光源的物理原理、主要特性和各种应用,以及它们近年来的进展。

§5.1   激光产生原理与激光器结构[1~4]

一、激光产生原理

1. 普通光源的发光——受激吸收和自发辐射

普通光源的发光(如电灯、火焰、太阳的发光)原理已在第四章中指出,这是物质在受到外来能量(如光能、电能、热能等)作用时,原子中的电子就会吸收外来能量而从低能级跃迁到高能级,即原子被激发。这种激发过程是一个"受激吸收"过程。处在高能级(E_2)的电子寿命很短(一般为 $10^{-8} \sim 10^{-9}$ 秒),在没有外界作用下会自发地向低能级(E_1)跃迁,跃迁时将产生光(电磁波)辐射。辐射光子的能量为

$$h\nu = E_2 - E_1 \tag{5.1-1}$$

这种辐射称为自发辐射。原子的自发辐射过程完全是一种随机过程,各发光原子都独立地被激发到高能态,然后跃迁到低能态,其发光过程各自独立、互不关联,即所辐射的光在发射方向上是无规则地射向四面八方,而且频率、偏振状态和相位也都是无规则的。我们通常见到的太阳光、灯光、火光都属于自发辐射光,包含多种波长成分,射向四面八方。

在热平衡条件下,处于高能级 E_2 上的原子数密度 N_2 远比处于低能级的原子数密度低,这是因为处于能级 E 的原子数密度 N 的大小是随能级 E 的增加而指数减小,即 $N \propto \exp(-E/kT)$,这是著名的玻耳兹曼分布规律。于是在上、下两个能级上的原子数密度比为

$$\frac{N_2}{N_1} \propto \exp\{-(E_2 - E_1)/kT\} \tag{5.1-2}$$

其中,k 为玻耳兹曼常量,T 为绝对温度。因 $E_2 > E_1$,所以 $N_2 \ll N_1$。 例如,已知氢原子基态能量为 $E_1 = -13.6$ 电子伏,第一激发态能量为 $E_2 = -3.4$ 电子伏,在室温(20℃)时,$kT \approx 0.025$ 电子伏,则

$$\frac{N_2}{N_1} \propto \exp(-400) \approx 0$$

可见室温下,全部氢原子几乎都处于基态,要使原子发光,必须由外界提供能量使原子到达激发态,所以普通光源的发光是包含了受激吸收和自发辐射两个过程(见图 4.2-3)。一般说来,这种光源所辐射光的能量是不强的,加上向四面八方发射,更使能量分散了。

请读者注意,处于激发态的原子,不一定以辐射形式放出能量而退激,如通过碰撞也可以将能量传给其他粒子或容器壁而退激发。这种跃迁称为无辐射跃迁。

2. 受激发射和光的放大

在介绍原子发光的第三个过程(受激发射)之前,先要说明的是,并不是任意两个能级之间都可以产生自发跃迁而辐射光子,而必须要满足一定的选择规则。

在第四章中已指出,一个能级对应电子的一个能量状态。电子能量由主量子数 n($n=1$, 2, $\cdots$)决定。但是,实际描写原子中电子的运动状态,除能量外,还有轨道角动量 L 和自旋角动量 s,它们都是量子化的,由相应的量子数来描述。对轨道角动量,玻尔曾给出了量子化公式 $L_n = n\hbar$,但这不严格,因这个公式还是在把电子运动看作轨道运动基础上得到的。严格的能量量子化以及角动量量子化都应该由量子力学理论来导出。利用量子力学理论,所得到的氢原子中电子的能量量子化公式与(4.2-13)式完全一致。但角动量的大小不同于上式,为 $L = \sqrt{l(l+1)}\hbar$,其中量子数 l 的取值与主量子数 n 有关,l 可取 0,1,2,$\cdots$,$(n-1)$ 共 n 个值。例如,$n=3$,l 可取 0,1 和 2 这 3 个值。另外,电子的自旋角动量的大小也是量子化的,在后面 §8.4,二中再介绍。

由上述讨论可见,描述某一能级上电子的运动状态除主量子数 n 外,还有轨道角动量量子数 l。量子力学告诉我们,电子从高能态向低能态跃迁时,最强(即几率最大)的跃迁是发生在 l 量子数相差 ± 1 的两个状态之间,这种跃迁称偶极跃迁。这里 $\Delta l = \pm 1$ 的条件就是一种选择规则,如果不满足这一规则,则偶极跃迁不能发生,此时,由高能级向低能级的跃迁几率就会小得多。在原子中可能存在这样一些能级,一旦电子被激发到这种能级上时,由于不满足跃迁的选择规则,可使它在这种能级上的寿命特别长(可超过 10^{-3} 秒,甚至 1 秒),不易通过自发跃迁而退激到低能级上,这种激发能级称为亚稳态能级。但是,在外加光的诱发和刺激下,可以使其迅速跃迁到低能级,并放出光子。这种过程是被"激"出来的,故称为受激辐射。亚稳态在激光的产生过程中起着特殊的重要作用。

受激辐射的概念是爱因斯坦于 1917 年在推导普朗克的黑体辐射公式时首先提出来的。他从理论上预言了原子发生受激辐射的可能性,受激辐射正是后人发明激光的物理基础。

受激辐射的过程大致如下:某原子开始处于高能级 E_2,由于不满足跃迁规则,不能发生自发辐射。但当一个外来光子所带的能量 $h\nu$ 正好为某一对能级之差 E_2-E_1，则这个原子可以在此外来光子的诱发下从高能级 E_2 向低能级 E_1 跃迁。这种受激辐射的光子有显著的特点，就是原子可发出与诱发光子全同的光子，不仅频率(能量)相同，而且发射方向、偏振方向以及光波的相位都完全一样。于是，入射一个光子，就会出射两个全同光子。这意味着原来光信号被放大了(见图 5.1-1)。这种在受激过程中产生并被放大的光，就是激光。

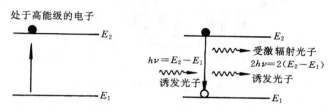

图 5.1-1　受激辐射过程

3. 粒子数反转

一个诱发光子不仅能引起受激辐射，而且能引起受激吸收。所以，只有当处在高能级的原子数目比处在低能级的还多时，受激辐射跃迁才能超过受激吸收，而占优势。但正如上面所讨论过的，在热平衡条件下，原子几乎都处于最低能级(基态)。由此可见，为使光源发射激光而不是发出普通光的关键是要使发光原子处在高能级上的数目必须比低能级上的多，这种情况称为粒子数反转。于是，如何从技术上实现粒子数反转成为产生激光的必要条件。

二、激光简史和我国的激光技术

自爱因斯坦 1917 年提出受激辐射概念后，足足经过了 40 年，直到 1958 年，美国两位微波领域的科学家汤斯(C. H. Townes, 1915—2015)和肖洛(A. I. Schaw-law, 1921—1999)才打破了沉寂的局面，发表了著名论文《红外与光学激射器》，指出了以受激辐射为主的发光的可能性，以及必要条件是实现"粒子数反转"。他们的论文使在光学领域工作的科学家马上兴奋起来，纷纷提出各种实现粒子数反转的实验方案，从此开辟了崭新的激光研究领域。

同年苏联科学家巴索夫(Н. Г. Басов, 1922—2001)和普罗霍罗夫(А. М. Прохоров, 1916—2002)发表了论文《实现三能级粒子数反转和半导体激光器建议》，1959 年 9 月汤斯又提出了制造红宝石激光器的建议……1960 年 5 月 15 日加州休斯实验室的梅曼(T. H. Maiman, 1927—2007)制成了世界上第一台红宝石激光器,获得了波长为 694.3 纳米的激光,这是历史上第一束激光。梅曼是利用红宝石晶体做发光材料,用发光密度很高的脉冲氙灯做激发光源(见图 5.1-2)。1964 年,汤斯、巴索夫和普罗霍罗夫由于对激光研究的贡献分享了诺贝尔物理学奖。

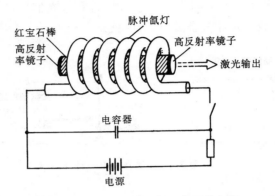

图 5.1-2   世界上第一台红宝石激光器

在梅曼发明第一台激光器后的 15 个月,中国第一台红宝石激光器于 1961 年 8 月在中国科学院长春光学精密机械研究所研制成功。这台激光器在结构上比梅曼所设计的有了新的改进,尤其是在当时我国工业水平比美国低得多,研制条件十分困难,全靠研究人员自己设计、动手制造。在这以后,我国的激光技术也得到了迅速发展,并在各个领域得到了广泛应用。1987 年 6 月,1 万亿(10^{12})瓦的大功率脉冲激光系统——神光装置(采用钕玻璃激光器),在中科院上海光机所研制成功,此后他们又不断改进和提高,2002 年和 2015 年先后研制成功功率更大的"神光二号"和"神光三号"巨型激光器,进入世界先进行列。作为驱动装置,它为我国的惯性约束核聚变(见§7.4,四)研究做出重要贡献。

三、激光器的结构

激光器一般包括 3 个部分。

1. 激光工作介质
激光的产生必须选择合适的工作介质(又称增益介质),可以是气体、液体、固体或半导体。在这种介质中可以实现粒子数反转,以获得制造激光的必要条件。显然亚稳态能级的存在,对实现粒子数反转是非常有利的。现已有工作介质近千种,可产生的激光波长包括从真空紫外到远红外,光谱范围非常之广。

2. 激励源

为了使工作介质中出现粒子数反转,必须用一定的方法去激励原子体系,使处于上能级的粒子数增加。一般可以通过气体放电的办法利用具有动能的电子去激发介质原子,称为电激励;也可用脉冲光源去照射工作介质,称光激励;还有热激励、化学激励等。各种激励方式被形象化地称为泵浦或抽运,激励源又称泵浦源。为了不断得到激光输出,就必须不断地"泵浦"以维持处于上能级的粒子数比下能级的多。

3. 谐振腔

有了合适的工作物质和激励源后,虽可实现粒子数反转,但这样产生的受激辐射强度很弱,无法实际应用。于是人们就想到了用光学谐振腔进行放大。所谓光学谐振腔,实际是在激光器两端,面对面装上两块反射率很高的平面镜。腔反射镜常用金属镜或非金属基片上镀金属膜。一块对光几乎全反射,另一块则让光大部分反射、少量透射出去,以使激光可透过这块镜子而射出。被反射回到工作介质的光,继续诱发新的受激辐射,从而使光被放大。光在谐振腔中来回振荡,造成连锁反应,雪崩似地获得放大,产生强烈的激光,从部分反射镜一端输出。所输出的激光不仅光强,而且有很好的方向性和单色性。图 5.1-3是激光的形成示意图。

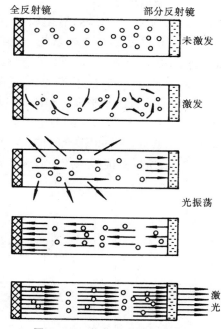

图 5.1-3 激光形成过程示意图

下面以红宝石激光器为例来说明激光的形成。图 5.1-2 是红宝石激光器示意图。工作物质是一根红宝石棒。红宝石是掺入少许 3 价铬离子(Cr^{+3})的三氧化二铝晶体。实际是掺入质量比约 0.05% 的氧化铬。由于铬离子吸收白光中的绿光和蓝光,因此宝石呈粉红色。1960 年梅曼发明的激光器所采用的红宝石是一根直径 0.8 厘米、长约 8 厘米的圆棒。两端面是一对平行平面镜,一端镀上全反射膜,一端有 10% 的透射率,可让激光透出。

图 5.1-4(a)是铬离子中涉及激发和发射激光的三能级系统图。在红宝石激光器中,用高压氙灯作"泵浦",利用氙灯所发出的强光激发铬离子到达激发态 E_3,被

抽运到 E_3 上的电子很快($\sim 10^{-8}$ 秒)通过无辐射跃迁转移到 E_2。E_2 是亚稳态能级,E_2 到 E_1 的自发辐射几率很小,寿命长达 10^{-3} 秒,即允许粒子停留较长时间。于是,粒子就在 E_2 上积聚起来,实现 E_2 和 E_1 两能级上的粒子数反转。从 E_2 到 E_1 受激发射的波长是 694.3 纳米的红色激光。由脉冲氙灯得到的是脉冲激光,如果每一个光脉冲的持续时间为 1 毫秒,每个光脉冲能量为 10 焦耳,那么,每个脉冲激光的功率可达 10 千瓦。注意到上述铬离子从激发到发出激光的过程中涉及 3 条能级,故称为三能级系统。由于在三能级系统中,下能级 E_1 是基态,在通常情况下集居大量原子,因此要达到粒子数反转,需要有相当强的激励才行。

又如钕玻璃激光器,是用玻璃作为基质掺入少许 3 价钕离子 Nd^{+3}。实际是掺入质量比为 2%～5% 的氧化钕(Nd_2O_3)。对 3 价钕离子的激发和发光涉及如图 5.1-4(b)所示的四能级系统。电子从基态 E_1 被激发到 E_4 能级。退激时,从 E_4 到 E_3 的跃迁很强,而 E_3 是亚稳态,寿命也长达 10^{-3} 秒,所以从 E_3 向下的跃迁要比从 E_2 向下到基态 E_1 的跃迁慢得多。再考虑到在开始时的热平衡条件下,在 E_3,E_2 能级上几乎都是空的,所以就在 E_3 和 E_2 两能级间形成粒子数反转,激光正是来自从 E_3 到 E_2 的受激辐射。钕玻璃激光器发射 1 060 纳米波长的近红外激光。注意:这里发射激光时的下能级不是基态,而是激发态 E_2,开始时上面没有粒子占有,所以四能级系统更容易实现粒子数反转。

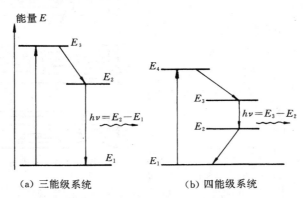

(a) 三能级系统　　　　　　(b) 四能级系统

图 5.1-4　产生激光的能级系统简图

四、激光器的种类

对激光器有不同的分类方法,一般按工作介质的不同来分类,则可分为固体激光器、气体激光器、液体激光器和半导体激光器。另外,根据激光输出方式的不同又可分为连续激光器和脉冲激光器,其中脉冲激光的峰值功率可以非常大。还可按发光的频率和发光功率大小来分类。

1. 固体激光器

一般地,固体激光器具有器件小、坚固、使用方便、输出功率大的特点。这种激光器的工作介质是在作为基质材料的晶体或玻璃中均匀掺入少量激活离子,除了前面介绍用红宝石和玻璃外,常用的还有用钇铝石榴石(YAG)晶体中掺入 3 价钕离子的激光器(Nd:YAG 激光器),它发射 1 060 纳米的近红外激光。固体激光器一般连续功率可达 100 瓦以上,脉冲峰值功率可高达 10^9 瓦。前面提到的我国的大功率激光系统,就是前面介绍的钕玻璃激光器。

2. 气体激光器

气体激光器具有结构简单、造价低、操作方便、工作介质均匀、光束质量好,以及能较稳定地长时间连续工作的优点。这也是目前品种最多、应用广泛的一类激光器,市场占有率达 60% 左右。

氦-氖(He-Ne)激光器是最早(1961 年)制成的一种气体激光器,也是目前应用最广泛的一种激光器。图 5.1-5 是氦-氖激光器示意图。激光管外壳用玻璃制成。它的工作介质是氦和氖的混合气体,比例为 5:1~10:1,压强为 250~400帕。管两端的反射镜组成谐振腔。激光器用气体放电激励,即用电子碰撞来激发原子。为使气体放电,两极间加几千伏高压。混合气体中产生受激辐射的是氖原子,而氦原子起传递能量的作用。因为气体放电使氦激发比使氖激发容易得多,所以先激发氦原子到某亚稳态,此亚稳态正好同氖原子中某激发态非常接近,氦原子可以通过碰撞把能量转移给氖原子,使氖原子激发。氖原子产生激光的基本过程类似四能级系统。激光管中间有一个毛细管,它的主要作用是使管内的氖原子更容易实现粒子数反转。常用的氦-氖激光器的激光是波长 632.8 纳米的红光,另外还有波长为 3.39 微米和 1.15 微米的红外线。这是氖原子发出的 3 条主要激光谱线。小型的氦-氖激光管长 14.6 厘米、直径 2.5 厘米、重 70 克,功率为 0.5 毫瓦。

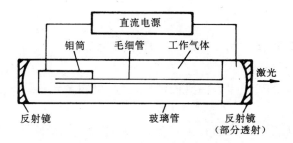

图 5.1-5 氦-氖激光器示意图

在其他气体激光器中,常用的有二氧化碳分子激光器,可发射 9.6 微米和 10.6 微米的红外线。其特点是输出功率大,且输出的波长正好处于"大气窗口",即大气对这种波长的吸收较小。因此,自 1964 年出现以来很受重视,发展迅速。连续输出功率已超过万瓦,脉冲输出功率已达 10^{10} 瓦,应用广泛。其次,常用的还有氩离子激光器,辐射波长为 488 纳米和 514.5 纳米的蓝绿色可见光。

3. 半导体激光器

半导体激光器是以半导体材料作为工作介质的。目前较成熟的是砷化镓激光器,发射 840 纳米的激光。另有掺铝砷化镓、硫化镉、硫化锌等激光器。激励方式有光泵浦、电激励等。这种激光器体积小、质量轻、寿命长、结构简单而坚固,特别适于用在飞机、车辆、宇宙飞船上。在 20 世纪 70 年代末期,光纤通信和光盘技术飞速发展,CD,VCD 和 DVD 中都各有一个小型半导体激光器(见 §6.2,四)。

4. 液体激光器

液体激光器常用的是染料激光器。大多数情况是把有机染料(工作介质)溶于溶剂(乙醇、丙酮、水等)中使用,也有以蒸气状态工作的,一般使用激光作泵浦源。利用不同染料可获得不同波长激光(在可见光范围),常用的有氩离子激光器等。

液体激光器的工作原理比其他类型激光器要复杂得多。输出波长连续可调且覆盖面宽是它的突出优点,这也使它得到广泛应用。

除了上面 4 类外,还有利用化学反应释放的能量从反应中产生的原子或分子建立粒子数反转所制造的化学激光器、利用高能电子制造的自由电子激光器(见 §5.3,四),以及正在研制中的 X 光激光器。X 光激光器所发射的激光是波长小于 1 纳米的 X 光,波长非常短,可用来研究生物大分子、人体活细胞的活动,拍摄活的生物组织、生物细胞、生物分子微结构的三维立体图像,对生命科学开展研究。

§5.2　激光的特性及应用[1~3]

一、激光的主要特性

根据受激辐射的特点以及激光的形成过程,可知激光有以下主要特性。

1. 方向性好

激光可以说几乎在一条直线上传播,不像普通光源是向四面八方传播的。因为激光的形成是通过光在谐振腔内的来回反射,若光束偏离轴线,则多次反射后,终将逸出腔外。因此,从部分透明的反射镜中出射的激光的准直性非常好,激光束偏离轴线的发散角 θ 仅为几个毫弧度。

2. 亮度高

单位面积光源向某一方向单位立体角内所发射的光的功率被定义为光源在这一方向上的亮度,单位是瓦/(米²·立体角)。因此,即使普通光源与激光光源的辐射功率相同,由于激光束的方向性好,光功率在空间高度集中,激光的亮度是普通光源的上百万倍。再与太阳光比,一支功率仅为 1 毫瓦的氦-氖激光器的亮度要比太阳光强 100 倍;而一台巨型脉冲固体激光器的亮度可比太阳亮度高 100 亿(10^{10})倍,这是何等惊人的数字。所以,激光是现代亮度最高的光源。

3. 单色性好

光的颜色决定于波长,通常将颜色分为 7 种(红、橙、黄、绿、蓝、青、紫),每种颜色大约包含 40~50 纳米波长范围。如果只有某一个波长的光波,就是纯的单色光。实际光的波长总有一定范围,波长范围越小,则此光的单色性越好。大家所熟悉的霓虹灯、水银灯、钠灯等普通光源都可看作单色光源,波长范围(即谱线宽度)约 10^{-2} 纳米。曾用作长度基准器的氪(^{86}Kr)灯,波长 $\lambda = 605.7$ 纳米,单色性已很好,谱线宽度 $\Delta\lambda = 0.47 \times 10^{-2}$ 纳米($\Delta\lambda/\lambda \sim 10^{-5}$)。 但是,激光的单色性远远好于普通光源,如氦-氖激光器输出的红色激光(波长为 632.8 纳米)的谱线宽度非常小,仅 10^{-8} 纳米($\Delta\lambda/\lambda \sim 10^{-11}$)。 可见激光是颜色最纯、色彩最鲜艳的光。

4. 相干性好

在第三章中已经指出过,当两列光波频率完全相同、振动方向相同、位相差一定时将发生干涉。单色性、方向性越好的光,它的相干性必定越好。激光器中受激辐射输出的是频率、偏振和传播方向都相同的全同光子。当激光束经过分束装置分为两束,此两束光就有很好的相干性,所产生的干涉条纹非常清晰。

二、激光应用简介

正是由于激光具有上述一系列特性,使它在各个领域都有广泛应用。在实际应用中往往不是对前述 4 个特性同时都有很高要求,而是突出应用其中某些特性。本节主要介绍通常功率激光的应用,有关超强超短激光及其应用将在下面一节介绍。

1. 激光测距、激光雷达和激光准直

利用激光的高亮度和极好的方向性,科学家制成了激光测距仪、激光雷达和激光准直仪。

　　激光测距原理与声波测距原理差不多,只是更精确、可测距离更远。因为光速 c 已知,所以只要测量激光从开始发射到从被测物体反射回来被接收器接收到的时间间隔即可。例如,利用几百瓦的激光就可以从地球射到月球,再反射回地球被接收到,对 38.4 万千米远的月球距离的测量只需几秒钟,误差仅为 10 厘米。激光雷达和激光测距仪的工作原理和结构都相似,所不同的是激光雷达要测出的是运动目标或相对运动的目标(见 §3.7 关于多普勒效应的讨论),而激光测距仪测的是固定点的目标,当然前者的数据处理更复杂了。利用激光雷达又发展了远距离导弹跟踪和激光制导技术,在 1991 年的海湾战争中都用上了,由于激光制导使轰炸目标的精度非常高。

　　激光准直仪在生产和科学实验中非常有用。例如,在矿井坑道掘进时,就需要给挖掘机导向。在科学实验中对准直有要求时,也常用激光导向。

2. 激光用于农业

　　农作物常规育种是在大面积或大量的植株中进行筛选,从中发现优良性状的植株,再逐年培植、逐年筛选。常规育种利用的是自然发生的突变,称为自发突变,要很长时间才能发生。另一种方法是用"诱发突变"方法培育良种。诱发育种也有化学诱变、核辐射诱变、光诱变等多种方法。激光育种属于光诱变。我国采用激光照射种子,利用激光的生物效应,已培育出好几种水稻和小麦的新品种,使粮食获得了增产。利用激光技术也培育出了大豆、油菜、番茄、棉花和家蚕等新的品种。

　　利用激光技术还可以改造果树性能,培育出品质优良的水果。在畜牧业方面,发现经过氦-氖激光照射过的山羊精子可大大延长存活时间,这对于通过人工授精方法繁殖牲畜有十分重要的意义。

3. 激光用在加工领域

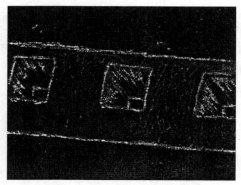

图 5.2-1　用激光在头发上打出的方孔

　　激光亮度比太阳光要高 100 亿倍,激光器输出的光束不用透镜聚焦,就可把木块点着火、把金属烧熔。利用激光的高亮度以及非常好的方向性,可打一般钻头不能打的异型孔和微米孔,进行微加工。图 5.2-1 是激光在一根头发上所打出的精细方孔。

　　利用激光进行切割,具有速度快、切面光洁、不发生形变的优点。例如,在上海激光技术研究所中,利用一台

2 500 瓦的二氧化碳激光器来切割 5 毫米厚的钢板,一分钟可前进 2 米,尤其是可根据不同要求,切割出不同形状,可以打各种形状的孔,切面光滑。利用激光可焊一般焊接法不能焊的难熔金属,还可以雕琢高硬度或脆性的材料。

4. 激光用于医疗领域

激光在医疗领域有非常广泛的应用,如激光手术刀、激光纤维内窥镜、激光眼科、激光诊断、治疗癌症等,这在§8.2中将较详细地介绍。

5. 激光通信

激光通信主要是利用激光束的单色性和方向性好的特点。在光通信的发展中遇到的两大困难是光源问题和传输问题。普通光源发射出来的光波是不能做通信载波的,因为光束中夹杂着许多不同波长的光,光辐射单色性太差,若用这种光波做广播用的载波,相当于同时有许多套广播频率的节目到达接收回路,许多声音重叠在一起。同样,用来传递图像信息接收到的将是许多不同载波频率传送的电视图像的叠合,一片模糊。激光器发射的光束单色性、方向性非常好,其发射出来的光做通信用的载波非常合适,所以激光器一出现便立刻被选为光通信系统中的一个关键性器件(见§6.7,四)。

6. 激光与能源

激光与能源密切相关的是两方面应用:一是激光分离同位素;二是激光核聚变。

在天然铀中,有 3 种同位素,铀-234 (^{234}U) 占 0.005％,铀-238 (^{238}U) 占99.275％,而核电站中需要的铀-235(^{235}U)只占 0.72％。在热中子轰击下,只有^{235}U 才能发生裂变。因此,核电站中应用的铀要求提纯到含^{235}U 3％以上。利用激光的单色性可以进行同位素分离工作。3 种铀同位素有不同的中子数,因此不同同位素的相应能级间有一个很小的位移,称为同位素位移。利用激光极好的单色性,可以通过选用适当波长的激光使铀-235 激发,而不使铀-238 激发。只要激光束功率足够大,总可使要分离的^{235}U 全部处于某激发态,而其他同位素仍处于基态。同时,再用第二束激光照射,使处于激发态的电子被电离出去。这样就可使要分离的同位素的原子处于电离状态,然后通过电场或化学方法把它们分离出来。激光分离法比其他方法好,投资低(只有扩散法的 13％),且生产过程中消耗的能量少(只有扩散法的 4.2％左右)。

关于激光核聚变,则是利用了激光束的高亮度特点,有关我国强激光"神光Ⅲ号"在惯性约束热核聚变中的重要应用将在§7.4中介绍。

7. 激光舞台与激光唱盘

利用不同颜色的激光束可在舞台上制造出色彩鲜艳明亮、形状变幻莫测的各种图案,再伴以从激光唱盘放出来的美妙的音乐旋律和歌声,着实使人陶醉。激光唱盘是激光单色性的又一妙用。激光唱盘简称 CD, CD 是英文"compact disc-digital audio"的缩写,全称为数字激光唱盘。

数字激光唱盘的基本原理就是首先将反映声音的模拟信号变成用"0"和"1"表示的二进制数字,采用二进制,可充分发挥电子元件的功能。这个过程称为声音的数字化,或叫模拟/数字转换。这种转换是通过一种称为模数转换器(ADC)的装置来完成的。放音时,是将这些数字信号通过一种数模转换器(DAC)转换成声音的模拟信号,再播放出来。在激光唱盘上记录的就是许许多多"0"和"1"的数字信号。下面对激光唱盘原理作一粗略介绍(详细可见参考资料[5])。

人的说话和乐器发出的声波,会引起传声器金属膜片的相应振动,把这些振动进行放大之后调制激光束。被声波调制了的激光在镀有铝膜的盘上刻划,就会在盘上刻出一道道长短不一的小坑(音槽),这些小坑深约 0.1 微米。这些凹坑的边缘代表"1",凹坑和非凹坑的平坦部分代表"0",而且用平坦部分的长度代表有多少个"0"(见图 5.2-2)。它们反映着声音的频率和振幅的大小,这一过程与激光作载波通信相类似,要求单色性好。激光束的单色性越好,刻痕越能反映声音的振动,声音的保真度就越高。这只盘是母盘,然后利用它做模子,进行大量生产。激光唱片在放音时,同样也是用一束激光做"唱针",照射到唱片音槽轨迹上的激光再反射回来,被光电接收系统接收。这些强弱变化的激光信号就反映了光盘所记录的数字信号,再将这些数字信号通过 DAC 转换为模拟声音信号进行输出,就可以听到优美的音乐。由于此过程中不存在机械接触,就不存在由摩擦引起的杂声;同时没有磨损,唱片寿命就很长。另外,由于激光束很细,因此,激光唱片容量很大,一张激光唱片盘的音槽轨迹数约为 2 万条,全长达 5 千米,可放 1 小时节目。

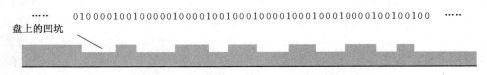

图 5.2-2　CD 盘上的音槽及所代表的数字

上述介绍的是 CD,它仅存放数字化的音乐节目。VCD(Video CD)称数字激光视盘,它存放的是数字化的电影和电视等节目,包括数字化的文、图、声、像(非静止的)。VCD 与 CD 制作完全一样,不同的只是存放内容。在 VCD 之后所发展出来的 DVD 又是什么呢? DVD 是"digital video disc"的缩写,即数字电视光盘。它与 VCD 同属于光学存储媒体,DVD 不仅仅是用来存放电视节目,同样可用来存储其他类型数据。DVD 盘与广泛应用的 CD 盘直径一样,均为 120 毫米(4.75 英寸),但是它比普通 CD 的容量要大得多,其中主要原因是 CD 的光道(即音槽轨迹)之间的间距是 1.6 微米,而 DVD 中已缩小到 0.74 微米,以及在 CD 中最小凹凸长度为 0.83 微米,DVD 中缩小到 0.4 微米(见图 5.2-3)。另外,在 DVD 盘上的记录区比 CD 盘也有所增长,约增大了 1.02 倍,再加上其他一些新技术,使 DVD 盘单面单层的存储容量达到 4.7 GB*,是 CD 容量的 7 倍。DVD 还有单面双层盘片,使容量增加到 8.5 GB,播放时间可达 240 分钟。

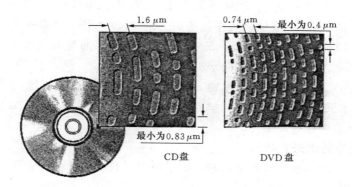

图 5.2-3   DVD 盘与 CD 盘之间的差别(取自参考资料[5])

8. 激光在物理基础研究方面的重要应用

1997 年 10 月 15 日,瑞典皇家科学院宣布:美国斯坦福大学的华裔科学家朱棣文因其在激光冷却囚禁气体原子实验方面的杰出贡献,与法国和美国的两位学者一起分享 1997 年诺贝尔物理学奖。他是继杨振宁、李政道、丁肇中和李远哲之后第五位获此项殊荣的华裔科学家。

什么是激光冷却原子? 常温下原子运动速度平均约为 500 米/秒。当在原子束运动的相反方向上,有一频率稍低于原子内部某一跃迁频率的激光束射向原子时,由于多普勒效应,将使原子所接收到的光的频率有所增加,从而刚好达到跃迁频率,于是将发生共振吸收。原子每吸收一个光子,获得一个在光传播方向上的动量,使原子的动量减小,即速度要变慢;也就是说,运动原子受到一个与其运动方

---

*   一个二进制位称为一个比特(bit)。存储器的容量是以字节(byte,简写为 B)为基本单位的,一个字节可以存放 8 位(bit)二进制数。为了书写方便,通常容量单位扩大为 KB, MB 或 GB,其中, 1 KB = 1 024 B, 1 MB = 1 024 KB, 1 GB = 1 024 MB。

向相反的阻尼力。这一吸收过程极短,只有 10^{-8} 秒,所以在 1 秒内原子可吸收极大数目的光子,获得巨大的阻尼力,最终使这种超音速飞行的原子速度减慢到如同小虫的蠕动,速度约 1 厘米/秒。(如果这束频率稍低于原子跃迁频率的激光,在和原子束运动的相同方向上射向原子时,此时的多普勒效应将使原子所接收到的光的频率进一步降低,所以不可能使入射光子发生共振吸收而获得加速。)

　　实际上原子不可能只在一维特定方向上运动,所以 1985 年朱棣文和他的同事是在 3 个方向上,以 3 对相互垂直的 6 束激光将钠气体原子冷却并捕获于光束交汇的空间,实验取得了成功。钠原子的温度被冷却到 240 微开。这种冷却机制称为多普勒冷却机制。后来他们又在此基础上,不断改进激光冷却技术,使原子冷却温度降低到 40 微开。此项工作不仅有重大科学价值,而且有重要应用前景。例如,利用冷却原子可制造新一代原子钟,可将精度从 10^{-13} 提高到 10^{-16} ,还可以制造高灵敏度的原子干涉仪(原子陀螺),可制造原子显微镜等。在国内,中国科学院上海光学精密机械研究所、北京大学等一些单位均开展了激光冷却和囚禁原子的研究工作,已取得很好成果。

9. 发展中的激光武器

　　激光器的发明,使光武器从幻想变成了现实。利用激光制导的导弹、炸弹早已在战争中使用。

　　一种直接利用激光的有效武器是激光致盲武器。这种武器就是利用激光束的高功率密度,足以烧坏人的视网膜,使人失明或短时眩目,丧失战斗力。目前也正在制造破坏侦察卫星的光电传感器,使它成为致盲的激光武器。另一种是战术型武器,近距离可击落飞机和导弹,远距离可攻击卫星。这种战术型激光武器需要利用超强超短激光装置,以获得足够大的峰值功率,以摧毁敌方目标。目前激光武器的研制进展很快,世界上一些军事大国都参与了这项竞赛。我国也发展很快,在核心领域的研究已取得一系列重大突破,研制能力已达国际先进水平。

三、超强超短激光及其应用

　　激光的独特性能使它在许多领域获得广泛应用。随着基础研究领域和高新技术领域的发展需要,科学家需要亮度超强(一般指大于 1 太瓦,即 10^{12} 瓦)和持续时间超短(一般指飞秒,即 10^{-15} 秒量级)的激光。为此,与激光物理相关的研究非常活跃,与激光有关的诺贝尔奖已有多项,2018 年又有 3 位从事激光研究的科学家获得诺贝尔物理学奖。美国科学家阿瑟·阿斯金(Arthur Ashkin)因为发明光镨技术(optical tweezer)获得一半奖金,法国科学家杰拉德·穆鲁(Gérard Mourou)和加拿大科学家唐娜·斯特里克兰(Donna Strickland)因发明啁啾脉冲放大(chirped pulse amplification, CPA)技术而分享另一半奖金。这两项发明并不相关,光镨技术主要是应用低功率连续激光,利用激光镨子可操纵、控制微小粒子,如生物细胞、原子、分子等(参见§8.5,五)。而啁啾脉冲放大技术是为了获得峰值功率极高的超短脉冲激光而发明的。超短脉冲激光又称超快激光。有关 CPA 技术的详细介绍可见参考资料[4],这里主要介绍 CPA 技术发明后超强超短激光的发展情况及应用。

利用 CPA 技术,许多国家正在建设超强超短激光装置,近年来飞秒激光脉冲的峰值功率不断被刷新。在穆鲁的建议主导下,欧盟正在建设具有 200 拍瓦(1 拍瓦＝10^{15} 瓦)的超快强激光装置。近年来,我国的中科院物理研究所、上海光机所和中国工程物理研究院等单位,基于 CPA 技术,相继利用钛宝石激光装置,取得峰值功率大于 1 拍瓦的成果。中科院上海光机所于 2017 年 10 月利用全球最大优质钛宝石晶体激光装置获得 10 拍瓦激光放大输出,达到国际同类装置领先水平。2019 年,又进一步获得激光中心波长为 800 纳米、平均输出功率达 11.7 拍瓦、最高峰值功率达 12.9 拍瓦的激光放大输出,打破世界纪录。2020 年 12 月 28 日国之重器——上海超强超短激光实验装置(又名"羲和激光装置")项目建成并通过验收,成为上海张江综合性国家科学中心的又一核心平台。他们下一步将计划建设100 拍瓦级的超强超短激光装置。

超强超短激光在高新技术和基础研究领域有广泛应用。由于这种高能量激光可在极短时间准确集中在微米范围的作用区域,而不影响周围,因此,在材料微细加工、纳米结构制作、微电子器件制造等方面有广阔应用前景。由于利用这种激光可在实验室里创造出以前甚至只能在恒星内部或黑洞附近才能出现的极端物理条件,这将开启崭新的极端条件下物理规律的基础研究。

＊§5.3　神奇的同步辐射光[5,6]

一、同步辐射的发现

20 世纪 30 年代科学家发明了加速器,被加速的粒子能量越高,相应的德布罗意波长越短,就可以用作探针去探索微观世界。例如,当电子能量加速到 1 GeV

(10^9 eV)时,由$(4.5\text{-}2)$式可得$\lambda \sim 1.2 \times 10^{-15}$米,比原子核半径还小,科学家正是用这种高能电子作探针测量了核内电荷分布。并利用更高能量的电子轰击质子,得到了质子内存在夸克结构的信息。这种需要促进了高能加速器的发展。对直线加速器,要提高粒子能量,必须增大加速管长度,为了克服增加长度的困难,科学家发明了环形加速器,利用磁场和加速电场使电子在圆形轨道上不断得到加速。

1947年4月16日,在美国纽约州通用电气公司的实验室中,正在调试一台新设计的能量为70兆电子伏的电子同步加速器*。这台环形加速器与其他类型的电子加速器有一个重要的不同是它的真空室是透光的,原想这样可方便地观察到真空室里的装置(如电极位置)情况,但竟导致了一个重大发现。就在这一天的调试中,一位技工偶然从反射镜中看到了在水泥防护墙内的加速器里有强烈“蓝白色的弧光”。经仔细分析,说明不是气体放电,而是与产生轫致辐射的原因一样,是加速运动的电子所产生的辐射,被称为同步辐射。实验指出,这种辐射光的颜色随电子能量的变化而变化。当电子能量降到40兆电子伏时,光的颜色变为黄色;降到30兆电子伏时,变为红色,且光强变弱;降到20兆电子伏时,就看不到光了。

同步辐射的发现在当时科学界引起了轰动。不少科学家着手研究这种辐射的性质。但在当时并未看到这种辐射的应用价值,只是感到这种辐射阻碍了加速粒子能量的进一步提高,使科学家感到头痛。直到同步辐射发现后约20年之久,科学家才逐步认识到它的重要特性及应用价值。并开始建造同步辐射光源,至今已经历了3代的发展。

值得指出中国物理学家朱洪元(1917—1992)的重大发现。1946年秋,一位年轻的中国学者朱洪元在英国曼彻斯特大学攻读博士学位。他的导师布莱克特(P. M. Blackett,1897—1974)因在核物理和宇宙线研究方面的贡献而获得1948年诺贝尔物理学奖。朱洪元在对宇宙线中高能电子的辐射特性的理论研究中,发现了高能电子在地球磁场中运动时,由于辐射所放出的大量光子几乎都集中在沿电子运动的切线方向上,且集中在小的角度里。能量越高,越是集中,即有非常好的方向性。1947年由朱洪元所撰写的论文《论高速的带电粒子在磁场中的辐射》在他导师的推荐下,发表在《英国皇家学会会刊》上。这篇论文是同步辐射早期研究中

---

* 在同步加速器中,电子在一个环形管道中运动。也就是说,圆周轨道的半径是不变的,使粒子保持圆周运动的磁铁也是做成环形。在环形管道的某一段中,安装了利用电场的加速装置,电子每经过一次就被加速一次。而在磁场中电子的偏转半径与速度v成正比,与磁场B成反比($R \propto v/B$)。所以,通过不断增加磁场B的办法,在v增加时可使电子轨道半径保持不变。这种利用调节轨道上磁场的方法来实现电场对带电粒子进行同步加速的装置,被称为同步加速器。它的出现开创了高能粒子研究的黄金时代。

一篇重要的基础文献。就在他的论文刊出前,如前面所说,在实验室中发现了同步辐射,并观察到了在朱洪元理论中所指出的辐射的前向集束性。

二、同步辐射的特性

1. 宽波段,且连续可调

对一个同步辐射装置来讲,电子运行的能量一定,当环形加速的半径一定时,电子所辐射的光子能量有确定的范围。一般同步辐射的光子能量范围是从几电子伏到几万电子伏,相应波长为几微米到几百皮米[1 皮米(pm) $= 10^{-12}$ 米],且可根据需要选择所需波长,对研究工作提供了极大方便。

例如,北京的正负电子对撞机(BEPC)是以高能物理实验为主的,对撞机的一部分是北京同步辐射装置(BSRF),是一机两用,1991 年正式投入运行。正负电子能量为 2.2 吉电子伏,束流强度 40 毫安,所辐射的光子波长范围见图 5.3-1,横坐标是光子能量 E,纵坐标是亮度。光源亮度定义为每秒钟从单位面积(取毫米^2),向单位立体角(取毫弧度^2)发出的,能量范围在光子能量的千分之一范围(即取 0.1%带宽)内的光子数目[即光子/(秒·毫米^2·毫弧度^2)]。从图可见,光子能量约从 0.3 ~ 2×10^4 电子伏,相应光子波长范围很宽,约从 4×10^3 ~ 6×10^{-2} 纳米,即从中红外到硬 X 射线范围,而且不同波长的亮度不同,在偏高能光子处有一个峰值,约在 3.5 千电子伏处。

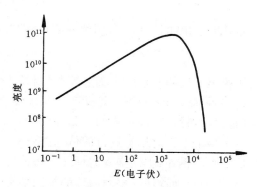

图 5.3-1   北京同步辐射装置的辐射能谱

2. 强功率

目前大功率 X 光管所输出的 X 射线的最大输出功率约 10 瓦。同步辐射的功率要大得多,达几万瓦。例如,北京同步辐射装置的辐射功率达 60 千瓦,属第一代装置。目前世界上第三代装置的功率可达 600 千瓦(见下面的"上海光源"介绍)。

3. 高准直

同步辐射光是沿着电子束团运动轨道的切线方向发射出来,辐射集中在一个极小的圆锥内,圆锥的轴是圆形轨道切线。在与轨道平面的垂直方向上所张的角度非常小,有很好的准直性。作为对比,X 光管所产生的 X 射线是各向同性的,即向四面八方发射,谈不上准直性。

4. 高亮度

由于同步辐射光功率强,且又是在一个很小的立体角中发射出来,能量高度集中,因此必然有很高的亮度。北京同步辐射装置所发光的最高亮度为 10^{13}。目前世界上已有第三代装置,亮度达 $10^{17} \sim 10^{20}$ 光子/(秒·毫米^2·毫弧度^2)。

5. 窄脉冲,有特定的时间结构

实际上,在加速器中的电子以束团形式运动。电子束团长度决定了光脉冲的宽度,环形加速器的周长则决定了脉冲的周期。对于一个周长为 l 的加速器,由于吉电子伏量级的电子速度已经几乎是光速,即 1 吉电子伏电子的速度是光速的 99.999 987%(见习题 2),因此脉冲周期

$$T = l/c \tag{5.3-1}$$

如果电子束团长度为 s,则脉冲的持续时间(即脉冲宽度)为

$$\tau = s/c \tag{5.3-2}$$

如属第一代的北京同步辐射装置,周长为 240.4 米,且假设只有一个束团运行,长 $s = 3$ 厘米,则脉冲周期是 $T = 0.8$ 微秒,脉冲宽度 $\tau = 0.1$ 纳秒(很窄)。人们可利用这种有特定时间结构的窄脉冲(见图 5.3-2)来研究物质的动态和瞬变过程。在生命科学中为对细胞进行活体动态研究,可利用脉冲光把动态变化的照片一幅幅拍下来。例如,上面提到周期 $T = 0.8$ 微秒,则在 8 微秒中可拍下 10 幅照片。τ 越小,越能更细致地观察到活体的瞬间动态变化,观测到材料结构的变化过程和环境污染的微观过程等。也正因为 τ 很小,所以要求有足够亮度的光,才能在这样短的曝光时间下使照片清楚,新一代的同步辐射光能够很好地满足这种高亮度要求。例如,中国的属第三代的"上海光源"(见下面的"四、上海光源和 X 射线自由电子激光装置"一节),它的同步辐射光的脉冲宽度仅为几十皮秒(1 皮秒 $= 10^{-12}$ 秒),相邻脉冲间隔可从纳秒到微秒量级。

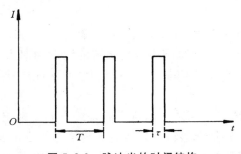

图 5.3-2　脉冲光的时间结构

6. 高偏振

在电子轨道面中的同步辐射光是完全的(百分之百的)线偏振光,光的电矢量就在电子的轨道平面中。这种偏振特性很有用,是普通 X 光所没有的。利用偏振性可研究生物分子的旋光性,也可研究磁性材料。此外,利用特殊设计也可得任意偏振状态的光。

7. 高纯净

同步辐射光是一个非常"纯"的光。因为同步辐射光是由电子在超高真空的环境中产生的。(不像 X 光管,管内不是超高真空,所以残余气体受电子轰击也会发光。)利用这种"干净"的光,可作微量元素的分析、表面物理研究、超大规模集成电路的光刻等。

8. 高度稳定性

利用先进加速技术,目前可以使电子束流在加速器中稳定运行达十几到二十几个小时,保持电子能量及束流强度不变,使辐射光强有高度的稳定性。

9. 可作标准光源

由于同步辐射光的光子通量、再分布和能谱等均可精确计算,这使得人们可用它作为标准来标定其他光源,特别是真空紫外到 X 射线波段的计量。

同步光源有如此优良的特性,使得它在许多领域有重要应用(见下面的"五、同步辐射应用简介"一节)。因此,不管是在发达国家,还是在发展中国家都非常重视建设以同步光源为基地的科学中心。

三、同步辐射装置

同步辐射光源装置非常复杂,共由 4 个部分组成:高能电子加速器、插入件、光束线及实验站。

1. 高能电子加速器

高能电子加速器包括直线加速器与电子束储存环。在直线加速器的最前端是产生电子的电子枪,所产生的电子在直线加速器中被微波电场加速。我国的北京正负电子对撞机装置中的加速器长达 204 米,由终端出来的电子能量已增加到 1.6 吉电子伏。这些高能量电子经过磁铁偏转,被注入到储存环(真空度达 10^{-7} 帕)里。图 5.3-3 是北京正负电子对撞机示意图,给出了大致尺寸。

储存环的功用是使高能电子束在确定的轨道上运动,通过高频功率源来补充电子因发射同步辐射而损失的能量,使电子束能在较长时间内(如 4 小时以上)保持一定的能量和流强,在环中稳定地运行。

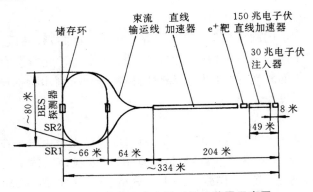

图 5.3-3　北京正负电子对撞机装置示意图

在做高能实验时，需要正、负电子相碰，所以还要求注入正电子，这通常是在电子加速到 150 兆电子伏处放一个靶子。靶在高能电子轰击下，产生正电子（见图 5.3-3）。正电子也在直线加速器中被加速到 1.6 吉电子伏，然后同样被引入到储存环中，只是以与负电子相反的方向引入，在环中沿相反方向运行。由此获得正、负电子的对撞。

2. 插入件

由图 5.3-1 可见，能量高于峰值的光子数目很快减少。为了增加高能量光子的数目，供实际应用，科学家想出了一种方法，在储存环的直线节上，加入一些称为扭摆器（wiggler）的插入件，可以提高高能光子数。所谓扭摆器，就是一组正极和负极周期相间的磁铁，安装在储存环的上、下方，使电子在扭摆器的磁场中近似作正弦曲线的扭摆运动，从而使得在局部形成小的电子轨道曲率半径。在小半径处所辐射的光子的能量范围将向高能量移动，从而达到增加高能量光子数的目的。

有时实验中对光子能量要求并不高，而对亮度要求高。于是科学家便设计了一种类似于扭摆器的装置——波荡器作为插入件，装在储存环的直线节上，来达到提高光子产额（即增加亮度）的目的。

由上可见，设计和利用好插入件对改进同步辐射质量非常重要。

3. 光束线

在光源和实验站之间用抽成真空的光束线进行连接。光束线起传输和调节同步辐射光的作用，使之聚焦、准值和单色化。单色化是指利用单色仪将用户所需波长单色光选出来，一般是用晶体单色仪（基本原理后面会介绍）。为提高照射到样品上的光强，在光束线上安装有聚焦装置，可使光斑小到几十微米量级。

4. 实验站

同步光束线的终点是实验站。不同的实验站作不同类型的科学研究,如材料、生命科学、医学等研究。不同的研究,对辐射的波长、亮度、时间分辨等有不同的要求。在北京同步辐射实验室中光束线有7条,已有实验站数11个。

至今同步辐射装置的发展已经历了3代。近40年内,世界上正在运行、建设、设计和建议的装置有七八十台,主要集中在欧洲以及美国、日本和俄罗斯等国家(具体分布见参考资料[7]中表1-2)。当人们认识到这种光源的重要价值后,就生产了专用型的第二代同步辐射光源,世界上运行的有20多台。我国合肥国家同步辐射实验室于1991年建成了第二代同步辐射光源,已获得了很好的应用。由于实际应用及科技发展的需要,人们希望有亮度更高、性能更好的同步辐射光源,从90年代至今世界上已建成10多台第三代光源,分布在美国、法国、意大利、日本、中国和韩国等地,还有一些正在建造和设计中。表5.3-1列出了3代光源的主要性能的差别。除了表中所列的差别外,第三代光源的电子束能量范围扩大到了高能区,进一步细分为低能光源(1 GeV左右)、中能光源(1~3.5 GeV)以及高能光源(6~8 GeV)。

表 5.3-1　3 代光源的主要性能的差别(见参考资料[7])

参　　量	第 一 代	第 二 代	第 三 代
储存环工作方式	兼用	专用	专用
电子束发射度(纳米·弧度)*	几百	40~150	5~20
同步辐射亮度[光子/(秒·毫米^2·毫弧度^2)(0.1%带宽)]	$10^{13} \sim 10^{14}$	$10^{15} \sim 10^{16}$	$10^{17} \sim 10^{20}$
插入件	无	波荡器,扭摆器	波荡器,扭摆器
技术开发年代	20 世纪 60 年代中	20 世纪 70 年代末	20 世纪 90 年代初

四、上海光源[7]和 X 射线自由电子激光装置[8]

如彩图 5 所示的上海同步辐射装置(Shanghai synchrotron radiation facility,简称 SSRF)是一台世界先进的中能第三代同步辐射光源,简称上海光源[8]。电子储存环的周长为 432 米,电子束能量为 3.5 GeV(35 亿电子伏),输出功率为 625 千

---

* 电子束发射度(实际指电子束团的发射度)为"横截面长度×发射角",这里是用一维发射度。电子束发射度越小,同步辐射的光强就越高。上海光源的电子束发射度为 4 纳米·弧度。

瓦,仅次于世界上仅有的 3 台高能光源(美、日、法各 1 台),居世界第四。产生的辐射光从远红外到硬 X 射线波段,在用途最广泛的 X 射线能区(光子能量为 0.1～40 keV)有亮度达 10^{19} 光子/(秒·毫米^2·毫弧度^2)的高亮度辐射光。它的设计性能是目前世界上正在建造和设计中性能最好的中能光源之一。2004 年 12 月上海光源国家重大科学工程在张江高科技园区开工,2009 年 5 月开始向用户开放,2010 年 1 月 19 日通过国家的验收。至 2013 年 12 月,在首批 7 条光束线所相应的实验站上用户有来自 300 多家高校、科研院所、医院和公司的许多课题组,研究课题达到 4 400 多个,取得丰硕研究成果。上海光源是我国大科学装置建设的一个成功范例,"上海光源国家重大科学工程"荣获 2013 年国家科学技术进步一等奖。

　　上海光源第二期工程于 2016 年 11 月动工,到 2019 年 5 月已向用户开放整 10 年,有 15 条光束线和相应更多的实验站投入运行。经过十载春秋,用户单位已超过 500 家,用户数已达 24 000 个之多,每年供光机时超过 5 000 小时。目前,上海光源已成为我国多个学科领域(包括生命科学、材料科学、物理、化学等)前沿研究、高新技术(包括医学、制药、微加工、新颖材料等)研发应用的不可或缺的先进实验平台。多年来,我国科技人员利用 SSRF 取得一系列有国际影响的重大突破,许多成果达到世界先进水平。SSRF 为提升我国综合科技实力和增强科研竞争能力做出重要贡献,有关在 SSRF 上取得的研究成果可见参考资料[9]和[10]的详细介绍。

　　同步辐射光的许多特性超过激光,尤其是它的波长范围宽,可从红外到硬 X 射线。相反,由于目前很难找到可以用于产生 X 射线的增益介质,故难以发展 X 射线激光器。但是,同步辐射光与激光相比,它的输出功率小很多,且相干性很差。于是,在 20 世纪 70 年代,科学家提出自由电子激光(free-electron laser, FEL)的概念。与传统激光器不同,FEL 的获得不需要增益介质和粒子数反转。简单地说,高增益的 FEL 是光通过加速器将电子束加速到接近光速,然后设法将电子束能量转换为光子能量来产生高亮度的相干激光脉冲。FEL 的波长可覆盖从远红外到 X 射线波段的范围,其波长和脉冲结构可根据需要进行设计(要较详细了解 FEL 的基本原理,可见参考资料[8])。能产生 X 射线的 FEL 又称 X 射线自由电子激光(XFEL),显然,XFEL 同时具备 X 射线和激光的优点,与第三代同步辐射光相比,它的峰值亮度要高 9 个数量级,脉冲宽度要短 3 个数量级,这些卓越性能使 XFEL 装置可同时满足研究原子和分子过程的时间和空间尺度要求,即:不仅可进行更高分辨率的结构分析,还可更细致地观测动态变化过程(如结构变化的弛像过程、蛋白质的动力学研究、化学反应的过程等)。它将为生命科学、材料科学、物理和化学等学科前沿的基础研究及高新尖端技术的开发研究带来全新的视野和突破性的研究成果(见参考资料[8])。为此各国都在积极开展 XFEL 装置的建设。

    2005 年在德国世界上首台软 X 射线自由电子激光装置研制成功。2009 年在美国首台硬 X 射线自由电子激光出光。我国在 1994 年就建成中红外波段的北京自由电子激光装置,2017 年建成大连极紫外自由电子激光装置。上海软 X 射线自由电子激光试验装置也于 2017 年出光,2020 年 11 月 4 日,我国首台 X 射线波段自由电子激光试验装置项目通过国家验收。2018 年 4 月硬 X 射线自由电子激光装置在上海动工建设,计划 2025 年建成。到时,在上海的上海光源、软 X 射线和硬 X 射线两个自由电子激光装置、超强超短激光装置将一起形成中国先进的光子科学研究中心,推动我国光子科学走向世界前列。

五、同步辐射应用简介[9, 10]

    下面主要结合一些基本物理原理,介绍同步辐射装置在一些重要领域中的应用。

1. 生命科学

    在国际上已开展的同步辐射应用中,生命科学占极重要地位,要占 1/3 以上的应用时间,在 21 世纪将有更进一步的发展。例如,利用高亮度、短波长的同步辐射光的高的空间分辨力可研究生物大分子(如蛋白质、病毒等)的三维结构;利用窄脉冲在时间分辨上的优势可研究在生化反应过程中结构随时间变化的动态过程;研究辐射对细胞的作用(了解光合作用机制);尤其可对含水量多的活体生物样品(如细胞)的动态过程进行显微观察,称为活细胞的软 X 射线显微术。下面我们对 X 射线显微术作一简单介绍。

    大家知道,光学显微镜和电子微显镜的发明在当时对生命科学和医学的研究具有里程碑意义,但是这两种显微镜都无法用来研究活细胞结构。因为生物体基本上是由氢、氮、碳、氧 4 种元素构成,尤其活的细胞中基本成分是水(要占到 85% 以上),在大量水的背景下对细胞结构进行观察是不容易看清的。对于电子显微镜来说,要求将待测样品放在真空中,且样品要薄。为此,一般采用冷冻切片的方法来制备生物样品,于是不可能有活的生物样品。

    当波长范围很宽的同步辐射 X 光出现后,可以解决上述困难,为什么呢?

    首先让我们来看辐射光被物质吸收情况。在第三章中我们已经介绍过光子与物质的 3 种相互作用(光电效应、康普顿散射和电子对产生)。实际上除了这 3 种以外,还有光子与原子中束缚电子的弹性散射,也对吸收有一定贡献。通过相互作用,入射光子或损失掉,或偏离原来入射方向(都归结为被吸收),必然导致在原来方向上的强度减小。设入射光强为 I_0，则通过厚度为 d 的物质后，将被吸收掉一部分，强度下降到 I（见图 5.3-4），I 与 I_0 的关系满足指数下降规律：

$$I = I_0 e^{-\mu d} \tag{5.3-3}$$

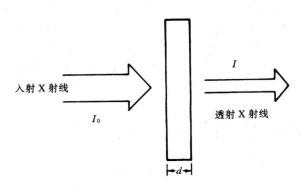

图 5.3-4 光经过物质时的吸收

其中，μ 称为吸收系数，单位是 1/厘米，它只与物质性质和入射光的能量（或波长）有关。在实际应用中常用质量吸收系数 $\mu_m = \mu/\rho$ 来代替 μ。因为密度 ρ 已知，所以 μ_m 与 μ 之间换算很方便。μ_m 的单位是厘米^2/克。由于同步辐射 X 射线的最大能量约是 100 千电子伏（相应于波长 0.01 纳米的硬 X 射线），因此不会有电子对产生。于是吸收系数包含 3 个部分：

$$\mu = \mu_光 + \mu_康 + \mu_弹 \tag{5.3-4}$$

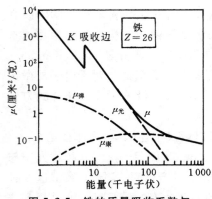

**图 5.3-5 铁的质量吸收系数与
入射光子能量的关系**

例如，在图 5.3-5 中给出铁（$Z = 26$）的质量吸收系数 μ（足标 m 省略）随入射光子能量的变化。由图可见，能量低时 μ 中主要由 $\mu_光$ 贡献，即由光电效应所引起的衰减为主；能量高时 $\mu_光$ 和 $\mu_弹$ 很快下降，以 $\mu_康$ 贡献为主，即康普顿散射是引起 X 射线衰减的主要原因。尤其值得注意的是，在入射能量约为 7 千电子伏时，μ 突然上升，该能量处标以 K 吸收边。K 吸收边表示此光子的能量刚好能使一个 K 层的 $1s$ 电子吸收此光子后脱离原子发生光电效应。达到此能量的光子正好可引起原子的共振吸收,使吸收几率突然增加。当光子再增高时,吸收几率又逐渐减小。

了解了对光子吸收的描述后,让我们回到同步辐射软 X 光的显微术讨论。我们先看一张不同能量的 X 光在碳(实线)和氧(虚线)上的吸收图(见图 5.3-6)。图中吸收截面的大小是反映了吸收几率的大小,即吸收的强弱。由图可见,当 X 光的入射波长小到 4.4 纳米时,这种 X 光被碳原子的吸收突然增强(碳的 K 吸收边),这表示此种波长 X 光和碳的相互作用有一个突然的增强。对氧来说,在 X 光波长小到 2.3 纳米时也有一个突然增强(氧的 K 吸收边)。显然 2.3~4.4 纳米的 X 光被碳的吸收比被氧的吸收要强一个数量

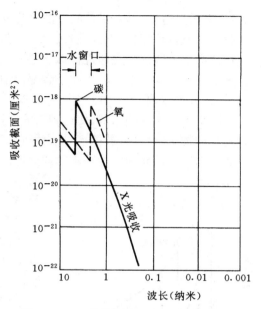

图 5.3-6 不同波长的 X 光和电子在碳(实线)及氧(虚线)上的吸收截面

级。因氧主要存在于水中,所以相比碳原子,水对这个波长范围的 X 光是"透明"的,于是科学家称这种波长为"水窗"波长。这种波长的 X 光可以穿过大量水的背景被细胞内有机物质所吸收,克服了光学显微镜和电子显微镜的反差小的缺点,可观察含水多的活体生物样品。因此,可用来研究病毒对细胞的浸染和细胞的动态变化过程,将其拍成"电影"。这将把生命科学研究带入一个崭新的时代。

2. 医学

对于医学诊断成像,同步辐射的许多性质是其他手段不可替代的,其中高亮度和可选择的单色光尤其重要。大家可能以为癌症是最危险的病,实际在发达国家中,心血管疾病更危险。对心血管患者,常需要用心血管造影术来了解冠状动脉的病变情况。冠状动脉起着对心脏的肌肉(心肌)供血(供养料)的作用,如果变窄,甚至闭锁,则将造成心肌严重缺血而坏死(心肌梗死),夺去人的生命。然而,往往是要到 80% 被阻塞后才有明显症状(如心绞痛),此时发现已晚。但是通常的心电图,甚至运动心电图等手段对冠状动脉的诊断不够完善,最好的最直接的手段是心血管造影,目前的造影是必须在人的血管中注入造影剂——碘(^{131}I),因为它对 X 光的吸收要比肌肉、软组织、血管壁和其他内脏器官的吸收强得多,这样才能看到清晰的血管影像,一旦有阻塞,就可显示出来。为了使在局部病变部位有足够浓度

的碘,以满足造影需要,目前的方法是将一根直径为零点几毫米的导管直接插入人体股动脉或臂动脉,一直推进到病变处,然后通过导管注入足够浓度的碘造影剂,并在造影剂未散开前立即进行 X 光造影,这个过程是相当复杂的,患者较痛苦,且有一定程度的危险性。医生和患者都渴望有一种非插入的安全方便的血管造影术发明,为人类造福。

同步辐射光源的出现,使这种新的造影术成为可能,目前在美国已通过可行性研究和动物试验阶段,被批准对人体进行试验。这种新的造影术又称双色数值减除造影术。下面介绍它的基本物理原理。

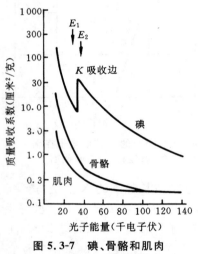

图 5.3-7　碘、骨骼和肌肉
对 X 光的吸收

前面已提到碘对 X 光的吸收强于肌肉和骨骼,这由图 5.3-7 可清楚地看出。这里特别要读者注意的是,碘对 X 光的吸收有一个 K 吸收边(33.16 千电子伏),在此能量处碘对光子发生共振吸收,吸收系数突然增加,而对骨骼和肌肉没有这种现象。正是利用这个吸收边,科学家想出了巧妙的灵敏度高的造影新方法。就是在很短的时间内,利用两种能量(两种波长)的同步辐射光进行两次造影,其中一个能量 E_1 略低于 K 吸收边,吸收系数小;另一个能量是 E_2,略高于 K 吸收边,则吸收系数比前面大得多。然后,将两次探测结果输入计算机进行数值化,从数值上进行相减,显然通过相减,可将肌肉和骨骼的影响几乎全部减去,剩下的基本上是碘的吸收贡献。可见这种相减法对碘的吸收特别灵敏,以至于当碘通过静脉注射进去,在全身扩散后低浓度的情况下,对同步辐射光的吸收也可以反映出来,从而获得清晰的血管造影。由于不同能量的 X 光有着不同"颜色",这正是这种新的造影术得名"双色数值减除造影术"之故。图 5.3-8 是同步辐射心血管造影装置的示意图。

一般是在静脉注射后 6 秒钟,含碘的造影剂可到达主动脉,并开始进入冠状动脉,便可造影。从上到下,整个心脏的状况可由两三百张照片反映,每一张反映心脏在垂直方向上的一个很窄的部分。由于同步辐射的高亮度,拍一张照片的曝光时间小于 2 毫秒,这么短的时间可以防止冠状动脉运动所造成的模糊。全部拍完也只是几秒钟。这种新的心血管造影术必将为人类健康做出重大的贡献。

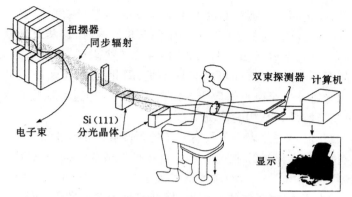

图 5.3-8   同步辐射心血管造影装置示意图

3. 材料科学

现代高科技离不开晶体材料。下面介绍利用 X 光衍射法研究物质结构的方法。当一束波长为 λ 的 X 光以与晶面的夹角 θ（称为掠射角）入射到某组面上时（一组晶面就是将一系列晶格原子联起来的一系列相互平行的面,不同的联结方法可得不同组的晶面）,如果满足下面的布喇格公式

$$2d\sin\theta = n\lambda \tag{5.3-5}$$

时,反射光将由于相干而得到加强,又称衍射加强。其中,d 为这组晶面之间的距离（见图 5.3-9）。注意到对这组晶面出射角与入射角是相等的,这样一组晶面相当于镜面,又称布喇格面。$n=1$ 表示一级衍射,$n=2$ 表示二级,依此类推。

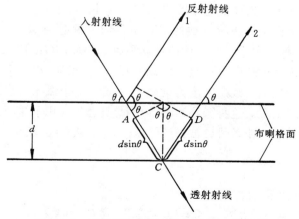

图 5.3-9   X 射线在晶体中布喇格面上的反射

由图可见,经过两个布喇格面反射到探测器的两束光的光程差是 $2d\sin\theta$。所以,当这个光程差为波长的整数倍时,即满足(5.3-5)式时,这两束光就发生干涉加强。在相应的 θ 方向上放 X 光底片时,将出现一个亮点(衍射光斑)。由于满足布喇格公式的晶面不只是一组,而可以有许多组,因此在 X 光底片上可以拍摄许多有规律分布的光斑。一个斑点对应于一组布喇格面。通过对这些有规律分布的光斑的分析,可以了解晶体结构的情况。

在前面介绍过,一些元素原子具有光子能量吸收边的概念,在材料的精细结构测定中也很有用,在上海光源中专设了 X 射线吸收精细结构(XAFS)谱学线站(见参考资料[10],第 15 页)。另外,顺便回答关于光束线装置中所用到的晶体单色仪的原理,这是因为 X 射线在晶体表面反射时,在一定的 θ 角下,仅特定波长的 X 射线才可得到相干加强。于是,可利用(5.3-5)式,选出波长 λ 一定的 X 射线供实验用。

4. 微加工

这里介绍一种利用同步辐射 X 光进行超微细光刻的应用。

目前在微电子技术的发展中很重要的方向是电子元器件和整机系统的微型化,其核心是半导体集成电路技术的发展。目前,先进的光刻技术已能把 1 亿多个器件组成的电路做在一个大小为 10 毫米 × 20 毫米的芯片上。现在正在研究制造几十亿个元器件的硅芯片。为了在一块芯片上存放更多的光器件,就要求不断缩小光刻线。目前利用激光进行光刻的极限分辨率大约是 0.2 微米。若利用短波长的 X 光进行光刻可以进一步缩小光刻线宽。同步辐射光源的发展正好为 X 光光刻提供了理想的短波长 X 光源。由于它的准直性、亮度高,使同步辐射光刻有很高的光刻分辨率。目前国际上大规模生产的集成电路的最小线宽为 0.25 微米,正在开展更小线宽的技术研究。为了满足我国高技术发展对微电子器件的需求,必须大力推进我国同步辐射在微电子等研究中的应用。

同步辐射光源近年来快速发展的另一个重要方面是将 X 光深度光刻。与电铸、塑铸工艺结合起来制造三维立体微结构器件(简称 LIGA 技术)。这种技术在微机械加工中有极大优越性,可制作微齿轮、微马达、微泵、微照明灯具、微传感器等。这种微机械加工是指线条宽度为几个微米或几十个微米、高度为几十微米到几百微米的机件的加工。这种微马达、微照明灯具已被应用于非剖开性的人体内部外科手术。对于深度光刻,X 光的波长还要短,约 0.2 纳米(能量约 6 千电子伏)。

习 题

1. 试问当温度加到 1 万开时,在氢原子中处在第一激发态和基态的原子数目之比为多大?

2. 试问相应波长为 2.3 纳米和 4.4 纳米光波的光子能量为多大?

3. 试利用图 5.3-6 估计一下波长为 0.04 纳米、强度为 I_0 的光子通过人体骨骼与通过充碘动脉后(假定通过的质量厚度都为 1 克/厘米²)剩余强度之比为多大?

4. 一束波长为 0.54 纳米的单色光入射到一组晶面上,在与晶面夹角为 60°方向入射时,反射光(同样角度反射)将产生一级衍射极大。试问这一组布喇格面的间距为多大?

参考资料

[1] 李相银,姚敏玉,李卓,崔骥.激光原理技术及应用.哈尔滨:哈尔滨工业大学出版社,2004

[2] 乐俊维,杨立忠,常照波.激光技术——照亮 21 世纪之光.合肥:中国科学技术出版社,1994

[3] 伍长征,王兆永,陈凌冰,赵衍盛.激光物理学.上海:复旦大学出版社,1987

[4] 常国庆,魏志义.超快强激光及其应用——从 2018 年诺贝尔物理学奖谈起.现代物理知识,
2019,3:35

[5] 冼鼎昌.神奇的光——同步辐射.长沙:湖南教育出版社,1994

[6] 马礼敦,杨福家.同步辐射应用概论.上海:复旦大学出版社,2001

[7] 要了解上海光源,可进入上海光源官网,在"上海同步辐射装置——SSRF"中有详细情况
介绍

[8] 赵璇,张文凯.X 射线自由电子激光:原理、现状及应用.现代物理知识,2019,2:47

[9] 上海光源专题文章.现代物理知识,2010,3:14
(李浩虎等.上海光源介绍;李秀宏等.上海光源在生命科学和高分子材料中的应用;姜政
等.上海光源在物理和环境中的应用;陆燕玲.上海光源在材料与能源科学中的应用;谢红
兰等.上海光源先进成像技术及应用)

[10] 上海光源开放运行 10 周年专题文章.现代物理知识,2019,5:3
(黄耀波等.SSRF 在凝聚态物理中的应用;文闻等.上海光源在材料科学上的应用;马静远
等.上海光源在化学领域中的应用;顾亦君.上海光源在生命科学中的应用)

第六章 物理学与材料科学和信息技术

目前世界正经历着一场新的科学技术革命,新技术革命浪潮将人类推入信息时代,信息技术在这场科技革命中处于核心和先导地位。而新材料技术是这场科技革命的基础,也是支持现代信息技术迅速发展的基石。

所谓材料,是指人类能用来制作有用物件的物质,是人类赖以生活和生产的物质基础。在历史上,往往以材料作为划分时代的标准,如石器时代、铜器时代、铁器时代等。按传统的分类,材料大致可分为金属材料、无机非金属材料(主要有陶瓷材料)、有机高分子材料(主要有塑料、合成橡胶和合成纤维等)和复合材料(指由有机高分子、无机非金属和金属等不同类材料,通过复合工艺组合而成的新型材料)四大类。按材料使用的性能来看,可分为结构材料与功能材料两大类。结构材料主要利用材料的力学性能;功能材料主要利用材料的光、电、磁、声等物理功能(有关材料科学的简介可见参考资料[1~3])。当前,新材料不断涌现。所谓新材料主要是指正在发展中的与传统材料不同的那些材料,期待获得更为优异的性能。新材料是本章重点介绍的内容。

本章将先介绍有关材料结构、性能的基础知识。在此基础上介绍信息技术中至关重要的半导体材料及其应用。接着重点介绍与物理学关系密切的正在迅速发展的具有重要应用或有潜在应用价值的一些新材料,包括超导材料、纳米材料(超微颗粒材料)、C_{60}分子和晶体、碳纳米管,以及先进陶瓷和新型金属材料。

本章最后两节将介绍信息技术中的一些重要内容:信息的获取(传感与遥感技术)、传输(各种通信技术)、处理(多媒体技术)和应用。有关信息技术的简介可见参考资料[4,5]。

§6.1 物质结构的基础知识

第四章已经介绍过原子,那么原子如何构成分子,分子构型又是如何?一种或几种原子又是如何构成固体的?常用的绝大多数固体都是晶体,其中包括所有的金属和陶瓷。而玻璃、聚合物等则属于非晶体。

一、元素是构成材料的最小单位

材料是由原子或分子构成的。世界上一切存在着的宏观物质都能够分解成周期表中 100 多种称为元素的基本物质。许多常见的物质,像所有的纯金属(如金、银、铁、铅、铝等),是由同一种元素构成的,其最小单位为原子。而另外许多物质的最小单位并不是该元素的单个原子,而是由两个相同原子结合而成的双原子分子,如氢气和氧气分别是由双原子分子所组成。

组成化合物的最小单位是分子。这种分子是由两种或两种以上原子结合而形成的分子,分子有大有小,原子数目有多有少。例如,水分子有 3 个原子:2 个氢原子与 1 个氧原子(H_2O);酒精分子有 9 个原子:1 个氧原子、2 个碳原子与 6 个氢原子(C_2H_6O);苯分子中含 6 个氢原子与 6 个碳原子(C_6H_6)。高分子化合物和生物大分子,如蛋白质,则由数以万计的原子构成。

二、分子的键型和构形

一般来说,每个原子有较多的电子,原子结合成分子或晶体涉及这些电子和原子核以及电子本身间的相互作用,导致电子重新排布,以使所构成的分子或晶体处于较低的能态。事实上,对原子间的结合起主要作用的是外层价电子之间的相互作用,它们基本上确定了分子或晶体的物理性质。这是因为内层电子既受到外层电子的屏蔽,又因内层电子一般都是填满了每一个"电子壳层",所以它们在原子中结合较紧,不直接参与和相邻原子的相互作用。这使问题的分析变得较为简单。

对原子结合的描述有两种方法:一种是用价键理论,虽然定量不够,但图像清晰;另一种是用量子方法,能很好地给出定量结果,但处理较复杂。从后面 §6.2 对半导体材料的介绍中可知,只有用量子力学方法,才能更严格、定量、细致地描述固体中电子的运动以及固体的能带结构。

本节先用价键理论对原子如何结合成分子作定性介绍。

1. 分子的键型

原子间作用力有斥力和引力两种。当两个原子足够靠近时,外层电子彼此重叠,原子核的正电荷不再受到完全屏蔽,于是库仑斥力明显产生。这种斥力关系到固体的弹性行为,因弹性主要在原子间靠得很近时发生。在通常情况下,原子间不是相距很近时斥力与引力达到平衡。

引力作用有不同形式,对分子来说有两种不同结合方式,即两种化学键——离子键和共价键。对两种不同的化学键,有不同的电子排布方式。

(1) 离子键。

一个原子可以将一个或更多的电子完全地转移给另一个原子,当原子 A 的电子完全转移至原子 B 时,原子 A 和 B 变成离子 A^+ 和 B^- 或 A^{2+} 和 B^{2-} 等,然后主要依靠正负电荷间的静电吸引使两离子连接在一起,这样形成的键称为离子键。形成离子键的条件是 A^+ 和 B^- 比原来的 A 和 B 所处的能量低。例如,NaCl 分子是以离子键结合,Na 原子最外层一个 $3s$ 态电子很易转移到 Cl 原子上。Cl 原子正好是在 $3p$ 轨道上有 5 个电子,满壳层缺一个电子,很喜欢结合一个电子。这样电子转移的结果使能量降低,可形成 NaCl 分子。实际上,所有碱金属卤化物分子都是离子键结合,如 LiF 和 KCl 等。

(2) 共价键。

当两个原子共享电子而成键时,称为共价键。例如,两个氢原子所构成的氢分子 H_2,其中每个原子都为成键提供一个电子,但不是电子转移,而是两个原子共享这两个电子。量子力学计算和实验都表明,这两个共价电子具有更大的几率处在核间区域,并使体系能量降低,这相当于产生一种结合力把两个原子联在一起,形成稳定的氢分子。这就是共价键的本质。另外一些元素的分子,如 N_2,O_2 和 H_2 一样也形成共价键。由于共价键来源于电子共享,因此共价键数目受到限制,具有饱和性,如 CH_4(甲烷)分子有 4 个键。此外,在共价键形成时,由于能量上的原因,总是选择在合适方向上成键,使共价键有一定的方向性,各个共价键之间有确定的相对取向,即共价键间有一定的夹角(见下面的讨论)。

2. 分子的构型

三原子分子为平面结构,3 个原子以上的分子一般为立体结构,化学键沿空间的分布是确定的。例如,如图 6.1-1 所示,甲烷(CH_4)分子具有正四面体的结构,正四面体的 4 个顶点为 4 个 H 原子,C 原子则位于正四面体的中心,结构对称,整个分子是非极性的。4 个 C—H 键位于四面体中心到 4 个顶点的连线上,均匀分布在空间。C—H 键之间的夹角均为 109°28′,形成互相排斥的平衡状态。

在 NH_3 分子的立体结构里,N 原子处在四面体中心,N 的 5 个外层电子中的 3 个分别与处于四面体 3 个顶点的 H 原子形成共价键,两个 N—H 键之间的夹角为 107.3°。另外,两个电子(化学上称为孤对电子)运动到四面体的另一个顶点,如

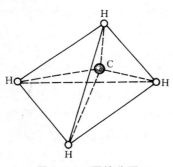

图 6.1-1 甲烷分子

图 6.1-2 所示。

图 3.6-6 曾给出过水分子的构型,根据实际测定结果,两个 H—O 键之间的角度为 104°31′,并不是 180°,水分子为什么不具有线状结构呢? 定性地可以这样来看,对 O 原子,在 $n=2$ 的层中电子未填满壳层,有 6 个电子,现在两个 H 原子提供了两个电子与 O 原子中两个电子配对,构成两个 H—O 共价键。O 原子的另外 4 个电子形成了两对空电子对。由于上述 4 对电子在空间互相排斥,其结果是两个 H 原子的位

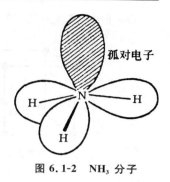

图 6.1-2 NH_3 分子

置接近正四面体的两个顶点,两个空电子对在另两个顶点方向,O 原子位于四面体的中心。类似上面讲的 CH_4 分子,两个 H—O 键的夹角为 104°31′,接近 109°28′。

像 H_2O 和 NH_3 这样的分子称为极性分子,一端带正电而另一端带负电,具有电偶极结构。在 §3.6 中介绍过的微波加热正是与水分子为极性分子直接有关。

三、晶体的结合类型和结构

原子在结合成晶体时,其间距只有零点几纳米数量级,因此在原子间、核与核、核与电子以及电子与电子之间都将发生静电相互作用,当然,起主要作用的是最外层的价电子。较典型的晶体结合类型主要有下面 3 种。

1. 离子晶体

元素周期表中第 I 族碱金属元素与第 VII 族的卤族元素所组成的化合物是典型的离子晶体(如 NaCl, CsCl 晶体)。正如前面介绍过的离子化合物一样,碱金属原子最外层的仅有的一个电子将转移到卤素原子上,形成正、负离子。离子晶体的结合力主要依靠正、负离子间的静电库仑力,因此一种离子最近邻的离子必为异性离子。常见的离子晶体有 NaCl, KCl, AgBr, PbS, MgO 等。离子晶体结构稳固,结合的稳定性导致离子晶体导电性能差、熔点高、硬度高和膨胀系数小等特性。

X 射线的衍射实验揭示了晶体结构的周期性,即组成晶体的原子或离子(可把它们看作一个质点)按一定的方式在三维空间周期性排列,即:隔一定距离,相同的质点及其周围环境重复出现,周而复始,形成长程有序的结构,这是晶体与非晶体的最本质的区别。最小的重复单位称为原胞。离子晶体和下面要介绍的金属晶体的原胞大多是立方结构,如图 6.1-3 所示,其中又有 3 种不同结构,即简立方、体心立方和面心立方。简立方的原子(或离子)都在立方体的顶角上;体心立方是除了 8 个顶角上有原子外,在立方体中心处还有一个原子;面心立方是除了在 8 个顶角

上有原子外,在每个面的中心都有一个原子。

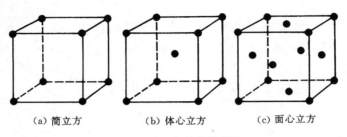

（a）简立方   （b）体心立方   （c）面心立方

图 6.1-3 立方晶体的原胞

对 NaCl 晶体,它的结晶原胞有图 6.1-4 所示的结构,其中 Na^+ 和 Cl^- 这两类离子各自都是面心立方结构,只是位置上沿晶轴平行移动了 1/2 间距。另一类离子晶体,如氯化铯(CsCl),它的原胞的结构如图 6.1-5 所示,在立方体 8 个角上是带负电的 Cl^-,在体心处是 Cs^+(当然也可把原胞取为立方体角上是 Cs^+、体心是 Cl^-)。不论 NaCl 还是 CsCl,在不同离子间都是以离子键相连。如果把这些原子看作一个点子,则在晶体中这些点子是有规则地周期性分布。这些点子的总体称空间点阵。这些点子构成了许许多多晶格,晶格具有周期性。

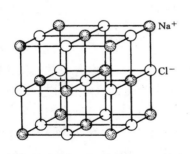

相邻 Na^+ 和 Cl^- 距离为 0.282 纳米
图 6.1-4 NaCl 晶体结构

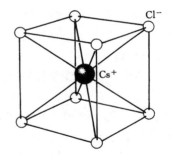

图 6.1-5 CsCl 晶体结构

2. 原子晶体

元素周期表中第Ⅳ族元素 C(如金刚石)和 Si,Ge,Sn 是原子晶体的典型代表。这族元素其最外层都是 4 个电子,它们的结构都属图 6.1-6 所示的金刚石结构,每个原子与周围 4 个原子相互作用,相互作用的两个原子各出一个电子,即有两个电子为这两个原子共有,形成共价键,这类晶体也常被称为共价晶体。金刚石结构是一个正四面体,任两个共价键之间的夹角都是 109°28′。这类晶体也具有熔点高、导电性能差、硬度高及良好的光学特性等特点,不同晶体间差别也很大。例如,金刚石就素有自然界中最硬物质之称。

实际上除了典型的离子晶体和原子晶体外,许多晶体既是离子性结合的又是共价性结合的,只是两者所占成分有强有弱而已。例如,BeO 晶体中离子性结合约占 60%。

3. 金属晶体

第Ⅰ族、第Ⅱ族及过渡元素都是典型的金属晶体,它们的最外层价电子一般是 1 个或 2 个。组成晶体时,每个原子的最外层价电子为

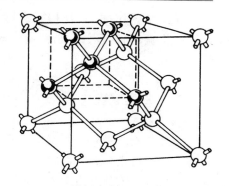

键间夹角 109°28′
图 6.1-6　金刚石结构正四面体

所有原子所共有,这些电子为金属的自由电子。也就是说,在整个晶体中失去价电子的原子实"沉浸"在由所有自由价电子组成的"电子云"中,金属键的结合力主要是原子实和电子云之间的静电库仑力。金属晶体有一些典型结构,多数金属是面心立方结构,如 Cu, Ag, Au, Al, Ce, Ni, Ca, Sc 等,当然原子间距离(称晶格常数)各不相同。少数金属具有体心立方结构,如 Li, Na, K, Mo, W 等。还有其他类型结构不作介绍了。金属最显著的物理性质是具有良好的导电和导热本领。

四、晶体特性

(1) 晶体结构的周期性。可选取最小的重复单位(即原胞)来反映晶体周期性。

(2) 对称性。晶体的外形、结构和性质在不同方向和位置有规律地重复出现的现象称为晶体的对称性。例如,面心立方结构的 NaCl 晶体在绕其中心轴每转 90°,自身就重合。又如,六面柱体的石英晶体绕其中心轴转 120°,亦自身重合。

(3) 各向异性。晶体的物理性质常随方向不同而有量的差异,这种性质称为各向异性,它是由于晶体内部不同的方向上排列方式的差别所引起的。例如,在不同方向上,晶体有不同的弹性性质、不同的波的传播速度等。

(4) 最小内能性。在相同的热力学条件下,具有同样化学成分物质的气体、液体、非晶体、晶体等状态中,以晶体的内能为最小。所以,非晶体有自发地向晶体转变的趋势,而晶体不可能自发地转变为其他状态。

(5) 晶格振动。晶体中的原子并不是在各自平衡位置上固定不动,而是围

绕其平衡位置作振动,且相互有联系。这种晶体原子的集体振动,称为晶格振动。晶格振动直接关系到晶体的一些物理性质(如比热、热导、光波在晶体中的传播等)。

五、非晶凝聚态物质

凝聚态物质是处于凝聚状态的物体,包括固体、液体以及介于它们之间的中间状态。前面已指出,绝大多数固体是晶体结构,晶体的主要性质是具有位置序和方向序。单纯的液体两者全无。通常的非晶物质(如合金、玻璃、液晶、塑料等)都有不同程度的无序,往往介于晶体和纯液体之间。下面举例作一些简单介绍,有兴趣的读者可见参考资料[6]。

1. 合金

通常合金的结构有两类:一类是结构有序(称有序相),另一类则是结构无序。对于完整晶体来讲,每一晶格位置上的原子有确定的品种,不可随便更改。假如我们保留晶格结构的骨架,但对晶格位置上的原子以其他原子进行无规的替代,就成为了无序相。有些合金随温度变化可发生从有序到无序的变化。例如,金属化合物 CuZn 合金,在 742 开温度以下时是有序相结构,如图 6.1-7(a)所示,类似于图 6.1-5 中的 CsCl 结构。当温度在 742 开以上时,原子在晶格位置上是无序分布,但仍保持体心立方结构,见图 6.1-7(b)。显然这种无序是破坏了晶体的周期性,但晶格骨架没破坏。

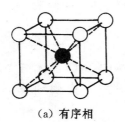
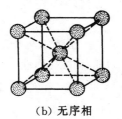

（a）有序相　　　　　　　　　　　（b）无序相

● Cu　○ Zn　◎ 50%Cu,50%Zn

图 6.1-7　CuZn 合金的有序相结构和无序相结构

合金的性能通常要比单纯的晶体金属好得多。最常见的例子就是以碳作为合金元素添加到铁中而形成的钢,它的强度比纯铁高得多。在传统的合金材料中,最重要的是铁、铜和铝。目前钛以及钛的合金更是得到广泛应用。钛在自然界中分布也很广,其资源丰富,储藏量比铜、锌等还大。钛的熔点比铁高,而密度比铁低一半还多;钛较铝密度大不到 2 倍,但强度要高 3 倍。此外,钛具有极强的抗氧化、耐腐蚀和耐热能力,在含氧环境中表面很快形成一层致密的氧化钛薄膜,起保护作用,防止继续氧化。当前四分之三左右的钛及钛合金用于航空航天工业。另外,由于钛具有亲生物性,作为医用材料有广泛应用。

在合金方面,以稀土作为合金元素添加到钢或其他合金中,可显著改善性能。

2. 非晶态金属——金属玻璃

金属晶体在高温下可熔化为液体,此时完全丧失晶体特性;当温度降低时,液态凝固的过程也是一个结晶的过程,由于原子的很快扩散,又将恢复晶体特性。

但 1960 年美国科学家首先发现,当某些液态金属合金(如金-硅合金),以每秒 1×10^6 ℃ 的冷却速率急剧冷却时来不及结晶,而成为非晶态合金,这种合金称为金属玻璃(还有镍系、钴系、铁系等金属玻璃)。所以称之为“玻璃”,是因为玻璃是典型的非晶态物质,具有无序的特性。不同于普通玻璃,金属玻璃则是一种韧而不透明的玻璃态物质。这种“金属玻璃”是一种受人们欢迎的新型材料,它具有比金属材料高的强度、高的韧性和高的硬度,耐磨,耐腐蚀。可用来制造许多重要设备,如飞船和火箭的外壳、高压容器及海底电缆等。

3. 非晶硅

与单晶硅(具有金刚石结构)相比,有序性较差的非晶硅在光电性质方面有独特的优越性能。例如,非晶硅在制造太阳能电池等方面已有较广泛应用。另外,非晶硅等材料的制备成本很低,非常适合于工业生产,有广阔的应用前景。

4. 液晶

液晶材料的力学性质与通常的液体相似,具有流动性。而其光学性质则呈现各向异性,与晶体相似,这正是液晶名称的来源。液晶有许多用处,如大家熟悉的数字仪表的显示器一般都用液晶,计算机的液晶显示器和液晶电视机也越来越常见。

§6.2　半导体

1947 年利用半导体材料锗制成的第一个晶体三极管问世,诞生地是美国新泽西州的贝尔电话实验室,发明人是肖克莱(W. Shockley, 1910—1989)、巴丁(J. Bardeen, 1908—1991)和布拉顿(W. H. Brattain, 1902—1987)3 位美国科学家。这一发明具有划时代的历史意义,引起现代电子学的革命,一门新的交叉学科——微电子学诞生了,并获得迅速发展。因此,他们3人获得1956年诺贝尔物理学奖。1958年半导体硅集成电路的诞生,吹响了以集成电路为核心的微电子技术发展的号角。微电子技术正是电子计算机和当今信息技术发展的基础。

一、什么是半导体

1. 晶体的能带

在当今社会中,具有特殊电性能的功能材料几乎被应用到各个科技领域。从电性能角度讲,固体可划分为导体、半导体和绝缘体3类。从固体中电子能级的能带结构来定量讨论这种划分,则必须利用量子力学,这里只作定性介绍。

在§4.2中已指出,单个原子中处于束缚态的电子能量是量子化的,只有当它脱离原子核的束缚成为自由电子后,其能量才是连续的。在单个原子中,某一电子只受到原子核和同一原子中其他电子的相互作用。当大量原子组成晶体后,由于原子之间的距离与原子自身的线度皆为10^{-10}米数量级。因此,一个原子中的电子还将受到周围原子的作用,显然最外层的未满壳上的价电子受其他原子的作用更强。量子力学计算表明,晶体中电子所处的能量状态将由孤立原子中的一系列能级变为一系列能带。对N个原子所组成的晶体,每个能带将由N个能差非常小的能级所组成。由于在孤立原子中每条能级上只能容纳有限个电子,在每一个能带上的电子数,虽要增加N倍,但仍只能容纳有限个电子。在基态时,总是低能量的能带先被占据,逐步向上填充。由价电子所填充的带称为价带。若价带中所有状态都被价电子占满,称为满带;未被占满的价带,称为导带;没有电子的能带,称为空带(见图6.2-1)。

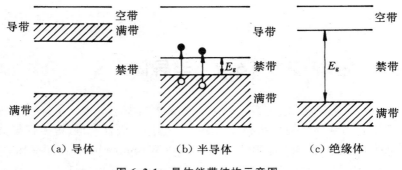

图 6.2-1　晶体能带结构示意图

满带中的电子对于导电是没有贡献的,只有在导带中的电子(称为自由电子)才对导电有贡献,这些电子来自原子结构中外层轨道上的价电子。

2. 导体、绝缘体和半导体的划分

利用上述的能带模型,可将固体划分为导体、半导体和绝缘体(见图 6.2-1)。

(1) 导体。

易于传导电流的物质称为导体。常见的导体有金属、电解质水溶液、电离气体等。对金属来说,只有价电子参与导电。金属多数是一价的,每个原子的外层轨道有一个价电子,故晶体中 N 个价电子不能填满一个能带而形成导带。在外电场作用下,导带中的自由电子可从外电场吸收能量,跃迁到自身导带中未被占据的较高能级上,形成电流。金属的电阻率很小,约为 $10^{-8} \sim 10^{-6}$ 欧姆·米,其传导电流的载流子就是晶体内部为所有原子所共有的那些自由电子。在金属中自由电子数密度很大,约为 10^{22} 个/厘米³。

(2) 绝缘体。

绝缘体的电阻率极高,约为 $10^8 \sim 10^{20}$ 欧姆·米。绝缘体在形态上可分为固态、液态和气态。固态绝缘体中又分为非晶态(如塑料、橡胶、玻璃等)和晶态(如云母、金刚石等)两类。

晶态绝缘体能带的结构与导体的不同点是:电子恰好填满能量低的能带,其他的能带都是空的,即:绝缘体中不存在导带,只有满带和空带。满带和空带之间不可能存在电子的能量区域被称为禁带。绝缘体的基本特征就是禁带的宽度(又称能隙)E_g 很大,约为 $3 \sim 6$ 电子伏。电子很难在热激发或外电场作用下获得足够的能量由满带跃入空带。以金刚石为例,在两个碳原子相距 15 纳米时,$E_g = 5.33$ 电子伏,满带中电子很难具有这样大的能量而进入上面的空带形成自由电子,因此金刚石是很好的绝缘体。

(3) 半导体。

半导体的导电能力介于导体和绝缘体之间,电阻率约为 $10^{-5} \sim 10^7$ 欧姆·米,半导体的能带结构与绝缘体类似。在绝对零度时,只存在满带和空带。与绝缘体不同的是禁带较窄,约为 $0.1 \sim 2$ 电子伏。例如,常用的半导体硅 $E_g = 1.14$ 电子伏,锗 $E_g = 0.67$ 电子伏,砷化镓的 $E_g = 1.43$ 电子伏。图 6.2-1 是晶体能带结构示意图。在室温下,在外界光、热、电作用下能容易地把满带中能量较高的电子激发到空带中,把空带变为导带。同时,在满带中留下一些电子空位,这些空位称为空穴,可看成是带正电荷的准粒子。在半导体中,一方面,在外电场作用下,导带中电子作定向运动,形成电流,起导电作用;另一方面,满带中的空穴,在外电场作用下,将被其他能态的电子进来填充,同时,在这个电子能态中又产生了新的空穴,于是就出现了电子填补空穴的运动。在电场作用下,填补空穴的电子也作定向移动,形成电流。这种电子填补空穴的运动,完全相当于带正电的空穴在作与电子运动方向相反的运动。为了区别于自由电子的导电,这种导电称为空穴导电,空穴被看作一种带正电荷的载流子。导带中自由电子的导电和满带中空穴的导电是同时存在的,宏观上的电流就是电子电流和空穴电流的代数和。满带中的空穴数和导带中的电子数正好相等,都是参与导电的载流子。在半导体中自由电子数密度为 $10^{12} \sim 10^{19}$ 个/厘米^3。由此也可看出半导体导电与金属导电的差别,那就是金属中只有自由电子参与导电,而半导体中的导带中电子和满带中空穴都参与导电。半导体中自由电子数目较少,这就有可能通过外部电作用来控制其中的电子运动,这对半导体材料的应用非常有意义。

半导体的电阻率随温度不同而明显变化。当温度升高时,有更多的电子被热激发,使满带中的空穴数和导带中的电子数急剧增加,导电性能大大提高,电阻率相应地大大降低。

二、本征半导体和杂质半导体

1. 本征半导体

上面提到的半导体,指的是不含杂质的纯净半导体,称为本征半导体,它不适宜实际应用。在实际应用中主要是杂质半导体,这是由于半导体的一个显著特点是其性能对杂质很敏感。即使是极微量的杂质,也能对半导体材料的物理和化学性质产生极其明显的影响。例如,若在硅中按原子数量掺入十万分之一的硼,其导电性能将提高 1 000 倍。因此可在半导体中某一区域掺入不同数量或不同种类的杂质,就可产生各种类型的半导体。

2. 杂质半导体——n 型和 p 型半导体

杂质半导体中以电子导电为主的称为 n 型半导体,以空穴导电为主的称为 p 型半导体。

半导体硅和锗都是共价键结构。硅和锗都是四价元素,都有 4 个价电子,因此每个共价键中有两个价电子。当其中一个硅(或锗)原子被一个五价元素的杂质原子(如磷、砷等)替代后,则多余的一个价电子就成为一个自由电子,使导电的自由电子增多,见图 6.2-2。这种半导体称为 n 型半导体。

相反,如果在硅(或锗)半导体中,一个硅(或锗)原子被一个三价元素(如硼、镓等)的原子替代后,就多出一个空穴来,见图 6.2-3。这种半导体称为 p 型半导体,空穴增多,是以空穴导电为主。

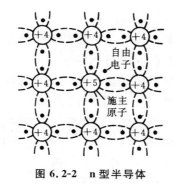

图 6.2-2 n 型半导体　　　　图 6.2-3 p 型半导体

三、半导体硅材料

目前估计世界上 95% 以上的半导体器件是用硅制成的。一是由于硅在地壳中的含量很高,占地壳总重量的 27.7%,成本低廉;二是因为硅禁带宽度较大,硅掺杂后做成的器件随温度变化比锗等半导体材料小得多,因此器件性能较稳定;三是硅机械强度高,结晶性好,其提炼和制成单晶的工艺较成熟,可以拉制出直径达30 厘米的大尺寸单晶。

自然界中存在的硅,通常以二氧化硅(石英砂)形式出现。要提炼出硅,一般采用高温下的还原反应,还原反应得到的硅其纯度约为 98%,必须再经过提纯,使硅的含量达到 99.999% 以上(简称"5 个九"以上)才能做器件。而做大规模集成电路则要"8 个九"以上,这是因半导体器件的导电性能对极少量的杂质就非常敏感,故必须提得很纯。纯度达到要求后,还要把硅拉成单晶硅,才能使自由电子的运动不受阻碍,做成适用的器件。目前单晶硅是人工能获得的最纯、最完整的晶体材料。

除了硅以外,目前砷化镓是第二种最重要的半导体材料。这是由于利用砷化镓所制成的集成电路在响应速度、耐高温、抗辐照方面都优于硅集成电路。目前其商品数量、品种在不断扩大,性能不断提高。但是,由于砷化镓器件制作技术难度大、价格昂贵,限制了它的发展。

四、半导体材料的应用简介

1. p-n 结和晶体管

在一块硅片上,用不同的掺杂工艺使其一边形成 n 型半导体,另一边形成 p 型半导体,那么在两种半导体交界面的区域中,就形成了 p-n 结。p-n 结是构成各种半导体器件的基础。

前面已说明,p 型半导体中空穴多,n 型半导体中自由电子多。因此,在交界上出现浓度差,n 区的电子必然向 p 区运动,p 区的空穴就必然向 n 区运动。这种由于浓度差引起的运动称为扩散。扩散到 p 区的电子因与空穴复合而消失,使在 p 区一侧出现负离子区;扩散到 n 区的空穴与电子复合而消失,使在 n 区一侧出现正离子区。于是,在界面处,出现了由固定在晶格上的正、负离子组成的空间电荷区,如图 6.2-4 所示。在此区(没有自由载流子,故又称"耗尽层")内形成了一个由 n 区指向 p 区的内电场。这种内电场所建立的静电势 $V_内$(如对硅 $V_内 \sim 0.6$ 伏)将阻止扩散的进行,最终将达到平衡,空间电荷区保持一定宽度,在 p-n 结中电流为零。

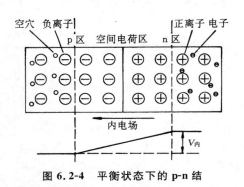

图 6.2-4 平衡状态下的 p-n 结

当 p-n 结加上正向电压(超过 $V_内$)时,即在 p 区接电源正极、n 区接负极。此时,外电场方向与内电场方向相反,使原来的平衡状态受到破坏,使电子向 p 区扩散增加;同理,也增加空穴向 n 区的扩散,耗尽层变薄,形成了相当大的正向电流。若 p 区接负极,n 区接正极,则外电场与内电场同方向,耗尽层变得更厚,这样就更加阻止电子和空穴的扩散,使反向电流很小(~ 10 微安)。这种大的正向电流、很小的反向电流就是 p-n 结的单向导电特性。

常用的半导体二极管由 p-n 结加上引出线和管壳构成。极型三极管由两个背向 p-n 结所组成的双极型晶体管构成。图 6.2-5(a)所示是 npn 型三极管。由图可见,它有 3 个区,分别称为发射区、基区和集电区;由 3 个区各引出一个电极,分别称为发射极 e、基极 b 和集电极 c。在中间有两个 p-n 结,称为发射结和集电结。这种由两块 n 型半导体中间夹一块 p 型半导体的管子称为 npn 管。图 6.2-5(b)是 npn

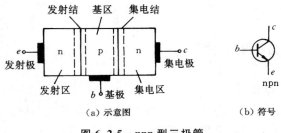

(a) 示意图   (b) 符号

图 6.2-5 npn 型三极管

三极管的符号。同样,有 pnp 三极管。三极管的重要特性是放大作用。由 $b \to e$ 的小的(~ 0.01 毫安)基极电流 I_b 可以控制由 $c \to b \to e$ 的大的集电极电流 I_c,其增益 I_c / I_b 可以达到 100 以上。

2. 集成电路

集成电路是 20 世纪 50 年代末诞生的一种半导体器件,它采用一定的生产工艺把二极管、三极管等晶体管主要元件,以及电阻、电容等做在一块半导体芯片上,并用金属薄膜条(一般用铝)作为连线,将这些元件连成具有某种功能的电路,然后封装成一个多脚的器件。它的制造工艺比较复杂,大致要经过氧化、光刻、扩散掺杂。在硅片的指定区域将选定的杂质从表面向体内掺入一定的深度,形成各种所需要的晶体管、电阻、电容等元件。氧化工艺主要是在硅片表面制造一薄层二氧化硅(SiO_2),作为绝缘层和阻挡层。然后用类似照相技术的光刻工艺在表面按特定设计要求产生没有二氧化硅的窗口,接着利用扩散法或离子注入法进行掺杂,由于二氧化硅的阻挡,杂质只能从没有二氧化硅的特定窗口中掺入进去,达到选择掺杂的目的。在实际生产中,反复利用上述方法,进行多次掺杂,以在芯片中制造出各种元件。最后在硅片上涂上一层铝膜,仍用光刻技术在芯片上按预先设计要求除去无用的铝膜,留下作元件之间连接用的以及用作引出线的铝膜部分。这就是集成电路(见图 6.2-6)的大致制作过程。

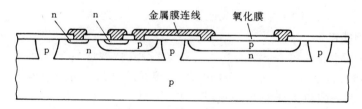

图 6.2-6　集成电路示意图

上述的集成电路工艺有两个重要特点:一是在制造过程中及结束后,p-n 结都由氧化膜保护着,不接触空气,不受沾污损伤,使电路性能好且可靠;二是各种元件以及元件间的隔离区的形状都用光刻技术完成,所以通过光刻线宽的不断缩小,可使元件尺寸不断减小,芯片上的集成度越来越高。在第五章中已指出,利用激光光刻,线宽的极限约为 0.2 微米。利用同步辐射的短波长的 X 射线光刻,可进一步缩小线宽,甚至小于 0.1 微米。目前利用 0.3 微米线宽工艺已在 10 毫米 × 20 毫米 的芯片上集成了 1.4 亿个元件,即集成密度达 70 万个元件/毫米²。

随着集成电路技术的迅速发展,电子计算机也不断更新换代。而计算机和集成电路技术又是当今信息技术的基础。

3. 半导体激光器

光纤通信是未来通信的发展方向,而光通信中用的主要是半导体激光器。下面简要介绍半导体激光器的工作原理。

半导体激光器与发光二极管都是靠材料中的电子和空穴退激时发光,通常硅和锗这类元素半导体退激时大多只引起发热,而在砷化镓、磷化铟之类的化合物半导体中退激时则会发光。砷化镓、磷化铟和锑化镓发近红外线,分别在 0.84 微米、0.90 微米和 1.5 微米波段。

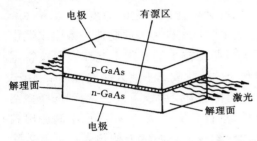

电极　　有源区

p-GaAs

解理面　　　　n-GaAs　　　　激光

解理面

电极

图 6.2-7　GaAs 结型激光器的基本结构

图 6.2-7 所示是 GaAs p-n 结正向注入式激光器的示意图。此激光器中有 p 区、n 区和一个中间不掺杂的有源区,当 p-n 结加上正向电压时,所产生的外电场将抵消内电场,电子和空穴分别从 n 区和 p 区向有源区注入,在有源区中形成粒子数反转。通过解理产生的两个相互平行的光滑表面也正好形成谐振腔。在有源区内,电子由导带向含有空穴的满带退激,产生受激辐射,发射光子。这些光子在两端光滑表面间来回反射又诱发新的受激辐射,使电子退激,光子数目不断增加,造成连锁反应,获得激光输出。

4. 太阳能电池

太阳能电池是利用 p-n 结的光生伏特效应(光伏效应),当光照射在距表面很近的 p-n 结时,就会在 p-n 结上产生电动势,接通外电路即可形成电流。

当入射光子能量大于禁带宽度 E_g 时,照射到距表面很近的p-n结上,光子可进入 p 区、结区和 n 区。如图 6.2-8 所示,在这 3 个区域内,光子被吸收产生电子-空穴对,p 区内电子可扩散进入结区,被结区中的内电场 $E_内$ 加速,趋向 n 区;同理,n 区内空穴也被加速进入 p 区。于是所产生的电子和空穴被分离到结的两边形成电荷累积,p 型一侧带正电,n 型一侧带负电,最后将在 p-n 结上建

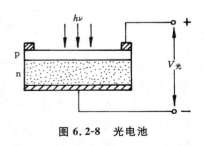

图 6.2-8　光电池

立起稳定的光生电位差,它是开路的,即为光生电动势 $V_光$。这就成为太阳能电池。

太阳能电池最重要的参数是光电转换效率,非晶硅太阳能电池的转换效率约为 10%,成本低;GaAs 晶体太阳能电池的转换效率可达 20% 以上,但成本高(在

§7.2"四、太阳能"一节中有对太阳能电池较详细的介绍)。太阳能电池目前已广泛应用于人造卫星和航天器上。在人们的日常生活中,太阳能灶、太阳能热水器应用也很普遍。

另外,根据上述特性,利用半导体材料可制成光和射线的探测器,也有广泛应用。

§6.3 超导材料

我们知道,自由电子沿某一特定方向运动就在物体中形成了电流。但导体有电阻,电阻的存在使一部分电能转变为热能损耗掉了。人们曾有一个梦想:有朝一日能出现没有电阻的导电材料,这就是超导材料。电流流经超导体不受任何阻力,没有热损耗,于是就能以小的功率得到大的电流,从而产生几个甚至几十个特斯拉的超强磁场,具有很高的应用价值。今天,这一梦想已经实现。[7~10]

一、超导体的基本特性

1. 零电阻效应

1911 年荷兰著名低温物理学家昂纳斯(H. K. Onnes, 1853—1926)发现了水银(汞,Hg)的超导现象。超导现象的发现是与低温技术的发展分不开的。1906 年昂纳斯首次制备出液态氦,获得 4 开的低温,随后又获得了 1.04 开的低温。这是继 1898 年制备出液态氢获得 14 开低温之后的巨大进展。随着低温技术的发展,科学家已注意到纯金属的电阻随温度的降低而减小的现象。昂纳斯首先研究低温下水银电阻的变化。他们发现,在 4.2 开附近水银电阻突然变小。图 6.3-1 是水银的电阻随温度的变化情况,纵坐标是该温度下水银电阻与 0 ℃时电阻的比值 $R(T)/R(0 ℃)$。较精确的测量给出水银的超导转变温度 $T_c = 4.153$ 开。继续降温到 3 开,电阻降到 0 ℃时电阻值的 10^{-7},实际上电阻值已可看作是零了。

1912—1913 年昂纳斯又发现了锡(Sn)在 3.8 开低温时,也有零电阻现象。随后科学家又发现了其他许多金属或合金在低温下都有零电阻效应。昂纳斯首先将这种特殊的电学性质称为超导。昂纳斯因液氦的制备和超导现象的研究而获得 1913 年诺贝尔物理学奖。

2. 完全抗磁性

1933 年,迈斯纳(W. Meissner)通过实验发现:当置于磁场中的导体通过冷却

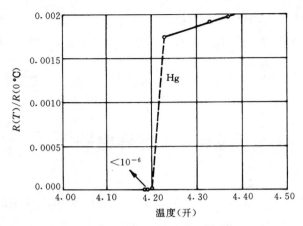

图 6.3-1　水银的零电阻效应

过渡到超导态时,原来进入此导体中的磁力线会一下子被完全排斥到超导体之外(见图 6.3-2),超导体内磁感应强度变为零,这表明超导体是完全抗磁体。这个现象称为迈斯纳效应。

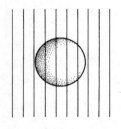
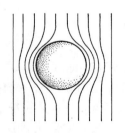

（a）正常态（$T > T_c$）　　　（b）超导态（$T < T_c$）

图 6.3-2　磁场分布的比较（迈斯纳效应）

小磁铁受到浸在液氮(在泡沫塑料容器内)中的超导体的排斥而浮在空中

图 6.3-3　超导磁悬浮（迈斯纳效应）

　　图 6.3-3 演示了超导磁悬浮实验,超导体(钇钡铜氧材料)浸入装在泡沫塑料容器内的液氮中,由于超导体的完全抗磁性,当上方的小磁铁靠近它时,会受到很强的排斥力,在排斥力与重力抵消时,就实现了超导磁悬浮。

3. 存在临界磁场 H_c

　　实验表明,超导态可以被外磁场所破坏,在低于 T_c 的任一温度 T 下,当外加磁场强度 H 小于某一临界值 H_c 时,超导态可以保持;当 H 大于 H_c 时,超导态会被突然破坏而转变成正常态。临界磁场 H_c 不仅与超导体本身性质有关,还与温度 T 有关,

$$H_c(T) = H_c(0)[1 - (T/T_c)^2] \tag{6.3-1}$$

其中,$H_c(0)$为 $T\to 0$ 开时的临界磁场,对于不同的超导材料有不同的 $H_c(0)$值。

超导材料性能由临界温度 T_c 和临界磁场 H_c 两个参数决定,高于临界值时是一般导体,低于此数值时成为超导体。表 6.3-1 列出了一些元素的超导参数 T_c 和 $H_c(0)$。

表 6.3-1 一些元素的超导参数

元素	临界温度 T_c(开)	临界磁场 H_c(毫特)	元素	临界温度 T_c(开)	临界磁场 H_c(毫特)
Be	0.026		Sn	3.722	30.9
Al	1.140	10.5	La	6.00	110.0
Ti	0.39	10.0	Hf	0.12	
V	5.38	142.0	Ta	4.483	83.0
Zn	0.875	5.3	W	0.012	0.107
Ga	1.091	5.1	Re	1.4	19.8
Zr	0.546	4.7	Os	0.655	6.5
Nb	9.50	198.0	Ir	0.14	1.9
Mo	0.92	9.5	Hg	4.153	41.2
Tc	7.77	141.0	Tl	2.39	17.1
Ru	0.51	7.0	Pb	7.193	80.3
Rh	0.000 3	0.004 9	Lu	0.1	
Cd	0.56	3.0	Th	1.368	0.162
In	3.403 5	29.3	Pa	1.4	

如何从理论上来解释这种超导电性呢?从发现超导经过近半个世纪,直到 1957 年,量子力学建立后 30 多年,才由美国的巴丁、库柏(L. N. Cooper,1930—)和施里弗(J. R. Schrieffer, 1931—)3 位科学家攻克了这个难题。他们提出了超导电性的微观理论(简称 BCS 理论,这是他们 3 个人姓中的第一个字母),成功地解释了有关常规超导电性的各种基本特性。电子间的直接相互作用是相互排斥的库仑力。但 3 位科学家指出,当电子经过晶格某处时,晶格上的正离子会受到库仑作用的吸引而靠拢,造成局部正电荷增加,这种局部电荷受到的扰动会以晶格波的形式传播,并影响另一个电子,使两个电子间产生间接相互作用。在一定条件下,这种相互作用是吸引力。正是这种吸引作用,导致在金属中两个自旋和动量方向相反的电子配对(称为"库柏对")。由"库柏对"形成的电流,在转变温度下就会显示出超导体特性,所以,"库柏对"的形成是超导转变的关键因素。要深入了解此理论的读者可见参考资料[8],第三章 §7 超导微观理论。由于他们的杰出

贡献,共同获得 1972 年诺贝尔物理学奖。

二、常规超导与高温超导　中国的超导研究[9]

常规超导材料按化学组成可分为 3 种:元素超导体、合金超导体和化合物超导体。大部分金属元素都具有超导电性(见表 6.3-1),但在室温下,导电性能非常好的一些金属元素(如金、银、铜等)却在很低的温度下都不是超导体。实用超导材料主要有合金型和化合物型两类,它们具有易制备、成本低、塑性好等优点。合金型目前主要是铌钛合金(NbTi, T_c =9.5 开)较成熟,已达到了商品化。另外,用得较多的一些化合物超导材料主要有铌三锡(Nb$_3$Sn, T_c = 18.3 开)、钒三镓(V$_3$Ga, T_c = 16.5 开)和钒三硅(V$_3$Si, T_c =17.1 开)。直到 1986 年,超导体铌三锗(Nb$_3$Ge)的 T_c 达最高 23.2 开。这表明实现超导需要用昂贵的液氦(沸点 4.2K)来维持低温,这给超导应用带来极大困难。

美国 IBM 公司设在瑞士苏黎世的研究所的科学家贝德诺兹(G. Bednortz, 1950—　)和缪勒(K. A. Müller, 1927—　)于 1986 年 4 月首先发现镧钡铜氧(LaBaCuO)陶瓷材料的超导转变临界温度为 T_c = 35 开。他们的论文《可能的高临界温度超导体》于同年 9 月发表在《德国物理评论》上,由于该杂志不是超导研究工作的权威期刊,加上超导史上伪信息屡屡出现,因此这篇文章没有产生反响。直到 1986 年底和 1987 年初,日、美、中三国科学家重复了这一结果,这才掀起轩然大波,形成世界性超导热。因为陶瓷材料在常温下一般是绝缘体,在低温下竟一下子变成了超导体,大大出乎人们的意料,改变了从金属和合金中寻找超导材料的传统想法。1987 年 2 月 24 日中国科学院宣布,物理研究所赵忠贤领导的科研组已将钇钡铜氧(YBaCuO)材料的 T_c 提高到了 92.8 开以上,从而实现了转变温度在液氮温区的突破。几乎是在同时,美国休斯敦大学华裔美籍物理学家朱经武科研组也对外宣布新合成的钇钡铜氧材料的 T_c 已达 90 开左右。1987 年 3 月,中国科技大学的科技人员在 900 ℃下烧结的钇钦铜氧材料临界温度高于 110 开,处于国际先进行列。由于液氮的沸点为 77.3 开,其价格比液氢便宜 100 倍,冷却效率高 63 倍,且氮又是十分安全的气体,故大大扩展了超导的应用前景,而且使普通实验室具备了进行超导实验的条件,于是,全球掀起了高温超导研究热潮。为此,仅隔 1 年贝德诺兹和缪勒共同获得了 1987 年诺贝尔物理学奖,开创了获奖时间与成果发表时间相距最短的先例。1989 年赵忠贤超导研究团队获得"国家自然科学奖一等奖"。

现包含铜、氧的铜氧基超导体已有上百种,包括 4 个系:临界温度 90 开的稀土系,110 开的铋系,125 开的铊系和 135 开的汞系*。迄今为止,在超导材料中,已经证实的最高临界温度是由美、德两国科学家组成的科研组给出的,高压下的氢化镧在 250 开(约−23 ℃)下具有超导性**。但高温超导的许多性质无法用 BCS 理论解释,理论远落后于实验[9]。

2008 年 2 月,日本东京工业大学上原(Kamihara)等人又发现了一类新的铁基高温超导体系***。在四元镧氧铁砷(LaOFeAs)化合物体系中,通过掺杂可实现 T_c 为 26 开的超导转变,加压下 T_c 可提高到 43 开。这是铜氧化合物以外的超导材料中所得到的最高转变温度。利用这种铁基材料制备高温超导,开辟了高温超导研究的一个新的方向。这类超导体具有层状结构,其超导电性来自 Fe-As 层。寻找与镧氧铁砷(LaOFeAs)有相似结构的新的铁基超导体是许多超导研究者的首选目标。我国科学家在新铁基超导体的探索中也取得了显著成果,中科院物理所和中科大等单位发现了临界温度超过 40 开的钐氧铁砷(SmOFeAs)和铈氧铁砷(CeOFeAs)等铁基超导体,最高 T_c 达 58 开[9,10]。室温超导体的发现仍是科学家的共同奋斗目标。

三、超导应用简介[7]

高温超导有巨大的应用价值。在交通运输中,利用超导体的无电阻和抗磁性的特点,已研制出时速超过 550 千米的磁悬浮列车;在节能方面可制造功率大、体积小、效率高的超导发电机,这种电机载流能比常规电机高 1～2 个数量级。利用超导电缆可实现无损耗、长距离输电,而目前有 30% 电能在输送时损耗掉。超导核磁共振成像仪已在医学上应用,用常规电磁铁可产生的最高磁场强度约 2 特斯拉,而用超导磁体可产生几十特斯拉的强磁场,而功耗降低到百分之一。核磁共振成像仪分辨率与磁场强度成正比,故采用超导磁体以提高分辨率;超导磁体在磁约束的受控热核聚变反应堆中也是必备的,只有利用超导磁体才可能在几十立方米的空间中产生十几特斯拉的磁场作为等离子体的加热和约束之用。

目前寻求更高 T_c 的超导体仍是当前研究的重要目标,获得室温 300 开的超导体已不再仅是个梦想。另外,建立完善的超导微观理论也是重要任务之一。同

---

   * 在百度中由"科普中国"编辑的"高温超导体"词条有对铜氧基超导体 4 个系较详细的介绍,包括列出若干分子式和相应的临界温度。

  ** 刘海英.零下 23 ℃超导材料最高临界温度刷新.科技日报,2019 年 5 月 24 日

*** 关于铁基超导更全面的介绍可参见科普读物《超导"小时代":超导的前世、今生和未来》(罗会仟著,清华大学出版社,2022)。

时,从应用角度要提高材料能承受的电流强度(不致破坏超导态)和增强材料的展延性以拉伸成材。超导应用前景十分广阔,随着应用领域的扩大,这一高科技领域的产业化必将得到迅速发展。

*§6.4　纳米材料与 C_{60} 结构

一、纳米材料特性及应用[3,11]

纳米材料定义为在 $1\sim100$ nm 尺度(约为原子半径的 $10\sim10^3$ 倍)范围内的纳米颗粒与由纳米颗粒组成的薄膜和块体。现在纳米材料的定义被扩大到只要在三维空间中有一维处于上述纳米尺度范围或由纳米基本单位构成的材料。纳米材料大部分是人工制备的。目前纳米材料的某些应用已进入工业化生产阶段,21 世纪将是纳米材料真正的全面应用的黄金时期。我国也已将纳米材料科学列入了国家重点基础研究项目。

1. 纳米颗粒的奇异特性

把宏观的大块物体细分为超细微的纳米颗粒后,将显示出许多奇异的特性,在光学、热学、电磁学、力学及化学等方面的性质与大块物体相比将有很大的差别。由纳米颗粒在保持新鲜表面的情况下压制成块状固体或沉积成膜时,也会产生许多异常的物理现象。这些奇异性质的产生主要来自纳米颗粒的小尺寸效应、表面效应和量子效应。

(1) 小尺寸效应。

当固体颗粒的尺寸逐步减小,小到一定临界尺寸时,量变会引起质变。例如,当颗粒的尺寸小于可见光波波长($380\sim780$ nm)时,对光的反射率将下降到 10%,甚至到 1%[如铂(Pt)纳米颗粒对光的反射率仅为 1%],于是均失去原有的光彩而呈黑色。再如,磁性颗粒在小到一定的尺寸以下时会丧失磁性。又如,用纳米颗粒压制成的陶瓷材料可具有良好的韧性。

中国科学院上海硅酸盐研究所高性能陶瓷和超微结构国家重点实验室首次在热压烧结氧化锆纳米陶瓷(晶粒大小为 100 纳米左右)样品的室温拉伸疲劳实验中观察到了塑性形变,图 6.4-1 是这种塑性形变的原子力显微镜(AFM)图像。

(2) 表面效应。

球形颗粒的表面积与直径的平方成正比,其体积与直径的立方成正比,所以,

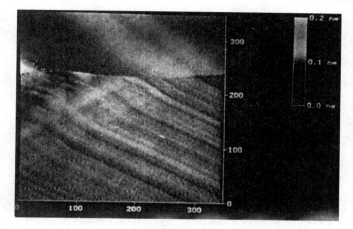

图 6.4-1　ZrO$_2$ 纳米陶瓷的塑性形变(AFM 图像),长度单位为纳米

(图片来源:中国科院上海硅酸盐研究所)

此表面积(即表面积与体积之比)与直径成反比,颗粒直径越小,这个比值越大。例如,一个边长为 1 米的立方体,它的表面积为 6 平方米,若将此立方体切割成边长为 1 毫米的立方体,此时,总的体积没变,但切割后各小立方体的表面积之和为 6 000 平方米,比原来增加了 1 000 倍。表面积增大,则位于表面的原子数占总原子数的比例将随之增加。例如,直径为 10 nm 的纳米颗粒所含原子数约 3×10^4,表面原子所占比例达 20%。由于表面原子的近邻配位原子不完全,因此有很强的化学活性。纳米微粉的熔点比常规粉末低得多,很容易熔化。例如,常规银块体熔点约 900 ℃,而银纳米微粉在 100 ℃ 时即熔化。而且使纳米微粉结合成常规材料的烧结温度也明显降低。例如,常规氧化铝(Al$_2$O$_3$)微粉的烧结温度为 1 800～1 900 ℃,而纳米微粉的烧结温度下降到 1 150～1 500 ℃。由于颗粒尺寸在 10 纳米以下时表面原子所占比例急剧上升,表面效应尤其显著,因此已成为研究工作的重点。

(3) 量子效应。

量子力学已成功地揭示了原子的能级结构,由无数的原子构成固体时,由于原子间的相互作用使单独原子的价电子能级合并成能带,能带理论阐明了宏观的导体、半导体、绝缘体之间的区别。对介于原子、分子与大块固体之间的纳米颗粒而言,大块材料中具有的连续能带逐渐还原为分立的能级,能级间的间距随颗粒尺寸减小而增大。当能级间距大于原子分子的热运动能以及电场能或者磁场能时,将导致纳米颗粒的磁、光、电、热等特性与宏观物体截然不同,这就是量子效应。例如,在低温条件下,导电的金属在纳米颗粒时可以变成绝缘体,比热可出现反常变化,光谱线会产生向短波长方向的移动,等等。

2. 纳米材料及应用 *

纳米材料按其性能、结构和应用可分为纳米颗粒(微粉)材料、纳米薄膜材料、纳米块体材料、纳米复合材料。

(1) 纳米颗粒材料。

由于小尺寸效应、表面效应和量子效应,纳米颗粒材料具备了普通微粉材料不具备的特殊的光学、热学、电学、磁学、力学以及化学方面的性能,具有重要的实际应用价值。

例如,一些高温陶瓷的制造因纳米微粉烧结温度显著降低,大大降低了制造工艺难度。利用某些纳米颗粒材料,如氧化铝(Al_2O_3)和碳化硅(SiC),对红外线有一个宽频带强吸收谱,可制造红外隐形和红外保暖材料。在太阳能电池中,纳米掺杂就扮演了十分重要的角色,通常在电池板的表面涂覆一层纳米涂层,有利于吸收更多阳光,同时对电池板进行保护。随着社会信息化的到来,信息储存量大,要求磁盘等磁记录介质的记录密度日益提高,促使磁记录用的磁性颗粒尺寸趋于超微化。目前用 20 纳米左右的纳米磁性颗粒制成的磁盘等已商品化,具有记录密度高、低噪音和高信噪比等优点。

(2) 纳米薄膜材料。

纳米薄膜材料是由纳米颗粒堆砌而组成的薄膜,其特性就是组成薄膜的纳米颗粒所具有的特征,因此与常规薄膜有截然不同的力学、电学、磁学和光学特性。例如,纳米晶硅膜的电导大大增加,比常规非晶硅膜的电导要高 9 个数量级,是一种优良的导电膜。另外,有强烈吸收红外的纳米膜、高磁记录密度的纳米磁性膜等。

(3) 纳米固体材料。

纳米固体材料是由纳米颗粒在高压下压制成型,再经一定热处理工序后生成的致密型固体材料。这种纳米固体材料比普通多晶材料有更高的强度、良好的塑性和韧性,甚至达到超塑性。超塑性是指在一定应力下伸长率可超过 100% 的塑性变形,现发现有些纳米固体材料有很强的超塑性,如纳米铜材料(纳米颗粒尺度为 28 nm),其延展伸长率超过 5 100%。纳米固体材料的光学、磁学、电学等性能,基本都表现出其纳米颗粒的优良功能特性,用作功能材料有广阔前景。

(4) 纳米复合材料。

在实际应用中,绝大部分是纳米复合材料。纳米复合材料的结构是以一个相

＊　晏亮等.纳米科技简介.现代物理知识,2011,6:3

为连续相(称为基体),而另一相是以纳米颗粒形态分布于基体中的分散相(称为增强体)所构成。基体可以是金属或陶瓷。这种纳米复合材料有优异性能,在新材料研制、医疗应用、纳米器件制造、能量储存和转换,以及在核燃料设计与制备等方面有广泛应用价值(详细介绍可见参考资料[11])。例如,将纳米氧化铝微粒加到玻璃中,既不影响透明度,又提高了高温冲击韧性;若加到有机玻璃中,将表现出良好的宽频带红外吸收性能。

由于比表面积大、活性高、吸附能力强等特性,纳米材料可作为药物载体、制成纳米药物。可以制成缓释剂型、延长药物作用时间,也可制成靶向药物、到达特定组织中。例如,用胶质包裹治癌药物并黏附磁性纳米微粒(Fe_3O_4)使其成为磁性复合纳米药物。利用磁性将治癌药物导向癌变区,然后胶层逐渐溶化释放出药物。中科院上海硅酸盐所的科学家研制成功了"纳米药物分子运输车",它是直径仅为200纳米(相当于头发丝的1/300)、表面孔眼排列规则的空心球,多孔球壳是用介孔二氧化硅材料制成。空心球内可装载消炎、止痛和抗癌药物,并游弋于人体各器官与血管中。课题组还为"运输车"装上含有四氧化三铁(Fe_3O_4)纳米颗粒的磁性导航仪。在体外磁场的引导下,小车将被"吸引"到患处,然后释放出药物。所用介孔二氧化硅材料对人体无害,使用完毕将排出体外或自动降解。这种新技术不仅在医学,在其他领域也有很大的应用潜力,被评选为 2005 年中国十大科研进展之一 *。

同样具有精确定向输送能力的一种纳米尺度的动力机器——纳米马达正在世界范围开展研究和探索,这是费曼的梦想,也是当前纳米科学面临的挑战。

二、纳米加工与原子操纵[3]

说到显微镜,过去总认为它仅仅是观察的工具,但 STM 和 AFM 不仅是观察工具,而且是纳米级加工的工具,并可按人类需要进行人工排布原子。

1. 纳米级微加工

利用 STM 可人为地进行表面刻蚀及修饰工作,操作如下。

利用计算机控制 STM 的针尖,在某些特定部位加大隧道电流的强度或使针尖直接接触到表面,就可以刻出有规则的痕迹,形成有意义的图形或文字。

中国科学院化学研究所的科技人员利用自制的 STM 在石墨表面所刻蚀出的中国地图(见图 6.4-2)等图像十分清晰**。这些图形的线宽只有 10 纳米。如此算

＊　上海制造纳米"运输车". 文汇报,2005 年 8 月 28 日

＊＊　白春礼. 原子和分子的观察和操纵. 长沙:湖南教育出版社,1994

来,可以利用STM在一个大头针的针头上来记录《红楼梦》的全部内容。因此,STM对于研究高密度信息存储技术,具有重要的意义。

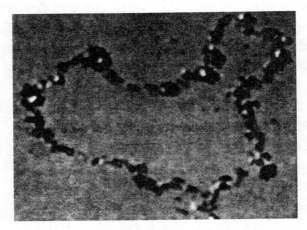

图6.4-2 中国地图

2. 利用 STM 针尖可在试件表面按要求除去、搬迁和放置原子

其原理和实例已在§4.5中作过详细介绍,对原子的搬迁的操纵对开展纳米材料研究和在材料表面进行微结构加工都十分有用,更具有实际应用前景。

三、举世瞩目的 C_{60} 和碳纳米材料[3, 12,13]

过去一直相信自然界中只存在两种碳的同素异形体:金刚石和石墨。然而,1985年发现了碳的第三种稳定的同素异形体,这就是本节要讲的 C_{60}。19世纪英国人发明了足球,100多年后的今天,柯尔(R. F. Curl, 1933—   )、斯莫利(R. E. Smalley, 1943—   )和克罗托(H. W. Kroto, 1939—   )发现了足球状分子 C_{60}。现今,足球成为世界第一运动而足球状分子也成为举世瞩目的新研究领域,3位科学家共同获得1996年诺贝尔化学奖。C_{60}问世后发展迅速,1990年已可小批量制备。实验已证实,C_{60}分子是由60个碳原子组成的笼状大分子,其分子直径约0.71纳米;其结构是由12个正五边形(边长为0.146纳米,称为长键)和20个六边形(边长为0.139纳米,称为短键)组成的32面体,共有60个顶角,每个顶角上占据一个碳原子[见图6.4-3(a)],C_{60}分子模型正好是一个足球,如图6.4-3(b)所示。

这种封闭型的 C_{60} 分子又称富勒烯,本身的化学键已经饱和,没有空键,不需要其他原子(如氢)来填补其表面化学键,所以由 C_{60} 分子构成的固体是纯碳结构。

X 射线衍射实验证明,室温下 C_{60} 晶体结构是由 C_{60} 分子构成的面心立方结构,其晶格常数(即立方体边长)为 1.42 纳米。

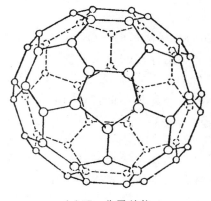

　　　　(a) C_{60} 分子结构　　　　　　　　　　(b) C_{60} 分子的足球模型

图 6.4-3　C_{60} 分子的分子结构和足球模型

　　C_{60} 晶体不导电,根据理论计算,C_{60} 的能带类似于砷化镓(GaAs)的能带,属窄能隙本征半导体,经测量禁带宽度为 1.7 电子伏左右。这是一种新型的半导体材料。1992 年已有报道,在 C_{60} 晶体中掺硼和磷后可制成杂质半导体。

　　实验表明,C_{60} 可以承受各向同性的静态压力达 20 万个大气压,但若在室温下快速施以 20 万个大气压的非静压,可将 C_{60} 转化为人造金刚石。

　　掺杂不同金属原子的 C_{60} 超导有不同转变温度 T_c,如掺杂钾的 $T_c = 18$ K,掺杂铷的 $T_c = 28$ K。掺杂 C_{60} 超导体的最大优点在于容易加工成应用所需的各种形状,且由于各向同性,可以使电流在各个方面均等地流动,具有良好性质和发展前景。

　　除了 C_{60} 分子外,人们还发现了由全部碳原子构成的其他一些稳定结构。例如,1991 年发现了巴基管(见图 6.4-4)。它是由一些同轴的圆柱形管状碳原子层

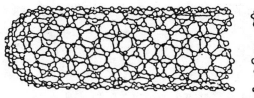

图 6.4-4　巴基管(碳纳米管)

叠套而成,原子层数从两层到几十层不等;碳原子在管壁上形成六边形结构,并沿管壁呈螺旋状,管直径在几纳米到几十纳米之间,故又称为碳纳米管。这些纳米微管具有特殊的力学和电学性质,如高抗张强度和高度热稳定性等,有广泛应用前景(有兴趣的读者可阅读参考资料[3])。

　　2004 年英国的两位科学家盖姆(A. Geim)和诺沃肖洛夫(K. Novoselov)首次从高定向热解石墨上分离出可在常温常压下稳定存在的单层石墨片——石墨烯(见图 6.4-5)。他们采用一种微机械剥离法分离出石墨烯,方法十分简单和巧妙:首先从高定向热解石墨剪裁出较薄的碎片,用胶带黏住两面,然后撕开,可使石墨薄片一分为二。不断重复这种过程,最终可得到只有一层原子厚度的石墨烯纳米材料。这是因为这种石墨晶体有独特的分层结构,层间结合力弱而层内的原子结合力强。方法虽简单,结果却惊人,可以得到物理学家和材料学家梦寐以求的二维晶体材料。石墨烯是由单层碳六元环紧密排列而成的二维蜂窝状点阵结构,严格来讲,它并不是完美的平面结构,而是表面有众多微小起伏的“准”平面结构。[13]

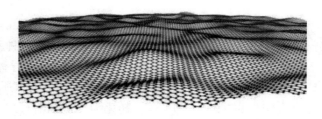

图 6.4-5　石墨烯

　　二维的石墨烯不仅有超群的力学性能,硬度可与金刚石媲美,而且有出色的光学、电学和热学性质。另外,因石墨烯是二维柔性材料,可组成其他结构。例如,将它们叠加起来可得到三维石墨;将它卷曲成圆筒状,可得到单层碳纳米管;也可制成球状或椭球状。所以石墨烯具有广泛应用前景,它也打开了二维纳米材料研究的新领域*。有关石墨烯纳米材料在先进光电材料及能源器件中应用的介绍,可见参考资料[14]。两位科学家于 2010 年(仅与发现相隔 6 年)就荣获诺贝尔物理学奖。

---

* 有关碳纳米管、石墨烯等多种碳材料在生物医学中的应用可参见闵宇霖,李和兴,吴彬编著的《低维纳米碳材料》(北京:科学出版社,2020)一书。

*§6.5   先进陶瓷与新型金属

一、先进陶瓷

陶瓷材料是人类最早利用自然界所提供的原料制成的。古代的陶器就是用黏土经高温烧制而成。后经过几千年漫长的发展,利用黏土及石英、长石等无机非金属天然矿物原料经一定配分烧制而成的瓷器出现了,瓷器比陶器更具有坚硬、光泽好、不渗水、耐高温、抗腐蚀等优点。到明清时代,江西景德镇的瓷器已闻名世界。陶瓷是陶和瓷的总称。中国的陶瓷产品已成为中华民族文明的象征,"china"即陶瓷的英文。

20 世纪中叶开始了从传统陶瓷到先进陶瓷的发展,先进陶瓷是以高纯、超细的人工合成的无机化合物为原料,采用精密控制的制备工艺烧结成的新一代陶瓷。先进陶瓷又称高性能陶瓷,有氧化物、氮化物、碳化物、硼化物、硅化物等。按性能通常分为先进结构陶瓷和先进功能陶瓷两类,我们还将对生物陶瓷作介绍。

1. 先进结构陶瓷

先进结构陶瓷是以其优异的力学性能为主要特征,即具有耐高温、耐腐蚀、耐磨损的优点。如氮化硼(BN)陶瓷,它的硬度仅次于金刚石,但耐高温性能比金刚石要好,可用来制作刀具、切削钢材。又如现代工程陶瓷中的新秀碳化硅(SiC)和氮化硅(Si_3N_4),硬度上仅次于金刚石和氮化硼,但有优良的耐高温、抗氧化性能,工作温度在 1 500 ℃时,强度仍要比钢高十几倍。可用来制作高温燃汽轮机上的涡轮叶片、火箭尾部的喷嘴等。在普通陶瓷材料中,加入一定量(如 15%)的氧化锆(ZrO_2),就可以大大增加韧性,制成增韧氧化锆陶瓷。韧性陶瓷因其坚硬耐碰被称为陶瓷钢。用氧化锆陶瓷和氧化铝陶瓷制成的刀具可加工最硬的合金钢零件,用来制造防弹用品等。

2. 先进功能陶瓷

先进功能陶瓷包括导电陶瓷、压电陶瓷、磁性陶瓷和透明陶瓷等,可利用这种陶瓷材料在电、磁、声、光或热等方面的性能。例如,当压电陶瓷受到机械应力作用时,会引起压电晶体内部极化,使晶体两个表面产生正、负电荷,将机械能转化为电能。由图 6.5-1 可见,当压电陶瓷片在受到压力和拉伸时,上、下表面产

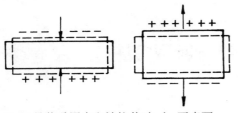

晶体受压力和被拉伸时,上、下表面
产生正、负电荷的情况

图 6.5-1　压电陶瓷片的压电效应

生正、负电荷的情况正好相反。所以当声波作用在压电陶瓷上时,由于振动使两个表面上的电荷不断变化,从而获得一个交流信号输出。反过来,将晶体置于高频电场中,晶体将按电场变化频率发生伸缩,电能转换为机械能。这种效应称为压电效应。常用的压电陶瓷有钛酸钡($BaTiO_3$)和锆钛酸铅(简称 PZT)。它们常被用作换能器,可产生和接收超声波,潜艇上所用的声纳探头就使用了压电陶瓷。利用压电陶瓷所发射的大功率超声波在工业上可用于探伤、切割、焊接等。

磁性陶瓷是具有磁性的铁氧化物,统称铁氧体。它的应用广泛,可用作高频变压器铁芯、计算机运算元件、记忆元件磁芯、录音机拾音头等。

3. 生物陶瓷

这是近二三十年有重要发展的可作为生物医学材料的陶瓷。我们将重点介绍一种生物活性陶瓷。大家知道,以往人工人体关节一般是用不锈钢之类的金属代替。由于一般人造材料植入人体后将引发异体反应,遇到阴雨天往往会感到酸痛,并且在人体组织与材料的界面处会形成非黏附性的疤痕组织,使植入不够牢固。科学家发现了多种生物活性陶瓷材料,主要有生物活性玻璃、羟基磷灰石[Hydroxyapatite, HAP,化学分子式为 $Ca_{10}(PO_4)_6(OH)_2$]等(见参考资料[15]),其中生物活性玻璃主要是由 Na_2O—CaO—MgO—P_2O_5—SiO_2 按不同比例组成。这种玻璃在植入人体内后,并不形成界面疤痕组织,相反能与活体骨形成骨键结合,牢固地稳定在植入处。这种材料能被用作假肢植体以及骨、关节和牙齿的修复。羟基磷灰石也有良好的生物相容性,植入人体无不良反应,具有诱导骨细胞生长的趋势,可应用于生物硬组织的填充、修复和替换,也是人体骨骼最理想的修复替代材料之一。

二、新型金属

在材料工业中,金属材料一直占据主导地位并不断发展。下面举例介绍两种新型金属功能材料,即形状记忆合金和储氢金属材料。

什么是形状记忆合金?先看一个实例。1969 年 7 月 20 日发射的阿波罗登月舱带到月球上一个直径数米的半球形天线,天线就是用镍-钛记忆合金材料制成的。先在正常温度下按预定要求制作好半球形天线,然后降低温度,把它压成一团,装入登月舱。当带上月球后,在太阳光照射下,温度升高到约 40 ℃时,天线会记忆起原来形状,张开成与原来一样的半球形。这个温度被称为镍-钛合金的转变温度。目前发现的有记忆能力的金属都是合金,不同合金有不同的转变温度。值得指出的是,这种记忆、变形的功能可反复使用不走样。

在§7.2中将介绍氢能的利用和制备。氢能作为能源,有很多优点,但它的制备和储存困难较大。这里先介绍有关氢的储存和储氢材料。

大家知道常温下氢气是气体,一般是在100多个大气压(1 个大气压 = 101.325 千帕)下,将其压缩在钢瓶中供使用。显然这种储存方法对工业和生活中大量使用氢能是不合适的。同样,储存液体氢也很不方便,因为氢气要在－253 ℃低温下才能变为液体。目前科学家正在根据一些金属合金能吸氢的特性,研制出储氢材料以储存氢。其基本原理是:氢是一种活泼的元素,它能与许多金属发生化学反应生成金属氢化物,将氢储存起来。金属与氢反应是一个可逆过程,在一定温度、压力下,金属氢化物将吸收热量,发生分解,放出氢气供使用。在这种储氢合金中,氢原子密度要比同样温度、压力条件下的气态氢大 1 000 倍,相当于储存了 1 000 个大气压的高压氢气。目前已研制成功的有镧-镍合金、铁-钛合金等储氢材料。其中每千克镧-镍合金能储氢 153 升,而每千克铁-钛合金的储氢量要比镧-镍合金大 4 倍,且价格低。这些储氢材料将有广阔应用的前景。

* §6.6   信息的获取

通俗地讲,信息一般是指有新内容和新知识的消息、情报、指令、资料、数据、信号等所包含的可传递和交换的内容。信息作为一种社会共享的重要资源和财富,对人类生存和社会的发展起着极为重要的作用。人类对信息的感知和掌握,以及信息利用的深度和广度关系到人类社会发展的速度。实际上自人类产生开始,就开始了信息活动。人类的历史就是获取、传递、储存、处理和利用信息的历史,也是信息技术的发展史。

信息的获取是信息利用的先决条件。长期以来人类靠自身的感觉器官(主要是眼睛和耳朵)来直接获取信息,这毕竟是有局限的。今天,人们为了克服人体器官的局限和自然条件的限制,为了适应经济发展的需要,各种传感技术和遥感、遥测技术得到了迅速发展,大大扩大了人们获取信息的能力。

一、传感器技术[16, 17]

在检测和自动控制系统中,传感器的作用相当于人的各种感觉器官的延伸。应用传感器的目的,是要将各种被检测量转换成便于测量和处理的量(如光、声、电、磁等量)。根据传感器感知外界信息的原理不同,可分为物理传感器、化学传感器和生物传感器。下面举例说明几种基于物理效应的物理传感器的原理及应用。

1. 压力传感器

压力传感器属力敏传感器一类。根据不同原理,压力传感器本身种类也很多。例如,在§6.5中介绍过的压电陶瓷和在§3.2中介绍过的石英晶体,它们都是压电材料,具有将压力(机械能)转变为电能的功能(见图6.5-1),都可以作为压力传感器使用。根据压电特性,这种传感器常在压力不断变化的动态过程中工作,如可作为超声波的测量仪,用于探测潜艇、鱼群、水下障碍的声呐系统及医用B超诊断仪中,也可用来检测微弱的机械振动等。

另外,介绍一种用半导体材料硅制成的扩散硅压力传感器,它不仅可用来测量动压力,也可用来测量静压力,灵敏度很高。这种压力传感器是利用硅单晶作为弹性膜片,在其适当部位通过掺杂形成力敏电阻电桥(见图6.6-1)。通常是在硅单晶[(１００)晶面]的圆膜(方形也可)的边缘附近如图示位置,通过扩散注入杂质硼,形成4个扩散电阻,这4个电阻是互相平行的。对于膜的半径而言,R_1和R_4是径向电阻,R_2和R_3是横向电阻[见图6.6-1(a)]。4个电阻构成如图6.6-1(b)所示的电桥。当这个硅膜中央受到一个压力时,膜将发生形变,在膜内产生应力,使电阻大小发生

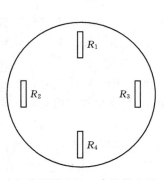

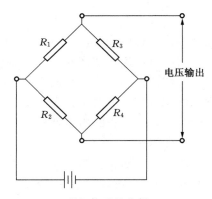

(a) 硅晶面上的4个扩散电阻　　　　　　　(b) 构成的电桥

图 6.6-1　力敏电阻电桥

变化:其中 R_1 和 R_4 被拉长,电阻增大;R_2 和 R_3 被加宽,电阻减小。这种变化称为压阻效应。于是,电桥失去平衡(直流电桥平衡条件是 $R_1/R_3 = R_2/R_4$),即会有电压输出。由于半导体材料的压阻效应要比金属材料高出两个数量级,因此从实用考虑采用半导体材料。这种电桥被称为力敏电阻电桥。例如,一个实用的扩散硅压力传感器[6],它是一块很小的半导体芯片,大小为 3 毫米×3 毫米,硅片厚为 50 微米。当外加电压为 5 伏时,在 1 个大气压(约 100 千帕)的压力下可有约 50 毫伏的输出。

利用这种压力传感器可测量气体压力、在液体中物体的深度(如潜艇位置)。采用一种特殊的芯片,还可用这种力敏电阻电桥制成加速度传感器,因为在特定的设计下,突然的加速(或减速)会对硅片产生应力,破坏电桥平衡,从而有信号输出。在汽车工业中,可利用这种传感器来控制汽车中安全气囊的打开。

2. 光导型光敏传感器

光敏传感器通常是指对从紫外到红外的光很敏感,并可将光能量转换成电信号的器件。这里将介绍利用半导体材料的光电效应所制成的光导型光敏传感器。

当光照到两端接上电源的 CdS,GaAs,Ge 等半导体材料上时,这些材料(又称光电晶体)将吸收光能而生成电子-空穴对,且电子向正极移动,空穴向负极移动,形成光电流。这种光电流信号可以引出并进行测量,如图 6.6-2 所示。这就是光敏传感器的工作原理。在光电晶体

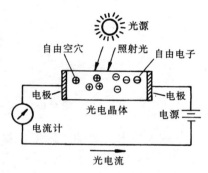

图 6.6-2   光导型光敏传感器的原理图

中,CdS 对可见光敏感,GaAs 和 Ge 对红外线敏感,ZnS 对紫外线敏感。

这种由光敏电阻器制成的光导型光敏传感器在日常生活中应用很广。例如,路灯控制器和自控式的施工警灯,都是白天自动关灯、晚上自动开灯。又如,电冰箱关门提醒器,实际是将硫化镉光敏电阻器安装在电冰箱内照明灯泡附近,一旦门未关上,在电冰箱内照明灯泡的照射下,有光电流流过,就会发出报警声。

利用物理效应的传感器种类多、用途广,如射线传感器、热敏传感器、声敏传感器、磁敏传感器等。有兴趣的读者可见参考资料[6]。

二、遥感技术及其分类[18]

1. 什么是遥感技术

遥感是一种远离目标、通过非直接接触而对目标物进行测量和识别的信息技

术。它主要是通过安装在地面或飞机、卫星、航天飞机等运载工具上的各种遥感器,收集和记录遥感目标及其所处环境(如大气和各类地表)的辐射或反射的电磁波信息,得到数据和图像(见图6.6-3),再经过计算机数据处理或人工图像判读,进行信息提取。

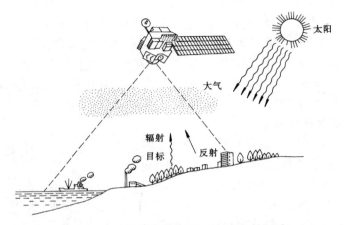

图6.6-3　遥感数据采集(取自参考资料[17])

遥感技术是20世纪60年代蓬勃发展起来的一门综合性技术,涉及物理、电子学、计算机、空间技术、地球科学等领域的高新技术,它是现代信息技术中极为重要的部分,应用领域非常广。例如,探测地表和海洋的自然环境,探查和评估自然资源,监测大气环境,从云图中获取气象信息并及时进行预报,以及进行地形测绘和军事侦察等。目前我国遥感技术已进入国际先进行列。例如,2014年8月发射的"高分二号"卫星,其可见光波段的黑白图像的分辨率已优于1米,可分辨车型。

2. 遥感分类

按工作方法分类,遥感有主动遥感和被动遥感两种。主动遥感是通过雷达、辐射计等向目标发出电磁波,然后测量其反射和散射回来的电磁波信号,从中获得目标信息。被动遥感指直接接收太阳光的反射及目标物和环境本身所辐射出来的电磁波。例如,物体的红外辐射也可在夜间进行接收。

遥感也可按接收的电磁波的频段进行分类。在表3.3-1中已给出电磁波的分类和名称。目前遥感所使用的电磁波波长包括:紫外线的一部分(0.3~0.4微米),可见光(0.4~0.8微米),红外线的一部分(0.8~14微米),以及微波(约1毫米~1米)。按上述波段,波长由小到大可分为3类遥感,即可见光和反射红外遥感(利用光学摄像、激光雷达等)、热红外遥感(利用红外扫描仪等)和微波遥感(利用微波辐射计、微波成像雷达等),如图 6.6-4 所示。

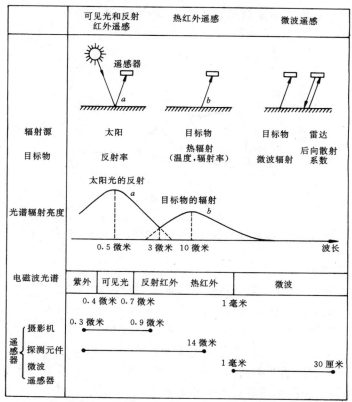

曲线 *a* 是把太阳看作绝对温度为 6 000 开的黑体,并假定目标物的
光谱反射率不随波长变化;曲线 *b* 是把目标物看作绝对温度为 300
    开的黑体;两曲线都忽略了大气的影响

图 6.6-4 根据波段可把遥感划分为 3 种类型(取自参考资料[18])

三、不同波段的 3 类遥感及其应用

1. 可见光和反射红外遥感

在这类遥感中,所观测的从目标物反射的电磁波的辐射源主要是太阳。太阳
可近似看作一个黑体,入射到地表上的太阳辐射,其电磁波的最强部分是可见光部
分,峰值约在 0.5 微米处,其次是反射红外部分(见图 6.6-4)。

可见光和反射红外遥感可观测到的数据与地表目标物的反射率密切相关。反射率是指一表面上的"反射光通量"与"入射光通量"之比。如图 6.6-5 所示给出植物、土、水的光谱反射率。人们正是利用不同物体的反射率的差异来获得相关目标物的信息。在主动遥感中是利用激光雷达作为辐射源。

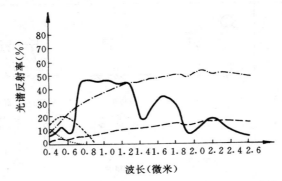

图 6.6-5　**植物、土和水等的光谱反射率**(取自参考资料[18])

2. 热红外遥感

在这类遥感中,所观测的电磁波的辐射源是目标物。由图 6.6-4 可见,常温地表物体辐射的电磁波峰值在 10 微米左右,即热红外区。不同物体所辐射的电磁波谱的分布和能量与物体的性质、温度及表面粗糙度有关。

在上述两类遥感中,遥感器有多光谱摄像机、光学机械扫描仪等。

下面举例说明上述两类遥感技术的应用。第一个例子是第二章所提到的气象卫星(正是利用上述两类遥感技术来获取云图照片。第二个例子见彩图 6,这是由中国科学院上海技术物理研究所提供的,利用他们研制的航空多光谱扫描仪,于 1985 年 11 月夜航测得的秦始皇陵墓的热红外图像(波长为 8～12.5 微米)。右图中箭头所指的是秦始皇墓区,它与周围环境的红外辐射明显不同。墓区中央一个黑点处,估计是墓穴位置。左图是伪彩图,可以更清楚地看到在墓区中央有一个亮点,即墓穴。由此可见遥感技术在对地下文物的预测工作方面取得了很好的成果。第三个例子见图 6.6-6,这是利用航空遥感技术监测海洋或河口海岸的污染所测得的一张显示油船引起油污染的图像,测量的是目标物所反射的紫外线(0.28～0.38 微米)。由于油膜比水的反射率高,因此亮点形成的径迹表示油污染。

3. 微波遥感

微波波段在 0.1～100 厘米内,微波遥感也有主动和被动两种观测方法。被动遥感中直接观测的是物体所辐射的微弱的微波(见图 6.6-4);主动遥感中是用微波雷达

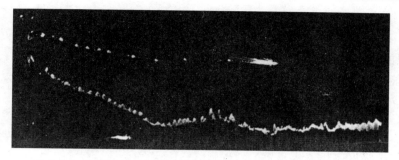

图 6.6-6　海洋油污染(东海)遥感监测(0.28~0.38 微米)紫外图像
(图片来源:中国科学院上海技术物理研究所航空遥感研究室)

向地面发射微波,然后接收其反射微波的方式。从目标物反射回来的功率与发射功率之比称为后向散射系数,这个系数的大小与物体表面特性、微波波长、入射角等因素有关。利用微波雷达,可测量目标的位置、方向、距离和运动速度等。

*§6.7　信息的传输和处理

　　迅速、准确、有效地传输信息,是人们在信息活动中一直努力追求的目标。在信息传输技术中,通信技术的革命性突破是关键。1492 年哥伦布发现了新大陆,但派他去探险的西班牙皇后伊莎伯拉直到半年后才得知此消息。然而,1969 年 7月 20 日美国"阿波罗-11"号把人类第一次送上月球时,仅在 1.3 秒内这一振奋人心的消息就传遍全世界。近一个半世纪通信技术迅速发展,尤其是在 20 世纪 50年代后,半导体和电子计算机技术的迅速发展,开创了现代通信技术的新纪元。

　　目前传统的通信手段(如邮政、电话等)虽然还不可缺少,但它们已经不是现代通信技术的主要支柱。建立在微电子技术、计算机技术、激光技术、光纤技术和通信卫星技术等基础上的现代通信技术已获得突飞猛进的发展。

一、现代移动通信(5G)

　　电话已发明 100 多年,在电话这个大家庭中出现过许多新成员,如录音电话、可视电话和磁卡电话等。尤其是移动电话网的建立,使移动电话广泛使用。第四代通信技术(4G)手机使人们不仅可以在任何时候、任何地方、能与任何人通话、发短消息或发邮件,还可以直接观看视频。目前作为第五代通信技术,5G 手机已出现。5G 不只是增强带宽、提升网速,与 4G 相比,5G 还有更低的功耗、更短的延迟、更强的稳定性,以及支持更多的连接。所以,5G 不只应用在手机上,它将推动人工智能、互联网、AR 技术*等的发展,有广阔的应用扩展空间。与 4G 是"修路"相比,5G 是"造城"联万物,5G 万物互联的辉煌时代正在到来。

二、电子邮件

人们利用手机或计算机之间的联网,可以向对方发信件或发文件、报告等信息资料,并送入对方"信箱",这种通信手段被称为电子邮件(E-mail)。今天国际互联网(Internet)已经把世界各地的手机和计算机联结起来,跨国公司可利用电子邮件开展业务,科学家可通过电子邮件进行学术交流;亲朋好友之间可利用电子邮件进行通信,十分经济、方便和快速。

三、卫星通信

在§2.4 中已经介绍了通信卫星的应用,今天卫星通信已成为国际通信的主要手段之一。目前广泛使用的已是第四代和第五代国际通信卫星。容量更大、传输速度更快、稳定性更好的新一代国际通信卫星正在研制中。

卫星通信有明显的优点:视野大、通信距离远、越洋通信无需铺设电缆;不受地理条件限制和线路制约;组网灵活、迅速;具有多址通信能力。但是,卫星通信也有一些明显的缺点:①通信卫星一般定位在 3.6 万千米高的同步轨道上,距离相当远,因此卫星通信至少会有 0.24 秒的时间延迟;②电磁波要通过 16 千米厚的大气层以及地球上空的云层,会受到干扰,使通信质量下降;③卫星通信使用微波通信,易被窃听,保密性差;④卫星造价高、寿命短(一般为几年)。

四、光纤通信[19]

"信息高速公路"不只包括卫星通信,还包括光纤通信、微波通信等现代高速信息传输通道。它们具有极快的传输速度,片刻就可把信息传到地球各处,且信息传

---

* 增强现实技术(augmented reality, AR)是一种将真实世界信息和虚拟世界信息"融合"在一起的新技术,可让参与者与虚拟对象进行实时互动,获得一种奇妙的体验。

输量大。替代电缆的光纤克服了卫星通信的缺点,与卫星通信各显神通。

激光具有好的单色性和方向性,它是进行光通信的理想光源。而传播激光的媒质是光导纤维(简称"光纤")。有了光纤,光的传输不再是在大气层中进行,而是在光纤中进行,实现了光通信。在这里有必要提到一位英国华裔科学家高锟。他1933年出生于上海,1965年在伦敦大学获得博士学位。正是他在1966年(年方33岁)激光发明后不久,首次从理论上论证了光导纤维作为光波传输手段的可能性,发表了论文"光频介质纤维表面波导",这个开创性的论断为纤维光学的发展做出了重大贡献。由于他对光纤从理论到实验的一系列创新研究成果,被世界公认为"光纤之父",并荣获2009年诺贝尔物理学奖。

1970年美国康宁玻璃公司首次拉出第一根可实用的光纤。光纤以超纯石英为基本材料制成,一般由两层组成:里面一层称为纤芯,直径约5~10微米,是一根比头发丝还要细的折射率较高的石英丝;外面一层称为包层,由折射率较低的石英制成,外径约100微米。通常包层外再覆盖一层塑料护套以保护光纤。光在纤芯和包层界面处实现全反射。光纤的光传输是把由电信息转换来的光信息,从一端传至另一端,再经光电转换后,仍以电信息输出。为了实现双向信息传输,需两根光纤。在实际使用中,通常把千百根光纤组合成光缆,这样不但提高了光纤强度,而且可进行多路通信,使通信容量大大增加。光纤通信中使用的激光频率高、频带宽,约10^{14}赫,远高于无线电波和微波,根本不受无线电信号或微波信号的干扰,这么宽的频带使光纤通信比电波通信有大得多的通路,完全可满足大容量通信系统的需要。光纤通信技术不仅容量大、损耗小,而且传输速率快。目前通常使用的光纤的传输速率为每秒几十到几百兆比特,要比通常电传输速率(每秒几万比特)高几个数量级。例如,最早于1983年2月由美国贝尔实验室铺设的在纽约到华盛顿间的光缆含1 444根光纤,直径仅为13毫米,这条光缆可同时实现4.6万路电话通信。目前,许多国际光缆已投入使用,其中跨越大西洋和太平洋的用于国际通信的海底光缆早已开通,还有许多光缆正在敷设之中。

我国光通信能力正在迅速发展。目前国内在电信网、因特网和有线电视网的主要干线部分已普遍采用光缆线路。光纤网络已安装到家,不仅可以观看高清电视,而且可以足不出户地进行网上购物、远程医疗、远程教育等,人们出现了与过去完全不同的生活方式。在用的国际光缆也有不少,大大增强了我国的国际通信能力。

五、数字通信技术

在现代通信技术中,数字通信技术对现代通信的发展产生了巨大影响。正是数字通信技术的产生和发展,使现代通信方式从模拟转向数字,发生了革命性的变化,从而也促使计算机技术与通信更好地结合起来,充分发挥了计算机对数字信号的处理功能,加速了信息技术的发展。

与§5.2对"数字激光唱盘"基本原理的介绍相同,在数字通信技术中关键是模拟信号和数字信号之间的转换问题。例如,打电话时话音将转换成电信号,由电信号的波动来模拟声音的波动,将这种模拟信号通过电话线传送给对方,再将电信号转换成声音。这种电信号(即模拟信号)在传输过程中往往会失真或受到干扰。现在将模拟信号通过模数转换器变换为数字信号,也就是转换为二进制代码的数字脉冲信号(即编码过程),这种信号只有两个变化状态,一个用二进制数字"0"表示,一个用二进制数字"1"表示。于是,在传输过程中相当稳定,不易失真,且抗干扰能力强。在接收到数字信号后,可通过数码转换器,再将数字信号变换成模拟信号(即译码过程)。

数字通信技术不仅具有抗干扰、不易失真的优点,而且传输速率快、保密性强。更重要的是,它可以通过一条光纤线路,综合进行电话、电报、数据和图像等各种信息的传输。

经过数字化处理的有1 000个汉字的文本,信息量不过2 KB(即2千字节),在一张手掌大的光盘上,可以放入几十部国内外名著。闻名世界的牛津英语辞典共有20卷、6 000多万字,现在也已经可以把这套辞典全部存放在一张光盘上,检索、阅读都非常方便。

讲到数字化处理的重要应用,这里再顺便提一下3D打印机。目前3D打印技术已是家喻户晓,它可以打印出仿真人、机械零件、汽车、飞机、食品、人体器官等,应用领域极其广泛。其基本原理是首先利用现代数字扫描技术,在计算机上对实物建立数字化三维模型。然后利用控制技术,将一些材质(如塑料、陶瓷、树脂、金属等)通过一层层堆积粘合的方法"堆"出3D实物。

六、量子通信

为了真正实现远距离量子通信,我国于2016年8月16日成功发射了世界首颗量子科学实验卫星"墨子号"*,期望它成为世界量子通信研究领域最亮的"星"。它的主要目标之一是通过激光的单光子传输进行星地间高速量子密钥分发实验,在此基础上实验广域量子密钥网络,以期将空间量子通信实用化。目前实用化的

---

* 高博."墨子号"量子科学实验卫星发射升空.科技日报,2016年8月16日

量子密钥分发,即发送方是采用单光子偏振态作为二进制信息传输载体建立的密钥向接收方传输信息。单光子不可分割、不可复制,也无法被精确地测量。基于量子力学原理,一旦光子被截获时经过测量,光子偏振态就会发生改变,接收方就能察觉有截获者,即可停止通信。这就确保了量子通信的安全性。有关量子通信较详细的介绍可见参考资料[20]。

据 2018 年 1 月 22 日《科技日报》报道,我国科学家与奥地利科学院有关研究组合作,利用"墨子号"卫星实现重大突破,首次实现在中国和奥地利之间距离达 7 600 千米的洲际量子密钥分发,以及实现加密数据传输和视频通话*。科学家正期望实现城际光纤量子通信和全球量子通信网的早日开启。

七、多媒体技术

信息的传递离不开媒体。在信息社会中,为了充分发挥文字、语言、图像和声音等各种媒体的作用,往往是将几种媒体所携带的信息综合在一起进行传递。所以,只能处理一两种类型媒体信息的设备已经不能满足实际需要。于是,在计算机技术基础上发展出一种多媒体技术,它是进一步拓宽计算机应用领域的新技术,一种具有多媒体信息处理功能的新设备——多媒体计算机也诞生了。

多媒体的关键技术显然是媒体信息数码化,即将模拟信号转成数字信号。数字化后可输入计算机,使信息能用计算机来识别和进行处理,并可用计算机通信方式向外传播,其覆盖面可遍及世界各地。

常用数码化设备有手写输入板、扫描仪、数码相机、数码摄像机、摄像头等。下面以数码相机为例来说明其应用及优点。数码相机是计算机的一种输入设备。它将所摄图像数码化,并生成计算机图像文件,存放在相机的存储卡中,而普通相机是用感光胶卷来记录图像的。在存储卡中的图像文件,可以输出到相机自身所带有的液晶显示屏上,回放所摄照片,也可通过 USB 接口将照片文件传送到计算机。利用图像处理软件对数码相片进行各种处理,如修改照片(包括背景,衣服颜色等)、制作电子相册,以及通过电子邮件将照片传送给亲朋好友等。

八、信息技术和互联网的广泛应用

信息技术和互联网的迅速发展,扩展了人类信息活动的能力,促使了社会的信

---

* 吴长峰."墨子号"成功实现洲际量子密钥分发.科技时报,2018 年 1 月 22 日

息化,从而改变了社会面貌,加速了社会现代化的进程。2019 年是"中国全功能接入国际互联网 25 年",25 年来我国网民规模已超过 8 亿,互联网普及率超过 60％。我国互联网从无到有、从小到大、从大渐强的发展令世界惊叹*。我国的网信事业已融入社会各个方面,深刻改变了人们的生产和生活方式。近年来 5G 的出现,更是大大推动了我国网信事业的发展。下面列举一些事例来说明信息技术和互联网在各个领域中所起的重要作用。

基于现代信息技术,加快了工业生产过程自动化,并进一步向智能化发展,以保证产品的高质量、高产量。

在农业方面,利用卫星遥感技术,可获得高质量的云图,准确地提供气象的预测预报,对农业的高产丰收起了重要作用。利用卫星遥感还能大面积监视农田的水情、旱情、虫情和作物的长势。

在科技现代化方面,利用因特网情报检索系统,只需花几分钟就可以找到世界各国在特定领域某一课题方向以及重要教育科研机构的有关介绍等。

在商业方面,通过互联网可以进行商品展示和开展贸易,这就是正在迅速发展的电子商务。

现代化的国防也离不开对现代信息技术的掌握和应用。现代战争在很大程度上是在高级信息系统辅助指挥下双方高技术武器所进行的较量。

当前互联网发展的一种新形态——"互联网＋"已逐渐深入百姓生活。"互联网＋教育"、"互联网＋医疗健康"、"互联网＋文化"、"互联网＋金融"等已融入人们的工作、学习、教育、医疗和生活之中,越来越多的人享受到网络和信息化的发展成果。

总之,信息技术和互联网的发展和应用,对整个社会的经济、科技、军事、人类生活的各个方面产生了巨大而深远的影响,使人类社会迈入了一个崭新的时代——信息时代。

参考资料

［1］刘金寿.现代科学技术概论.北京:高等教育出版社,2008

［2］陈光林.材料世界漫游.济南:山东文艺出版社,2000

［3］袁哲俊.纳米科学与技术.哈尔滨:哈尔滨工业大学出版社,2005

［4］杨钧锡,杨立忠,周碧松.信息技术.合肥:中国科学技术出版社,1994

---

* 王思北,余俊杰.网民规模 8.54 亿,互联网普及率 61.2％.解放日报,2019 年 10 月 18 日

［5］张效祥,崔良海.大步跨越时空(信息技术).上海:上海科技教育出版社,1996

［6］冯端,冯步云.晶态面面观——漫谈凝聚态物质之一;放眼晶态之外——漫谈凝聚态物质之二.长沙:湖南教育出版社,1994

［7］罗会仟,周兴江.神奇的超导.现代物理知识,2012,2:30

［8］赵凯华,罗蔚茵.量子物理.北京:高等教育出版社,2001

［9］丁兆君.超导研究在中国.科学,2020,1:29

［10］任治安.铁基高温超导材料探索.现代物理知识,2014,2:10

［11］纳米科学及其应用专题文章.现代物理知识,2018,5:3
　　(袁立永等.纳米技术与核能发展;于淑君等.金属有机骨架纳米材料在能量储存和转换领域中的应用研究;张晨阳等.纳米技术在医疗上的应用;任红轩等.纳米药物;诸卫国.纳米器件)

［12］刘吉平,孙洪强.碳纳米材料.北京:科学出版社,2004

［13］范桂锋,朱宏伟.石墨烯:打开二维材料之门.现代物理知识,2010,6:25

［14］白晋涛.石墨烯在先进光电材料及能源器件中的应用.现代物理知识,2018,1:5

［15］钟吉品,刘宣勇,常江.激活基因的玻璃.无机材料学报,2002,**17**(5):897;赵莉,林开利,常江.生物活性陶瓷材料表面碳酸羟基磷灰石形成及其微观结构的研究.无机材料学报,2003,**18**(6):1280

［16］鲍敏杭,吴宪平.集成传感器.北京:国防工业出版社,1987

［17］吴宪平,胡美凤.扩散硅压力传感器性能优化研究.传感技术学报,1992,**5**(3):1

［18］[日]遥感研究会编.刘勇卫,贺雪鸿译.遥感精解.北京:测绘出版社,1993

［19］陈益新.光纤:通往光信息时代的彩虹——赞华裔科学家高锟荣获2009年诺贝尔物理学奖.现代物理知识,2009,6:3

［20］张文卓.划时代的量子通信——写给世界上第一个量子科学实验卫星"墨子号".现代物理知识,2016,6:3

第七章　物理学是能源科学的基础

能源是人民生活和经济发展的主要基础,人类社会的进步离不开能源科学的发展,包括如何向大自然索取能源、先进能源技术的使用以及新能源的不断开发。

几千年来,在人类能源利用史上大致有 4 个重要发展阶段:火的使用,蒸汽机的发明和利用(18 世纪初),电能的使用(19 世纪初)和原子能的利用(20 世纪下半叶)。后 3 个阶段是与物理学的发展紧密联系的,正是物理学的发展为能源科学的发展和能源的利用提供了理论基础和实验基础。

随着世界经济的发展,对能源的需求急剧增加,但是可利用的能源却在日益减少。因为目前人类开发利用的主要能源(如石油、煤、天然气和铀等)均为非再生能源,总是越来越少,人类已面临着"能源危机"。当前能源革命的两大重点是开发新能源和提高能源的利用效率。物理学从理论和实验两个方面,为新能源和可再生能源的开发、利用提供新的途径和方法,如核电站的发展、太阳能、风能、水能、地热能、海洋能等的利用以及可控热核聚变的研究等(见参考资料[1~4])。

本章将介绍能源概况、各种新能源及有关物理基础知识,着重介绍目前在我国发展较快的裂变反应堆(核电站)和世人关心的新能源——可控热核聚变的研究,以及我国"两弹元勋"的爱国情怀和卓越贡献。

§7.1　能源概况

一、能源及其分类

地球上能量来源形形色色,归纳起来主要来自 3 个方面。

第一是来自地球外天体的能量,其中主要是太阳辐射能。不仅来源于太阳的直接辐照,而且传统的燃料能源(如煤、石油、天然气,又称为化石能源)以及非燃料能源(如风、水流、海洋等)的能量,也都间接和太阳能有关。就拿煤来说,由于地质变动,使植物有机体被埋于岩层下,经过漫长年代而形成煤,它储存了太阳能。

第二是地球本身蕴藏的能量(如地球内部的地热能),以及在地壳中所储存的核裂变燃料(如铀)和海洋中的氘、氚等聚变能资源。

第三是由于地球和月亮、太阳等天体相互作用所产生的能量,如潮汐能等。

常用的能源分类可以按照能量的使用情况和是否可不断重复获得进行。按照能量的使用情况,能源可分为燃料能源和非燃料能源两种:一般情况下,燃料能源为不可再生能源,随着消耗而终将耗尽;非燃料能源是可再生能源,可不断重复获得,取之不尽。通常还将能源分为常规能源和新能源:常规能源是指已被广泛应用的能源(包括煤、石油、天然气、水力等);相对而言,新能源是指目前尚未被人类大规模利用而有待进一步研究、开发和利用的能源(包括核能、太阳能、风能、地热能、海洋能、氢能等)。另外,通常把直接取自自然界、没有经过加工转换的能量资源(如原煤、原油、天然气、水能、风能等),称为一次能源;把由一次能源经过加工转换以后得到的能源(如电能、汽油、柴油、液化石油气、氢能等),称为二次能源。

二、物理学与能源科学

物理学是能源科学发展的基础。18 世纪以来能源利用的几次重大发展都与物理学密切有关。

18 世纪初,蒸汽机的发明是人们第一次把蕴藏在化石燃料——煤中的能量转化为动力(机械能)。同时,动力机械的出现大大提高了生产力,导致了欧洲的工业革命。在努力提高蒸汽机效率的过程中,促进了热力学的发展,而物理学的发展又为蒸汽机性能的提高提供了理论基础。

19 世纪初,人们根据电磁学理论制造了发电机、电动机,掌握了远距离输送电能的技术。接着,又发明了电灯、电报、无线电通信等,使人类进入电能应用的时代,大大促进了社会经济的发展,改变了人类社会的面貌。

20 世纪初,随着原子核科学的发展,科学家发现了原子核的裂变和聚变现象,从理论和实验上为原子能的利用奠定了基础。1954 年苏联建成了世界上第一座利用核裂变所产生的核能来发电的核电站,至 2019 年底世界上 30 个国家共有 443 台核电机组在运行,总装机容量为 392.1 吉瓦(GW)*。目前美国拥有 100 多座核电站,总装机容量为世界之最,供电量约占全国总供电量的 20%。按核电站数计算,排名第二的是法国(有 58 座核电站),但核电供电量约占全国总供电量的 72%。再往下是日本、德国、俄罗斯等国家。现今核电已成为全球能源中不可缺少的组成部分。除了核裂变能外,如何利用核聚变产生的能量,则是目前不少国家正

---

*　资料来源(百度):《IAEA 发布 2019 年全球核电厂运行情况报告》.全国能源信息平台,2020 年 7 月 2 日

在研究的重要前沿课题。这些内容将在§7.3和§7.4中着重介绍。

三、能源与环境[3]

我国是一个以煤和石油为主要能源(约占90%)的国家,而这两种化石燃料能源的利用过程也直接污染地球环境,使大气和水质产生污染。在大气中5种主要污染物是各种悬浮颗粒物(主要是人体易吸入且对人体危害较大的直径小于2.5微米的细颗粒物PM2.5,其次是直径2.5~10微米的可吸入颗粒物PM10)、氮氧化物(NO和NO_2)、二氧化硫(SO_2)、一氧化碳(CO)和碳氢化合物[如甲烷(CH_4)、乙烷(C_2H_6)、乙烯(C_2H_4)等]。近年来又把臭氧列入要测量的污染物,因其氧化性非常强,会和空气中其他污染物结合,造成对人体的伤害,已到非治不可的程度。这些污染物的主要来源有3个方面。

(1) 煤、石油等燃料的燃烧。这些燃料除由碳、氧两种主要元素组成外,还有硫、氮等元素,燃烧时所产生的这5种污染物,要占大气中污染物的70%以上。因此,火力发电厂已是大气的最大固定污染源。据估计燃烧1吨普通煤可产生约10千克二氧化硫、8千克氮氧化物和没有燃尽的煤粒、粉尘约11千克。燃烧1吨高硫石油,将生成50千克二氧化硫和10千克氮氧化物。

(2) 汽车排出的废气。在废气中除上述污染物外,还有含铅化合物,它是大城市中的最大污染源。

(3) 工业生产(如各种化工厂、炼焦厂等)过程中产生的废气。

大气污染对人体和动植物生长危害很大。一个成年人每天要呼吸1万升(相当于13.6千克)空气,这些大气污染物将刺激呼吸道黏膜,引起上呼吸道炎症,影响肺功能,引发心血管病;刺激眼睛,引起眼睛结膜炎;刺激皮肤,引起皮炎;严重的还将影响人体血液中血红蛋白输送氧的机能等。

大气污染已对全球造成以下三大危害。

1. 酸雨问题

随着大气污染日趋严重,世界各地酸雨污染也呈加重趋势。我国也不例外,酸雨面积不断扩大,遍及许多省市。欧洲、北美和中国已成为世界三大酸雨区。酸雨的成因比较复杂,但酸雨中所含的主要成分硫酸和硝酸,正是来源于空气中的二氧化硫和氮氧化物与大气中水蒸气的反应,生成的酸随同雨雪降落形成酸雨。

酸雨对环境、生态和生物体的影响是明显的。形成的酸雨将进入地表、江河,破坏土壤,影响农作物生长,使生物体死亡,造成森林大面积消失,破坏生态平衡。此外,酸雨也对建筑物有腐蚀作用。为此酸雨问题亟待解决。对以火力发电为主的国家,一个重要对策是使用低硫燃料。例如,通过清洁煤技术,减少煤中的含硫量,从而减少二氧化硫的排放量。

2. 温室效应

化石燃料燃烧所放出的大量的二氧化碳,使大气中二氧化碳含量大量增高,引起地球的平均温度随之不断增高,近一两百年来尤为显著。估计在早年工业革命时,大气中二氧化碳的浓度为 280 ppm(1 ppm＝10^{-6},即百万分之一,也就是 100 万个空气分子中所含的这种分子数),而世界气象组织发布的《2013 年温室气体公报》中指出:2013 年地球大气中温室气体浓度创出新高,大气中二氧化碳浓度已达 396 ppm,即增加了约 42%;过去 10 年中,大气中二氧化碳含量平均每年增长幅度为 1.8 ppm,而 50 年前平均每年增长幅度为 1 ppm。由于大气中的二氧化碳(以及水蒸气、甲烷*等)气体易吸收长波辐射,因此太阳的短波辐射可以透过大气层射入地面,而地面温度增高所放出的长波热辐射,却被大气中逐年增加的二氧化碳气体吸收,难以逸出高空,最终导致地球气温变暖,地球上的一切好比处在温室中一样,这就是“温室效应”。19 世纪末时,地球平均气温约为 14.5 ℃,目前已超过 15 ℃。联合国政府间气候变化专门委员会(IPCC)于 2013 年 9 月 27 日在斯德哥尔摩发布的第五份气候变化评估报告中指出,在过去一个世纪里全球气温上升了 0.89℃,全球海平面上升了 19 厘米。两者上升速度都在不断增加,专家们预测到 2100 年全球平均气温将上升 2℃至 4.8℃,海平面将升高 26 厘米至 81 厘米。气候变暖将带来一系列灾害:冰川融化,地势低的沿海地区被淹没,暴雨、飓风、高温和干旱等极端天气将频繁出现,给人类生存带来危机。当今必须全球动员减少和限制温室气体的排放。

2014 年 9 月 23 日联合国气候峰会在纽约联合国总部举行,会议见证了中国担当,在会上宣布的《国家应对气候变化规划》中,中国确保实现 2020 年碳排放比 2005 年下降 40%～50% 的目标。随着排放量逐年下降,2018 年底我国碳排放量比 2005 年实际已下降了 45.8%**。2016 年 4 月 22 日有 175 个国家在纽约签署了气候变化《巴黎协定》,明确全球共同追求的“硬目标”是把全球平均气温较工业化前水平升高控制在 2℃之内,并努力控制在 1.5℃之内。(详细可参见本书第四版的“结束语——21 世纪人类面临的气候危机”。)在 2020 年 12 月 12 日为纪念《巴黎协定》达成 5 周年举行的联合国气候峰会(视频会议)上,中国又进一步宣布到

---

* 值得注意,通常甲烷在空气中含量很少,但大量的甲烷(它是细菌分解大量有机物的产物)被压入冷而高压的海洋底部,以冰状固态形式(称为甲烷冰,是甲烷水化物)存在。一旦全球变暖、海洋温度上升到足够高时,甲烷水化物会融解、释放出大量甲烷气体冒出海面,使全球变暖进一步加速。

** 高伟. 我国碳排放强度大幅下降. 经济参考报,2019 年 9 月 2 日

2030 年单位国内生产总值二氧化碳排放量将比 2005 年下降 65％以上,非化石能源占一次能源消费比重将达到 25％左右。

3. 臭氧层破坏

在§附录 3.A 中,已指出紫外线对人类健康及陆地和海洋生态系统的危害,正是由于臭氧层的保护作用,才使人类免遭紫外线引起的灾害。除前面提到的氯氟烃物质对臭氧层的破坏外,在化石燃料燃烧过程中放出的氮氧化物也是破坏臭氧层的一个重要因素,因为臭氧是一种活泼物质,易与氢、氮、氯等发生化学反应。可见臭氧对人体来讲是一把"双刃剑",高空的臭氧可防紫外线,但地面的臭氧对人体有害,被列为要整治的污染物。

上面介绍了当前大气污染危害性的 3 个重要方面,这些都与煤、石油等燃料的燃烧密切有关。为了保护我们的"地球村",保护人类的健康,保持生态平衡,必须改变能源结构,开发和利用新能源,减少化石燃料的使用,并合理使用能源,减少污染物质的排放。另外,空气质量的监测也非常重要,不仅可迅速了解污染情况,以便及时采取措施,而且可为制订长期治理方案积累资料(见附录 7.A)。

四、能源危机

当今世界人口从 1900 年的 16 亿增加到目前约 50 亿,净增加了约 2 倍,而能源消费据统计却增加了 16 倍。当前世界能源消费以化石资源为主,其中中国等少数国家是以煤炭为主,而其他国家大部分是以石油和天然气为主。随着日益耗竭的能源与人类迅速增加的能耗之间的矛盾加剧,能源危机将日趋严重。按目前消耗量,专家预测石油、天然气最多只能维持半个世纪,煤炭仅可维持一两百年。而且化石燃料污染严重,石油和煤又是非常宝贵的化工原料,所以核能、氢能和可再生能源太阳能、风能、水能等的开发和利用不仅是解决人类日益增长的能源需求的根本途径,也是减少环境污染和节约宝贵化工原料的重要途径。

§7.2　能源利用和开发

能源的大规模利用和开发,是伴随人们对能量形式的认识和近代大工业发展的需要而出现的。按物质运动形式,大致可将能量形式分为机械能、热能、电能、化学能和核能等多种类别。这些能量之间在具体应用中可相互转换。

为了解决能源危机问题,除开发和合理使用传统的常规能源外,人们还需进一步开发新能源和可再生能源,主要是核能、太阳能和氢能,以及按各国实际情况充分利用和开发风能、水能、地热能、海洋能等。

一、热能及其到机械能的转换

1. 蒸汽机的发明和热机效率

长期以来,煤炭、石油和天然气主要用于提供热能(冶炼金属、烧制各种材料和用品等)。将热能(热源)转化为机械能(动力源),这是人类在能源利用史上继火的利用后又一个新阶段的开始,至今只有约 300 年的历史。最早试验成功的是 1711 年纽科曼(T. Newcomen, 1663—1729)所发明的蒸汽机,但当时的蒸汽机耗煤量太大,转换效率极低,并不实用。1765 年英国瓦特(J. Watt, 1736—1819)发明了分离冷凝器,使蒸汽机成为工业、交通运输等部门的主要动力装置。当时的主要能源还是煤,石油的开采距今只有 100 多年历史。

图 7.2-1 是 1765 年瓦特在前人工作的基础上所发明的蒸汽机的示意图。煤燃烧产生的热(高温热源),使水变成蒸气。打开阀门 K_1,关闭阀门 K_2,蒸气膨胀,进入汽缸,推动活塞,向上作功;然后关闭 K_1,打开 K_2,活塞下移,将带有余热的蒸气排入冷凝器(低温热源)。瓦特发明了分离冷凝器,与以往蒸汽机不同,蒸气不是直接在汽缸里凝聚(用冷水喷入汽缸的办法),而是与汽缸相连的另一个容器里凝聚。这样可使汽缸一直保持蒸气进入时的高温度,大大提高了蒸汽机的效率(比以往蒸汽机提高了三四倍)。但

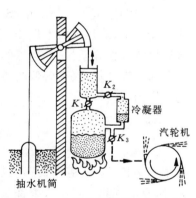

图 7.2-1　瓦特发明的蒸汽机示意图

是,瓦特机的效率仍然很低,这是因为大量的热量还是从低温热源中损失掉了,加上散热、漏气、摩擦等其他多种因素也要损耗热量,所以,当时热机效率只能达到 4%,现在蒸汽机效率可达 20% 以上。

通常热机效率定义如下:

$$\eta = \frac{W}{Q_1} = \frac{Q_1 - Q_2}{Q_1} \tag{7.2-1}$$

其中,Q_1 为吸收的热量,Q_2 是损失的热量,W 是对外做的功,$W = Q_1 - Q_2$。 如何设法提高热机的效率呢?另外,能否从理论上来确定蒸汽机可达到的最高效率

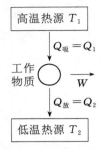

图 7.2-2 热机工作原理示意图

呢？这是摆在科学家面前的重大课题。

由上述讨论可见，瓦特机要使热转变成功，要有一个高温热源（供吸热）和一个低温热源（供放热）。另外，必须有工作物质，一般为气体或蒸气（见图 7.2-2）。人们容易想到，能否使从单一热源吸的热 Q_1 全部转化为功，就是使效率 $\eta=1$ 而不引起其他变化？单从能量角度看，上述想法并不违反能量守恒。然而，大量实验事实表明上述想法不可能实现。1851 年英国物理学家 W. 汤姆逊在总结、概括大量事实基础上提出了"热力学第二定律"的一种表述："不可能从单一热源吸取热量，使之全部转变成有用的功而不产生其他影响。"这个定律不是从其他物理定律推出来的，而是在大量实验事实基础上总结出来的结论。由此可见，热力学第二定律揭示了关于热能与机械能或其他形式能量之间转化的一种规律。它告诉人们，在热的转化过程中，总有部分热量要排放出去或产生其他损失，即热机效率有上限。

年轻的法国工程师卡诺（S. Carnot，1796—1832）为了可以在撇开热机任何机构的情况下，对热机效率作普遍性的理论研究，他提出了一种"理想热机"模型，这种热机的工作介质是"理想气体"（实际气体的一种近似），热机中没有任何散热、漏气和摩擦等损耗，仅有向低温热源的热量排放。理论计算可得到这种"理想热机"的效率为

$$\eta_{理} = 1 - \frac{Q_2}{Q_1} = 1 - \frac{T_2}{T_1} \tag{7.2-2}$$

其中，T_1 和 T_2 分别代表高温热源和低温热源的温度（绝对温标）。由于各种损耗，所有非理想的热机效率都低于 $\eta_{理}$，$\eta_{理}$ 即为热机效率上限。此式还表明：热机效率与两种热源的温差有关，温差越大，效率就越高。

2. 燃料能源 火力发电

热机技术的发展给人类提供了新的动力源。实际上，现代使用的动力源主要是由热源转化而来的，而且煤炭、石油、天然气等化石燃料能源仍是产生热能的主要燃料，也是用于火力发电的主要燃料。

3. 天然气的开发

天然气用作燃料有更长的历史，中国人约在 3 000 年前已用竹管引出天然气来熬盐，比煤的使用还早 1 000 年。天然气是以甲烷为主体的碳氢化合物的混合物。作为燃料，它的优点是干净（污染极少）、有效（热值高）、开采成本低、运输和使

用都很方便。利用天然气发电的电厂大大减少了对大气的污染。汽车的能源也将从汽油转向天然气和氢燃料电池,发展清洁汽车。当今进一步开发和利用石油和天然气仍是各国能源发展的一个重要方面。目前陆地的油气资源减少,已转向海底要油气。我国四川省的天然气资源为全国之冠,在西部柴达木盆地、陕甘宁盆地和新疆塔里木盆地都勘探到大的气田;另外,在近海大陆架(南海、东海和渤海)也都打出新的油气井,所开发的天然气可供沿海城市、新工业区和当地居民使用。

4. 地热能

地球本身是一座巨大的天然储热库。地热能是指地球内部可释放出来的热量。关于地热的来源,有多种解释,但一般认为它主要是来源于地球深处的压力和地球内部放射性元素衰变所放出的能量转变而来。地温随深度加深而升高,1 千米处约 30 ℃,2 千米处约 70 ℃,3 千米处可超过 100 ℃。在某些地方,地下热水和地热蒸气埋藏在地壳较浅的部分,甚至露出地表、形成温泉。一般是采用类似石油工业的钻井方法把地下热水和蒸气引导到地面上加以利用。目前主要开发的是在地表下 3 千米处的地热能,这里甚至可达 150 ℃高温。在地下更深的干热岩(地表下 3~10 千米)处,温度更高,热能储藏量大得多,有待开发利用。地热应用范围很广,发电是主要方面。世界上已有十多个国家、100 多座地热电站投入运行,其中美国居首位。我国地热资源也非常丰富,已发现几百处温泉,并在西藏、河北、湖南、广东、云南、四川、贵州、福建等地建成多座地热能发电站,其中最大的西藏羊八井地热电站可供拉萨市用电,供电量约占拉萨电网的 60%。

二、电能

电能被称为二次能源,它是由天然能源通过人工由热能、机械能、化学能转化而来。电能在能源中占重要地位。目前全世界使用的能源有 1/3 是发电获得的。

对于直流电,在时间 t 内可传送能量为

$$E = IVt \qquad\qquad (7.2\text{-}3)$$

其中,V 为电压,I 为电流强度。电能不但可以很方便地转化为其他形式的能量,而且易于控制、安全可靠。对于交流电,当电流与电压之间没有相位差(即电流与电压随时间变化同时达到极大和极小)时,传送的能量仍可用(7.2-3)式表示,只是 I 和 V 都应是有效值,等于峰值 I_m 和 V_m 的 $(\sqrt{2})^{-1}(=0.707)$ 倍。 平时我们说的市电(频率为 50 赫兹)的电压为 220 伏,就是有效值(相应的 $V_m = 311$ 伏)。当有相

位差 ϕ 时,(7.2-3)式还要乘上一个功率因子 $\cos\phi$。对于交流电,可以通过变压器方便地变压,高压交流电可长途输送到远处,在相同功率下,V 大了,I 就小,从而减少了传输中因电阻 R 而引起的热损失(I^2Rt)。因此,电能是现代能源转化为实用能源的重要能源形式,应用也最广。1997 年,我国的总发电量约占世界第二位。2011 年以后,随着我国经济发展,我国的总发电量居世界第一,美国居世界第二。2019 年全国规模以上的电厂发电量约 7.14 万亿千瓦时,其中,火力发电约 5.16 万亿千瓦时(占 72%),水力发电约 1.15 万亿千瓦时(占 16%),风力发电约 0.36 万亿千瓦时(占 5%),太阳能发电约 0.12 万亿千瓦时(占 2%),核电发电约 0.35 万亿千瓦时(占 5%)。可见火力发电仍是主要来源*。

三、机械能

利用机械能源直接作为动力源是最方便的,因此开发最早。现代机械能源开发技术包括对水流、潮汐和风力等的利用。

1. 水力发电

水力发电的原理很简单,让水流从高空落下,势能(mgh)转变为动能 $\left(\dfrac{1}{2}mv^2\right)$,冲击水轮机,带动发电机发电。当交流电技术出现使电能的远距离输送问题得到解决后,水力发电迅速发展起来。水力发电价格低、蕴藏量可观,而且水力发电可与其他水利工程相结合,建水电站要造拦河坝、修建水库,这又可担负防洪、供水、发展航运事业等多种任务。我国的水力资源占世界第一位。西南地区有许多重要河流(如金沙江、岷江、怒江、澜沧江等)坡度陡、水流急,黄河、长江、珠江等也蕴藏丰富的水力,水力发电正在继续不断开发利用。长江三峡水电站更是规模宏大,世人瞩目。拦河的三峡大坝长达 2 309 米,高 185 米,正常蓄水位 175 米,总库容 393 亿立方米,坝下安装 26 台发电机组,单机容量 70 万千瓦,总容量达 1 820 万千瓦,年平均发电量为 847 亿度(1 度 = 1 千瓦时)。这是目前世界上最大的水利枢纽工程,有世界泄洪能力最大的泄洪闸,有世界最大的水电站。它们的建成会在防洪、发电和航运等方面发挥重要作用。目前,我国水力发电位居世界第一。

2. 海洋能

中国是一个大陆国家,也是一个海洋大国,拥有长达 18 000 千米的大陆海岸

---

* 资料来源:《2019 年全国水电、火电、风电发电量及电力行业发展趋势分析(图)》. 中国产业信息网,
2020 年 3 月 6 日

线、14 000 多千米的海岛岸线、约 300 万平方千米的海洋国土。海洋能的利用、海底石油和矿物的开采、海洋生物资源、海洋渔业、盐业等正在为我国国民经济的发展做出越来越大的贡献。海洋技术已被列入我国高技术发展规划。海洋能的利用有下面 3 个方面。

（1）潮汐能。

海水潮汐运动是指海水每昼夜有两次涨落：一次在白天，称为潮；另一次在晚上，称为汐。潮汐运动主要是因为海水受到两种力：一是由于地球本身绕太阳的公转对海水产生一个"惯性力"；二是海水受到月亮和太阳的引力。两者合起来的结果形成潮汐运动（这里忽略了地球自转对海水的粘滞力）。潮汐电站一般利用天然海湾筑坝拦截潮水形成水库，等海水退潮下降时放水发电。20 世纪 50 年代以来，人们已开始利用潮汐来发电。欧洲国家历来重视海洋能资源的开发、利用，目前法国拥有世界上最大的潮汐电站。我国也已在浙江、江苏、山东等地建造了多座小型潮汐电站，其中浙江的江厦潮汐电站是我国最大的，2019 年有 6 台潮汐发电机组，总装机容量 4 100 千瓦，年发电量约 720 万千瓦时。它位列世界第四，仅次于法国、加拿大和韩国。

（2）海浪能。

海浪具有很大能量，海浪能也是一个巨大的能源，如何利用波浪的机械能发电也是科学家正在考虑的一个课题。目前航标用波浪发电装置在日本、英国、中国等国家生产，岸式波能发电站也在研究开发中。

（3）温差能。

海洋能利用的第三个方面是温差能。海水表面吸收了大量的太阳辐射后，温度一般为 25～28 ℃，而深海水温只有 3～6 ℃，从而形成大约 20 ℃ 的垂直温差。科学家认为可以利用这个温差产生的能量，通过热力循环方式变为机械能，再转换为电能。目前不少国家（包括中国）正在积极研究海水温差发电技术。

3. 风能利用

近年来，人类对风能和太阳能这两种可再生能源的开发利用正在迅速增长。风能是由于太阳辐射造成地球各部分受热不均匀而引起的空气流动所产生的能量。它是一个巨大的天然清洁能源。风力可转化为电能、机械能和热能等，但主要应用是风力发电。丹麦是世界上最早利用风能的国家，目前风力发电为丹麦提供了 23% 的电力，这个比例位居世界领先地位。其他国家（如德国、西班牙、印度、中国、俄罗斯等）也正在大力发展风力发电。

我国是一个季风盛行国家，具有世界级的风力资源，主要是西北部地区和东南沿海地区*。近年来,我国政府把风力发电放在优先位置,风力发电场发展也很迅速,是世界十大风电市场之一。

四、太阳能

太阳是一个巨大的能源,其内部持续不断地进行核聚变反应(关于核聚变在下面§7.4中介绍),表面温度约6 000开,中心温度高达1.5×10^7开,压力达30兆帕。太阳能是以辐射形式传播,因此又称太阳辐射能,辐射功率为3.8×10^{26}瓦。由于太阳离地球相当远,所以到达地球大气层的辐射能只占总辐射能的22亿分之一,其中约50%又要被大气层反射和吸收,约50%到达地面。因此到达地面的辐射功率约8.6×10^{16}瓦,相当于每秒燃烧300万吨标准煤当量(1千克标准煤当量为29.3兆焦)。一年约100万亿吨标准煤当量,差不多是目前全世界人类一年的能源消耗量的1万倍。我国地处北半球,幅员辽阔,有丰富的太阳能资源,开发利用前景广阔*。

应用太阳能不会引起大气污染,不会破坏生态平衡,使用范围又广,所以受到世界各国重视。专家预测,在21世纪太阳能将成为人类的主要能源之一。如何直接利用太阳能呢? 有下面3种方式可将太阳能转换为其他能量储藏起来加以利用。

1. 光电转换方式

利用太阳能电池(又称光伏电池)可将太阳辐射能转换成电能供使用。半导体材料是制造太阳能电池的主流材料(见§6.2,四),如单晶硅电池、多晶硅电池、非晶硅电池、硫化镉电池、砷化镓电池等。这种光电池常被用作手表、收音机、灯塔、边防哨所的电源,还用于汽车、飞机和卫星上的电源。我国于1958年开始研究太阳能电池,在1971年发射的第二颗人造卫星("东方红二号")上已开始使用。我国在太阳能电池技术方面也不断取得突破,与太阳光谱匹配较为理想、光电转换效率已达30%的高效砷化镓电池已在1990年发射的"风云一号"气象卫星(B)上使用。目前我国主要生产的太阳能电池是单晶硅、多晶硅和非晶硅太阳能电池。单晶硅的光电转换效率一般为15%~24%,多晶硅的转换效率为12%~15%,非晶硅薄膜材料的转换效率为10%左右,其效率低,但成本也低得多。

2. 光热转换方式

黑色粗糙表面在阳光下易变热,因此太阳能设备中的吸收表面一般都涂以黑色

---

　　* 郑金武.可再生能源:发展中国的现实抉择.科学时报,2005年7月18日

涂层或其他采光涂层。阳光照在上面就能有效地被转变为热能。这种光-热转换装置又可分为平板式集热器和聚光式集热器两种类型。前者由于集热面积与散热面积大体相当,因此不可能产生很高温度;后者则用反射镜或透镜聚光,能产生很高温度,但只能利用直接辐射(要跟踪太阳),且造价昂贵。太阳能集热器是用空气或液体(如水)为传热介质,根据这种方式制成的太阳能热水器、太阳灶、太阳能农用温室等已在我国推广使用,这些热能可用于生活用热水、烹调、供暖、干燥等,应用较为广泛。

　　利用太阳能进行热发电(称光伏发电),在技术上也是可行的,世界上已建立不少太阳能热发电工厂。我国在西藏经过多年努力已经建成多座县级光伏电站和几十个乡级光伏电站,光伏发电工作将在我国西部进一步开展。

3. 光化学转换方式

　　光化学转换是利用光和物质相互作用引起的化学反应。例如,光化学电池就是利用光照引起化学反应,使电解液内形成电流而供电的电池。又如,利用太阳能分解水制氢,也是较理想的利用方法,因为氢用作燃料具有无污染、热值高等优点(见下一小节)。另外,植物的光合作用对太阳能的利用效率极高。利用仿生技术模仿光合作用一直是科学家努力追求的目标,一旦对光合作用的化学模拟研究成功,就可以使人造粮食、人造燃料成为现实。

五、干净的氢能 *

　　氢能是世界新能源和可再生能源领域正在积极研究开发的一种二次能源,即:它不是一种可直接利用的自然界的能源,而是将自然界提供的直接能源经加工制造所得到的。氢能作为 21 世纪的理想能源之一,是因为氢能有以下 4 个优点。

　　(1)氢的热值高。除核燃料外,它的燃烧热值要比其他化石燃料高,每千克可高达 6 900 千焦耳,约是汽油热值的 3 倍。也就是说,获得相同的热值,所需的氢的重量只是汽油重量的 1/3。

　　(2)氢易燃烧、燃烧速度快,有利于获得高功率。

　　(3)氢来源广。氢除了存在于空气中外,主要存在于水中。在水分子中,氢的质量比例约为 11%。海水中的氢可以说是取之不尽的。

　　(4)氢燃烧后只生成水和少量氮的氢化物,没有化石燃料燃烧所放出的有害

---

　　* 毛宗强. 漫谈 CO_2 减排与氢能源. 现代物理知识,2010,5:41

气体和铅化物等污染物质。而少量的氮的氢化物经处理后也不会污染环境,所以氢是一种非常干净的燃料。

开发利用氢能会碰到两个难题:一是寻找廉价易行的氢的制备工艺,氢的规模制备是氢能应用的基础;二是解决氢气的储存问题,有利于方便运输。其中第二个难题的解决方法已在§6.5的"二、新型金属"中作了介绍。对于第一个难题,从目前情况来看,用电解水的方法可以得到氢,但是能量消耗大、成本高、不适合氢气的大规模制备。热化学法制取氢的效率比较高,但还刚起步,正在研究之中。最理想的方法是利用太阳能来制氢,这样可以利用取之不尽的太阳能。这也是廉价制备大量氢的最有希望的方法,称为太阳能光化学分解水方法。

氢气用作燃料,主要是直接燃烧和电化学转换。氢燃料电池就是将氢的化学能量通过化学反应转换成电能。氢燃料电池汽车是氢能应用的主要途径。

值得指出的是,当前在新能源的开发和利用中,核能尤其重要。核能包括裂变能和聚变能,其中受控热核聚变能的原料氘和氚可取自海洋,足够人类使用几十亿年,是人类取之不尽的清洁能源。

六、开拓绿色能源和提倡节能减少温室气体排放

1. 洁净煤技术

中国是一个多煤、少油、少气的国家,中国煤炭一次能源消费比例一直居于高位,在20世纪50年代高达90%,到2018年首次低于60%。煤炭的CO_2排放量比石油和天然气高得多,有最"脏"能源之称。此外,它开采安全性差,转换为电能的效率低(只有30%左右,油气发电效率可达60%)。为此,包括我国在内的一些国家正在积极开展洁净煤技术的研究和开发,主要有煤炭地下气化技术和煤炭液化技术。

煤炭地下气化技术是通过煤炭在地下燃烧,转变成可燃煤气直接输送到地面。这种洁净能源新技术集建井、绿色开采和清洁转化为一体,可大大提高煤炭资源的利用效率和水平,一些由于传统技术限制而报废的矿井将得到进一步利用。煤炭液化技术是以煤炭为原料、生产液化油品燃料的新技术,对缓解进口石油依赖有重要意义。

2. 油页岩开采

油页岩是一种高矿物质含量的固体可燃有机沉积岩,经热解(低温干馏)可得到类似原油的页岩油和类似天然气的煤气,是一种非常规油气资源。我国油页岩储量要比煤炭、石油和天然气多得多,是世界上储量十分丰富的国家之一,目前主

要产区在吉林、辽宁和广东,其次分布在甘肃和山东等省。我国油页岩开发时间比较早,但仍未很好地开发利用。加快油页岩的开发利用,对促进国内非常规石油类产品开发、增加国内油气资源供给、保障能源安全具有重要意义。为此,国家能源局于 2018 年 7 月批准成立"国家油页岩开采研发中心",将提速升级我国油页岩资源的进一步开发和利用*。

3. 开发新能源

核能的一个优点是不排放 CO_2。随着科技进步,只要严格按照科学操作规程,核电安全是可靠的。我国贫铀,但铀资源的勘探和开发有很大潜力。2006 年开始主要是探查在 1 000 米深度以内的铀资源,现我国铀资源的科学勘探已突破 2 000 米**。

风能和太阳能也大有可为。在既不排放 CO_2、又无放射性污染且可再生绿色能源中它们排在首位。太阳能发电由于成本高,制约了它的规模化发展,但近年来中国光伏企业迅速崛起,前景也被看好。总之,大力发展这种可再生清洁能源是世界各国应对气候问题的战略选择。

4. 节能也是关键

许多专家指出,为减少 CO_2 排放,节能是比造核电站、开发新能源更快和更有效且人人可参与的办法。如果每个人按照节能的生活方式,就可大大减少 CO_2 的排放。例如,推广节能光源;离开时随手关灯,关闭不用的电源;随季节穿衣,改善房屋的隔热性能,少开空调;少乘汽车和飞机,多利用自行车和火车出行;推行循环经济,等等。所以,节能人人有责。

§7.3　裂变反应堆——核电站

一、裂变发现及裂变能的释放

1. 裂变的发现

1934 年,意大利科学家费米(E. Fermi, 1901—1954)在当时中子和人工放射

---

* 资料来源:经济参考报.我国油页岩资源开发"提速升级".新华网,2019 年 10 月 10 日

** 资料来源:地一眼(地质信息服务网站).突破 2000 米! 我国铀资源科学勘探最大钻探纪录再刷新.搜狐网,2020 年 6 月 29 日

性两大发现的启发下,和他的同事利用中子不带电、穿透性很强的特点,去轰击从轻到重几十种当时实验室中能找到的元素的原子核。实验发现:许多核被中子轰击后变成了放射性核。当时他们的一个想法是利用中子轰击铀,再通过 β 衰变来获得超铀元素($Z > 92$ 的元素),结果并没有成功。1938 年,约里奥·居里夫人和她的同事在用慢中子照射铀盐时,分离出一种化学性质类似于"镧"($Z = 57$)的放射性核素,它有 β 放射性,半衰期为 3.5 小时。当时,她在报告这一实验结果时,对中子与铀($Z = 92$)发生反应,会生成电荷数与靶核离得很远的"镧"非常不理解。实际上,这正是说明了中子使铀核产生了裂变。可惜,居里夫人当时离裂变发现仅一步之遥,但她错失了良机。

1939 年,哈恩(O. Hahn, 1879—1968)和斯特拉斯曼(F. Strassmann, 1902—　)重复了居里夫人的实验,肯定了在产物中有镧的存在,还发现了放射性核素钡($Z = 56$)那样的中重核。接着梅特纳(L. Meitner, 1878—1968)和弗里什(O. R. Frisch, 1904—　)对此做出正确的解释:这是铀在中子轰击后分裂成两块质量差不多的碎片。这是裂变现象的首次提出。后来弗里什及其他科学家又通过实验观测到裂变的各种可能碎片的质量分布。实验表明,裂变主要是两分裂,而且裂块质量是以不对称裂变为主,即不对称裂变的几率大,其中小块质量 A 约 90~100,大块质量 A 约在 134~144。

1947 年,我国物理学家钱三强和何泽慧夫妇进一步发现了裂变的三分裂和四分裂现象。三分裂即碎片有 3 块,其中一块往往是 α 粒子,但这种三分裂的几率很小,仅为两分裂的千分之三;四分裂的几率更小,仅为万分之三。他们的发现为核裂变的理论研究提供了重要信息。

2. 裂变过程

实验和理论都表明,能量低到只有 0.025 eV 的中子(称为热中子,相当在室温 $T = 293$ 开时的中子)与^{235}U 结合时,引起裂变的几率才很大。在裂变现象发现后不久,N. 玻尔等就提出可用液滴模型来理解整个裂变过程。当^{235}U 俘获热中子后,将复合成^{236}U(称复合核)。此时,将有 6.55 兆电子伏的结合能放出(见习题 1),使^{236}U 处在高度激发状态,相当于 1 个高温液滴。于是,核要发生形变,从一个接近球形的核变为一个拉长的椭球,且越拉越长,逐渐形成质量、大小不等的两部分。虽然此时"液滴"的表面张力要使它恢复到球形,但是由于不同大小两部分间的库仑斥力将使此液滴继续拉长,两种力相互竞争。若此复合核激发能足够高,最终将使液滴一分为二,裂成两个碎片(见图 7.3-1),同时放出若干个中子。

图 7.3-1 裂变中核形变到分裂的大致过程

在自然界，^{235}U 是仅有的能由热中子引起裂变的核，称为易裂变核。另外，人工制备的 ^{239}Pu 也是一个可由热中子引起裂变的易裂变核。

3. 衰变链及裂变能释放的分配

下面给出中子轰击 ^{235}U 时所发生的两种几率较大的不对称裂变，以及两个裂变碎块作为母核所发生的级联 β^- 衰变链，最后衰变到稳定核的全过程。

(1) $n + {}^{235}_{92}U \longrightarrow {}^{236}_{92}U^* \longrightarrow {}^{144}_{56}Ba + {}^{89}_{36}Kr + 3n$

$${}^{144}Ba \xrightarrow{\beta^-} {}^{144}La \xrightarrow{\beta^-} {}^{144}Ce \xrightarrow{\beta^-} {}^{144}Pr \xrightarrow{\beta^-} {}^{144}Nd$$

$${}^{89}Kr \xrightarrow{\beta^-} {}^{89}Rb \xrightarrow{\beta^-} {}^{89}Sr \xrightarrow{\beta^-} {}^{89}Y \qquad (7.3\text{-}1)$$

(2) $n + {}^{235}_{92}U \longrightarrow {}^{236}_{92}U^* \longrightarrow {}^{140}_{54}Xe + {}^{94}_{38}Sr + 2n$

$${}^{140}Xe \xrightarrow{\beta^-} {}^{140}Cs \xrightarrow{\beta^-} {}^{140}Ba \xrightarrow{\beta^-} {}^{140}La \xrightarrow{\beta^-} {}^{140}Ce$$

$${}^{94}Sr \xrightarrow{\beta^-} {}^{94}Y \xrightarrow{\beta^-} {}^{94}Zr \qquad (7.3\text{-}2)$$

由上述衰变链可见，早期实验发现的镧、钡正是重要的裂变产物。另外，一次裂变中将放出多于一个的中子。在上面两个裂变例子中，分别放出了 3 个和 2 个中子。考虑到有各种可能的裂变方式，一次裂变平均有 2.4 个中子放出。

一次裂变能放出多少能量，还依赖于裂变碎片的具体情况（见习题 2）。但正如在 §4.4 中已作过的估计，约释放能量 200 兆电子伏，大致分配如下：

轻重碎片的动能	170 兆电子伏
裂变中子的动能	5 兆电子伏
裂变产物所释放的 β 和 γ 的能量	15 兆电子伏
与 β^- 相伴的中微子能量	10 兆电子伏

其中，除中微子和 γ 射线会穿透出去外，余下的约 180 兆电子伏能量是可以利用的核能。一个铀原子能释放这么大的能量，比化学反应中一个原子可提供的能量（不到 10 电子伏）要大 10^7 倍。1 千克铀-235，全部裂变所放出的可利用的核能，相当于约 2 500 吨标准煤燃料所放出的热能（见习题 4）。现在的问题是，是否有可能维持裂变反应的自持进行呢？"自持"是指不必靠外界不断地用中子轰击铀靶而启动

一个"反应堆"。如果可能的话,那么如何来具体实现,以及如何来控制这种裂变反应的速率呢? 如果无法控制的话,就谈不上核能的利用,"反应堆"变成一个原子弹,那将是非常危险的。

二、链式反应的可能性及可控性

1. 链式反应的可能性——中子增殖

在一次铀核裂变中,平均可以放出 2.4 个中子,这些中子被称为第一代中子。也就是说,能引起铀核裂变的新的"中子"炮弹又产生了。可以设想:如果我们能使这些中子中至少有一个能继续轰击铀核,使之发生裂变,继而又能产生第二代中子。这样不断继续下去,中子数会不断增加,就可能实现链式反应。

2. 链式反应可以控制——缓发中子

值得注意的是,在这 2.4 个中子中包括瞬发中子和缓发中子两类。瞬发中子是从高温碎片中在很短的时间(毫秒)内蒸发出来的。可以设想,如果完全靠这种瞬发中子来实现链式反应,那么中子增殖周期极短,无法加以控制。而缓发中子是由处在激发态的裂变产物所放出的,寿命相当长。例如,

$$
{}_{35}^{87}\mathrm{Br} \xrightarrow{\beta^-} {}_{36}^{87}\mathrm{Kr}^* \xrightarrow{n} {}_{36}^{86}\mathrm{Kr} \qquad (\text{此过程占 } 17.3\%) \qquad (7.3\text{-}3)
$$

$$
{}_{53}^{137}\mathrm{I} \xrightarrow{\beta^-} {}_{54}^{137}\mathrm{Xe}^* \xrightarrow{n} {}_{54}^{136}\mathrm{Xe} \qquad (\text{此过程占 } 8.9\%) \qquad (7.3\text{-}4)
$$

在上面两式中,${}^{87}\mathrm{Br}$ 的半衰期是 54.5 秒,${}^{137}\mathrm{I}$ 的半衰期是 24.4 秒,它们被称为缓发中子的先驱核。它们的半衰期也正是它们的子核放出中子的半衰期(因子核放出中子的时间非常快)。这种缓发中子是很少的,只占 0.66%,即:在 100 次裂变中,只有 1.58 个缓发中子。正是由于这些中子要经过几十秒(长的可达几分钟)才从碎片中放出,使我们有足够的时间去控制反应。在设计反应堆时,必须计入这少许缓发中子后,才能使链式反应可以进行下去。这样,我们就可以通过控制缓发中子的发射来控制反应速率,使链式反应的控制成为可能。

三、可控链式反应的实现

1. 维持链式反应的充分必要条件

要维持链式反应的充分必要条件是

$$
中子产生数 - 中子消耗数 \geqslant 1 \qquad (7.3\text{-}5)
$$

当每一次中子打到 ^{235}U 上,处于激发态的复合核可能发生裂变,记为(n, f)反应;也可能通过放出 γ 射线而退激到基态 ^{236}U,记为(n, γ)反应,此时中子被吸收掉。所以,(n, f)反应会产生第二代中子,而(n, γ)反应则要吃掉部分第一代中子。假定吸收几率是 σ_a,裂变几率是 σ_f,则产生第二代中子数为 η,

$$\eta = \frac{\nu\sigma_f}{(\sigma_f + \sigma_a)} = \frac{\nu}{1+\alpha} \tag{7.3-6}$$

其中,ν 为一次裂变平均放出中子数,$\alpha = \sigma_a/\sigma_f$ 为吸收几率与裂变几率之比。

实验测得,对中子与 ^{235}U 反应,σ_a 要比 σ_f 小得多,α 值为 0.174。于是,可得 η 值为

$$\eta = \frac{2.4}{1+0.174} = 2.04 \tag{7.3-7}$$

而中子消耗数为从反应堆中逃逸的中子数 L 及被反应堆中各种介质(如结构材料、慢化剂、控制棒等)所吸收掉的中子数 C,则(9.3-5)式可简写为

$$\eta - (C+L) \geqslant 1 \tag{7.3-8}$$

2. 中子必须慢化

每次中子裂变所放出的第二代中子的平均能量为 2 兆电子伏,属快中子,可使 ^{238}U 裂变。而这种中子打到 ^{235}U 上,裂变几率却非常小,仅是热中子引起裂变几率的 1/500。因此,必须把裂变中子慢化到热中子,这是链式反应所必需的。为此,在反应堆中要用慢化剂,使中子慢化。因为中子质量小,所以通常是选轻元素作为慢化剂,以更易通过多次连续碰撞交换能量,使中子能量迅速减小。常用的慢化剂是水(H_2O)、重水(D_2O)和石墨(C 原子组成)。1942 年建成的世界上第一台原子反应堆就是用天然铀为燃料、石墨为减速剂。图 7.3-2 是链式反应示意图。

由于氢原子比氘和碳原子对中子有较大的吸收截面,因此普通水比重水和石墨慢化性能差些,但普通水易处理,便于大规模应用。因此,目前核电站反应堆中

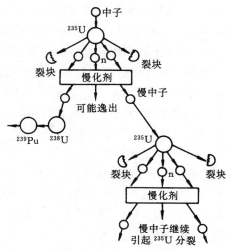

图 7.3-2 链式反应示意图

常用普通水作慢化剂。在应用水作慢化剂时,为了维持链式反应,一般需用约3%的低浓缩铀来代替天然铀(其中^{235}U仅占0.72%)作燃料。在核能应用中,铀同位素浓缩技术是一个核心技术。

3. 用控制棒控制反应速率

反应堆的控制主要是控制缓发中子的数量,实际是使用对热中子有很强吸收能力的镉所制成的控制棒。利用自动控制,镉棒在反应堆芯中可以插进或抽出,通过吸收中子的多少来控制裂变反应的速率。在反应堆芯中的核燃料也是被加工成棒状或块状分散安置在堆芯的石墨块中(见图7.3-3),这也有利于增加η值,实现链式反应。

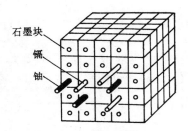

图 7.3-3　可控反应堆装置堆芯示意图

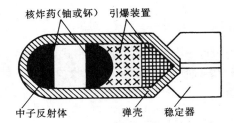

图 7.3-4　"枪法"核弹装置示意图

4. 原子弹

原子弹利用的是没有慢化剂且不加以控制的链式反应。没有慢化剂来使中子慢化,那么如何实现自持反应呢? 这靠铀块要有一定的临界体积且是高度浓缩铀来实现的。原子弹就是把浓度为90%以上的^{235}U分成两块,每块都不到临界体积(或临界质量),利用普通炸药引爆,把两块挤合成一块,以达到超临界状态,使链式反应剧烈地发生。除^{235}U外,原子弹还可用^{239}Pu作燃料。上述装置称为"枪法"装置。1945年8月8日,美国第一颗投在广岛的原子弹(代号为"小男孩",Little Boy)就是利用上述设计思想的装置,其中用了几十千克高浓度的^{235}U。图7.3-4即"枪法"核弹装置示意图。

另一装置方法是"内爆法",即:将炸药放在未达临界体积的铀块或钚块周围,当炸药爆炸时,很快向中心压缩,使铀(或钚)块密度大增,很快达到超临界质量,发生链式反应。我国自主研制的第一颗原子弹在神州大地爆炸成功,成为继美国、苏联、英国和法国之后第五个成功研制原子弹的国家,所采用的方法就是较先进的内爆法,裂变燃料是^{235}U。

四、核电站简介

核电站是利用原子核裂变反应所放出的核能,由冷却剂带出,把水加热为蒸气,驱动汽轮发电机组进行发电的发电厂。它通常包含两个回路系统:一回路系统是核蒸气供应系统,将核电站的核心——反应堆所放出的核能(主要是以热能方式放出),由冷却剂带到蒸气发生器中,用以产生蒸气,这相当于常规火电厂的锅炉系统;二回路系统是蒸气驱动汽轮发电机组进行发电的系统,与常规火电厂汽轮发电机系统基本相同。

秦山核电站是我国自行设计、建造的第一座核电站。第一台装机容量为 30 万千瓦,于 1991 年 12 月 15 日并网发电成功。在 1992 年全年试运行中,共发电 10 亿度;1993 年发电量达 14 亿度,1994 年发电量达 17.8 亿度,提前两年达到国际同类核电站的水平。在此期间也取得了首次换料检修成功,表明我国有能力、自主完成核电站的运行管理和维修,为核电站换料工作取得了宝贵经验。1995 年 7 月 13 日通过了国家验收。秦山核电站的成功,标志着我国已掌握核电技术,并成为世界上为数不多的能自行设计和建造核电站的国家之一。

下面以秦山核电站为例来对核电站结构作具体说明。

1. 采用压水堆

在全世界的核电机组中压水堆占多数(约 60%),为主流堆型。在这种堆中是用普通水(轻水)作为慢化剂和冷却剂的。压水堆中高压水通过堆芯加热后仍是高压水,它通过蒸气发生器交换热量、产生蒸气,用来发电。秦山发电厂采用的是国际上应用得最广泛、固有安全性最好的压水堆型,使用低浓二氧化铀作燃料(浓度为 2.4%~3%),高压含硼水作冷却剂和慢化剂。

图 7.3-5 是秦山核电站原理示意图,图中给出两个回路系统的示意图。

一回路系统主要由反应堆、蒸气发生器、主泵、稳压器和冷却剂管道等组成;二回路系统主要由汽轮发电机组、凝结水系统、给水系统等组成。两个回路完全隔开,其原理流程如下:

主泵将高压冷却剂送入反应堆,带出核燃料放出的热能;冷却剂流出反应堆后进入蒸气发生器,通过 2 975 根传热管把热量传给管外的来自二回路系统的水,使之沸腾变成高压蒸气;而冷却剂流经蒸气发生器后,再由主泵送入反应堆使用。注意一回路和二回路系统都各自密闭,且一回路系统全部安装在安全壳中。这样,通过不断循环,不断产生大量蒸气,被送到汽轮发电机组进行发电。做功后的废蒸气进入凝汽器,凝结成水,再由水泵将它们送入蒸气发生器中,再度变成高压蒸气,被

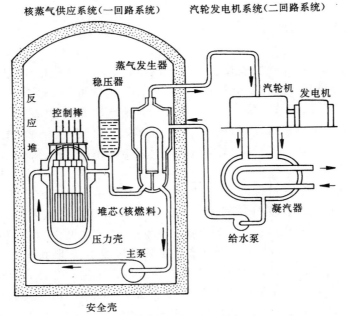

核蒸气供应系统(一回路系统)　　汽轮发电机系统(二回路系统)

图 7.3-5　秦山核电站原理示意图

送到汽轮发电机发电。凝汽器是由海水循环水加以冷却的。

2. 设有 3 道屏障

秦山核电站是完全安全可靠的。为了防止放射性物质泄漏设有 3 道屏障(见图 7.3-6)。

(1) 第一道屏障——燃料包壳。

核燃料芯块是被叠装在锆合金管中,管子被密封起来,组成燃料元件棒,一般称这种锆管为燃料元件包壳管,它可把裂变产生的放射性物质密封在里面。

(2) 第二道屏障——压力壳。

假定燃料包壳密封万一被破坏,放射性物质泄漏到水中后,仍在密封的一回路系统中。此压

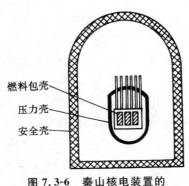

图 7.3-6　秦山核电装置的
3 道屏障

力壳壁厚为 175 毫米。

(3) 第三道屏障——安全壳。

安全壳是一个顶部为球形的圆柱形预应力钢筋混凝土建筑物,内径约 36 米、外径 38 米、高 62.5 米、壁厚 1 米,内衬一层 6 毫米厚钢板。一回路系统都安装在

里面,一旦发生事故,安全壳能可靠地把放射性物质包含在里面,不使其泄漏出来。

 1986 年 4 月 26 日苏联切尔诺贝利发生了核电站事故,堆芯熔毁、石墨燃烧、大量放射性物质外泄,造成严重的伤亡和环境破坏。事故原因除了管理不善、违反安全规程外,还因为该核电站是石墨沸水堆,这是一种安全性差的堆,在西方早已淘汰,且该核电站没有压力壳和安全壳这两道屏障。2011 年 3 月 11 日发生在日本的强烈地震和海啸造成福岛第一核电站的核泄漏,其严重程度已达到切尔诺贝利的同样等级(最高级),它们是迄今世界核电史上最严重的两次事故。

五、核电的优势及发展概况[3]

 通过上述介绍,可见核电能除了可缓解化石能源的危机外,还有以下 3 个优势。

 (1)核电成本比煤要低,一座百万千瓦级压水堆核电站,每年仅需补充 30 吨核燃料,其中仅消耗 1 吨左右^{235}U,其余可回收利用。而同等规模的燃煤电站需原煤约 250 万吨,平均每天要运煤近 7 千吨。因此,核电可大大缓解紧张的运输情况。虽然一次性投资较大、建设周期较长,但从长远看,经济上是十分合算的。

 (2)环境污染要比燃煤电站小得多。百万千瓦级的燃煤站每年要排放出几万吨的二氧化硫和氮氧化物等有害气体及致癌物质,而且烟尘中还含有少量钍、镭等放射性物质。而核电站周围居民每年所受剂量大约只有天然本底的 1% 左右,只相当于一次 X 光照射所接受的剂量,是毫无危险的。当然放射性废物的"后处理"是一个大难题,各国都非常重视,以确保妥善处理。

 (3)运行安全可靠。核电站安全问题一直是人们关注的焦点。苏联切尔诺贝利核电站事故,尤其是日本福岛核电站的严重核泄漏为世界各国核电发展敲响了警钟。必须考虑周全、严格落实各种措施,才可确保核电站安全。我国政府极为重视核电事业的安全发展,前面介绍的秦山核电站就有 3 道屏障以防止核泄漏。

 鉴于核能是一种现实的、可大规模替代化石燃料的能源,核电作为一种新能源,发展非常迅速。

 在 2011 年底大陆地区已形成浙江秦山、广东大亚湾(见彩图 7)和江苏田湾三大核电基地,总发电量约占全国总发电量的 2%。此后,在浙江的三门,广东的阳江、台山,海南的昌江,辽宁的红沿河,福建的福清、宁德和山东的海阳等地陆续建成多个核电站。另外,有些地区的核电站正在计划中。继原子弹、氢弹和核潜艇的突破,目前我国实现了核电自主化、系列化和规模化的发展。截至 2019 年 6 月,我国大陆地区在运核电机组达 47 台,总装机容量 4 870 万千瓦,居世界第三,排在美国和法国之后。在建机组达 11 台,为世界核电在建规模最大的国家,发展速度列世界第一。至今核电站的发展大致可分为 4 代,目前世界上运行的大部分核电站仍是第二代,少量的是第三代。我国浙江三门、山东海阳、广东台山等地的核电机组属第三代。与第二代相比,第三代核电站主要是更经济、更先进,尤其是满足设置预防和缓解严重事故的要求。第四代核电站目前还处于设计和研发阶段。

我国政府一贯强调坚持安全是核电的生命线,对在建的核电站都要求采用当前国际最高安全标准以确保安全。2019 年 9 月,我国政府发布首部《中国的核安全》白皮书*,明确指出:"中国长期保持良好的核安全纪录,核电运营指标居世界前列。"

六、第四代核电站的研究和开发[4]

为推进新一代核电站的研究和开发,在多个国家联合建立的第四代核能系统国际论坛上,提出第四代核电系统的发展目标:应能实现能源生产的可持续性,促进核燃料的长期可使用性,并最大限度地减少核废物的产生;应具备优异的安全性和可靠性以及极低的堆芯损坏率;在经济方面,其寿期循环成本应优于其他能源技术;更有利防扩散和防范恐怖袭击。论坛从近 100 种技术方案中选出 6 种第四代堆型,即纳冷快堆、熔盐堆、超高温反应堆、铅冷快堆、超临界水堆和气冷快堆。目前国内除气冷快堆外,对其他 5 种堆型都已开展研究,并都取得不少成果,有的进入国际先进行列。下面重点介绍纳冷快堆和熔盐堆。对 6 种第四代堆的详细介绍可见参考资料[4]。

1. 纳冷快堆[4]

目前利用 ^{235}U 作为燃料的反应堆,虽其发电成本低于煤电,但是由于 ^{235}U 只占天然铀中的 0.72%,其中 99.28% 的 ^{238}U 没有充分利用。迄今已经经过技术验证的是由快中子来产生和维持链式反应的反应堆,快中子的平均能量为 0.08～0.1 兆电子伏,快堆即快中子堆。这种快中子堆是以 ^{239}Pu(钚)为裂变燃料,它受快中子轰击发生裂变所放出的平均中子数比 ^{235}U 裂变所放的还多。另外,堆中还安放 ^{238}U 作为增殖原料,因 ^{238}U 俘获中子后可生成 ^{239}Pu**,这样可使新生的 ^{239}Pu 比

＊　资料来源:《中国的核安全》白皮书. 中广网,2019 年 9 月 3 日

＊＊　中子与铀-238 反应生成钚-239 的反应如下:

$$n + {}^{238}U \longrightarrow {}^{239}U + \gamma$$

$$^{239}U \longrightarrow {}^{239}Np + e^- + \bar{\nu}_e \quad (T = 24 \text{ 分})$$

$$^{239}Np \longrightarrow {}^{239}Pu + e^- + \bar{\nu}_e \quad (T = 2.35 \text{ 天})$$

消耗的还多,从而实现核燃料的增殖,这也是快堆又称快中子增殖堆的原因。这种堆的成功,可使铀资源的利用率从压水堆的不到1％提高到60％以上,国际上称它为第四代核电站。它的特点是大大提高了铀资源利用率,通过"增殖"有利核能的可持续发展,而且废物产生量少,提高了安全性和经济性。在快中子反应堆中,为了维持快中子所需的能量,不能用水作冷却剂来传递堆芯中的热量,因为轻核(氢)将大大减慢快中子的速度,一般选用液态钠、铅或它们的合金作为冷却剂,传递堆芯热量。

目前法、美、俄、英、日等国已建成示范快堆发电站,其中多数是纳冷快堆,正在试运行阶段。我国第一座自主研发的实验快中子反应堆也是一座纳冷池型快堆,1995年立项,2010年7月实验快堆(见图7.3-8)首次成功达到临界。2011年7月首次实现40％功率并网发电。2014年12月18日17时实现了首次满功率稳定运行72小时,各项指标达到设计要求*。2016年9月实验快堆竣工验收完成,这标志中国人已全面掌握了快堆技术。我国将于2025年左右建成中等规模的示范快堆电站,其电功率将达到600兆瓦。2030年将开始建造商用核电站。

图7.3-8　中国实验快堆

2. 钍基熔盐堆[4]

科学家发现易裂变核素除了前面已介绍过的铀-235(^{235}U)和钚-239(^{239}Pu)外,还有铀-233(^{233}U)。其中,^{235}U是天然存在的,^{239}Pu是由^{238}U吸收中子后转换

---

* 蔡金曼,陈瑜.我实验快堆首次满功率并稳定运行72小时.科技时报,2014年12月18日

来的,而^{233}U 需从钍-232(^{232}Th)吸收中子后转换而来*,称为钍基核燃料。目前各国计划建设的钍基熔盐堆(thorium moltem salt reactor, TSMR),基本上都是液态燃料钍基熔盐堆。这种堆型是前面提到的 6 种第四代先进核能系统中唯一的"液态燃料＋高温＋常压"堆型,含钍和铀的氟化物燃料盐溶解于作为冷却剂的液态氟化熔盐中,这种液态熔盐既是核燃料的载体,又是冷却剂。这种熔盐有高热容、高热导、高沸点和低蒸汽压等特点,堆型具有如下的独特优势:这种堆型可避免使用沉重而昂贵的压力容器;可实现在缺煤地区的高效发电,1 千克钍放出的核能相当于 3 500 吨标准煤所放的热能;由于输出温度高达 700℃以上,除发电外,还可开发核能的综合利用(如高温电解制氢、高温工业应用等);此堆废料少,尤其是长寿命核素少;由于此装置可建在地面 10 米以下,安全性好,且可防恐怖袭击;在钍铀燃料循环中,不适于生产核武器用核燃料,有利于防核扩散。

鉴于液态燃料钍基熔盐堆如此多的优势,各国正在大力开展这方面的研究。我国是一个贫铀、富钍的国家,世界上钍的储藏量是铀的 3～4 倍,我国钍的储藏量是铀的 5 倍以上。我国于 2011 年初启动 TMSR 战略先导专项研究,目前已在熔盐堆原型系统与关键技术研发方面取得一系列重要成果,已建成世界上首座 TMSR 仿真装置,进入世界前列。计划到 2030 年左右能逐步建成如下 3 种设施:2 兆瓦液态燃料 TMSR 实验堆——多功能小型模块化钍基熔盐堆研究设施(2025 年左右)——百兆瓦级小型模块化钍基熔盐示范堆建设。

七、加速器驱动嬗变装置(CIADS)简介[5]

另外要指出的是,考虑到核能长期开发应用的需要,在 20 世纪 90 年代,我国科学家丁大钊等提出并开展了"加速器驱动放射性洁净核能系统"的物理和技术基础研究(见参考资料[5])。在从反应堆中卸出的燃烧后的元件中,除存留一定量的^{235}U 以及由^{238}U 俘获中子后生成的^{239}Pu(这些核燃料可回收使用)外,还有一些原子序数比 Pu 高的核素及裂变碎块,这些都是高放射性废物。其中有些核素寿命长达几百万年,如不加以妥善处置,泄入生物圈后将危害人类的生存环境。因此,核电站的长寿命放射性废物后处理是核电能否大规模长期应用的一个关键限制,

---

* 中子与钍-232 生成铀-232 的反应如下:

$$n + {}^{232}Th \longrightarrow {}^{233}Th + \gamma$$

$$^{233}Th \longrightarrow {}^{233}Pa + e^- + \overline{\gamma}e \ (T = 22 \text{ 分钟})$$

$$^{233}Pa \longrightarrow {}^{233}U + e^- + \overline{\gamma}e \ (T = 27 \text{ 天})$$

也是一个世界难题。以前一般是把这些液体的废物回收后,经多层包装放入远离人群的稳定地质构造中深埋,令其自然衰变。这种"被动"式的处置方法,实际上不能从根本上解决潜在的放射性危害。研究表明,利用"分离-嬗变"技术,即:把这些长寿命废物核素从反应堆的燃后元件中用化学方法分离出来,然后放入反应堆中,经中子轰击引起核反应,使这类长寿命核素转变为短寿命(如几十年)核素,从而能够在根本上解决长寿命核废料的处置问题,基本上是一种洁净的核能系统。这种分离-嬗变技术是当今世界核能研究的热点。

嬗变需要消耗中子,但在实际反应堆中几乎没有什么多余的中子可用来嬗变核废料。因此,核科学家设想把由强流中能质子加速器产生的外加中子源引入反应堆中,使这些"外加"中子进一步引起链式反应,使中子数倍增,从而不仅具有嬗变核废料的能力,使核电站仅排放低放射性废物,而且可以更好地利用 ^{238}U 来生成 ^{239}Pu,使核燃料增殖,用于核能发电。各国均在开展研究这种集废物嬗变、核燃料增殖和核能发电为一体的加速器驱动的反应堆核电站,我国于 2015 年 12 月将"加速器驱动嬗变研究装置"(China Initiative Accelerator Driver-System, CIADS)列入国家重大科技基础设施项目。2018 年 3 月项目的初步设计方案通过国家评审,并在广东惠州开展建设工作 * 。

*§7.4　可控热核聚变反应

核电站的燃料主要是铀资源,但它也不是理想的长期能源,迟早也要面临铀矿枯竭的危机。最理想的既洁净又取之不竭的核能当然是聚变能的利用,它将"一劳永逸"地解决人类能源供应问题。[6~8] 在 §4.4 中已介绍过聚变反应——氘(D)-氚(T)反应,在一次反应中可放出 17.6 兆电子伏的能量,平均每个核子所放能量为 3.5 兆电子伏,是裂变反应中平均每个核子放出 0.85 兆电子伏能量的 4 倍。而且它所用的燃料是氘和氚,氘可以从海水中提取。海水中的氘结合成的重水,约为海水总量的 1/6 700,也就是氢和氘的原子数之比约为 1∶0.000 15,每克氘经聚变大约可放出 10^5 千瓦时的能量(见习题 5)。由此估计,从 1 升海水中提取的氘,使它发生聚变反应,相当于燃烧 300 升汽油所放的能量。全世界一年只需消耗 5.6×10^2 吨氘,地球海洋中的氘估计可用 10^{11} 年(1 千亿年),因此

---

* 陆琦.国际首台加速器驱动次临界系统(ADS)嬗变研究装置将开建.科学网,2018 年 4 月 3 日

可以说是"取之不尽、用之不竭"的能源。燃料氚是放射性核素(半衰期 12.5 年),天然不存在。但可以通过中子与聚变堆反应区周围再生区中的 ^{6}Li 进行下列增殖反应得到,

$$^6\text{Li} + \text{n} \longrightarrow {}^4\text{He} + \text{T} \tag{7.4-1}$$

^{6}Li 是一种较丰富的同位素(占天然锂的 7.5%),广泛存在于陆地和海洋的岩石中,由于消耗量少,相对讲也是取之不尽的。

此外,核聚变反应产物中基本上没有放射性,即使氚有放射性,但它仅是中间产物。反应中放出的能量为 14 兆电子伏的中子在适当处理后也不会产生污染。

由此可见,可控聚变核反应是一个非常理想的核能来源,引起世界各国科学家的重视,但目前还未研究成功。经过将近半个世纪的努力,虽已取得很大进展,但要能够做成实用的能源来发电,还要作长期艰苦的努力。

一、如何实现自持的聚变反应

包括前面介绍过的氘-氚反应在内,常用的轻核聚变反应有下列 4 个:

$$\begin{aligned}
\text{D} + \text{D} &\longrightarrow {}^3\text{He} + \text{n} + 3.25 \text{ 兆电子伏} \\
\text{D} + \text{D} &\longrightarrow \text{T} + \text{p} + 4.0 \text{ 兆电子伏} \\
\text{D} + \text{T} &\longrightarrow {}^4\text{He} + \text{n} + 17.6 \text{ 兆电子伏} \\
\text{D} + {}^3\text{He} &\longrightarrow {}^4\text{He} + \text{p} + 18.3 \text{ 兆电子伏}
\end{aligned} \tag{7.4-2}$$

上面四式相加,可得以上 4 个反应总的效果是

$$6\text{D} \longrightarrow 2\,{}^4\text{He} + 2\text{p} + 2\text{n} + 43.15 \text{ 兆电子伏} \tag{7.4-3}$$

由这 4 个反应可见,这些轻核都是带电的。由于斥力,室温下它们相互之间是不会聚集在一起发生反应的。而在裂变反应中,中子不带电,热中子就可引起铀核裂变,且可实现链式反应。这是聚变与裂变的重要区别。

为了使两个带正电荷的核靠近,必须使它们有足够的动能,足以克服两者之间的库仑势垒,然后依靠短程核力聚合在一起,发生反应。例如,要使两个氘核接近到 10^{-14} 米以内时(在此距离内才会有核力作用),至少要克服的势垒高度(即排斥能)为

$$E_c = \frac{e^2}{4\pi\varepsilon_0 r} = \frac{1.44 \text{ 电子伏} \cdot \text{纳米}}{10^{-5} \text{ 纳米}} = 144 \text{ 千电子伏} \tag{7.4-4}$$

相当于每个氘核至少各要有 72 千电子伏的动能。通过高温可以使氘核动能增加。在温度 T 时,粒子(氘核)的平均动能为 $\frac{3}{2}kT$(k 为玻耳兹曼常数)。当此平均动能

达到 72 千电子伏时,相应地,$kT = 48$ 千电子伏。由于量子效应,粒子有一定的贯穿几率,可穿过势垒。另外,在温度 T 时,由于粒子动能有一个分布,不少粒子动能可在平均动能之上,因此实际聚变温度可下降。理论估计聚变温度可降为 $kT = 10$ 千电子伏,相当于 $T \approx 10^8$ 开,还是相当高。此外必须注意到,在这样的高温下,原子都已完全电离,形成物质第四态——等离子体。这些带电粒子间的库仑碰撞引起的韧致辐射(即带电粒子加速运动所产生的 X 辐射)将逃逸出去,这是聚变反应中主要的能量损失。这就必须使产生的聚变能超过所有能量损失,获得能量增益。由计算可知,要得到自持的能量增益的聚变反应,除了足够高的温度外,对等离子体的密度 n 及约束时间 τ 的乘积 $n\tau$ 还有要求。综合起来,1957 年英国科学家劳逊(J. D. Lawson)把上述条件归纳为(对 D-T 反应):

$$\begin{cases} n\tau = 10^{20} \text{ 秒 / 米}^3 \\ kT = 10 \text{ 千电子伏} \end{cases} \tag{7.4-5}$$

这被称为劳逊判据。满足此判据时,称为达到"点火"条件。

　　要使高温高密等离子体维持一定时间,这是非常困难的事情。这要求人们能找到一个"容器",既能耐高温又不能导热,否则温度立即下降,聚变反应将停止。至今,适合这种要求的具体材料还没有找到,必须另想办法。目前归结起来有 3 种方法可用来对等离子体进行约束,不使其散开:一是靠引力,二是用磁场,三是靠惯性。下面结合实例对这 3 种约束作出介绍。

二、太阳中的热核聚变反应——引力约束

　　现已了解清楚,太阳和许多其他恒星能发光、有热能辐射出来,这是内部轻核聚变的结果。在太阳内部主要有两个循环的反应链。

1. 碳循环

　　在碳循环过程中,碳核起催化剂作用,本身数量总体上不增不减,具体反应如下:

$$\begin{cases} p + {}^{12}C \longrightarrow {}^{13}N + \gamma \\ \quad\quad {}^{13}N \longrightarrow {}^{13}C + e^+ + \nu_e \\ p + {}^{13}C \longrightarrow {}^{14}N + \gamma \\ p + {}^{14}N \longrightarrow {}^{15}O + \gamma \\ \quad\quad {}^{15}O \longrightarrow {}^{15}N + e^+ + \nu_e \\ p + {}^{15}N \longrightarrow {}^{12}C + {}^4He + \gamma \end{cases} \tag{7.4-6}$$

总的结果是

$$4p \longrightarrow {}^4He + 2e^+ + 2\nu_e + 24.7\ 兆电子伏 \tag{7.4-7}$$

2. 质子–质子循环

$$\begin{cases} p + p \longrightarrow D + e^+ + \nu_e \\ p + D \longrightarrow {}^3He + \gamma \\ {}^3He + {}^3He \longrightarrow {}^4He + 2p \end{cases} \tag{7.4-8}$$

把前两个反应相加后乘 2,再与第三个反应相加,也可获得(7.4-7)式。

在这两个循环中哪个为主呢? 这取决于太阳或恒星的温度,一般 $T <$ 1.8×10^7 开时,以质子–质子循环为主。现太阳中心温度为 1.5×10^7 开,所以是以质子–质子循环为主(占 96%)。从(7.4-7)式可知,每烧掉 4 个质子,可释放 24.7 兆电子伏的结合能。从太阳的功率为 3.8×10^{26} 瓦可知,每天要放出能量 3.28×10^{31} 焦耳,即 2.1×10^{44} 兆电子伏的能量。这相当于每天要燃烧约 5×10^{13} 吨的氢,看来数量很大(见习题 7),但相对于太阳的总质量(约 2×10^{27} 吨)还是一个很小的数,太阳的寿命至少还有 50 亿年,所以不必担心。

正是太阳的巨大质量所产生的引力,把太阳上的高温等离子体约束在一起,维持热核反应的进行。太阳中心 10^7 开温度不算高,质子的动能不足以克服两质子间的库仑势垒,所以太阳中聚变是靠势垒贯穿的量子效应来实现的。

三、磁约束装置

从目前的研究来看,可控热核聚变最有希望的途径是利用磁约束,即利用磁场将高温高密等离子体约束在一定的容积内,且维持足够长时间 τ,使其达到"点火"条件。

磁压缩装置种类很多,其中最有希望的是环流器,又称托卡马克(Tokamak)装置。它是一种闭合型的环状约束装置,图 7.4-1 是结构示意图。托卡马克是磁线圈圆环室的俄文缩写。其基本结构和工作原理如下:中央是一个不锈钢环形真空室,半径约 2 米(室内真空度为 $1.33 \times 10^{-6} \sim 1.33 \times 10^{-7}$ 帕),其中充入气压约 1.33×10^{-2} 帕的氘气。在真空室外绕有螺旋线圈(即图中所标明的产生环场的线圈盘),通电后在环中产生纵向磁场(环场)H_t。当变压器初级线圈通电时,相当于次级线圈的环状容器中可感生出电流,这个放电电流可高达 10^6 安培。这个环向大电流非常重要,它有两个重要功能:一是给等离子体进行欧姆加热;二是产生一个围绕电流的角向磁场 H_p,H_t 和 H_p 合并起来构成螺旋型磁场(见图 7.4-2)。

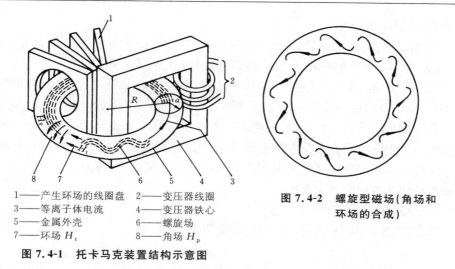

1——产生环场的线圈盘　2——变压器线圈
3——等离子体电流　4——变压器铁心
5——金属外壳　6——螺旋场
7——环场 H_t　8——角场 H_p

图 7.4-1　托卡马克装置结构示意图

**图 7.4-2　螺旋型磁场（角场和
环场的合成）**

　　这种环形装置以及螺旋型磁场,不仅使约束的等离子体没有直线型装置中的终端损失(逃逸出去),而且有利于克服放电柱的不稳定性以及粒子横越磁场的漂移而引起的碰壁损失。正是由于托卡马克装置有如此优点,因此不断地得到发展,一度在世界上掀起托卡马克热潮。1954 年第一个托卡马克装置在苏联建成,1970 年首次观察到聚变能量输出。自 20 世纪 70 年代后期世界上开始建造的 4 个大型托卡马克装置已在 80 年代逐渐投入运行。这 4 个装置是美国的 TFTR(tokamak fusion test reactor)、日本的 JT-60、欧洲的 JET(joint european torus)和苏联的 T-15。

　　在 80 年代,我国核工业西南物理研究院在四川乐山建成的"环流器一号"(HL-1)是一台中等规模的托卡马克装置。2002 年 12 月,该院又在成都建成新一代的托卡马克装置——"环流器二号 A"(HL-2A)。2009 年该院又经批准立项在成都建造自主设计的规模更大、参数更高、更加先进的托卡马克实验装置"环流器二号 M"(HL-2M)。这就使我国的可控聚变研究不断有新的跨越[9]。2006 年 9 月,一台名叫"EAST"(即实验型先进超导托卡马克)的非圆截面全超导托卡马克装置在我国合肥中科院等离子体研究所建成,2016 年 2 月成功实现电子温度超过5 000 万度、持续放电时间达 101.2 秒的超高温长脉冲等离子体放电。2018 年 11 月,EAST 又取得新的进展,等离子体中心温度达 1 亿度 *,步入国际前列。2020 年 12 月,"环流器二号 M"在成都建成,并且成功放电,等离子体中心温度又有新

---

　　* 刘军.我国未来聚变堆实验运行取得重要进展.央广网,2018 年 11 月 12 日

的突破,达到 1.5 亿度 * 。

2005 年 6 月 28 日,国际热核实验反应堆(ITER)计划由参与六方(欧盟、俄罗斯、美国、日本、韩国和中国)在莫斯科做出决定,世界第一个实验反应堆将在法国建造** 。2006 年 11 月,上述六方加上印度共 7 个成员国正式同意资助建造 ITER。预期该项目将持续 30 年。历经 14 年筹备,由 35 个国家合作制造的各种组件已陆续抵达法国。2020 年 7 月,ITER 在法国南部正式开始组装。此实验堆的规模可与未来实用聚变反应堆相仿,目的是解决建设聚变电站的关键技术问题,为未来建设商用聚变堆提供依据和打好基础。这一国际合作项目的实施,是人类在核聚变研究方面的重大事件。

四、惯性约束核聚变——激光核聚变

氢弹本质上是靠惯性约束来实现聚变反应的,但无法人工控制。它的基本原理是利用裂变方式来点火,即利用原子弹爆炸的惯性力,将高温等离子体约束一定时间,且在原子弹爆炸的高温高压条件下,使氘、氚等轻核发生如(7.4-2)式的一系列聚变反应,产生很高的爆炸能量。

1952 年 11 月 1 日,美国进行了世界上首次氢弹原理试验。我国是继苏联和英国后第四个掌握氢弹技术的国家。在原子弹爆炸成功后仅用了两年零两个月时间,于 1966 年 12 月 28 日,成功地进行了氢弹原理试验。这个过程美国用了 7 年多时间,苏联用了 4 年,英国用了 4.5 年,我国速度之快让世人震惊。1967 年 6 月 17 日,由飞机空投 330 万吨 TNT 当量的氢弹试验成功。目前世界上只有美国、苏联、英国、中国、法国 5 国拥有氢弹。中国原子弹、氢弹的爆炸成功,离不开一个团结战斗的集体——中国工程物理研究院。这是一支在秘密历程中艰苦跋涉的科技队伍。

能否用人工可控制的方法来实现惯性约束核聚变呢? 早在 1964 年我国科学家王淦昌就独立地与国际上同时提出惯性约束核聚变概念[7]。其基本想法是,利用强激光从许多方向同时轰击氘和氚的混合燃料丸(微小球体,直径几毫米),在激光的高能量照射下,很快使 D-T 微球表面层形成等离子体。这种高温等离子体在向外飞溅的同时,可产生很强的向内的惯性约束,使内层氘和氚混合物的密度迅速

---

　*　刘涛. 中国"环流器二号 M"装置建成放电,成渝地区科技创新中心升起新一代"人造太阳". 央广网, 2020 年 12 月 7 日

　**　魏忠杰. 国际热核实验反应堆花落法国. 科学时报,2005 年 6 月 30 日

增加,小球直径可减少到原来的三十分之一,甚至更小。小球内温度可达 5×10^7 开,最终达到或超过劳逊判据条件,引起热核聚变。2015 年,我国强激光"神光Ⅲ号"主机激光装置的峰值功率已达 6×10^{13} 瓦,激光惯性约束下聚变反应虽能够发生,但距离达到像裂变那样的人工可控制的自持反应路途还很遥远[10]。

五、中国的"两弹元勋"[11]

邓稼先(左)和于敏

一批著名科学家和工程技术专家,以及至今仍默默无闻的许多普通国防科技工作者和部队战士为两弹成功研制奉献了智慧、青春、汗水,甚至宝贵生命。1999 年为表彰在六七十年代为我国国防事业做出卓越贡献的科学家,颁发了"两弹一星"功勋奖章,其中包括"两弹元勋"邓稼先、王淦昌、彭桓武、于敏等科学家。下面例举 3 位,展现"两弹元勋"的爱国情怀和卓越贡献。

"两弹元勋"邓稼先(1924—1986),是中国核武器研制和发展的主要组织者和领导者,他始终工作在中国核武器制造的第一线。自 1958 年开始,他隐姓埋名 28 年,在极其艰苦的条件下开展原子弹和氢弹研制。他想到的是"我们要甘心当一辈子无名英雄,还要吃苦担风险。但是,我们的工作能振我国威,振我军威! 我们为这个事业献身是值得的"。他领导开展了一系列有关核弹物理过程的基础理论研究,以及大量模拟计算和分析,成功迈出了中国独立研究核武器的第一步,为两弹研制做出了卓越贡献。他在 1986 年癌症住院期间,直到生命倒计时刻,还始终不忘我国核武器的发展,和于敏等人一起提出"关于中国核武器发展的建议书",建议加快核试验步伐。他们用战略眼光,在 1996 年联合国通过《全面禁止核试验条约》前,为我国争取了宝贵的 10 年试验时间。

著名实验物理学家王淦昌(1907—1998)抱着"以身许国"的坚定信念,于 1961 年受命参与两弹研制。他隐姓埋名 17 年,负责领导物理实验方面的工作,指导实验设计、安装和试验研究,是中国核武器研制的主要奠基人之一。

正如在他所著的一本自传体图书《无尽的追问》*中所说,他从小就记住外婆的话:"你要像岳飞那样,胸怀大志,精忠报国。"书中还记载,1930 年他去德国柏林大学留学,是著名物理学家迈特纳的研究生,1933 年获博士学位。当时,有人劝他留在德国:"科学是没有国界的,中国很落后,没有你需要的科研条件,何必回去

---

* 王淦昌.无尽的追问.南京:江苏人民出版社,2008

王淦昌

呢?"他立即回答:"科学没有国界,但科学家是有祖国的,现在我的祖国正在遭受苦难*,我要回去为她服务。"1934 年王淦昌毅然回国。

王淦昌这本书的书名"无尽的追问",也是他善于思考、虚心好学的反映。书中写道:"我脑子里总存放着一些问题,有机会就向别人请教,不论他是科学家,还是我的学生。"书末写有他送给年轻人的一句话:"知识在于积累,才智在于勤奋,成功在于信心。"

核物理学家于敏(1926—2019)决心把自己一生"微薄的力量融进祖国的强盛之中"。他被称为"中国氢弹之父",也是 2019 年"共和国勋章"获得者。1961 年他受命负责氢弹的原理研究、设计研制工作,胸怀"国家需要,我一定全力以赴"的决心,隐姓埋名 28 载,投入核武器研制战斗之旅。这位没留过洋的"国产土专家 1号",硬是领导了一批年轻人,突破了核大国对氢弹理论和技术的封锁,在一张白纸上书写了中国人以世界最快速度、独立研制出氢弹的神话。20 世纪 80 年代后,在第二代核武器的研制中,他又一次突破关键技术,使我国核武器技术发展迈上新台阶,为加强国防实力做出开创性的贡献。面对荣誉纷至沓来,于敏院士始终保持清醒的头脑。他家的客厅里高悬一幅励志名言:"淡泊以明志,宁静以致远。"

附录7.A　空气质量监测和空气污染指数

　　早期对空气质量监测,主要是采用当时国际上通用的方法,公布 3 种污染物:总悬浮颗粒物、二氧化硫和氮氧化物的空气污染指数(API),其中主要污染物是悬浮颗粒物。以有多年监测历史的上海为例,具体监测手段可分下述两种。

　　(1) 主要是采用自动分析监测系统。经优化选出有代表性的城区点 6 个,另选淀山湖地区作为对照点,共 7 个点。自动分析仪 24 小时工作。各采样点将一段时间(一般为半小时)的平均值汇总到上海市环境监测中心,经计算得到 API 值,即为每天公布的空气质量预报。

---

　　*　当时日本已占领中国的东三省。

（2）同时结合采用人工采样方法。在上海城区选了 12 个点，基本覆盖了全市城区范围。这些结果也作为重要参考数据保存下来。

空气质量的具体等级划分如下：

（1）API 值 $\leqslant$ 50：表明空气质量良好，相当于达到国家空气质量 I 级标准；

（2）50 $<$ API 值 $\leqslant$ 100：表明空气质量一般，相当于达到国家 II 级标准；

（3）100 $<$ API 值 $\leqslant$ 200：表明空气质量欠佳，相当于达到国家 III 级标准；

（4）API 值超过 200：表明空气质量差。

从 2012 年开始，用空气质量指数（air quality index, AQI）替代原有的 API，AQI 所测量的污染物包括 PM2.5（直径小于 2.5 微米的细颗粒物）、PM10（直径 2.5～10 微米的可吸入颗粒物）、二氧化硫、二氧化氮、一氧化碳和臭氧 6 种污染物的数据。由于 PM2.5 可较长时间停留在空气中，且易被人体吸入气管，影响肺功能，引发支气管炎和心血管病，因此是主要污染物。目前许多城市出现严重雾霾天气，而雾霾的形成主要与 PM2.5 有关。仍以上海为例，经环保部认定空气质量监测点位有 10 个，目前公布的 PM2.5 等数据均采集自这 10 个点。

AQI 测量共分 6 级，不仅较 API 监测的污染物指标更多，而且分级标准更严，也更为客观。

（1）AQI 值 $\leqslant$ 50：表示空气质量一级（优）；

（2）51 $<$ AQI 值 $\leqslant$ 100：表示空气质量二级（良）；

（3）101 $<$ AQI 值 $\leqslant$ 150：表示空气质量三级（轻度污染）；

（4）151 $<$ AQI 值 $\leqslant$ 200：表示空气质量四级（中度污染）；

（5）201 $<$ AQI 值 $\leqslant$ 300：表示空气质量五级（重度污染）；

（6）AQI 值 $>$ 300：表示空气质量六级（严重污染）。

习　　题

1. 计算热中子与 ^{235}U 结合成 ^{236}U 时所放出的结合能。（已知：$m_n = 1.008\,665$ u, $M(^{235}$U$) = 235.043\,925$ u, $M(^{236}$U$) = 236.045\,563$ u）

2. 试计算下列热中子引起的 ^{235}U 核裂变过程所放出的结合能：

$$n + ^{235}_{92}U \longrightarrow ^{144}Ba + ^{89}Kr + 3n$$

（提示：所放出的结合能即反应前后原子核和核子总的静止能量之差。已知：$m_n = 1.008\,665$ u, $M(^{235}$U$) = 235.043\,925$ u, $M(^{144}$Ba$) = 143.922\,673$ u, $M(^{89}$Kr$) = 88.917\,563$ u）

3. 一个 $A = 100$ 的核的截面积为多大？

4. 已知 1 千克标准煤的热当量为 29.3 兆焦，试估计 1 千克 ^{235}U 全部裂变时所放的可用核能相当于多少吨煤燃烧所放出的能量。

5. 由(9.4-3)式估计在 4 个聚变反应全部完成时,1 克氘可放出的能量。(用千瓦时为单位)

6. 设一个聚变堆的功率为 10^6 千瓦,以 "D＋T" 为燃料,试估计一年要消耗多少氘?若改用煤作燃料,同样的发电功率要求每年消耗多少煤?(可利用第 4 题 1 千克标准煤的热当量)

7. 根据太阳辐射功率为 3.8×10^{26} 瓦,以及此能量来源于质子-质子聚变反应链,估算太阳每天要烧掉多少质量的氢。

参考资料

[1] 李传统. 新能源与可再生能源技术. 南京:东南大学出版社,2005

[2] 刘震炎,张维竞等. 环境与能源科学导论. 北京:科学出版社,2005

[3] 核电技术专题文章系列. 现代物理知识,2011,3:23
　　(陈献武. 热中子反应堆与核电;徐銤. 我国快堆技术发展和核能可持续应用;雷奕安. 核安全与核能社会)

[4] 第四代核裂变反应堆专题. 现代物理知识,2018,4:3
　　(张作义,原鲲. 我国高温气冷堆技术及产业化发展;徐銤. 快中子堆;黄彦平,臧金光. 超临界水冷堆;徐洪杰等. 钍基熔盐堆和核能综合利用;吴宜灿. 铅基反应堆研究进展和应用前景;黄彦平,臧金光. 气冷快堆概述)

[5] 丁大钊. 放射性洁净核能系统. 科学,1997,**49**(1):14;赵志祥. 加速器驱动的洁净核能系统国际研究进展. 原子核物理评论,1997,14:121

[6] 李银安. 受控热核聚变. 长沙:湖南教育出版社,1994

[7] 王淦昌. 取之不尽用之不竭的理想能源——激光惯性约束核聚变. 现代物理知识,1989,4:58

[8] 丁厚昌,黄锦华. 受控核聚变研究的进展和展望. 自然,2006,**28**(3):143

[9] 曹建勇等. 中国环流器二号装置及物理实验进展. 科学,2012,**64**(2):1

[10] 王巧巧. 大国重器——激光惯性约束聚变. 现代物理知识,2019,3:41

[11] 关于"两弹元勋"人物的介绍,可参见:
　　陈敬全. 领略卓越,感受崇高. 科学,2004,**56**(4):58;郑绍唐. 物理学家以身许国,驯伏天火壮我神州. 见赵凯华,秦克诚. 物理学照亮世界. 北京:北京大学出版社,2005;董瑞丰. 28 载隐姓埋名,换氢弹惊天巨响. 解放日报,2019 年 9 月 18 日;高渊. 王淦昌隐姓埋名 17 年之后. 解放日报,2019 年 12 月 13 日

第八章　物理学与现代医学
新技术和生命科学

物理学与生命科学和医学三者之间有着密切联系,物理学对近代医学和生命科学的发展做出了重大贡献。人类探索生命奥秘所取得的一系列成果,也大大推动了医学的研究和发展[1, 2]。

谈到医学,大家马上会想到疾病的预防、诊断和治疗。对于诊断,人们希望能够尽早诊断,尤其是对癌症越早越好。1895 年 12 月,伦琴利用 X 射线得到了世界上第一张人手骨骼的图像。很快,X 射线在疾病诊断中得到了重要应用。20 世纪 70 年代以来,随着电子技术、超声技术、核技术的发展以及电子计算机的广泛应用,现代医学显像技术也得到了迅速发展,出现了超声成像、X 射线计算机断层扫描成像(简称 XCT)、放射性核素成像的发射型 CT(包括 SPECT 和 PECT 两种)以及磁共振成像(简称 MRI)等新技术。这四大成像新技术的问世,大大提高了诊断水平。

对于治疗,人们希望的是一种安全、简便、疗效高、时间短的方法,甚至能在不切开皮肤的情况下切除体内病灶、达到治疗目的。这听起来很"神",但今天人们已经能够做到了。随着激光技术、光纤技术、核技术、纳米科技、计算机技术等现代科技的发展,医疗水平也得到迅速的提高,这种神奇的"手术刀"也找到了。

当前将核技术应用于医学所诞生的一门新兴学科——核医学正在迅速发展,并已成为医学现代化的重要标志之一。

关于超声波技术和纳米科技在医学上的应用已分别在§3.2 和§6.4 中作过介绍。本章§8.1—§8.4 将着重介绍与近代物理学的发展关系密切的一些现代医学技术的发展,包括放射性药物、激光技术在医学上的应用、粒子手术刀以及 CT 和磁共振成像技术等[3, 4]。

物理学很早就与生物学有联系,细胞就是英国物理学家胡克用他自制的显微镜发现的。细胞的发现,让对生命的描述进入细胞水平。到 20 世纪量子力学建立后,薛定谔等物理学家先后介入生命科学,遗传密码的物质负荷者 DNA 的双螺旋结构模型,就是美国遗传学家沃森(J. D. Watson, 1928—　)和英国物理学家克里克(F. H. C. Crick, 1916—2004)于 1953 年合作建立,并为 X 射线衍射实验所证实,它奠定了分子生物学的主要理论基石。从此对生命的描述进入了更基本层次——分子水平。

面临 21 世纪生命科学大发展的前夜,可以预期将会出现更多的生命科学家与物理学家合作研究的重大成果[5]。在国际著名的《自然》杂志 1999 年第一期上,就对美国一些著名大学建立物理学与生物学交叉学科研究院以及"物理学会引发又一次生物学革命吗?"作了专题报道[6]。本章也想尝试从这个方面作一些初步介绍,有兴趣的读者请参阅中国物理学家罗辽复写的一本很出色的书[7]。

本章§8.5 中主要介绍量子力学创始人之一——薛定谔的思想及其对分子生物学的杰出贡献,介绍从细胞水平和分子水平看生命,介绍决定遗传的基本物质——DNA 分子的构造及其储存和传递生物体遗传信息的功能,以及人类基因组研究所取得的重大成果。在§8.5 的最后简述现代 STM 和 AFM 技术在 DNA 研究中所起的重要作用。

§8.1　放射性药物在诊断和治疗中的应用[8]

核医学是研究放射性同位素及核技术在医学上应用的一门新兴学科,它是随原子核物理的发展而诞生的。核医学为探索人体内代谢过程的规律、了解脏器功能的变化提供了直观测量和分析的手段,是现代医学诊断和治疗当今危害人类生命的最严重疾病(肿瘤、心脑血管病)的必不可少的重要手段。

本节和§8.4 将分别介绍放射性药物在诊断和治疗中的重要应用,以及核技术、计算机技术和电子技术相结合在医学图像显示方面的重要应用。从中足以看出 20 世纪原子核物理学的发展使现代医学的研究水平又上了一个新的台阶。

所谓放射性药物,是指一些放射性制剂及其标记化合物,它们被广泛用于疾病的诊断和治疗。在全世界核医学所消耗的放射性核素,估计要占总产量的一半之多。在发达国家中,放射性药物使用已相当普遍。在发展中国家中,我国的核医学水平名列前茅。为了让读者了解放射性药物应用中一些基本的放射性知识,可以先从放射性衰变规律讲起。

一、放射性的基本规律

1. 衰变常数和指数衰变规律

在第四章中,已向读者介绍过 3 种放射性衰变(α,β 和 γ),这里要介绍衰变规律。科学家在分析大量放射性核素的衰变现象后,发现对单个放射性核素来讲,确切的衰变时间是难以确定的,即是随机的。但是对足够多放射性核素的整体来讲,在单位时间内的衰变几率是确定的。卢瑟福与助手 F. 索迪通过大量实验于 1903

年发现放射性核素随时间衰变服从指数规律。

假定 $t=0$ 时,有放射性核素 N_0 个,由于衰变不断减少,在 t 时刻的核素数目为

$$N(t) = N_0 e^{-\lambda t} \tag{8.1-1}$$

其中 λ 称为衰变常数,它的物理意义讨论如下:

由(8.1-1)式可知,在 $t \to t+\Delta t$ 时间间隔 Δt 内,衰变掉的核素数目为 *

$$-\Delta N = N(t) - N(t+\Delta t) = N_0 e^{-\lambda t} - N_0 e^{-\lambda(t+\Delta t)} = N(t)(1 - e^{-\lambda \Delta t})$$

上式中,$\Delta N < 0$,$-\Delta N > 0$。当 Δt 足够小时,$e^{-\lambda \Delta t} \approx 1 - \lambda \Delta t$,于是有

$$-\Delta N = N(t)\lambda \Delta t$$

即

$$\lambda = -\frac{1}{N(t)} \frac{\Delta N}{\Delta t} \tag{8.1-2}$$

上式中,$-\Delta N/\Delta t$ 为单位时间衰变掉的核素,可见 λ 表示一个放射性核素在单位时间内发生衰变的几率,单位是 1/秒。它是一个表征某种放射性核素衰变快慢的特征量,是一个常数,称为衰变常数。放射性核素发生 α 和 β 衰变的衰变常数 λ 都有表可查(见表 4.4-2)。大量实验表明衰变常数 λ 不受外界条件(如温度、压强、外界电磁场等)的影响。

2. 半衰期和平均寿命

下面介绍除了 λ 外,另外两个描述衰变快慢的物理量。放射性核素衰变掉其原子核数目的一半所花的时间称为半衰期,用 T 表示。由 T 的定义可知,$t=T$ 时,$N=N_0/2$。于是由(8.1-1)式可得

$$\frac{N_0}{2} = N_0 e^{-\lambda T}$$

由此式可解得 T 和 λ 的关系为

$$T = \ln 2/\lambda = 0.693/\lambda \tag{8.1-3}$$

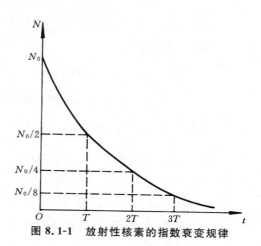

图 8.1-1 放射性核素的指数衰变规律

---

* 因为 $t \to t+\Delta t$ 时,核素数目的变化 ΔN 定义为 $\Delta N = N(t+\Delta t) - N(t)$,所以对衰变过程而言,$\Delta N < 0$,$-\Delta N$ 表示衰变掉的核素数目。

请读者注意,经过两个半衰期后剩下的核素数目为一半中的一半,即原来的四分之一($N_0/4$)。再经过一个半衰期 T,即总的经过 3 个半衰期,此时剩下的是 $N_0/8\cdots\cdots$(见图 8.1-1)。

下面介绍描写核衰变快慢的另一个物理量——平均寿命,即一个核发生衰变所经过(即存活)的平均时间,用 τ 表示。由 λ 的定义,可知 τ 与 λ 成倒数关系:

$$\tau = 1/\lambda = 1.44T \tag{8.1-4}$$

于是,(8.1-1)式可改写为

$$N(t) = N_0 e^{-t/\tau} = N_0\left(\frac{1}{2}\right)^{t/T} \tag{8.1-5}$$

τ 比半衰期长一点,经过 τ 时间后,留下的核素就不到一半了,由(8.1-1)式,可得

$$N = N_0 e^{-\lambda\tau} = N_0 e^{-1} = 0.37 N_0$$

即只有原来的 37% 了。

3. 放射性活度

定义放射性物质在单位时间内发生衰变的原子核数目为该物质的放射性活度,用 A 表示。根据 λ 的意义可知,在 t 时刻的放射性活度

$$A(t) = \lambda N(t) = \lambda N_0 e^{-\lambda t} = A_0 e^{-\lambda t} \tag{8.1-6}$$

由此可见,$A(t)$ 随时间的变化,与核的数目一样,也服从指数规律。

历史上放射性活度的单位是居里(Ci),因居里夫人而得名。1 居里约是 1 克 ^{226}Ra 的衰变率。

$$1 \text{ 居里(Ci)} = 3.7 \times 10^{10} \text{ 次核衰变／秒}$$

$$1 \text{ 毫居(mCi)} = 3.7 \times 10^{7} \text{ 次核衰变／秒}$$

$$1 \text{ 微居(}\mu\text{Ci)} = 3.7 \times 10^{4} \text{ 次核衰变／秒}$$

目前,按我国的法定计量单位规定*,放射性活度的单位应是贝可勒尔,简称贝可,记作 Bq。

$$1 \text{ 贝可} = 1 \text{ 次核衰变／秒}$$

下面举两个与实际应用有关的例子。

---

* 在 1984 年 2 月 27 日国务院公布的《关于在我国统一实行法定计量单位的命令》中,规定放射性活度单位取国际单位"贝可勒尔"。实际上由于历史原因,居里单位仍在使用。

【例1】已知半衰期为 5.27 年的 ^{60}Co 源有如图 8.1-2 所示的衰变图,它先发生 β^- 衰变,放出 β^- 射线后到达 $^{60}_{28}$Ni 的激发态,此激发态迅速地接连放出两个 γ 光子,能量分别为 1.17 兆电子伏和 1.33 兆电子伏。利用钴源的 γ 射线辐照,可以进行食品(如肉类、水果等)保鲜、辐照消毒(如对医疗器械、流通货币等)以及辐照育种等。尤其是在医学上利用它来杀伤人体内的肿瘤细胞,这是目前治

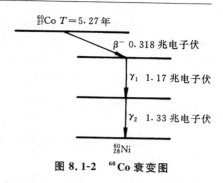

图 8.1-2　^{60}Co 衰变图

疗肿瘤的一种常用方法。下面计算要获得 3.7×10^{10} 贝可的钴源,需要多少质量的 ^{60}Co。

若一块放射性物质的质量为 m 克,1 摩尔质量为 M 克,那么在 m 克的这种物质中所含的原子数目为

$$N = \frac{m}{M} N_A$$

这是因为在 M 克(即 1 摩尔原子)的这种物质中所含的原子数是阿伏伽德罗常数 $N_A = 6.022 \times 10^{23}$ 个。又由(8.1-6)式的放射性活度的定义,可知

$$A = \lambda N = \lambda \left(\frac{m}{M} N_A \right)$$

由此可得

$$m = \frac{AM}{\lambda N_A}$$

代入 $A = 3.7 \times 10^{10}$ / 秒, $M = 60$, $\lambda = 0.693/T = 4.17 \times 10^{-9}$ / 秒,可得

$$m = \frac{3.7 \times 10^{10} \times 60}{4.17 \times 10^{-9} \times 6.022 \times 10^{23}} = 0.88 \,(毫克)$$

由此可见,很少数量的 ^{60}Co 就得到很强的放射性。上面考虑的是理想情况,即该源全部由纯 ^{60}Co 组成,这其实不大可能。但随着同位素技术的发展,源的纯度将越来越高。

【例2】举一个考古的例子来说明放射性规律的应用。在实际应用中,^{14}C 在考古中是很有用的。^{14}C 的 β^- 衰变的半衰期是 5 730 年。应该说从地球形成至今早就衰变完了。但是由于宇宙线中的中子会同大气中的 ^{14}N 发生反应(n + ^{14}N → p + ^{14}C),不断生成 ^{14}C。在生成和衰变达到平衡后,大气中的二氧化碳中所包含的

^{14}C 对 ^{12}C 的比约为 1.3×10^{-12}。由于活的生物必定要通过呼吸或光合作用与大气进行碳交换,因此其体内的 ^{14}C 的含量与 ^{12}C 的含量之比,应与大气中的相同。但是,一旦生物体死亡之后,即新陈代谢停止后,^{14}C 只有衰变、没有生成,其含量就不断减少。因此,只要测得死亡生物体中每克碳的放射性活度,就可由(8.1-6)式推算出它的死亡年代(见习题3)。

二、短寿命核素的生产和保存

医学上临床使用的放射性核素一般都是短寿命的,这样不仅可以使患者和工作人员所受到的辐射剂量小,测量时也能获得较高的计数,提高测量精度,并且无废物处理的困难。但这涉及一个短寿命核素的生产和保存问题。例如,同质异能素 $^{99m}_{43}$Tc 是一种处于寿命较长的激发态的核素,它的半衰期为 6.02 小时,它向基态跃迁所放出的低能 γ 射线(141 千电子伏)可供人体器官肿瘤的诊断所用(下面小节将讨论),但所获得的短寿命核素将很快衰变掉。如何运输和保存短寿命核素呢?

考虑到它是由核素 ^{99}Mo 经过 $β^-$ 衰变而来,而 ^{99}Mo 的半衰期为 66.02 小时,比 ^{99m}Tc 长得多,其衰变式为

$$^{99}\text{Mo} \xrightarrow[66.02h]{β^-} {}^{99m}\text{Tc} \xrightarrow[6.02h]{γ} \text{Tc}$$

所以放射性核素生产单位是将母体 ^{99}Mo 与其子体 ^{99m}Tc 一起运输到医院。这样,^{99m}Tc 一边衰变,一边不断从母体 ^{99}Mo 得到补充。开始时,^{99m}Tc 的核素从无到有,逐渐增加。但由于母体的半衰期比子体长得多,即母体衰变慢、子体衰变快,因此经过一定时间后(约子体半衰期的 5 倍),单位时间内子体 ^{99m}Tc 的核素的增加数和本身衰变掉的数目会相等,即子体的活度与母体活度相同:$λ_子 N_子(t) = λ_母 N_母(t)$,达到了平衡,就可以保存。医院得到的正是母体和子体的混合物(详细讨论可见参考资料[8])。在临床需要时,再利用化学方法将 ^{99m}Tc 淋洗出来。这在核医学中称为钼-锝(^{99}Mo-^{99m}Tc)发生器。这种情况与母牛挤乳类似,故放射性核素发生器又俗称为"母牛"。医院中常用的还有锡-铟(^{113}Sn-^{113m}In)发生器,其中 ^{113m}In 的半衰期是 99.5 分钟,^{113}Sn 的半衰期是 115 天。临床上是利用 ^{113m}In 所放出的 393 千电子伏的 γ 射线。在临床需要时,从锡-铟发生器中将 ^{113m}In 淋洗出来。

三、放射性药物用于诊断

临床诊断主要指脏器的显像与功能检查两个方面,其基本原理为放射性核素

的示踪作用。当用某种特定的放射性核素标记的放射性药物进入人体某种脏器后,其所发射的 γ 射线能穿出体外,通过显像仪器(见 §8.4 中 ECT 的介绍),可观察放射性核素在人体脏器中的分布情况,以诊断脏器的病变情况。还可以测量在脏器或血管中药物浓度随时间的变化,以检查患者的脏器功能。作为临床使用,对核素除要求寿命短外,还要求 γ 射线的能量较低,一般以 100～300 千电子伏为宜。目前利用显像仪器来显示脏器病变组织的影像有两种情况:一种是正常脏器有选择性地浓集某种放射性药物的能力,而病变组织的浓集能力很差,于是在显像图上所观察到的放射性缺损区即为病变;相反的情况则是显像图上放射性浓集区为病变区。

　　例如,^{201}Tl 是一种非常理想的心肌显像剂,由于病变的心肌将失去对元素铊(Tl)标记的放射性药物的集聚能力,于是在心肌的 γ 照像片上的放射性缺损区为病变区。又如,利用前面提到的放射性核素 ^{99m}Tc,标记的放射性药物是一种很好的肿瘤显像剂,被广泛用于脑、心肌、肿瘤的显像。目前对应人体内所有脏器组织都有一种到数种放射性药物用来诊断。

　　当脏器发生病变后,必将引起功能异常。这不仅表现在对放射性药物的浓集程度的变化,而且反映在浓集和清除该药物的速度也将发生变化,即代谢能力的变化,从而将影响到标记物在血、尿或粪便中的动态过程,通过对这些动态的测定,也可了解脏器的功能。

四、放射性药物用于治疗

　　在治疗方面,放射性药物主要是利用射线对机体组织的生物效应、抑制和破坏病变组织,如抑制肿瘤细胞的生长和扩散来达到治疗目的。放射性药物用于治疗大致有外照射和内照射两种方法。

　　例如,利用 ^{60}Co 的 γ 射线(见图 8.1-2)从体外照射,可治疗体内和浅表的肿瘤;用 ^{32}P 制成膏药状的敷贴剂贴在病变处,利用 β⁻ 射线可治疗体表疾病,这些都为外照射。作为内照射,要使某种放射性药物直接浓集到病变处。例如,利用 ^{131}I 可治疗甲状腺功能亢进。^{131}I 所放 β⁻ 射线(最大能量为 970 千电子伏,$T = 8.04$ 天)的射程仅几个毫米,仅在局部产生影响,不影响其他组织。利用 ^{89}Sr 所放 β⁻ 射线($T = 50.5$ 天,最大能量为 1 492 千电子伏)可治疗骨癌。

　　这些医用放射性同位素是利用反应堆和加速器所生产。例如,在中国科学院上海原子核研究所已建成一条利用回旋加速器来生产放射性药物的生产线,可生产 ^{201}Tl,^{67}Ga,^{111}In 和 ^{123}I 等临床上有重要应用的放射性同位素,还能生产 PECT

显像(见§8.4)中所需的放正电子的放射性核素^{11}C，^{13}N，^{15}O和^{18}F等。

§8.2　激光在医学上的应用

在前面第五章中已对激光的原理、特点以及激光技术在工农业生产、通信、军事及能源方面的应用作了介绍。本节着重介绍在医学上的应用。实际上，在激光器发明后的第二年便被应用到医学上，目前已在医学诊断和治疗方面得到了广泛的应用，其中更多的是用在治疗上。

一、激光的生物效应

激光治疗的基本原理是什么？目前还未完全弄清楚。但是长期研究表明，激光与生物体的作用有多种效应，一般认为激光正是通过这些生物效应达到治疗的效果。

1. 热效应

由于激光的能量密度高，可见光或红外激光照射到生物组织上时，被生物组织吸收转变为热能，可在几毫秒内使被照部位局部温度升高 $200 \sim 1\,000$ ℃。这种高温将破坏细胞的正常代谢，破坏蛋白质，甚至使生物组织碳化或气化。所以，高功率激光可用来对病变体进行切割(气化)和烧灼，作为一种激光"手术刀"。

2. 压力效应

光照射到物体上时，会对物体产生机械压力，称为光压。激光能量密度高，将产生很大的辐射压力，可使已产生热效应的生物组织迅速被破坏。

3. 光化效应

由于构成生物体的细胞内存在多种细胞色素，因此使生物体对激光的不同波长有选择吸收的特性。用合适波长的激光照射时，可使生物组织有较强的吸收，促使发生某种光化效应，起到杀死病毒和细菌或者产生刺激细胞的作用，以达到提高机体免疫能力和增强机体局部抵抗炎症能力的目的。

4. 电磁效应

激光是一种电磁波，高功率激光在焦点处可产生较强的电磁场，使生物体分子、原子发生电离，从而破坏细胞生长。也可利用激光来激发病变组织或注入病变组织中的荧光药物，使其发射荧光。通过对这种荧光的测定，可了解病变情况。这正是激光内窥镜用于诊断的基本原理。

实际上,激光对生物体的作用是几种效应同时存在,是一个较复杂的过程。

二、激光刀用于切割(气化)或烧灼治疗

激光能将病变组织切割或烧灼,所以可以代替手术刀达到切除病变组织的效果。1965 年激光刀首次在外科中得到应用。我国一些大医院在 20 世纪 80 年代也开展了激光刀手术治疗,并取得了很好的疗效。激光刀有如下优点:

(1) 激光刀简便可行、手术时间快、出血少,有的过去要住院的手术,现在门诊即可解决。

(2) 有止血作用(使血液凝固),也能封闭小血管及淋巴管,这样能防止开刀时引起肿瘤细胞的扩散。

(3) 切骨手术无声响、无振动,可作各种形态的切口,传统方法无这种效果。

(4) 由于能量集中,对周围正常组织不会造成损伤,这特别对脑肿瘤切除更显示出优点。

(5) 开刀时,"手术刀"不与组织直接接触,不会引起细菌感染。

因此,激光刀在临床已得到很好的应用。

目前国际和国内应用较多的激光刀是利用下面 3 种激光:二氧化碳激光(波长 10.6 微米),掺钕钇铝石榴石(Nd^{3+}:YAG)激光(波长 1.06 微米)及氩离子(Ar^+)激光(波长 488 纳米和 514.5 纳米)。其中二氧化碳激光刀最为常用,因为二氧化碳激光在组织表面 200 微米内几乎完全被吸收,它的穿透深度浅、创伤面积小等优点更适合肿瘤的切割(气化)。一般用于切割(气化)的激光功率在 10^3 瓦/厘米^2 以上,用于烧灼的功率一般为 150～300 瓦/厘米^2。这种激光刀可用于切除脑及神经肿瘤以及各种血管瘤,也可以切割骨组织或用于皮肤病治疗(消除斑痣及黑色素瘤)等。

利用脉冲激光时间短(小于千分之一秒),加上很细的激光束,可以进行精细的眼科手术。患者的眼睛还来不及转动时,"刀"已下去了,不会伤及其他部位。激光刀常用于封闭视网膜的裂孔、焊接视网膜脱离、切除眼底血管瘤等。

三、激光纤维内窥镜

由于光导纤维的研制成功,人们可以将激光引入人体内部,使激光医学进入一个新的阶段。为了满足全反射条件,光纤传输对波长有要求。石英(SiO_2)光纤的传输波段主要在 0.2～2.3 微米,由它制成的激光纤维内窥镜只适用于氩离子和掺

钕钇铝石榴石两种激光。由于掺钕钇铝石榴石的激光功率大,使用更多,除用于切除胃、肠中的病变组织外,还可用于泌尿科(如切除膀胱癌)及五官科。由于石英光纤不能有效传输二氧化碳所产生的波长为 10.6 微米的激光,因此目前二氧化碳激光只用于"切除"皮肤表面肿瘤。上海硅酸盐研究所科研人员研制的柔性的卤化银多晶光纤(传输波段宽为 4～16 微米),适合制造二氧化碳激光手术刀,且方便进入人体腔道[9]。

四、低功率激光的医学应用

主要是用氦-氖激光,利用它所发射的 632.8 纳米波,可穿透皮肤。利用几毫瓦到几十毫瓦的低功率激光的刺激作用来照射穴位,具有类似针灸的效果(称为激光针),也可通过光导纤维将激光直接引入静脉,对血液进行直接照射,具有改变血黏度、增加含氧量、调整机体免疫状态等功能。

上面介绍了激光技术在医学上的一些应用,目前激光技术在医学上应用前景看好,发展迅速。我国自己能生产多种激光治疗仪来满足大小医院的需要。例如,上海激光技术研究所是较早开发激光医用治疗仪器的单位,近年来生产的系列激光医疗产品,包括氦-氖激光治疗仪、二氧化碳激光治疗仪及钇铝石榴石激光治疗仪等多种类型、多种功率、不同使用目的的产品,不仅提供国内需要,还出口国外。

*§8.3 神奇的粒子手术刀

激光束实际上是光子束,所以激光刀也是一种粒子刀。本节还要介绍另外几种有用的粒子刀[10]:γ 射线刀(γ 刀),电子束刀和 X 射线刀。

一、γ 刀

所谓 γ 刀,是指用 γ 射线作为"手术刀"来"切除"肿瘤,尤其是人体脑部肿瘤。实际上,γ 射线和 X 射线与激光束一样,都是光子束,只是一般来说,γ 光子的能量比 X 光子的更大,即:γ 射线波长更短,穿透力更大。

1. γ 刀的发明和使用

早在 20 世纪 40 年代,核辐射就已开始用于癌症治疗,但对脑肿瘤患者如何直

接通过 γ 射线的辐照来杀死癌细胞但又不损伤正常脑组织呢？正是这个实际问题，促使科学家发明了 γ 刀。

1951 年，一位瑞典神经外科医生莱克塞尔(L. Leksell)首先提出建立立体放射外科手术的思想。他设想使用许多经过准直的 γ 射线束，从不同方向射向脑瘤所在部位，并使这些 γ 射线束聚焦在脑瘤部位，这样交点处的剂量可以非常强，而其他正常细胞只受到其中一束 γ 射线的照射，影响就很小了(见图 8.3-1)。经过大量试验，终于使 γ 刀在临床使用获得成功。

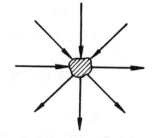

图 8.3-1 多束 γ 射线聚焦在肿瘤处

在我国 γ 刀治疗也早已开展，在脑瘤切除方面(尤其是对小体积肿瘤)，取得了很好的效果。另外，γ 刀除了用于脑瘤切除外，还被用于对不宜进行通常外科手术的病变区作癌变切除。

图 8.3-2 是一位即将进行 γ 刀手术的患者，左边是一个 ^{60}Co 放射源(半衰期是 5.27 年)装置，源的强度极强，在上海 γ 刀医院中，源强达 2.22×10^{14} 贝可。在患者头上戴了一个半球形的特殊"头罩"，它是用很厚的铅、钨等重金属制成，可以阻挡 γ 射线的穿透，起屏蔽保护作用。但在帽上开了 201 个细长的孔，当头部进入此装置后，201 束 γ 射线将通过小孔射向脑瘤。显然，事先的定位非常重要，医生是利用磁共振成像方法(见§8.4)，事先精确测定出肿块位置，并设计一顶特殊的"头罩"，固定在患者头部，以确保 201 束 γ 射线精确交会到脑瘤处。

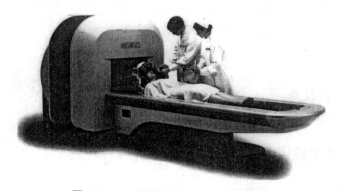

图 8.3-2 正准备接受 γ 刀手术的患者

2. γ 刀优点

(1) 无手术创伤，不需打开头颅，即可摧毁病变组织；不必麻醉，无麻醉意外；

不会感染或产生其他并发症。

（2）定位精确,安全可靠,对病灶周围的脑组织的损伤非常小。尤其是 γ 刀可通过其他刀无法通过的脑禁区,将特殊部位的肿瘤切除。

（3）时间短,安全方便。整个手术（γ 射线照射）只要 20 分钟,且一次完成。"手术"后患者即可下床。前后住院约一周,出院后可很快重返工作岗位。

二、医用电子直线加速器

在医疗上主要是利用电子直线加速器产生的高能电子束或利用由电子束打到靶上所产生的 X 射线来治疗癌症,这种用途的电子直线加速器称为医用电子直线加速器。1977 年,北京和上海两地所研制的医用电子直线加速器就投入临床治疗。医用电子直线加速器是一种大型的、精密的、自动控制的放射线治疗设备,它能提供高能电子束和高能 X 射线供治疗用。

电子束治疗有一个重要特点:一定能量（几兆电子伏）的电子束在进入人体后有一定的射程,在射程外,人体组织对电子的吸收剂量迅速衰减。于是,根据肿瘤位置确定电子束的能量,就可以保护深于肿瘤的健康组织。

利用电子直线加速器的电子打到重元素靶上所产生的 X 射线（也是光子）,可作为 X 射线刀,它的能量要比 ^{60}Co 放出的 γ 射线的能量（1.17 兆电子伏和 1.33 兆电子伏）高很多,有较强的穿透能力,表皮吸收少。一般用 X 射线治疗时,射线能量在 4～10 兆电子伏为宜,可使肿瘤组织受到最大的破坏,而骨组织和皮肤受到最小的损害。这里涉及一个射线治疗的基本原则,即射线能量和照射剂量的选定,以达到对癌细胞有最大的杀伤力,而对人体正常细胞的损伤作用最小的目的。

*§8.4　CT 技术和磁共振成像技术

一、从 X 射线摄影到 XCT 和 ECT[3, 4]

1. X 射线摄影的不足之处

X 射线摄影的最大缺点是 X 光片上只能提供一个前后重叠的影像,当病变（如肿瘤）与各层组织密度差别不大时,就不易辨别。另一个缺点是定量不好。在§5.3,四中已经讲过,X 射线通过物质时要被吸收,其强度衰减满足指数规律:

$$I = I_0 e^{-\mu d} \tag{5.3-3}$$

其中，μ 是该物质的质量吸收系数，d 是该物质的质量厚度。可见其强度变化与 μd 乘积有关，即从 I 的变化不能同时确定 μ 和 d 的大小，只能确定两者的乘积，也就是无法了解病变组织的厚度和质地。

2. XCT 基本原理

为了克服 X 摄影的不足，1968 年，美国物理学家科马克（A. M. Cormark）发表了由 X 射线投影重建图像的研究报告，1972 年，英国工程师洪斯菲尔德（G. Hounsfield）研制成功世界上第一台 XCT（X-ray, computer aided transverse tomography）。"CT"是电子计算机辅助断层成像术中英文"computer tomography"的两个首字母。"XCT"是指 X 射线计算机断层成像术，它为医学成像技术开辟了一个崭新的领域。应用CT 技术，可将病变区的形态以立体的、高分辨的形式显示出来，并做出定量分析。因XCT 的发明，他们两人荣获了 1979 年诺贝尔生理学或医学奖。

XCT 设备是以测定人体组织对 X 射线的吸收系数为基础的，目的是将待测组织中各断层上各小单元的吸收系数全部求出，并用图像表达出来。在图 8.4-1 中，给出一个沿 z 方向切出来的待测体的断层面（设在 $O\text{-}xy$ 平面上），此断层面的厚度为 Δt。在这个断层面上再按面积 $(\Delta t)^2$ 划分成许多小方块，作为一个单元，设每个单元的吸收系数 μ_i 正是待求量。假定在 x 和 y 方向上都被分成了 100 等分，即分成了 100×100 个单元（称为像元），则有 10^4 个未知量 μ_i 要测量。现让一窄束 X 射线穿过待测体（见图 8.4-2），测量被物体吸收后的强度 I，可得到如下方程：

$$I = I_0 \exp\left(-\sum_i \mu_i \Delta t\right) \tag{8.4-1}$$

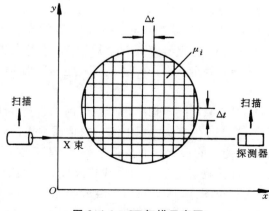

图 8.4-1　CT 扫描示意图

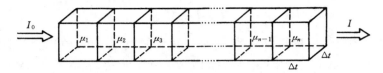

图 8.4-2　X 射线穿过 n 个小体积元

其中，

$$\sum_{i=1}^{n} \mu_i = \mu_1 + \mu_2 + \cdots + \mu_n = \frac{1}{\Delta t} \ln \frac{I_0}{I} \tag{8.4-2}$$

按以上假定，$n = 100$，即(8.4-2)式中包含了 100 个未知量。为了得到断层面上全部 μ_i 值，必须将 X 射线源(连同探测器)沿着与 X 射线束垂直的 y 方向逐步平行移动，逐次测量，每次移动步长为 Δt，一次扫描可得 100 个方程。方程数还远远不够，还必须将 X 射线源和探测器系统绕圆心转动，每转过一个角度，类似上面，再沿着与 X 射线束垂直的方向移动，逐次测量，步长仍为 Δt，则一次扫描又可得 100 个方程。根据要求要转动 99 次，最后可得 100×100 个代数方程。通过计算机可解出所有 10^4 个像元的 μ_i 值。这就是 CT 技术的基本原理。

利用计算机屏幕上的不同颜色或不同灰度(对单显屏幕)来表示 μ_i 大小，于是就可看到一幅待测体的"切片"图像。利用病变组织与正常组织有不同的 μ 值，即可以将病变部分显示出来。实际上新一代的 CT 是利用扇形 X 射线源，配以一组(可以有上百个)探测器来同时测量，减少了转动次数，大大缩短了测量时间。

在完成一次断层扫描后，可在 z 方向再前进 Δt 距离，换到另一个新的断层面，再重复以上的测量，获得新断层面的图像。依次在 z 方向不断前进，最后可获得待测体的全部 $\mu_i(x, y, z)$ 数据。经计算机作图像处理后，就可获得沿任何方向的切片图像，并可显示三维立体图像。

利用 CT 技术，可区分出吸收系数仅相差千分之五的差别，也就是说，轻微的病变也能反映出来，比 X 光透视分辨率高一个数量级。CT 装置现已成为全世界正规医院必备的诊断仪器。目前在医院中讲的 CT 通常是指 XCT。

3. ECT

1980 年以来，核技术与 CT 技术相结合产生了所谓发射型 CT(即 ECT)。上面介绍的 XCT 是透射型 CT，在成像过程中测定的是通过人体后 X 射线的衰减情况，从不同衰减可分析病变区的形态。而放射性核素 ECT 则不然，它在成像过程中测定的是人体内放射性药物发射出来的射线的强度，最后获得的是体内某断层面的放射性核素的密度分布图像，从不同的密度分布来分析病变情况。而且不仅是形态，更重要的是，还可以通过测定放射性药物浓集程度的变化来了解组织器官的生理、生化和病理过程。关于这些放射性核素是如何有的放矢地引入体内并达到诊断的目的,在前面§8.1中已作过介绍,与前面不同的是:这里配以计算机处理,可测得断层面上的放射性核素的密度分布情况,即能把病变情况在三维方向显示出来。

实际 ECT 又分为两类:一是单光子发射型 CT(SPECT),测量的是放射性核素(如^{99m}Tc, ^{201}Tl, ^{123}I 等)发射的单 γ 光子;二是正电子发射型 CT(PECT),医院中通常简称为 PET,它是专用放射性药物中所含的 β$^+$ 衰变核素显像的。引入人体的 β$^+$ 衰变核素将放射出正电子,这些正电子和负电子结合会产生正负电子湮灭,而在两个相反方向上发射一对能量为 511 千电子伏光子[见(9.2-12)式]。PET 就是通过检测这对光子束实现断层成像的。这些 β$^+$ 衰变核素是 ^{11}C(T = 20.5 分), ^{13}N(T = 10 分), ^{15}O(T = 2 分)和 ^{18}F(T = 110 分)。

可以注意到这些放正电子的轻元素都是组成生命最基本元素的同位素,利用它们所制备的放射性药物作示踪剂,可标记病灶组织的葡萄糖等人体代谢物,从而可以从体外对人体病变组织内的代谢物或药物的变化进行动态和定量检测,明显提高了对疾病诊断的正确性,成为诊断癌变、冠心病和脑部疾病的重要方法。目前 PET 已成为国际上最尖端的医学影像诊断设备之一。

二、磁共振成像[3,4]

磁共振成像的简写"MRI"是取自英文"magnetic resonance imaging"的第一个字母组合。磁共振成像的基本原理是利用了核磁共振现象。

核磁共振现象由美国科学家珀塞尔(E. M. Purcell, 1912—1997)和瑞士科学家布洛赫(E. Bloch, 1905—1983)分别于 1945 年 12 月和 1946 年 1 月独立发现,他们共享了 1952 年诺贝尔物理学奖。由§4.4可知原子核由中子、质子组成,它们在原子核中不停地运动,它们所具有的能量也像原子中的电子一样也是不连续的,即只能处于分立的能级上。另外,实验指出,与电子一样,质子和中子除了轨道运动外还有自旋运动,而且自旋量子数都是 1/2。同样,由运动的质子和中子构成的原子核也有自旋。例如,氢核(H)即质子,所以自旋(量子数) I = 1/2。 氘核(d)自旋 I = 1, ^{31}P 核 I = 1/2, ^{12}C 核和 ^{16}O 核的自旋都为零等。由自旋量子数可得自旋角动量为

$$L_1 = \sqrt{I(I+1)}\hbar \tag{8.4-3}$$

$\hbar$ 是角动量单位。这个自旋角动量也是矢量,在空间某特殊方向(z 方向)上的投

影值$(L_I)_z$,与电子自旋一样也是量子化的,即分立的,不是连续的,共有$2I+1$个值,

$$(L_I)_z = m_I \hbar \tag{8.4-4}$$

其中,m_I可取值$-I$,$-I+1$,$\cdots$,$I-1$,I,共有$2I+1$个可能值,称为自旋角动量磁量子数。例如,质子的$I=1/2$,相应地,$L_I=(\sqrt{3}/2)\hbar$,$(L_I)_z=\pm(1/2)\hbar$,只有两个投影值。氘核$I=1$,相应地,$L_I=\sqrt{2}\,\hbar$,$(L_I)_z=(1,0,-1)\hbar$,有3个投影值。

除了自旋角动量外,实验和理论都已证实:电子、质子以及不带电的中子都有自旋磁矩,因此原子核也有自旋磁矩,其大小为

$$\mu_I = g\mu_N \sqrt{I(I+1)} \tag{8.4-5}$$

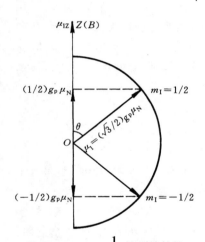

图 8.4-3 $I = \dfrac{1}{2}$ 的氢核的核

磁矩$\left(\dfrac{\sqrt{3}}{2}g_p\mu_N\right)$在 z 方向只

有两个投影值$\left(\pm\dfrac{1}{2}g_p\mu_N\right)$

其中,不同核有不同的常数g因子,可由实验测得。例如,氢核的g因子(即质子的g因子)$g_p=5.586$,中子的$g_n=-3.826$,氘核的$g_d=0.857\,48$。μ_N是核磁子,$\mu_N=3.152\,45\times10^{-8}$电子伏/特斯拉。这个磁矩也是矢量,在$z$方向的投影$(\mu_I)_z$的大小也是量子化的,和$(L_I)_z$一样,也有$2I+1$个值,

$$(\mu_I)_z = m_I g\mu_N \tag{8.4-6}$$

例如,氢原子核的核磁矩$\mu_I=(\sqrt{3}/2)g_p\mu_N$。因自旋投影$m_I=\pm1/2$,所以磁矩在$z$方向的投影值也只有两个,$(\mu_I)_z=\pm(1/2)g_p\mu_N$(见图8.4-3)。

在外加的稳定磁场$\boldsymbol{B}$中,由于磁矩$\boldsymbol{\mu}_I$与$\boldsymbol{B}$的相互作用,将使原有能级在磁场中分裂,使能级产生移动的附加能量为(取$\boldsymbol{B}$方向为z方向)

$$E = -\boldsymbol{\mu}_I \cdot \boldsymbol{B} = -g\mu_N m_I B \tag{8.4-7}$$

因m_I有$2I+1$个值,故E有$2I+1$个值,即一条核能级在磁场中将分裂为$2I+1$条能级。由于相邻两条分裂能级间的m_I值相差1,它们的能量差为

$$\Delta E = g\mu_N B \tag{8.4-8}$$

因此,当在与外磁场 **B** 的垂直方向上再加一个交变磁场(又称射频场),其频率为 ν,当调整 ν 值使满足 $h\nu = g\mu_N B$ 时,将发生共振吸收。处于低能级的核将吸收射频磁场的能量而跃迁到相邻的高能级上去,使核处于激发态,这一现象称为核磁共振。射频场的频率 ν 为

$$\nu = \frac{g\mu_N B}{h} \tag{8.4-9}$$

例如,在磁共振成像中我们最感兴趣的氢核,因 $m_I = \pm 1/2$,利用(8.4-7)式,可得在磁场中由于氢核磁矩(即质子磁矩)与磁场相互作用产生的附加能量为

$$E = \pm \frac{1}{2} g_p \mu_N B \tag{8.4-10}$$

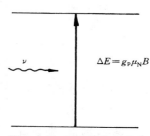

图 8.4-4 氢核的共振吸收

其中,氢核磁矩方向与外磁场平行时,附加能量为负值,使其能量降低,氢核处于基态;磁矩与外磁场反平行时,氢核处于激发态,两能级之差为 $\Delta E = g_p \mu_N B$。已知 $g_p = 5.586$,当 $B=1$ 特斯拉时,可得 $\Delta E = 1.76 \times 10^{-7}$ 电子伏。由(8.4-9)式可知,射频场的频率 $\nu = 42.6$ 兆赫时,才可使氢核发生共振吸收跃迁到激发态(见图 8.4-4)。目前用于诊断的磁共振仪中的磁场约 1 特斯拉,这样大小的磁场对人体没有伤害。

图 8.4-5 是磁共振仪原理框图。有一个稳定磁场和一个射频场作用在样品上。当去掉射频场后,则处于激发态的核可通过电磁辐射退激发到低能级。这种电磁辐射也能在环绕待测物的线圈上感应出电压信号,此信号即为核磁共振(nuclear magnetic resonance)信号,简称 NMR 信号。由于人体各种组织中都含有大量的水和碳氢化合物,因此含大量的氢核,使氢核成为人体磁共振成像的首选核种。用氢核所获得的 NMR 信号要比其他核种的 NMR 信号大 1 000 倍以上。例

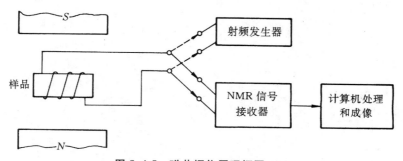

图 8.4-5 磁共振仪原理框图

如,取氢核(^{1}H)信号强度为 1,则磷核(^{31}P)信号的相对强度为 10^{-3},而碳核(^{12}C)信号的相对强度是 10^{-4}。

由于人体中各种组织的含水比例不同(见表 8.4-1),即氢核密度不同,因此 NMR 信号强度有差异。利用这种差异作为特征量,可把各种组织区分开来。

表 8.4-1　人体一些组织的含水比例

组织名称	含水比例(%)	组织名称	含水比例(%)
皮肤	69	肾	81
肌肉	79	心	80
脑灰质	83	脾	79
脑白质	72	肺	81
肝	71	骨	13

注意到处于激发态的氢核的退激,不仅可通过辐射跃迁,还可把能量传递给周围核或晶格而以非辐射跃迁形式回到低能态,这种过程称为核磁弛豫过程。弛豫过程又可分为两类:一类是自旋-晶格弛豫,激发能被转移到晶格的热运动,达到平衡的特征时间,即自旋-晶格的弛豫时间为 T_1;另一类是自旋-自旋弛豫过程,一个核的能量转移至另一个核,这种弛豫时间为 T_2。人体各种组织的 T_1 和 T_2 值也是不相同的。表 8.4-2 和 8.4-3 分别列出几种正常组织和病变组织在 0.5 特斯拉磁场下的 T_1 和 T_2 值范围。

表 8.4-2　几种正常组织在 0.5 特斯拉情况下的 T_1 和 T_2 值范围(取自参考资料[2])

组织名称	T_1(毫秒)	T_2(毫秒)
脂肪	240 ± 20	60 ± 10
肌肉	400 ± 40	50 ± 20
肝	380 ± 20	40 ± 20
胰	398 ± 20	60 ± 40
肾	670 ± 60	80 ± 10
主动脉	860 ± 510	90 ± 50
骨髓(脊柱)	380 ± 50	70 ± 20
胆道	890 ± 140	80 ± 20
尿	$2\,200 \pm 610$	570 ± 230

表 8.4-3　　几种病变组织在 0.5 特斯拉情况下的 T_1 和 T_2 值范围(取自参考资料[2])

组织名称	T_1(毫米)	T_2(毫米)
肝癌	570 ± 190	40 ± 10
胰腺癌	840 ± 130	40 ± 10
肾上腺癌	570 ± 160	110 ± 40
肺癌	940 ± 460	20 ± 10
前列腺癌	610 ± 60	140 ± 90
膀胱癌	600 ± 280	140 ± 110
骨髓炎	770 ± 20	220 ± 40

　　由以上讨论可见,正常组织与病变组织的 NMR 信号强度除了与这些组织的氢核数密度 ρ 有关外,还与两个弛豫时间 T_1 和 T_2 有关。实际测量中可得 3 种图像:第一种是密度图像,图像中 NMR 信号的明暗反差只决定于 ρ 的差异;第二种是 T_1 加权图像,NMR 信号由 ρ 和 T_1 共同决定;第三种是 T_2 加权图像,NMR 信号由 ρ 和 T_2 共同决定。到底取哪一种图像,决定于哪一种更能显示出正常组织和病变组织的差异。例如,正常肝组织与肝癌的 ρ 和 T_2 相差不多,但 T_1 相差很多,所以用 T_1 加权图像更能达到显示目的。图 8.4-6 是用磁共振成像方

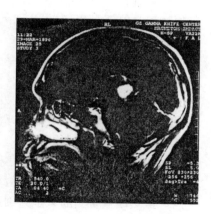

图 8.4-6　脑肿瘤的磁共振成像

法测得的脑瘤图像(图中头颅中央白色小块是肿瘤),非常清晰。磁共振成像方法对软组织的病变诊断,更显示其优点。

　　利用磁共振成像也可获得三维立体信息,即可获任意断层面的图像,称磁共振 CT。这要求在 3 个方向上都加上有梯度的稳定磁场,并利用一个宽频的射频场。2003 年诺贝尔生理学或医学奖授予了美国的劳特布尔(P. Lauterbur)和英国的曼斯菲尔德(P. Mansfield),因他们发明了核磁共振或像(MRI)。

　　核磁共振分析技术不仅在医学方面,在物理、化学、生物、材料等方面更有其广泛应用。使用这种分析技术,具有精度高、对样品限制少和不破坏样品的优点。

*§8.5　物理学在生命科学发展中的作用

一、对生命现象认识的发展[11]

生命是宇宙间最令人惊异、最值得人们探索的世界。从人类对生命现象认识的发展,可以看到这是生物学家、物理学家、化学家、数学家等共同合作研究的辉煌成果。可以说,在现代分子生物学中,物理学对其发展的贡献更突出,物理学与生物学的结合,其创新点不仅是简单地采用了物理学的新技术、新方法,更重要的是应用物理学的新思想,对生命现象的解释更本质、研究更定量化。

1. 从进化论到细胞学说

直到 19 世纪初,对生命的认识一直笼罩在神学的迷雾之下。直到 1859 年达尔文提出进化论(出版了著名的《物种起源》一书)以后,才开始揭开蒙在生命现象上的神秘面纱,明确提出生物是发展变化的,要经过生存竞争、遗传和变异,"物竞天择,优胜劣汰"。恩格斯高度评价达尔文的学说,说它是 19 世纪自然科学最重大的发现之一。

1665 年,英国物理学家胡克利用自制的一台显微镜,观看软木切成的薄片,发现软木由无数蜂窝状的小房间组成。他称之为"细胞",英文为"cell",有"小房间"之意。虽然胡克看到的只是死细胞留下的空的细胞壁,细胞里的东西一点也不知道,但他的发现很有价值,开始把人们的研究引入细胞这个微观世界,并且这是显微技术的开端。直到 18 世纪 20 年代,人们终于设计出可以放大 1 000 倍的光学显微镜,为建立科学的细胞学说提供了观察工具。在 1838 年终于看到了完整的植物细胞,在 1839 年看到了完整的动物细胞。细胞外是一层薄而软的细胞膜,里面包含细胞核与细胞质两大部分。人类对生物体的认识有了一个极大的飞跃。

20 世纪 30 年代,电子显微镜被发明,它的分辨本领要比光学显微镜高 1 000 倍以上,可以看到分子和大的原子(见 §4.5)。于是,利用电子显微镜可以看到细胞质和细胞核内部更加复杂、精巧的结构,使人类对生命现象的研究从细胞水平提高到分子水平。由上可见,细胞学说的建立和发展与物理学和显微技术的发展是分不开的。

2. 薛定谔的思想和贡献

著名的量子力学创始人之一——薛定谔,在"科学一定是统一的、相通的"信念的主导下,晚年投身到生命科学的研究之中。1943 年 2 月,他在爱尔兰都柏林三一学院连续作了几次报告,论述"生命是什么?"。1944 年,这位 57 岁的物理学家出版了《生命是什么?》一书[12],这本书的出版震惊了科学界。在这本书中,他提出了 3 个著名的观点:

(1) 生命以负熵为生。

(2) 遗传的物质基础是有机分子,遗传是以密码的形式通过染色体来传递的。这里薛定谔引入"遗传密码"的概念,作为解释遗传信息的物理基础,这是最早的分子生物学对有关遗传信息的解释。

(3) 生命体系中存在量子跃迁现象,X 射线照射可以引起遗传的突变就是证据。因此,生命以量子规律为基础。

DNA 的发现已证实薛定谔的深刻洞察力和科学预见性。下面先对他的第一个观点作简单说明。

"熵"在物理学中是一个描述体系内部微观运动无序程度的物理量。内部分子、原子运动越是混乱无序,熵(用 S 表示)的值越大。一个封闭体系总是会自发地从非平衡状态趋向平衡态,在这一过程中,分子、原子运动总是自发趋向混乱(无序),即一个封闭系统的熵 S 总是要单调地上升至极大值。这就是物理学中著名的"熵增加原理"(参见参考资料[13]第二章,§3)。薛定谔认为:"活着的生物如人,是一个开放的非平衡态体系,人不断地新陈代谢,当然也不断地产生熵,因此为了摆脱死亡,就必须不断地从环境中吸取'负熵',也就是'汲取有序',使自己免于衰变为混沌的原子。"通常说"人以能量为生",而事实上,人体内的能量大体上处于平衡。问题在于能量不断地流进又流出,是靠什么来驱动的呢?回答是靠"有序之流",就是"负熵"。在它的驱动下,人远离平衡态而获得生命。归根到底,负熵的来源是太阳,正是太阳光为全人类输送给养,不停地创造着"负熵"(见参考资料[13]第四章,§3)。

薛定谔的贡献不仅仅在于引入物理学的概念来解释生命,更深远的意义是他开创了用物理学和化学的理论、方法和实验手段去研究生物学的先河。他将生命现象的解释提高到更微观的分子水平;他提出把探测物质结构的 X 射线衍射技术用到对生命物质的有机结构研究,这将使生物学从定性描述推向定量研究。

在书中薛定谔还提出"遗传密码"概念,它究竟包含什么实在的内容?在当时科学家并不明确。但科学家还是通过大量实验证明,以前一直认为蛋白质是遗传信息储存和传递的最可能的载体的想法是错误的,脱氧核糖核酸(DNA)才是真正的遗传物质的携带者。此后,一系列新的难题又被提出来! 到底 DNA 的结构如何？它是如何储存和传递一个生物体那么多的遗传信息呢？遗传密码又是什么呢？下面来看由物理学家和生物学家合作所取得的一个现代生物学史上最激动人心的突破性成果。

3. DNA 分子模型的提出和分子生物学的诞生

年轻的美国遗传学博士沃森早在大学期间就着迷于薛定谔的《生命是什么?》一书。研究生毕业后,他怀着寻找生命奥秘的热切愿望,离开美国来到英国剑桥大学著名的卡文迪许实验室,在这里他幸运地遇到了物理学家克里克,后者同样受到薛定谔《生命是什么?》一书的启发,对书中提出的"对生物学的一些基本问题,可用物理学和化学概念,以精确的措词进行思考"等观念表现出极大的兴趣。他们两人合作,决心攻克 DNA 结构这个重大问题。在他们合作研究的同时,英国物理学家威尔金斯(M. Wilkins, 1916—2004)和他的同事化学家富兰克林(R. E. Franklin)分别都利用 X 光衍射方法对 DNA 结构作过实验研究,发现 DNA 有很精细的结构,富兰克林还从她所得的衍射图像中发现 DNA 具有螺旋结构的特征。在此基础上,两位科学家取长补短、共同合作,于 1953 年 4 月终于向世人提出美妙的 DNA 双螺旋结构模型,研究成果发表在 1953 年 4 月 15 日的《自然》杂志上。这一具有划时代意义的重大科学突破揭开了 DNA 的分子结构及其功能的奥秘,正式宣告了分子生物学的诞生,这是物理学与生物学交叉的光辉范例。这一成果开辟了生命科学研究的新纪元。富兰克林于 1958 年过早病逝,沃森、克里克和威尔金斯 3 人荣获 1962 年诺贝尔生理学或医学奖。

值得指出的是,他们在发现 DNA 结构过程中,类比的方法起了重要作用。与当时大多数科学家一样,他们认为 DNA 分子结构应与蛋白质相类似,因为通常蛋白质呈立体螺旋型,所以 DNA 结构也应是一种空间螺旋型结构。他们再利用 X 射线衍射技术所获得的资料,进行综合分析,最后成功地提出了 DNA 双螺旋结构模型。

随着 DNA 结构的发现,科学家围绕遗传基因、遗传密码、遗传信息传递等基本问题开展了一系列深入的研究。

二、从细胞水平看生命

1. 细胞是生命的基本单位

根据细胞学说,细胞是生命的基本单位。单细胞生物仅有一个细胞,复杂的多细胞生物由许许多多细胞组成,构成绚丽多彩的生物界。细胞主要由细胞膜、细胞质和细胞核 3 部分组成(见图 8.5-1)。动物、植物和人体中多数细胞的直径约 10～100 微米,每个细胞包含 10^{13} 个左右的原子。一般随个体长大,体内细胞数目增多,成人约含 10^{14} 个细胞。细胞内 85% 为水。从细胞组成层次来看,作为高等动物的人共有 8 个层次:生物大分子 ⟶ 大分子集团 ⟶ 细胞器 ⟶ 细胞 ⟶ 组织 ⟶ 器官 ⟶ 系统 ⟶ 个体。越是低等的生物层次越少,像细菌只有 3 个层次。

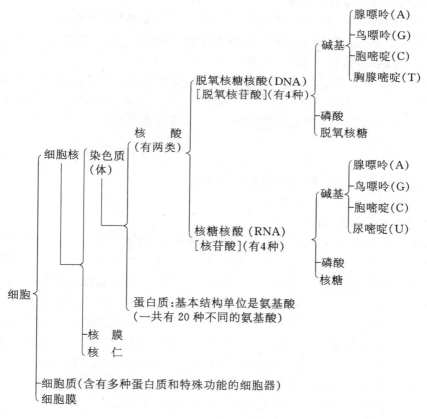

图 8.5-1 细胞的构成

细胞的“生、老、病、死”与它组成的生物体的生命息息相关。科学家正在从细胞中寻找人类疾病的根源,癌症便是被关注的热点之一。

2. 细胞膜、细胞质和细胞核

细胞表面姿态万千,形状多变,但细胞始终保持为整体,被一层膜所裹住,膜厚约 $0.7 \times 10^{-6} \sim 1 \times 10^{-6}$ 厘米,这就是细胞膜。细胞膜是物质输运和信息传递的通道,细胞癌变也和膜密切相关。

细胞膜内、细胞核外所有物质称为细胞质,其中包含一些具有一定形状和特殊功能的细胞器以及一些具有特殊功能的蛋白质。在细胞器内一些具有特殊功能的结构有线粒体、高尔基体、叶绿体、质体、中心体和溶酶体等。这些结构各有不同作用,相互协调、配合,为生命活动运输所需物质、提供能量,进行吸收、消化和排出等新陈代谢过程,以维持细胞生命。

细胞核直径约 $0.8 \times 10^{-4} \sim 1 \times 10^{-4}$ 厘米,占细胞体积的十分之一强。细胞核由核膜、核仁和染色质组成。核仁是形成核糖体的部位。核糖体产生后,通过核膜小孔进入细胞质内,成为蛋白质合成的场所。

在细胞分裂时,核内染色质凝缩呈现为形状清晰的染色体。染色体的数目随不同物种而异,人类细胞核中有 46 条染色体。染色体呈纤维状,主要由脱氧核糖核酸(DNA)和蛋白质这两类物质组成,它是遗传信息储藏所,并在这里进行 DNA 复制。

三、从分子水平看生命(DNA 简介)[14~17]

1. DNA 双螺旋结构

DNA 是两类核酸中的一种(另一类核酸 RNA 在后面介绍)。它是一种高分子化合物,分子量很大,一般在 $10^6 \sim 10^{10}$ 之间。由 4 种脱氧核苷酸按不同的顺序排列组成。DNA 双螺旋结构长链(见图 8.5-2 和图 8.5-3)有如下特点:

(1) 由两条反平行的脱氧核苷酸长链围绕同一个中心轴盘旋而成双螺旋结构。每个脱氧核苷酸的分子量平均为 660,由一分子脱氧核糖(S)、一分子磷酸(P)以及一分子含氮碱基(因它们都具有碱性,所以称为碱基)组成。在 DNA 中含氮碱基只有 4 种:腺嘌呤(A)、鸟嘌呤(G)、胞嘧啶(C)和胸腺嘧啶(T)(见图 8.5-2),于是脱氧核苷酸也有 4 种,每种有其特有的碱基,即上述 4 种中的一种。在 DNA 分子中 S 和 P 交替连接,排列在双螺旋结构的外侧,构成基本骨架,A,G,C,T 这 4 种碱基在内侧与中心轴垂直(见图 8.5-3)。

(2) 两条(互补)链上的碱基通过氢键(与氢原子构成的键)连接起来,形成碱基对。其中,A 只能和 T 成对,且是通过两根氢键,而 G 和 C 成对是通过 3 根氢键,如图 8.5-3 中虚线所示。

(3) 螺旋是右旋的(即右手型的),直径约为 2 纳米,沿着轴方向每隔 0.336 纳米有一个碱基对,每 10 对碱基对形成一个螺旋周期(即转一圈)。

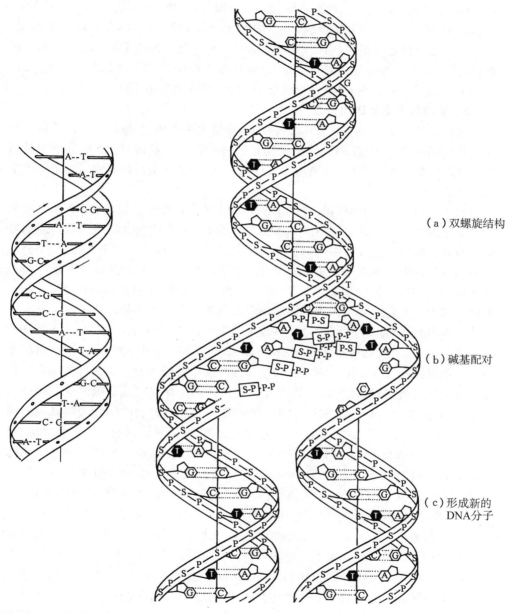

（a）双螺旋结构

（b）碱基配对

（c）形成新的
　　DNA分子

图 8.5-2　DNA 的双螺
　　　　旋结构简图

图中 P 代表磷酸，S 代表脱氧核糖，A，T，G，C 分别为碱基

图 8.5-3　DNA 的双螺旋结构氢键断开，两链解旋并以母链
　　　　为模板进行新的碱基配对，形成两个新的 DNA 分子

（4）在生物体中，由 4 种脱氧核苷酸组成很长的 DNA 分子。例如，一般说来，病毒的 DNA 长约几十微米，由 20 万个核苷酸组成；细菌的 DNA 长度达毫米级，由 200 多万个核苷酸组成。人体一个细胞中 46 条染色体的 DNA 连成一条直线时，长达 1.8 米，约含 30 亿（3×10^9）个核苷酸，即由相同数目的碱基对组成，如果将一个人的所有的细胞 DNA 连接起来，会长达地球至太阳距离的几十倍。

2. 基因与人类基因组计划

现代遗传学认为，基因（又称遗传基因）是位于染色体上、控制生物性状的功能单位和结构单位，一个基因可控制生物体的一种性状。基因是 DNA 分子中具有遗传效应的某一个片段（即脱氧核苷酸片段）。每个基因中可含有成百上千个脱氧核苷酸。

对于简单生命，如小病毒，它的 DNA 上只有几个基因。细菌的 DNA 上可包含几千个基因。对于人，估计在 46 条染色体的 DNA 中所包含的编码蛋白质的基因约有 3 万多个。这 3 万多个基因只占人类基因组的很小一部分（不超过 3%），即除基因片段外的绝大多数 DNA 序列属于不编码序列，不像遗传基因那样具有能编码出特定蛋白质的功能。但是，这些非编码序列同样包含遗传指令[15]，具体有什么功能呢？这是当前人类基因组研究面临的又一个新的挑战。

人类基因组应该是指人的整套（23 对）染色体中所包含的 DNA 分子。1990年人类基因组计划（human genome prorject，HGP）在美国首先启动，主要目标是测出人类基因组 DNA 长达 30 亿个碱基对的序列，发现所有人类基因并阐明其在染色体上的位置，从而在整体上破译人类遗传信息。计划实施后很快受到国际科学家的重视，英国、日本、法国和德国的科学家先后加盟扩展成国际人类基因组组织。1999 年 9 月，中国加入国际人类基因组计划，成为该计划的第六个参与国，负责测定全部序列的 1%。2001 年 2 月，在《自然》和《科学》杂志上同时发表了由国际人类基因组组织和赛莱拉（Celera）公司分别完成的人类基因组序列及初步分析，即人类基因组的"工作草图"，它含有约 29 亿个碱基，即人体 97% 的基因组。在"工作草图"公布后，科学家才发现人类基因的总数不是原先估计的约 10 万个，而是约 3 万多个。人类基因组工作草图的完成是该计划的一个里程碑，标志着人类在研究自身的过程中迈出了关键的一步，是生命科学领域中又一重大突破。

中国加入国际人类基因组计划后，仅用半年多时间，于 2000 年 4 月就提前完成了人第三号染色体短臂上 3 000 万个碱基的工作草图，从而在这一科学丰碑上刻上中国的名字。通过参与这一计划，中国作为参与国能分享这一计划的全部成果，同时，建立了我们自己的大规模测序的全套技术和科研队伍，为进一步开展基因组研究打下了基础。

2005年科学家完成30亿个碱基对的全序列测定,但是,DNA测序的完成只是"读出"人类基因组这部"天书",而最终目标是要"读懂"这部"天书",即要了解基因表达的功能信息,也就是要知道这些基因的功能是什么? 它们是如何发挥功能的? 是如何构建出"活"的生命的? 任务更艰难、更复杂,需要比完成测序草图更长的时间。人类基因组研究的成果可以说是生物学与物理、化学、数学和计算机科学相结合的产物,并由此改变了生物学的研究工作和思维方法,这对生物科学的发展将产生无法估量的积极作用。同时,人类基因组研究又推动了生物技术的发展,在生物技术中尤其是与基因重组有关的技术在医学和农业中有极为广泛的应用,直接关系到人的疾病的早期诊断和治疗,关系到生老病死。这项深深影响人类生活的科学计划,除了对现代社会的科学和经济的发展产生巨大影响外,必将影响人们哲学、伦理、法律等观念的变化。

3. DNA 指纹

虽然人与人之间有99.9%的基因密码是相同的,仅0.1%有差别。就是这0.1%的差别决定了地球上50多亿人各具个体特异性,正如人脸各不相同。人的DNA信息可从血液、唾液、头发和皮屑等细胞中获得,科学家利用某些特定的酶作为"分子剪刀"(参见参考资料[17]117页和[18]57页),可将一个DNA分子切成许多小片段,再通过DNA探针和特殊的技术,所得到的DNA片段图形就可作为人的"指纹",也就是说,几乎不可能出现两个人有完全相同的图形,所以称为"DNA指纹"。

法医利用DNA指纹技术作为司法鉴定,为缉拿凶手、侦破复杂案件立下奇功。这项技术也被用于亲子鉴定,确认是不是早年失散的亲人的准确率几乎达到100%。在对空难和海难事件中尸体身份的确认,甚至对古尸身份的确认中,DNA指纹检测技术也显示了它的特殊作用。关于基因工程及其应用详见附录8.A。

4. DNA 自我复制

DNA的自我复制是20世纪中令人振奋的重大科学发现之一。通过自我复制,亲代能把自己所有的DNA分子完全相同地复制一份传给下一代,这是DNA分子能把遗传信息传递下去非常关键的一种功能。

DNA自我复制是如下进行的:先在一种酶的作用下,令生物大分子DNA中的氢键断开,使两条链松开,分离为两条母链,各自成为形成新的DNA分子的模板,如图8.5-3(b)所示。根据碱基配对原理,两条母链各自从周围环境中选择合适的脱氧核苷酸,形成两条能配对的子链。通过配对就由一条DNA双螺旋生成两条完全相同的DNA双螺旋,如图8.5-3(c)所示。子代的DNA分子又如何使遗传信息在子代发育中得以表达呢? 由于生物体的性状主要是通过蛋白质来体现的,而蛋白质种类极多,人体中就有 10 万多种,具体地讲就是 DNA 分子如何来控制子代蛋白质的合成呢?

四、信使 RNA 分子和遗传密码[14, 15]

DNA 有两个特殊功能:一是能够进行自我复制,由亲代复制一份 DNA 传给子代;二是能通过信使 RNA 分子控制生命物质——蛋白质的合成,使亲代的性状在子代的蛋白质结构上反映出来。

1. 信使 RNA 分子

遗传信息并不能直接由 DNA 传递给蛋白质。这是因为 DNA 存在于细胞核中,而蛋白质的合成是在细胞质中进行的。DNA 所携带的遗传信息是通过另一种核酸——核糖核酸来传递的。RNA 分子结构与 DNA 不同,它是由核苷酸分子连接而成的单链。每个核苷酸含一个核糖(不是脱氧核糖)分子、一个磷酸分子和一个含氮碱基分子。注意这里也有 4 种碱基,与 DNA 相比,A, C, G 这 3 种相同,不同的是以 U(尿嘧啶)代替了 T。这种 RNA 分子是如何产生的? 它们又是如何把遗传信息传到新合成的蛋白质中? 这里就包括"转录"和"翻译"两个重要步骤。

"转录"就是子代以 DNA 的一条链为模板按照碱基配对原则来合成 RNA 的过程,这个过程是在细胞核中进行的。注意到 RNA 中没有 T,是以 U 代替与 DNA 链中的 A 配对。由此可见,通过转录,DNA 的遗传信息就传递到 RNA 上。这种 RNA 叫做信使 RNA(记为 mRNA),可以从细胞核中出来到细胞质里活动。

"翻译"是指以信使 RNA 为模板,合成与亲代相同的具有一定氨基酸顺序的蛋白质的过程。这里对具体合成过程不作介绍,但有必要说明只有 4 种核苷酸的 RNA 是如何组合出构成蛋白质所需的 20 种氨基酸呢? 这里就提出一个遗传密码的破译问题。

2. 遗传密码的破译

RNA 的 4 种核苷酸可用 4 种碱基 A, G, C, U 来代表。根据简单的数学运算可知,若由两种碱基决定一个氨基酸,那么 4 种碱基最多只能合成 $16(4^2=16)$ 种氨基酸。实际上蛋白质由 20 种氨基酸组成,所以只能是 3 个碱基决定一种氨基酸。于是,4 种碱基可有 $64(4^3=64)$ 种组合。20 世纪 60 年代,这种推测已被实验所证实。遗传学上把信使 RNA 上决定一种氨基酸的 3 个碱基组合叫做密码子。1969 年,科学家破译了全部密码子。在上面提到的 64 种可能组合中,有 61 种用于编码各种特异的氨基酸,另外 3 种核苷酸组合(UAA, UAG, UGA)并不编码任何氨基酸,它们都是编码终止信号,即终止 mRNA 翻译成蛋白质。在表 8.5-1 中列出遗传密码表,即 20 种氨基酸和它们的相应的密码子。

表 8.5-1　遗传密码表

遗传密码	对应的氨基酸	遗传密码	对应的氨基酸
GCA, GCG, GCC, GCU	丙氨酸	AAC, AAU	天冬酰胺
CGA, CGG, CGC, CGU, AGA, AGG	精氨酸	GAC, GAU	天冬氨酸
		UGC, UGU	半胱氨酸
GAA, GAG	谷氨酸	UUU, UUC	苯丙氨酸
CAA, CAG	谷氨酰胺	CCA, CCG, CCC, CCU	脯氨酸
GGC, GGU, GGA, GGG	甘氨酸	UCA, UCG, UCC, UCU, AGU, AGC	丝氨酸
CAC, CAU	组氨酸		
AUC, AUU, AUA	异亮氨酸	ACA, ACG, ACC, ACU	苏氨酸
CUC, CUU, CUA, CUG, UUA, UUG	亮氨酸	UGG	色氨酸
		UAC, UAU	酪氨酸
AAA, AAG	赖氨酸	GUA, GUG, GUC, GUU	缬氨酸
AUG	甲硫氨酸	UAA, UAG, UGA	终止符号

蛋白质的分子量为 $10^4 \sim 10^7$,是由这 20 种氨基酸(每个氨基酸的分子量约 100)按各种排列所组成的多条长链(称为肽链)相结合形成的三维空间的折叠结构。

五、STM 和 AFM 技术在生命科学中的应用[18,19]

在 §4.5 中,已介绍了扫描隧道显微镜(STM)和原子力显微镜(AFM),以及利用这些技术可直接观察和操纵单个原子和分子。目前,人们已将 STM 技术用于对生物大分子的研究。在分子世界,人们首先关注的是决定人类遗传性状的大分子 DNA。第一张 DNA 分子的 STM 图像于 1989 年 1 月问世,被评为当年美国的第一号科技成果。1990 年原中国科学院上海原子核研究所单分子检测和单分子操纵实验室利用自制的 STM,与中国科学院上海细胞生物学研究所及苏联科学院分子生物学研究所合作,首次获得一种新的 DNA 构型——平行双链 DNA(parallel stranded DNA)的 STM 图像(见参考资料[18]中图 4.1 至图 4.3)。一切生命物质中的 DNA 复制过程都是每时每刻在进行的,但过去人们从未直观地看到,为此他们还和中国科学院生物化学研究所合作,利用 STM 拍摄到表征 DNA 复制过

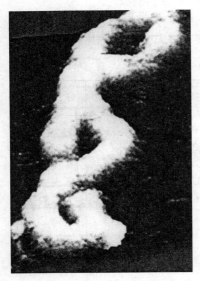

图 8.5-4　DNA 的 AFM 图像
（取自参考资料[18]）

程中一瞬间的照片（见参考资料[18]中图 4.11），这对生命科学研究具有重要意义。

　　由于 DNA 分子是不良导体，利用 STM 成像，只能在很小的隧道电流下进行，因此成像困难且不稳定。后来 AFM 技术被发明，可以对非导体材料进行研究，很快它就成为生物研究领域一个有效的工具。图 8.5-4 是典型的 DNA 分子的 AFM 图像。利用 AFM 技术和可操纵原子和分子的激光镊技术*，可以对 DNA 分子进行操纵，将双螺旋状的 DNA 分子链拉直，也可以对 DNA 链上任意位点进行原子力切割，将 DNA 链切断。这对精细的基因图谱以及 DNA 物理测序都是至关重要的。图 8.5-5 是中国科学院化学研究所对 DNA 链进行剪切前后的 AFM 图像。

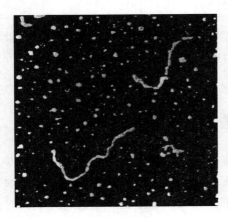

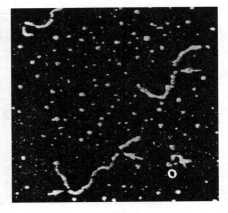

（a）剪切前　　　　　　　　　　　（b）剪切后

图(b)中箭头所指为剪切位置，扫描范围为 2.0 微米×2.0 微米

图 8.5-5　利用扫描探针对 DNA 分子链进行剪切前后的 AFM 图像（取自参考资料[19]）

---

　　* 发明激光镊技术的美国科学家阿斯金(A. Ashkin)和发明超短脉冲激光功率放大技术的另两位科学家(参见§5.2,二)共享 2018 年诺贝尔物理学奖。

　　在国际纳米科技重要刊物《纳米通讯》(*Nano Letters*) 2002 年 1 月刊的封面上,刊出了用 DNA 分子片段构建的 3 个字母"DNA",其尺度为 200 纳米 × 300 纳米(见彩图 8)。这个首创的成果是以当时中国科学院上海原子核研究所单分子检测和单分子操纵实验室以及上海交通大学 Bio-X 中心为主,与德国萨莱大学的科学家合作完成的。单个 DNA 分子的纳米人工图案的成功构建,是继实现单原子操纵后,在单个生物大分子层次上纳米操纵水平的一个象征。在这里 AFM 的探针就成为一把能在纳米尺度下进行分子手术的"手术刀"。图 8.5-6 是为纪念 DNA 双螺旋结构发现 50 周年而用 DNA 分子片段构建的"DNA 50"字样。

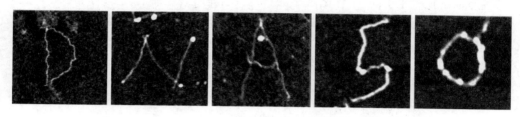

图 8.5-6　由 DNA 分子构建的"DNA 50"字样
(取自参考资料[18])

　　目前利用 AFM 已经能对蛋白质进行纳米操纵,而且通过 AFM 针尖对蛋白质样品施加一定的力,可诱导蛋白质构象发生变化。有关内容可见参考资料[18]。

附录8.A　基因工程简介[15~17]

　　基因文库的建设,大大推进了基因工程的开发和应用。本附录将对基因工程在医学、农业和畜牧业等方面的若干重要应用作一简单介绍。

1. 基因诊断和基因芯片

　　有人将人类基因组图比喻为"人类第二张解剖图"——"分子水平的人体解剖图",它将对人类疾病的预测、预防、诊断、治疗等方面开拓出更具个性化特点的崭新的研究领域。

　　基因诊断就是通过对患者的特定基因的检测,测定某个基因的结构是否正确,从而来判定受检者是否有致病基因,以便更精确地判断某些遗传病、传染病或肿瘤等疾病的存在,有利于临床医生确定病因、对症下药。

最近几年生命科学技术有个重大突破是制成 DNA 芯片(或称基因芯片,gene chips)。仿照微电子学的经验,目前已能采用化学或光刻技术将 40 万个特定序列的单链 DNA 片段(探针)有序地固化在 1 厘米^2 的玻璃或硅衬底上(空间分辨率约 10～20 微米),这样便可把人类的全部基因特征都密集在这小小的芯片上。待测的 DNA 在水溶液中先解链成单链,经荧光标记后,让它流过这个芯片,根据碱基配对原理,被识别的基因在探针上配对入座,然后对处理过的芯片由荧光显微术输出信号,由计算机进行快速平行处理,读出待测基因的信息。了解到哪些基因已产生先天或后天的突变,从而可能对各种遗传性疾病或癌症提供早期诊断,而且基因芯片有助于把医生引向"个体化治疗"的新阶段,是打开个体化用药的金钥匙。这项快速、准确地获取生命信息的新技术对生物医学和生命科学的基础研究产生革命性影响。

1998 年我国已将生物芯片技术列入"国家 863 计划"等高科技发展规划中,全国有不少科研单位开展基因芯片的研究和开发工作。近年来我国科学家在利用基因芯片研究中药的作用机制、培养植物新品种、开展遗传药理学和医学微生物学的研究等许多方面都取得一系列成果,前景广阔。

2. 基因治疗和基因制药

遗传学研究指出,人类有大量的遗传性疾病是由单个基因的缺陷所引起的,基因治疗最初就是针对单基因缺陷的遗传病。基因治疗是一种全新的被称为"分子外科"的治疗手段。简单讲就是用基因重组技术,通过基因拼接,用外来正常基因替代人体内有病或有缺陷的基因,达到治病的目的,这是一种可从根本治疗用药物尚无法根除的遗传病的最佳方法。例如,1991 年,上海第二军医大学附属长海医院与复旦大学遗传研究所的专家合作,成功地向一名患有血友病的患者转入凝血因子Ⅸ基因,使其凝血能力大大增加,病情得到缓解。这是世界上首次成功地基因治疗血友病。

1998 年,上海医学遗传研究所和复旦大学遗传研究所的科学家采用新的技术路线,获得 5 头山羊基因与人凝血因子Ⅸ基因整合的转基因羊,在它们进入泌乳期时,乳汁中含有能治疗血友病患者的凝血因子Ⅸ活性蛋白,这标志着我国在这项技术上已达到国际先进水平。用转基因动物生产 1 克药物蛋白质仅需不到 0.5 美元,而用其他生物技术生产则要花费数百美元甚至更多。

又如,我国曾溢滔院士的课题组在 1999 年 2 月 19 日培养成功第一头黑白花斑的转基因小公牛,在它们身上携带有人血清蛋白基因。而人的血清蛋白在临床上被广泛用于烧伤、休克、失血、营养不良等疾病的治疗。利用基因重组和转基因技术,在动物身上制造药物是当前生物技术中的一项重要应用。

现在基因治疗的研究内容已从单基因遗传病扩大到多基因的肿瘤、心血管病、艾滋病和神经系统疾病等一些疑难病症上,尽管尚处于初步阶段,但它将为癌症、艾滋病患者带来希望和福音。[20]

3. 转基因农产品

植物的转基因技术开辟了农产品种改良的新时代。将一些具有实用价值的目的基因转入要改良的植物,可使这些新品种具有高产、速长、抗旱、耐寒、抗病虫害、富有营养物质等优良性能。美国是转基因农产品最多的国家,主要有大豆、玉米、油菜、棉花、番木瓜等,且有大量出口。我国经农业部批准也有少量种植和进口。近年来,对转基因食品的安全性争议非常大,因为这关系到人体的健康,从长远讲关系到人类的生存。我国《食品标识管理规定》第十六条中明确指出,对转基因食品或者含法定转基因原料的,应在标识中明显标注。

4. 基因克隆

1997年2月,长期从事生殖科学研究的英国科学家维尔穆特(I. Wilmut,1944—　)等培育成功一头名叫"多利"的克隆绵羊。"克隆"指无性繁殖,即不经过精子与卵细胞结合的受精过程而培育出胚胎。这一研究表明:哺乳类成年动物已经分化了的乳腺上皮细胞(是体细胞,即一种本身没有繁殖功能的普通细胞,非胚胎细胞)在一定条件下,经过一定手段处理后,有可能恢复其发育的全能性,即恢复其基因表达上的全息性,复制出具有同一遗传性状的胚胎,进而得到同基因型的克隆动物。克隆绵羊的问世突破了利用胚胎细胞进行细胞核移植的传统方法,使科学家拥有一项新的非常有效的体细胞核移植的克隆技术,在理论和应用上都具有重大意义,被认为是生物工程技术发展史的里程碑。维尔穆特被誉为"克隆之父"。考虑到猪器官在生理上与人类极为相似,2001年12月25日,英国的PPL公司培育出5只转基因的克隆猪。目的是将这些猪身上的器官移入人体后,将可能避免人体产生排异反应。这一成果是异种器官移植研究的一项重大进展。

克隆技术对动植物优良品种的培育和扩群、对濒危动物的种群保存、对人体异种器官移植的研究等将产生巨大作用。我国科学家也利用体细胞克隆前沿技术,取得一系列成果。

习　　题

1. 某种放射性核素的平均寿命为10天,假定现有核素 N_0 个,试问在5天后还剩多少? 在第5天中衰变掉多少?

2. 天然钾中有0.012%的 ^{40}K,它是 β^- 放射性核素,试问1克天然钾的放射性活度为多大?

（可近似认为天然钾中几乎都是 ^{39}K，$T(^{40}K) = 1.3 \times 10^9$ 年）

3. 现测得新疆古尸骸骨的 100 克碳的 β⁻ 衰变的活度为 900 次/分，试计算此古尸的死亡年代是多少年前。

参考资料

[1] 汤晓斌,戴耀东,陈达.医学物理学科的发展和现状.现代物理知识,2005,1:3

[2] 喀蔚波.物理学对医学发展的贡献.见赵凯华,秦克诚.物理学照亮世界.北京:北京大学出版社,2005

[3] 江键,屈学民,邓玲.医用物理学,北京:高等教育出版社,2013

[4] 李田勖,赵仁宝.医学物理学.北京:北京大学医学出版社,2005

[5] 郝柏林,刘寄星.理论物理与生命科学.上海:上海科学技术出版社,1997

[6] 李民乾,李宾.物理学会引发又一次生物学革命吗?科学时报,1999 年 5 月 5 日;李民乾.单分子物理和单分子生物学.科学时报,1999 年 5 月 5 日

[7] 罗辽复.物理学家看生命.长沙:湖南教育出版社,1994

[8] 杨福家,王炎森,陆福全.原子核物理.上海:复旦大学出版社,1993;杨福家等.应用核物理.长沙:湖南教育出版社,1994

[9] 高建平,卞蓓亚,武忠仁.光纤式 CO_2 激光导光束.中国激光医学杂志,2001,**10**(1):5

[10] 宋进鹏,张英平.神奇的粒子手术刀.现代物理知识,1996,6:26

[11] 胡海棠,孙学琛,林菁.叩开生命之门——生命科学探秘.北京:金盾出版社、科学出版社,1998

[12] [奥]薛定谔.傅秀重,赵寿元译.生命是什么?——活细胞的物理学观.上海:上海人民出版社,1981

[13] 陈宜生,刘书声.谈谈熵.长沙:湖南教育出版社,1993

[14] 陈润生.你知道生物信息学吗?——数学、物理学与遗传密码破译.见赵凯华,秦克诚.物理学照亮世界.北京:北京大学出版社,2005

[15] 赵寿元,乔守怡.现代遗传学.北京:高等教育出版社,2001

[16] 许沈华,马胜林,刘祥麟.认识基因——探究生命奥秘.北京:人民卫生出版社,2003

[17] 曹新,刘能杰.网络·基因·纳米——21 世纪的科技革命.北京:经济管理出版社,2002

[18] 李民乾,胡钧,张益.分子手术与纳米诊疗——纳米生物学及其应用.上海:上海科学技术文献出版社,2005

[19] 田芳,李建伟,王深,汪新文,白春礼.原子力显微镜及其对 DNA 大分子的应用研究.物理,1997,**26**(4):238

[20] 朱敏,周东明.癌症治疗的新剑客:以病毒为载体的基因治疗.科学,2012,**64**(1):20

第九章 相对论和宇宙

我们已经介绍了现代物理在许多方面的发展和应用,既涉及各个层次的物质结构,也涉及能量。实际可资利用的各种形式的能量乃是物质结构变化时释放出来的那一部分"结合能"。它们之间的关系不妨用图 9.0-1 来总结[1]。

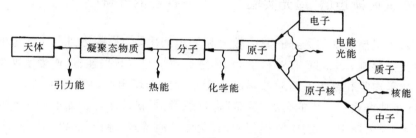

图 9.0-1 物质结构系列

我们已经知道:从热能→化学能→电能、光能→核能,能量越来越大。更准确的说法是:结合能 B 与物质静能 E_0 的比值 B/E_0,在图上越往右走便越大,如表 9.0-1 所示。

表 9.0-1 物质结构的层次性

物质结构变化	放出的能量形式	B/E_0
水分子凝聚成水	热 能	2×10^{-11}
H 原子结合成分子 H_2	化学能	5×10^{-9}
电子与质子结合成 H 原子	电能、光能	3×10^{-5}
质子与中子结合成氘核	核 能	2×10^{-3}
3 个夸克结合成核子	?	?

在第四章中已对物质微观结构的几种层次作过介绍,在第六章中对分子和晶体结构也作过一些介绍。本章我们首先向读者介绍陌生的高速世界,指出在 §4.4 中计算核能时已用过的爱因斯坦质能关系式 $E = mc^2$ 的来源及相对论动

力学规律;接着,简单介绍广义相对论;最后,介绍一些有关图 9.0-1 最左端的天体物理的基本内容,虽然只是一瞥,希望也会给读者提供一些新知识,并引起大家的思考。

§9.1 陌生的高速世界

一、爱因斯坦的"追光实验"[1~3]——神圣的好奇心

爱因斯坦自幼受到良好的家庭教育和知识的熏陶,尤其受到常住他家的大学毕业的叔叔影响。他的叔叔对科学,尤其是对数学非常有兴趣,这使爱因斯坦得到最初的数学启蒙和终生保持对数学的喜爱。爱因斯坦自小喜欢读书,喜欢观察周围世界,尤其喜欢对经历的各种"惊奇"进行思考、寻找谜底。正如他在老年时所写的回忆录《爱因斯坦自述》中所提到的,有两件使他感到"惊奇"的事,对他的思维发展有很大影响。第一件事是在他只有 4 岁时,父亲给他看的一个小罗盘(指南针),总是自动指向南北方向,他感到十分惊讶和好奇,在他看来,"一定有什么东西深深地隐藏在事物后面"。于是他会不停地向父亲刨根问底、追问原因,常常令父亲难以招架。第二件事是在他 12 岁时,欧几里得关于平面几何的一本小书中一些断言(如三角形的 3 条高交于一点)令他感到惊奇,他觉得这是"另一种性质完全不同的惊奇"。这本书使他着迷,他开始研究其中一些定理,试图用不同的方法去证明。正是这种对周围事物的好奇心,是爱因斯坦科学创造的出发点和推动力。爱因斯坦认为:"重要的是不停地追问,好奇心有它自己存在的理由。一个人当他惊奇地看到永恒之谜、生命之谜、实在的奇妙结构之谜时,他不能不从心底感到敬畏。如果人们能够每天设法理解这个秘密的一点点,那就足够了。永远不要失去神圣的好奇心。"*

1895 年 16 岁的爱因斯坦在瑞士阿劳州立中学学习时,从科普读物中知道光是以高速 ($c = 30$ 万千米/秒) 前进的电磁波。他突然想到一个问题:"假如一个人能够以光的速度和光波一起跑,会看到什么现象呢?"他想道:光是电场和磁场不停地振荡、交互变化而推动向前的波,难道那时会看到只是在振荡着的电磁场而不向

---

* [美]艾丽斯·卡拉普顿斯编.仲继光,还学文译.爱因斯坦语录,第 176 页.杭州:杭州出版社,2001

前传播吗？这可能吗？爱因斯坦凭直觉做出判断：这不可能！而摆脱这一疑难的唯一出路是：人永远也追不上光。

1900 年爱因斯坦从瑞士苏黎世联邦工业大学一毕业立即失业，做了两年中学代课教师，于 1902 年在伯尔尼的瑞士专利局被聘为三级技术员（两年后转正），同时业余进行物理学研究。提出"理想实验"，再凭直觉和丰富的想象力做出判断，这种思维方式对爱因斯坦一生的研究起了极大的作用。他提出"追光"问题后思考、学习和研究了 10 年之久。1905 年爱因斯坦 26 岁时发表了 6 篇论文，提出了有划时代意义的"光的量子论"、"狭义相对论"和"布朗运动理论"。

在关于"狭义相对论"（special relativity，以下简记为"SR"）的两篇论文中，他全面地解决了"追光疑难"的有关问题，导出了著名的质能关系式 $E = mc^2$。爱因斯坦指出：问题的关键是过去的"时空观"不对，特别是大家太相信绝对的"时间"了。譬如，一个人（甲）出门去旅行，离家时与在家的孪生兄弟（乙）约好，在某日几点几分几秒甲在飞机上与乙通话，到时联系果然分秒不差。于是大家凭经验说：在地面上与飞机上的两个时钟都以同样的快慢计时，所测得的时间与其不同的运动状态无关，因此时间是绝对的。

爱因斯坦指出：这种观念是错的。之所以大家都没有发现错误，是因为飞机速度 v 还是太慢了。准确地说，是因为 v 与光速 c 的比值 $v/c \ll 1$。当 v 接近于 c 时，即在高速运动的世界里，一切都会变得十分陌生。

二、时间（同时性）的相对性

让我们称乙所在的家为一个"静止参考坐标系 (x, y, z, t)"，记为 S 系，乙记录任何"事件"的空间坐标为 (x, y, z)，时间坐标为 t（见图 9.1-1）。一个沿 x 轴以速度 v 飞行的飞机算作另一个运动参考坐标系 S'。坐在飞机中的甲，记录在飞机中发生的某个"事件"的空时坐标为 (x', y', z', t')。凭过去的日常经验，他们两人对同一"事件"记录下来的空时坐标之间应有如下的"伽利略变换"关系：

$$\begin{cases} \text{在乙看来，} x = x' + vt \\ \text{在甲看来，} x' = x - vt \\ \text{而 } y' = y, z' = z, \text{特别是 } t' = t \end{cases} \tag{9.1-1}$$

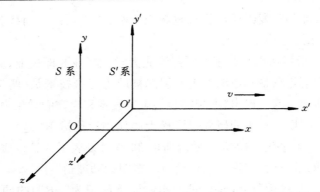

图上为清楚起见,将 x' 轴与 x 轴画得相互偏离一些,实际上是重合在一个方向上

图 9.1-1 两个相互作匀速运动的惯性参考(坐标)系 S 和 S',在 $t = t' = 0$ 时,它们的原点 O 和 O' 重合

爱因斯坦指出:这个变换不对! 虽然甲、乙两人都使用相同的标准钟,且在分手时对准了,但在高速飞行一段时间后,在乙看来,甲的钟变慢了。同样,在甲看来,乙的钟也慢了。要证明这一点,必须在两人分开的距离不断增大时约定一种"对钟"的办法。爱因斯坦认为:唯一可靠的办法是用光信号(即无线电波),而假定光的速率对乙来说等于 c,对甲来说也等于 c,且都是各向同性的,即与光源的速度无关。这个假定在 1905 年已有相当可靠的实验根据,被爱因斯坦提出来作为建立 SR 的一个原理,叫做光速不变原理。由光速不变可推导出代替伽利略变换的新的反映时空联系的"洛仑兹变换",表示式如下(见参考资料[1],第 38～42 页):

$$\begin{cases} x' = \dfrac{x - vt}{\sqrt{1 - \dfrac{v^2}{c^2}}} \\[2ex] y' = y, \ z' = z \\[2ex] t' = \dfrac{t - \dfrac{v}{c^2}x}{\sqrt{1 - \dfrac{v^2}{c^2}}} \end{cases} \qquad (9.1\text{-}2)$$

反过来,

$$\begin{cases} x = \dfrac{x' + vt'}{\sqrt{1 - \dfrac{v^2}{c^2}}} \\[4mm] y = y', \ z = z' \\[4mm] t = \dfrac{t' + \dfrac{v}{c^2}x'}{\sqrt{1 - \dfrac{v^2}{c^2}}} \end{cases} \tag{9.1-3}$$

注意:(9.1-2)式与(9.1-3)式的差别仅在于 v 变成 $(-v)$,表示地面上乙看甲沿 x 方向以速率 v 运动;反过来,飞机上的甲看乙沿 $(-x')$ 方向以速率 v 运动,这一对称性表明现象的相对性。而关键的一点是:时间快慢也是相对的了,即双方都认为对方的(运动)钟走得比自己的(静止)钟慢了。这正是相对论。具体说明如下:由地面上乙看飞机上甲的钟的位置时,其坐标 x 是越来越大,而坐标 x' 是不变的。为此我们应采用(9.1-3)式中关于时间变换的式子进行讨论。写出对应于两个相继的时间 t_1' 和 t_2' 的 t_1 和 t_2 的式子:

$$t_1 = \frac{t_1' + \dfrac{v}{c^2}x_1'}{\sqrt{1 - \dfrac{v^2}{c^2}}}, \ t_2 = \frac{t_2' + \dfrac{v}{c^2}x_2'}{\sqrt{1 - \dfrac{v^2}{c^2}}}$$

由于 $x_1' = x_2'$,此两式相减时后项消去,可得

$$t_2 - t_1 = \Delta t = \frac{t_2' - t_1'}{\sqrt{1 - \dfrac{v^2}{c^2}}} = \frac{\Delta t_0}{\sqrt{1 - \dfrac{v^2}{c^2}}} \tag{9.1-4}$$

其中,记 $t_2' - t_1' = \Delta t_0$ 就是 S' 系中甲看到的静止钟的计时单位,与它相应的在 S 系的乙看到的运动钟的计时单位 Δt 要比 Δt_0 大($\Delta t > \Delta t_0$),这就是说,在乙看来,对方甲的钟(运动钟)变慢了。反过来,由飞机上的甲看地面上乙的钟时,与上面的讨论类似[但此时,x' 坐标要变,而 x 坐标不变,所以要用(9.1-2)式],可以得到类似的结论,即在甲看来对方乙的钟(运动钟)也变慢了。

下面再用图 9.1-2 更形象化地来说明"运动钟变慢"的现象,这个"钟"是用两块相距为 L 的反射镜(A 和 B)制成,光在它们中间来回反射,往复一次算作时间基本单位。当这个钟放在静止在运动坐标系(S' 系)中的甲的手里,此时,甲看到的

相对自己静止的钟的基本单位 $\Delta \tau = \dfrac{2L}{c}$，所以是"标准钟"[图 9.1-2(a)]。但是，在乙(S 系)看来，钟沿镜面方向有速度 v，结果光跑的路径是较长的折线(长度为 $c \Delta t / 2$)，由于光速不变，因此要经过较长的 Δt 时间才能来回一次从 A_1 回到 A_2 位置[图 9.1-2(b)]。从直角三角形关系 $\left(c\dfrac{\Delta t}{2} \right)^2 = \left(v\dfrac{\Delta t}{2} \right)^2 + L^2$，易得

$$\Delta t = \frac{2L}{c \sqrt{1 - \dfrac{v^2}{c^2}}} = \frac{\Delta \tau}{\sqrt{1 - \dfrac{v^2}{c^2}}} > \Delta \tau \tag{9.1-5}$$

于是在地面上的乙认为：运动钟中光往复一次历时(即时间单位) $\Delta t > \Delta \tau$，与上面(9.1-4)式完全一致，这表示甲的"钟"慢了。请注意：如果这个钟放在乙的手里，则甲也会说乙的"钟"慢了。其中奥妙全在"光速不变"的性质[1]。

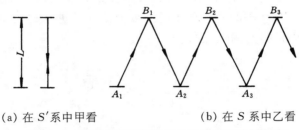

(a) 在 S' 系中甲看　　　　　　　(b) 在 S 系中乙看

图 9.1-2　用光往复振荡做成的钟说明运动钟变慢

三、高速旅行可以长寿吗

科普书上常常讲：甲乘高速飞船去遨游太空，回来时比在家的孪生兄弟乙显得年轻。这句话的根据就是洛仑兹变换，基本上是对的。人的心脏可以当作一个钟，钟变慢也就是心脏的跳动频率降低，而人一生的寿命决定于他心跳的总数，所以从物理学的观点来看，高速旅行确实可以延年益寿(见参考资料[3]，第七讲)。不过有一点要说明：飞船归来时必须转弯掉头，而在掉头的瞬间，甲所处的参考系便不再是"惯性系"了，我们的讨论立刻超出 SR 的范畴，而是涉及"广义相对论"，即引力的理论，这留待后面再谈。

请看 μ^- 子衰变为电子 e^- 和两个中微子 ν 的过程：

$$\mu^- \rightarrow e^- + \nu_\mu + \bar{\nu}_e \tag{9.1-6}$$

设 N_0 个 μ^- 子静止在实验室,开始按指数规律衰变:

$$N = N_0 e^{-t/\tau_0}$$

N 是 μ^- 子在时间 t 留下的数目,τ_0 称为平均寿命(平均寿命的含义见§8.1,一),它可以看作一个"标准钟"的计时单位。在 μ^- 子静止的参考系中,实验测得

$$\tau_0 = 2.197 \times 10^{-6} \text{ 秒} \tag{9.1-7}$$

另一方面,来自高空的宇宙线中有许多 μ^- 子,它们的能量很高,即有接近于光速 c 的速度 v,1963 年测量速度为 $v \approx 0.9952c$ 的 μ^- 子衰变,其规律为

$$N' = N_0 e^{-t/\tau_0'}$$

其中,τ_0' 是运动 μ^- 子的寿命。实验测得 $\tau_0' > \tau_0$,且比值 τ_0'/τ_0 符合(9.1-5)式所给出的关系。这里要注意的是,实验表明跟随 μ^- 子运动的钟确实变慢了,相当高速运动的 μ^- 子寿命变长了。

$$\frac{\tau_0'}{\tau_0} = \frac{\Delta t}{\Delta \tau} = \frac{1}{\sqrt{1 - \dfrac{v^2}{c^2}}} = \frac{1}{\sqrt{1 - (0.9952)^2}} = 10.22$$

即:μ^- 子的"运动寿命"比其"静止寿命"长了约 10 倍!

四、高速运动的物体会缩短吗

让我们先来看图 9.1-3(a)。这是在科普书中的又一热门话题。这幅漫画表示一个人骑自行车高速前进,看起来人和车轮都沿运动方向变扁了,所以叫做洛仑兹收缩。设在 S 系中,在同一时刻 t 测量高速运动的一把尺(它静止在运动坐标系 S' 中)的位置,记其两端的坐标分别为 x_1 和 x_2,利用(9.1-2)中第一式,可以写出

$$x_1' = \frac{x_1 - vt}{\sqrt{1 - \dfrac{v^2}{c^2}}}, \quad x_2' = \frac{x_2 - vt}{\sqrt{1 - \dfrac{v^2}{c^2}}}$$

相减得

$$(x_2' - x_1') = \frac{x_2 - x_1}{\sqrt{1 - \dfrac{v^2}{c^2}}} \tag{9.1-8}$$

（a）一个人骑自行车高速前进的视觉形象（这张图对吗?）

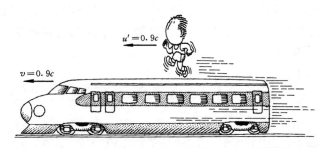

$u' = 0.9c$

$v = 0.9c$

（b）一个运动员在高速列车顶上飞跑（他为什么显得那么吃力?）

图 9.1-3　高速运动的物体会缩短吗和光速能超越吗

因为 $x_2' - x_1' = L_0$ 是在 S' 系的甲测到的静止尺的长度,于是在 S 系的观察者乙看来,这把运动尺的长度是

$$L = x_2 - x_1 = L_0 \sqrt{1 - \frac{v^2}{c^2}} < L_0 \tag{9.1-9}$$

L 比 L_0 缩短了。请注意:刚才推导的条件是"在 S 系同一时刻 t"去测量一把运动尺的两端坐标,实际操作是很难的。通常我们是用眼睛去看,那时运动尺两端发出的光一般不能同时到达我们的瞳孔;反过来说,同时进入我们瞳孔的光一般不可能是同时发出来的。所以,实际观察到的图像会发生一定的畸变。由此可以解释为什么一个高速运动的圆球看起来仍是一个圆! 这是因为上述引起畸变的因素恰好抵消了"洛仑兹收缩"。如果对高速运动的物体图像有转动、畸变等复杂变化的特点感兴趣,读者可阅读参考资料[4]。这一关于洛仑兹收缩在观察上的复杂性,直到 1959 年才被指出,也是科学史上一件有趣的事情。

五、光速能够超越吗

我们再来看图 9.1-3(b)。假设一个运动员平时速度奇快,现在让他到一辆以高速 v(设 $v=0.9c$)运行的列车(S'系)顶上,与 v 同方向跑出(在 S' 系)$u'=0.9c$ 的速度,问地面上 S 系的观察者测到他的速度 u 是多少?

过去的回答很简单:从伽利略变换(9.1-1)式立即可知

$$u=u'+v=0.9c+0.9c=1.8c$$

爱因斯坦根据追光理想实验,早就断言上面的计算是大错特错了。应该从洛仑兹变换(9.1-3)式出发,对匀速运动($u=x/t$,$u'=x'/t'$),有(见习题 3)

$$u=\frac{u'+v}{1+\dfrac{u'v}{c^2}} \tag{9.1-10}$$

再以具体数值 $u'=v=0.9c$ 代入,即得

$$u=\frac{0.9c+0.9c}{1+(0.9c)(0.9c)/c^2}=\frac{1.8c}{1+0.81}=0.9945c$$

由此可见,从地面上看,这个运动员的速度 u 只在列车速度 $0.9c$ 的基础上增加 $0.0945c$,u 比光速 c 还差千分之 5.5。进一步加大 u' 或 v,能否使 u 超过 c 呢? 比如,即使令 $u'=c$,则

$$u=\frac{c+v}{1+\dfrac{cv}{c^2}}=c$$

这个式子正表明"光速不变",即光速与光源的速度无关,永远等于 c。又假设 v 也等于 c,仍有

$$u=\frac{c+c}{1+\dfrac{c^2}{c^2}}=c$$

因此,从上述"相对论性的速度相加定律"得出结论:一切物体的运动速度都不能超过光速,光速是物质运动(信号或能量传播)速度的极限。

此外,我们已指出:这个运动员的心脏是与他身上带的钟"同步"的,无论他的钟、心脏跳动或跑步的频率 f,在地面上看来都显得非常之慢,从平时的 f_0 减小到

$$f = f_0 \sqrt{1 - \left(\frac{u}{c}\right)^2} \approx 0.1 f_0.$$

即约只有平时的 1/10！（所以，他假若这样跑下去的话，将比我们长寿 10 倍！）不过令人奇怪的是：他为什么跑不快？显得那么吃力呢？这就是下一节要讨论的问题。

§9.2　相对论动力学　质能关系式

一、相对论质量随速度而变化

上节讨论的是 SR 的"运动学"，着眼于空间-时间中观察到的现象，本节将讨论"动力学"，才涉及运动规律更本质的原因。

爱因斯坦在建立 SR 时，提出了两个"相对论性原理"：一个是上节讨论过的"光速不变原理"，另一个是"相对性原理"。后者的意思是：一切描写运动规律的方程式在两个相互作匀速运动的惯性系（S 系和 S' 系）内具有相同的形式，差别只是将坐标从 (x, y, z, t) 换为 (x', y', z', t')。这个原理听起来十分自然，不像"光速不变原理"听起来令人惊异，但是两者是密切结合而不可分割的。爱因斯坦提出"相对性原理"好比是"画龙"，提出"光速不变原理"才是他的"点睛"之"笔"。正是在由光速不变原理所导出的洛仑兹变换下，才能保证在不同惯性系中一切描写运动规律的方程式的形式保持不变。

将两个原理一结合，爱因斯坦马上发现，在洛仑兹变换下，电磁学中的麦克斯韦方程的形式保持不变，是经得起考验的（在实验中已被证实）。但是牛顿力学在高速世界却行不通，牛顿运动方程必须从根本上改造，牛顿力学中动量 $\boldsymbol{p}$ 为

$$\boldsymbol{p} = m_0 \boldsymbol{v} \tag{9.2-1}$$

其中，质量 m_0 由物质内部结构所决定，它不随时间和速度 v 而变化。但是，现在 SR 证明，当物体速度很大，即 v 可与光速相比拟时，它的动量形式上仍可写成

$$\boldsymbol{p} = m\boldsymbol{v} \tag{9.2-2}$$

但其中的质量 m 为相对论质量，它不是常数，应该随速度 v 而增大。可以证明[5]

$$m = \frac{m_0}{\sqrt{1 - \dfrac{v^2}{c^2}}} \tag{9.2-3}$$

显然,m_0 是 $v = 0$ 时的 m,叫做静质量。相对论质量 m 随 v 单调增大,物体的惯性也相应增大。但应注意此 m 值的增大并不是来自物体内部结构的变化(即 m_0 没变),而是来自动能的增加*。例如,§9.1 中的运动员以 $0.994\,5c$ 的速度飞跑时,反映他惯性大小的相对论质量 m 就几乎增大为平时 m_0 的 10 倍:

$$m = \frac{m_0}{\sqrt{1 - (0.994\,5)^2}} \approx 9.55 m_0$$

由此可见要使高速运动的物体增加速度非常困难,在极限情况下,$v \to c$,$m \to \infty$,因此我们就从动力学角度理解了为什么光速 c 是一切物质运动的极限速度。

二、改变世界的方程——质能关系式

爱因斯坦在 1905 年关于 SR 的第二篇短文中,划时代地导出了一个"质能关系式":

$$E = mc^2 \tag{9.2-4}$$

它表示一个物体的相对论质量 m 与物体所包含的能量 E 成正比,使用时常用到的关系是

$$\Delta E = (\Delta m)c^2 \tag{9.2-5}$$

也就是说,物体的能量增加 ΔE,相应的相对论质量会增加 $\Delta m = \dfrac{\Delta E}{c^2}$;反之,物体的相对论质量减少 Δm,相应的能量将减少 $\Delta E = (\Delta m)c^2$,这就是原子能(核能)利用的理论根据(见§4.4,三),所以(9.2-5)式被称为是"改变世界的方程"。

把(9.2-2)式至(9.2-4)式结合起来,便得到相对论动量和能量的关系式:

$$E^2 = m_0^2 c^4 + p^2 c^2 \tag{9.2-6}$$

当动量 p 很小时,可作近似展开而得

$$E = \sqrt{m_0^2 c^4 + p^2 c^2} = m_0 c^2 \left[1 + \frac{p^2}{m_0^2 c^2} \right]^{1/2}$$

---

* 从下文中(9.2-8)式,可知 $E = mc^2 = T + m_0 c^2$,所以 $m = m_0 + T/c^2$,可见 m 值随 T 增加而增大。

$$\approx m_0 c^2 + \frac{p^2}{2m_0} - \frac{1}{8}\frac{p^4}{m_0^3 c^2} + \cdots \tag{9.2-7}$$

$m_0 c^2$ 叫做静能,而 $\dfrac{p^2}{2m_0}$ 就是过去熟悉的"非相对论近似"下的动能(注意:在牛顿力学中常记 m_0 为 m,但它是静质量),第二项是相对论动能修正项。相对论性动能 T 定义为

$$T = E - m_0 c^2$$

即有关系式

$$E = T + m_0 c^2 \tag{9.2-8}$$

比较(9.2-7)式与(9.2-8)式,可得相对论动能

$$T = \frac{p^2}{2m_0} - \frac{1}{8}\frac{p^4}{m_0^3 c^2} + \cdots \tag{9.2-9}$$

让我们举几个应用例子。

(1) 电子显微镜中电子(静质量 m_0、电荷 $-e$)被加速电位 U 加速,试证明用相对论计算波长 λ 时,有公式(4.5-2)。

利用(9.2-6)式和(9.2-8)式,很容易导出动量和动能有如下关系:

$$p^2 = 2m_0 T\left(1 + \frac{T}{2m_0 c^2}\right) \tag{9.2-10}$$

于是代入电子动能 $T = eU$,可得

$$p = \left[2m_0 eU\left(1 + \frac{eU}{2m_0 c^2}\right)\right]^{1/2}$$

再利用波长 $\lambda = \dfrac{h}{p}$,即得相对论波长公式(4.5-2)式。

(2) 一个电子 e^- 的静质量是 $m_0 = 9.109\,39 \times 10^{-31}$ 千克,对应于静能

$$E_0 = m_0 c^2 = 0.511 \text{ 兆电子伏} = 8.176 \times 10^{-14} \text{ 焦} \tag{9.2-11}$$

1932 年才发现的正电子 e^+,是电子的"反粒子",其静质量和电子相同,但电荷相反。e^+ 孤立存在时和 e^- 一样是稳定的,实际上因为周围的物质充满了电子,所以一个 e^+ 出现后,很快便会与一个 e^- 相互"湮灭"而变为两个向相反方向发出的光子:

$$e^+ + e^- \rightarrow 2\gamma \tag{9.2-12}$$

e^+ 与 e^- 也可能结合成一种"类氢原子",叫做电子偶素。当 e^+ 和 e^- 的自旋相反时,

电子偶素以 10^{-10} 秒的平均寿命衰变为两个光子,亦即(9.2-12)式的湮灭过程。

实验测定这种"湮灭辐射"的 γ 能谱在 0.51 兆电子伏处有尖锐的峰,对应于一个电子的静能(这一事实首先由中国物理学家赵忠尧于 1930 年在实验中发现,见 §3.8),表明过程(9.2-12)式严格地遵从能量守恒定律和动量守恒定律,也符合质量守恒定律。不过我们要注意,一个光子不但具有能量 $E=h\nu$,也具有相应的质量 $m_\gamma=\dfrac{h\nu}{c^2}$ 和动量 $p=\dfrac{h\nu}{c}$ (p 的方向沿传播方向)。由此可见,有些书上说过程(9.2-12)式表示"物质湮没了"或"质量转化为能量",这是不对的。

(3) 北京正负电子对撞机可把正负电子都加速到 0.999 999 945 5c,则由(9.2-3)和(9.2-4)式可得正负电子各自的总能量(mc^2)达到 1 548.5 兆电子伏,为各自静能(m_0c^2)的 3 029 倍。正负电子迎头相撞时会形成一个静能等于 3 097 兆电子伏的 J/ψ 粒子。它是 1974 年由丁肇中实验组和 Richter 实验组几乎同时发现的一个性质很特别的重介子,被解释为正反 c 夸克的束缚态(见 §4.4):

$$e^- + e^- \rightarrow J/\psi \tag{9.2-13}$$

在此过程中,能量、动量和质量都是严格守恒的。动量是一个矢量,在迎头相碰的前后总动量都等于零。

(4) 在 §3.8 中曾经讲过,(3.8-11)式的推导要用到相对论关系式,实际上就是要用到上述一些公式,请读者自行推导(见习题 6)。

最后,我们提出一个很有意思的问题:由于狭义相对论诞生于 1905 年,在 20 年后(即到 1925 年)才建立量子力学,因此不少书上都说狭义相对论是一种经典理论,这话对吗? 从物理学的发展来看,正是量子力学与狭义相对论的结合产生了富有生命力的高能物理学。这一事实启迪我们:不应当只看到量子力学和狭义相对论有区别的一面,更重要的是要探索它们在本质上相同的一面。有兴趣的读者请阅读参考资料[6],其中将对狭义相对论的本质和它与量子力学的关系展开讨论,认为狭义相对论效应即隐藏的反物质效应。

*§9.3　广义相对论简介

上面讨论 SR 时都是在惯性参考系。爱因斯坦经过近 10 年研究,把相对论推广到非惯性系,于 1915 年建立"广义相对论"(general relativity,以下简记为"GR")。如果说 SR 是关于空间-时间的理论,那么 GR 则是关于引力的理论。在牛顿看来,万有引力是瞬时传播的超距作用。在 GR 中,爱因斯坦认为物质的存在和运动会使四维时空弯曲,他建立了把时空弯曲与运动物质的能量和动量联系起来的"爱因斯坦场方程"。物质间的引力是时空弯曲的表现,引力传播需要时间,传播速度是光速。如果引力源附近时空弯曲随时间变化,这种变化就会以光速向外传播,这就是爱因斯坦的引力波预言。限于篇幅,下面我们只简单介绍与验证 GR 有关的几个重要实验观测(详见参考资料[3]中第八讲"弯曲的时空")。

一、光线在太阳旁的偏折和空时弯曲

一个光子能量为 $h\nu$,同时具有质量 $h\nu/c^2$,即使从经典物理的观点看来,一个遥远恒星发出的光经过太阳表面附近时受到太阳强大的引力场吸引,也应该发生偏转,表现为恒星的表观位置移动一个小角度 θ,不难算出(见参考资料[1],第 95 页)

$$\theta = \frac{2GM_s}{c^2 R_s} \tag{9.3-1}$$

其中,万有引力常数 $G = 6.673 \times 10^{-11}$ 米^3·千克$^{-1}$·秒$^{-2}$,而 $M_s = 1.99 \times 10^{30}$ 千克和 $R_s = 6.96 \times 10^8$ 米分别是太阳的质量和半径。代入后算得

$$\theta = 0.87'' \tag{9.3-2}$$

这里 $1'' = 2\pi/(360 \times 60 \times 60)$,叫做 1 弧秒。可见偏转角极小。

然而,爱因斯坦用 GR 算出的结果比上述"经典"预告值大一倍,等于

$$\alpha = \frac{4GM_s}{c^2 R_s} = 1.75'' \tag{9.3-3}$$

$\alpha = 2\theta$ 的原因是 GR 中考虑了空间-时间不再是"平坦"的而是"弯曲"的[1]。

1919 年 5 月 29 日,两个天文观测队分别在巴西东北海岸外的索布雷尔岛和西非几内亚湾的普林西比岛同时进行日全食观测,证实了星光偏折角与 GR 预告值(9.3-3)式很好地符合。消息一经传出,全球为之轰动。英国皇家学会会长 J. J. 汤姆逊称爱因斯坦的理论是"人类思想史中最伟大的成就之一"。

由于射电天文学的发展,采用长基线干涉仪进行观测,使精确度大大提高。到目前为止,已对 400 多颗恒星作了测量,平均值是 1.89″,进一步证明了 GR 预言的正确性。

二、双星的引力辐射和引力波的发现

正像从麦克斯韦方程可预言电磁波存在一样,爱因斯坦也从他的引力场方程预言了引力波的存在。但引力要比电磁力远远地弱得多。比如考虑两个质子相距为 r,则它们的万有引力与库仑(斥)力之比等于 $\dfrac{4\pi\varepsilon_0 Gm_{\mathrm{p}}^2}{e^2} \sim 10^{-36} \ll 1$。因此,在实验室中产生引力波几乎是不可能的。在实验室中探测来自宇宙天体的引力波的研究已经做了许多年,仍因接收天线的灵敏度太低而尚未成功。

1974 年后,胡尔斯(R. A. Hulse, 1950—)和泰勒(J. H. Taylor, 1941—)发现了一类特殊的天体,它是如图 9.3-1 所示的双星系统,由一个脉冲星(即中子星,见§9.5)和一个伴星组成。他们仔细地分析了 35 个,特别是其中的一个(PSR 1913 + 16),伴星也是中子星。这个双星的两个成员质量相近,均为 $1.4M_{\mathrm{s}}$,经过近 20 年观测,发现它们的轨道运动周期 T 随时间的减小率等于 2.6×10^{-12}。这与考虑双星系统辐射引力波而损失能量的 GR 计算值很好地符合。双星系统成为检验 GR 的最好实验,他们两人因此获得 1993 年诺贝尔物理学奖。

上述只是间接证明了引力波存在。2016 年 2 月 11 日,加州理工学院、麻省理工学院和激光干涉引力波天文台(LIGO)的研究团队在华盛顿举行记者招待会,宣布直接探测到两个黑洞"并合"产生的引力波,爱因斯坦广义相对论的最后预言获得了验证。2017 年诺贝尔物理学奖授予对引力波发现做出决定性贡献的 3 位美国科学家——韦斯(R. Weiss, 1932—)、巴里什(B. C. Barish, 1936—)和索恩(K. Thome, 1940—)[*]。引力波将带给我们新的科学和宇宙,有兴趣的读者可阅读参考资料[7],其中有"引力波探测专题"的详细介绍。

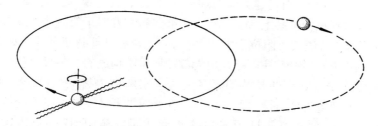

图 9.3-1 一个脉冲星(中子星)与其伴星组成的双星系统,大部分情况下伴星为一个白矮星,且轨道接近于圆,轨道半径约为太阳半径

---

[*] 张双南.2017 年诺贝尔物理学奖解读.现代物理知识,2017,6:3

*§9.4　宇宙学大意

　　自古以来,人类对宇宙的认识就有浓厚兴趣,这不仅源自人的好奇心,更是因为涉及人类的生活和生存需要。"宇"是空间之称,"宙"是时间之谓,"宇宙"的概念包括空间和时间两重性质。宇宙有多大? 天上星星有多少? 离我们有多远? 星星是否有寿命? 追溯下去,人们要问:宇宙的起源是什么? 宇宙是如何演化的? 星系是如何形成的? 地球和太阳是如何诞生的? 除了探测到的天体外,宇宙还包含什么未知物质? 这一系列问题是几千年来人类一直在探索的宇宙之谜。

　　爱因斯坦有一句名言:"宇宙间最不可理解的事情就是:宇宙是可以理解的。"*经过了漫长的科学发展之路,一代又一代科学家奉献毕生精力,使人类对宇宙有了较正确的认识。尤其近 100 年来,随着对天体观测技术的迅速发展,建立在大量观测事实基础上的宇宙学研究取得丰硕成果,人类在深度和广度上对宇宙有了更新、更全面的认识。本节将介绍天体观测技术的发展、可观测宇宙的概貌,以及介绍宇宙大尺度特征的重要观测事实,包括宇宙膨胀、微波背景辐射、宇宙年龄和大爆炸宇宙学等(见参考资料[8～11])。

一、天体观测技术的发展　哈勃望远镜和中国"天眼"

1. 天文学史上的 3 个重要阶段

　　在天文学的发展史上,有 3 个重要的具有里程碑意义的发展阶段。首先是在 16 世纪波兰天文学家哥白尼建立了"日心说",但是,"日心说"的真正确立是建立在开普勒等人大量观测的基础上,尤其是 1609 年伽利略发明了第一个天文望远镜,代替人眼来观测天空,证实太阳位于太阳系中心,地球和其他行星都绕太阳运行。

　　利用望远镜发现"银河"实际上是由无数颗恒星所构成的一条银白色光带。首先通过实际观测来研究银河的是英国著名天文学家威廉·赫歇尔(F. W. Herschel, 1738—1822),他把毕生精力投入天文事业。在当时照相术还没问世的条件下,经过几十年的艰苦努力,他观测了 11 万多颗恒星,经大量观测,于 1785 年建立了天文学史上第一个银河系模型,开创了银河系天文学。这是天文学史上的第二个里程碑。

　　*　赵中立,许良英编.纪念爱因斯坦译文集,第 97 页.上海:上海科技出版社,1979

随着 1839 年照相乳胶的发明,照相术获得迅速发展。到 19 世纪中叶,照相术完全代替人眼来记录望远镜观测到的景象。利用照相术可对天体位置及其亮度作出精密测量,尤其是增加曝光时间,可以拍到大量暗得多的天体,且照相底片的尺寸可以与望远镜大视场相匹配*。从此天文学家观测到大量更远的恒星和星云(云雾状天体)。在天文学家间展开了一场争论——其中是否有一部分很远的星云已经远离了银河系?它们是否属于河外星系?直到 1923 年 10 月,美国天文学家哈勃(Edwin Hubble, 1889—1953)用当时世界上最大的望远镜(口径为 2.54 米)拍摄了仙女星云,并推算出它离太阳的距离约 80 万光年(现代测定为 225 万光年),远大于当时估计银河系最大可能范围的 30 万光年。从此确认了河外星系的存在,这又是一个新的里程碑,使人类对宇宙的认识大大扩展,天文学家开始对更遥远的星系世界进行观测和研究,银河系只是星系世界的普通一员(见参考资料[10],第 30 页)。由于观测需要,科学家将光学望远镜从地面搬到天上,光学望远镜又发展到射电望远镜,进一步将天体探测扩展到红外线、紫外线、X 射线和 γ 射线等全部电磁波波段。

2. 哈勃空间望远镜[9,10]

将光学望远镜从地面搬到天空并取得显著成果的当属由美国和欧洲经十余年设计、研制并联合实施的哈勃空间望远镜(HST)。1990 年 4 月 5 日,"发现号"航天飞机成功将镜筒直径 4.28 米、主镜直径 2.4 米、长 13 米、总重 11.5 吨的 HST 送入离地 610 千米的轨道上。由于躲开大气层的干扰,望远镜可看得更远,图像也更清晰。1993 年 12 月宇航员进入太空,对主镜镜面成功

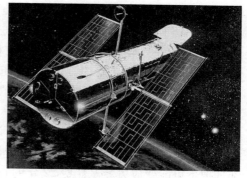

哈勃望远镜

地进行维修,最终获得理想的图像质量。许多年来,HST 获得大量极有价值的清晰图像和新的发现。例如,观测到 100 多亿光年远的星系,发现在一些星系的中央存在超大质量黑洞,拍摄到大量星云图像,看到 2 亿光年远的由两个星系碰撞"并合"的图像,发现比太阳亮 1 000 万倍的恒星等(见参考资料[10],7.8 节,其中有许

---

* 随着 1969 年在美国贝尔电话实验室、利用半导体光导效应的 CCD 技术[CCD 的全称是电荷耦合器件(change coupled device)]发明,由它代替照相底片,可观测到更暗的天体,且大大提高了测量精度,尤其所得图像是数字化的,更易用计算机处理、分析和传输(见参考资料[8],第 31 页)。

多 HST 拍摄的图像,也可见彩图 9)。

3. 射电望远镜和"中国天眼"[11]

射电望远镜,即专用于接收天体发射的射电波(无线电波)的望远镜。由于只有波长约为 1 毫米到 30 米的射电波易顺利穿过大气层到达地面,因此,绝大部分射电天文观测在这一波段之间。利用射电技术可获得更遥远的有强电辐射的河外星系的精细结构图像,光学望远镜望尘莫及。利用相隔一定距离的多台射电望远镜组合观测,可以获得更高的测量精度,提高图像的分辨率。正是利用在射电波范围的测量,天文学家在 20 世纪 60 年代有了许多重大发现,包括类星体、脉冲星、星际分子、微波背景辐射等,其中脉冲星和微波背景辐射的发现分别获得 1974 年和 1978 年的诺贝尔物理学奖。

2016 年 9 月 25 日,世界上最大的、口径为 500 米的球面射电望远镜"中国天眼"FAST(five-hundred-meter aperture spherical telescope,见彩图 10),在我国贵州省平塘县落成启用。从"中国天眼"之父、天文学家南仁东(1945—2017)构思开始,到设计、立项直至最后建成,经过 22 年的艰辛历程。为了选址南仁东走遍中国的山山水水,仔细查勘 300 多个备选洼坑。作为 FAST 的首席科学家和总工程师,他带领团队攻坚克难。2015 年 4 月他罹患肺癌,在接受手术 3 个月后又重返建设现场。

在 FAST 竣工庆典会上,说话已很吃力的南仁东坚定地说:"这个东西(FAST项目)如果有一点瑕疵,我们对不起国家和整个贵州省人民,我宁可把这个庆典叫起点,是一个 FAST 人新的万里长征的起点。"

这位仰望天空、一生逐梦星辰大海的科学家,幼年就对一切充满好奇,总是有问不完的问题,少年刻苦学习。从清华大学毕业后,他逐步投入天文学研究,对宇宙太空未知知识不断探索。南仁东的传记中有一句描写他奋斗拼搏的话,"怎么不可能",这正是南仁东勇于创新、追逐梦想的内在力量,他坚信世界上一切发明创造都是把不可能变成可能。耗费 22 年的心血,他终于看到了"中国天眼"的建成,并站在该领域的世界前沿。为此南仁东先后荣获了"时代楷模"、"改革先锋"和"人民科学家"等国家荣誉称号。

FAST 的接收面积相当于 30 个足球场,与曾是世界第一的美国阿雷西博(Arecibo)天文台直径 305 米的射电望远镜相比,天顶角从阿雷西博的 19°可观测范围,增加到 40°。FAST 选址在贵州多山地区的一个天坑内,极为有利地屏蔽了其他射电辐射的干扰,观测的灵敏度也比阿雷西博望远镜提高到 2 倍多,可探测更暗弱的、之前无法发现的脉冲星。FAST 的首要目标之一就是寻找脉冲星,因为大多数脉冲星是射电脉冲,能够发射严格、稳定的周期性脉冲信号,利用已知脉冲星的位置,可以进行深空探测、星际旅行的定位和导航。截至 2019 年 8 月,FAST 已发现 132 颗优质的脉冲星候选体,其中 93 颗已被确认为新发现的脉冲星*。另外,由于 FAST 有能力将中性氢的观测(在射电波范围)延伸到宇宙边缘,而氢元素是在宇宙中分布最多的元素,虽宇宙经演化,但所占比例仍非常接近标准宇宙大爆炸模型,约占 3/4(见 §9.4,六)。而在较小尺度上,氢是恒星、星系形成的基本原料,通过对宇宙不同时期、不同尺度上的氢元素的观测,可以重现宇宙早期图像,因此,可研究宇宙大尺度($10^7 \sim 10^8$ 光年)物理学,探索宇宙起源和演化。利用它的高灵敏度的测量能力,可进行高分辨率微波巡视、检测微弱空间信号,以及可参与地外文明搜寻等。这些科学目标正是当前科学家探索宇宙的热点。2020 年 1 月,FAST 工程通过国家验收,转入科学运行。

二、可观测的宇宙概貌和暗物质

1. 量天的尺子

这里先说明一下天文距离单位。常用的光年(ly)即光在一年中走过的距离:

$$1 \text{ 光年} = 1\text{ly} = 9.46 \times 10^{15} \text{ 米}$$

另一个常用表示天体距离的单位是"秒差距",是指某恒星相对日地距离(1.496×10^{11} 米)的两点张角为 1 秒(以弧度为单位)时,恒星离地球的距离(见图 9.4-1)**,

$$1 \text{ 秒差距} = 1\text{pc} = \frac{1.496 \times 10^{11} \text{ 米}}{1 \text{ 秒}}$$

$$= 3.26 \text{ 光年}$$

上述计算已用角度 1 秒 $= 4.848\ 1 \times 10^{-6}$ 弧度***。为讨论

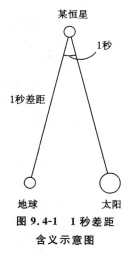

图 9.4-1　1 秒差距
含义示意图

---

* 在百度词条"500 米口径球面射电望远镜"中,收集了有关"天眼"直到 2020 年 3 月 23 日的重要资料及相关文献,可方便查阅。

** 1 秒差距的引进有实际意义,因通常测某恒星距离常用图 9.4-1 所示的三角测量法,且通常是采用相隔半年的两次观测。由于半年内地球绕太阳走了半圈,这样两点间的距离是日地半径的两倍(约 3 亿千米),如果对同一颗星相隔半年的两次观测视线之间的夹角为 A 秒,则即可知这颗星距地球的距离为 $R = 2 \times 3.26/A$ (光年)。

*** 以弧度为单位,

$$\text{角度 1 秒} = \frac{2\pi}{360 \times 3\ 600}(\text{弧度}) = 4.848\ 1 \times 10^{-6}(\text{弧度})$$

更远的天体,还用1千秒差距和1兆秒差距,

$$1 兆秒差距 = 1 百万秒差距 = 1 \times 10^6 秒差距$$

2. 星系世界

离太阳最近的恒星是半人马座 α 星,距离为 1.3 秒差距,即 4.23 光年。织女星离我们约 10 秒差距。我们肉眼所见夜空的无数恒星组成"银河系",它是包括 3 千亿(3×10^{11})颗恒星的一个庞大的"旋涡星系",恒星分布像一个扁平的盘子,银盘的直径据实验测得至少为 20 千秒差距到 25 千秒差距(约 7 万~8 万光年),至今仍未探测到银盘的边界(见参考资料[8]第 13 页)。中间隆起部分厚约 1 万光年,外部由几条旋臂构成,我们的太阳系位于离"银心"约 3 万光年的一条旋臂上,沿圆轨道以 250 千米/秒的速度旋转。在银河系外围有一个半径大于 100 千秒差距的银晕,其中恒星数目很少。银河系的总质量约为 $10^{11}\ Ms$。

像银河系这样典型大小的星系在宇宙中已观测到约有 100 亿(10^{10})个,最近的一个是肉眼依稀可见的仙女座星系,离地球约 230 万光年。星系在空间分布不是完全无规则的。一些星系会聚集在一起。一般 100 个星系以下聚集在一起称为"星系群"。例如,由银河系、仙女座星系和周围约 40 个星系组成"本星系群",直径约 300 万光年。大于 100 个星系聚集在一起称为"星系团",尺度约 10^7 光年。若干星系团又可组成"超星系团"。一般把超过 10^7 光年(或大于 10^7 秒差距)尺度的结构称为"大尺度结构",目前观测到的宇宙大小已达 100 多亿(大于 10^{10})光年。

另有一类特殊星系称为"类星体",属于典型的活动星系,其中心有一个特殊"活动星系核",在照相底片上是一个特别明亮的点状源,似一颗恒星。许多类星体有很强的射电波发射,所以,它是 20 世纪 60 年代射电望远镜的重大发现之一。类星体有又小、又亮、又远的观测特征。典型类星体的尺度不到银河系的十万分之一,但其光度相当于 1 000 个银河系发出的总能量,且它的光度是不断变化的,有时发生剧变,会爆发式地增亮。由观测到的类星体的哈勃红移很大,可知其距离很遥远,甚至接近可观测到的宇宙边缘(见下一小节)。目前已发现类星体约有 7 万多个。近年来认为在类星体的"活动星系核"处有一个超大规模黑洞,类星体爆发的巨大能量是来源于黑洞与周围物质的复杂相互作用。

3. 宇宙物质分布和暗物质[12, 13]

无论如何,从大尺度即宇观尺度来看,宇宙物质的分布是均匀的。大家把这一共识归纳成一条"宇宙学原理":宇宙在整体上是均匀的、各向同性的,宇宙没有中心,任何一个典型星系上的观测者所看到的宇宙学规律是相同的。他在同一时刻

向任何方向去看,都看到同样的宇宙。宇宙学原理并不排斥宇宙演化,也不能明确回答宇宙是有限或无限的问题。

将已观测到的发光星体和星际物质(见§9.5,一)打散后取平均值,则宇宙均匀分布的物质密度将只有我们银河系平均密度的 10^{-7},约为

$$\rho_B \approx 3 \times 10^{-28} \text{ 千克 / 米}^3 \tag{9.4-1}$$

下脚标 B 表示这些物质以重子(即质子和中子)为主,ρ_B 表示每 10 立方米中约有两个重子。不过很可能宇宙中除发光物质外,还存在更大量的不发光的"暗物质"。根据如下:离一个星系中心距离为 r 处的星(尘埃或粒子),其切向速度 $u(r)$ 与从中心到 r 的全部物质的质量 $M(r)$ 应有如下关系式(粒子的向心加速度来自万有引力):

$$G\frac{M(r)}{r^2} = \frac{u^2(r)}{r} \quad 或 \quad GM(r) = [u^2(r)]r$$

在星系发光部分之外,如果 $M(r)$ 不再随 r 增加,则 $u(r)$ 似应随 r 增大而减小,但对上千个星系的观测表明:$u(r)$ 并不减小,这似乎意味着星系附近空间存在大量不参与电磁相互作用、不发光的暗物质。可见物质主要是由重子和电子组成,暗物质究竟是什么东西? 至今尚无定论,有待进一步观测研究(见参考资料[10]中的 8.3 节、8.4 节和参考资料[12])。根据天文观测,可见物质只占宇宙总质量的 5% 左右,暗物质约占 27%,还有 68% 是导致宇宙加速膨胀的暗能量(见下一节)。目前科学家假想的暗物质粒子中有两种比较热门:一种是质量大于几个质子质量、只参与弱相互作用的重粒子(WIMP),另一种是质量远低于 WIMP、与物质相互作用也非常弱的粒子——轴子(axion)。近年来探测这两种粒子的实验很活跃。

如何探测到暗物质呢? 天体观测表明,暗物质有质量,能参与引力相互作用,却不参与电磁作用和强相互作用,与其他物质相互作用也可能非常弱,但是科学家相信,作用再弱也能被探测到。具体地讲,对暗物质有间接和直接探测两种主要方法。

(1)间接探测。两个暗物质粒子湮灭会产生两个已知粒子,如正反质子、正负电子或光子。科学家有可能会在对宇宙线的成分和能谱的测量中,通过查看其中的反质子、正电子或光子是否超出本底且无法解释,来对暗物质做出间接探测。例如,载有俄罗斯和欧洲联合研制的磁谱仪的 PAMELA 卫星和§4.4 中所介绍的阿尔法磁谱仪,探测到宇宙线中正电子比通常预期的流量高出许多,遗憾的是暗物质的存在不是唯一解释。

2015 年底中国发射了暗物质粒子探测卫星"悟空"号,由于它不带磁场,因此,希望在更高的能量范围内测量宇宙线电子(包括电子和正电子)总的能谱,以帮助研究宇宙线超出的正电子的来源。另外,正在四川稻城建设的大型基础科学设施"高海拔宇宙射线观测站"(建在海拔 4 400 米的高山上,简称"LHAASO"*),是一个海拔高、大视场、1 平方千米级的宇宙射线和 γ 射线观测站。它将通过观测 γ 射线来探测暗物质,优势是可观测百万吉电子伏的高能 γ 射线。另外,它的视野几乎可覆盖整个北半天球,这对暗物质探测非常重要。

(2) 直接探测。利用各种探测器来直接测量暗物质与物质相互作用所产生的光、热、电等信号(见参考资料[12],第 14 页和参考资料[13]),但这些信号实在太弱,极易被本底所覆盖。最严重的本底是来自宇宙线中的各种粒子。为了屏蔽掉高能量的宇宙线本底,科学家就把实验室搬到地下深处,已建的如意大利的格兰萨索国家地下实验室深达 1 500 米。2010 年,在我国四川建成的中国锦屏地下实验室(CJPL),垂直岩石覆盖达 2 400 米,是国际上岩石覆盖最深的地下实验室,被誉为中外物理学家眼中的实验天堂。由我国自主设计制造的质量约为 1 千克的高纯锗探测器,对 10GeV 以下轻暗物质探测十分灵敏。2014 年 11 月发表了重要的实验结果,为寻找暗物质存在区域,为理解多个实验组发布的相互矛盾的暗物质实验数据提供了灵敏度更高的证据,受到世界瞩目**。依托 CJPL 提供的综合性重大基础科学和应用科学的前沿研究平台,除了已逐步开展了暗物质探测研究外,还可开展中微子物理和核天体物理实验研究。

三、宇宙在膨胀——哈勃红移和暗能量

1929 年,美国天文学家哈勃(E. Hubble, 1889—1953)用口径为 2.5 米的望远镜对远距离星云进行观测,发现遥远恒星发出的光谱线普遍存在一种"红移"现象,即:比照地球上同种物质的谱线时,其波长变长(向红色一端移动),且离地球越远的恒星,其谱线的红移越大。正是哈勃红移给人们描绘了一幅宇宙膨胀的图像。

设某条谱线在地球实验室中测定的波长为 λ_e,而从恒星上发出被我们收到时的波长为 λ,则可定义一"红移量":

$$z = (\lambda - \lambda_e)/\lambda_e \tag{9.4-2}$$

---

* 高海拔宇宙射线观测站(large high altitude air shower observatory)的简称为"LHAASO"。

** 林莉君. 寻找暗物质:中国锦屏地下实验室获最新灵敏结果. 科技日报,2014 年 11 月 12 日

哈勃发现 z 与恒星离地球的距离 R 成正比：

$$z = HR \tag{9.4-3}$$

H 为比例常数。为解释这一现象，与声学中的多普勒效应相似（见 §3.7），假设恒星以速度 v 远离地球运动，相当于 §3.7 中声源离开静止观察者，此时声波频率不变、声速不变，但波长增大。现在换为恒星发出的光波，则当恒星相对地球静止时，地球上测得光波的频率 ν_e 与波长 λ_e 的关系式为

$$\nu_e \lambda_e = c \tag{9.4-4}$$

现恒星远离地球，则地球测得的波长要从 λ_e 增大为 λ，λ 与 ν_e 有如下关系：

$$\nu_e \lambda = c + v \tag{9.4-5}$$

得到上式是已利用 (3.7-2) 式，只是其中 V 要换为光速 c，u 要换为恒星速度 v，式中减号要换为加号，因为现在是恒星离开地球，相当于声源离开观察者。利用 (9.4-4) 和 (9.4-5) 两式，易得

$$z = \frac{\lambda - \lambda_e}{\lambda_e} = \frac{v}{\nu_e \lambda_e} = \frac{v}{c} \tag{9.4-6}$$

与实测关系式 (9.4-3) 结合后即得

$$v = HRc = H_0 R \tag{9.4-7}$$

$$z = (H_0/c)R \tag{9.4-8}$$

其中，已记常数 $H_0 = cH$，H_0 叫做哈勃常数。(9.4-7) 式和 (9.4-8) 式就是著名的哈勃定律。因河外星系的距离 R 很大，常以兆秒差距 (Mpc) 为单位。把各种方法得到的结果取加权平均后，目前哈勃常数的公认值（取自参考资料 [15] 中天体物理数据表）为

$$H_0 = (67.3 \pm 1.2 \text{ 千米} /(\text{秒} \cdot \text{兆秒差距}) \tag{9.4-9}$$

哈勃定律 (9.4-7) 式和 (9.4-8) 式意味着绝大多数星系都在做退行运动（只有极个别的星，其光谱有"紫移"现象，表示它向着地球运动），并且距离越远，z 越大，即退行速度越大。最近用 HST 曝光 100 小时后看到了遥远的暗弱天体，由 (9.4-2) 式可测得最大的 z 值已达 10。注意在 $z \gtrsim 1$ 时，(9.4-6) 式不成立（v 不可能大于 c），要用下面的狭义相对论公式

$$z = \left[\frac{1 + \dfrac{v}{c}}{1 - \dfrac{v}{c}} \right]^{1/2} - 1 \qquad\qquad (9.4\text{-}10)$$

代替,当 $\dfrac{v}{c} \ll 1$,上式趋于(9.4-6)式。由此式可知,z 不论多大,v 不会超过 c。实际上还要考虑 GR 的空时弯曲效应,这里从略。

目前,一些观测证据有力表明宇宙膨胀速度不是恒定不变,而是不断加速,现在科学家普遍相信我们生活在加速膨胀的宇宙中。根据爱因斯坦的广义相对论,这种加速膨胀的现象表明宇宙中存在压强为负的、能产生排斥效应的"暗能量"(可见参考资料[8],第 8 页和参考资料[10],第 266 页)。暗能量和暗物质一样,它们的本性之谜正在等待科学家去解开。

四、早期宇宙的遗迹——3 开微波背景辐射

1964 年,美国贝尔电话实验室的两位工程师彭齐亚斯(A. A. Penzias, 1933—)和威耳逊(R. W. Wilson, 1936—)安装了一台用来接收"回声号"人造卫星微波信号的喇叭形天线,为了检验这台天线的低噪声性能,他们将天线指向天空进行测量,得到了一个意外的重大发现。在波长为 7.35 厘米处的测量表明:无论天线指向什么天区,总会接收到一定的微波噪声,与方向、日夜、季节都没有关系。他们作了种种校验,扣除了大气和地球辐射的贡献以及天线的电阻损耗后,发现这是来自对空间的一种背景辐射,并首次给出这种背景辐射的等效黑体温度是(3.5±1)开。他们谨慎地以"在 4 080 兆赫上额外天线温度的测量"为题在《天体物理杂志》上发表结果(频率 4 080 兆赫即对应波长 7.35 厘米)。与他们同时在做这种实验(但尚未成功)的美国物理学家狄克(R. H. Dicke, 1916—1977)等人得知他们的结果后,立刻在同一期刊上发表《宇宙黑体辐射》一文,指出他们所测到的正是要寻找的宇宙微波背景辐射。从此"3 开(K)宇宙背景辐射"便出了名,彭齐亚斯和威耳逊两人因此获得 1978 年诺贝尔物理学奖。

1989 年 11 月,宇宙背景探索卫星(COBE)升空,使短波长的测量不受大气辐射的干扰,对波长 0.05～1 厘米的最重要的频谱范围作了非常精密的测量,最终澄清了以下两点预期而又难以置信的事实。2006 年,乔治·斯穆特(G. F. Smoot, 1945—)和约翰·马瑟(J. C. Mather, 1945—)两位美国科学家因 COBE 的精密测量共同获得诺贝尔物理学奖。

（1）频谱分布严格地遵从平衡态黑体辐射的普朗克公式,数据拟合给出的宇宙背景温度是

$$T_\gamma = 2.725 \text{ 开}$$ (9.4-11)

相应的光子数密度约为每立方厘米有 411 个光子,

$$n_\gamma = 411/ \text{ 厘米}^3$$ (9.4-12)

这虽然是很小的,但仍比宇宙中重子数密度 n_B 高 9 个数量级,

$$\frac{n_\gamma}{n_B} \approx 2 \times 10^9$$ (9.4-13)

然而,因为光子质量

$$m_\gamma \approx kT_\gamma/c^2 = 3 \times 10^{-4} \text{ 电子伏}/c^2$$

比重子质量

$$m_B \approx 10^9 \text{ 电子伏}/c^2$$

小得多,宇宙中光子总质量仍比重子总质量低 3 个数量级,所以今天的宇宙是处在以重子物质为主的时代。

（2）宇宙背景辐射是高度各向同性的。但是因为地球上的观测者相对于"宇宙静止参考系"有运动速度 V,人们预期光子温度有微小的各向异性。COBE 卫星果然测出有 10^{-3} 数量级的各向异性,即

$$\Delta T = 3.363 \pm 0.024 \text{ 毫开}$$ (9.4-14)

于是定出速度

$$V = 365 \pm 18 \text{ 千米/秒}$$

这一速度包括太阳相对于银河系的运动、银河系相对于"本星系群"的运动以及本星系群自身的"本动"。除各向异性外,进一步观测发现宇宙背景辐射还有一种微小起伏,它对宇宙学十分重要,正是起伏反映早期宇宙密度的不均匀性,才使星系的形成有足够的时间和可能。

总之,从宇宙学观点来看,3 开背景辐射是一个关键性实验。它告诉我们:在距今 100 亿年以前的宇宙曾以辐射为主,温度高达 10^{10} 开以上。随着宇宙膨胀,温度下降到 $T = 0.4$ 电子伏,相当于 4 000 开,光子开始与其他物质"退耦"(宇宙对光子变得透明),宇宙便开始进入以重子物质为主的时代,并开始了星系形成的过程。打个比方,从那时起的宇宙像一个不断地膨胀而冷却的大火炉,而退耦的光子好比是炉膛中的"余热",它从 4 000 开一直冷却到今天的 3 开。有趣的是,光子几乎不再受到碰撞,它的能量降低是由于宇宙尺度增大导致光的波长变长的结果,却

仍然保持与热平衡一样的黑体辐射谱。因此,在某种意义上也可以说,3 开微波背景辐射是几十亿年前的宇宙留存到今天的遗迹,对它的精密测量已经并将继续告诉我们许多关于早期宇宙的信息。

五、宇宙年龄的估计

宇宙在不断膨胀,即其半径 R 随时间 t 增大。倒推回去,半径 $R(t)$ 将在过去某一时刻(取为 $t=0$)收缩到零,$R(0) \rightarrow 0$。 其中理论问题太多,下面只简单地把 $t=0$ 看作宇宙诞生的时刻,估计一下"宇宙年龄"。

设目前时刻 $t=t_0$ 观测到宇宙半径为 R_0,此时的膨胀速度为 v_0。简单地假定过去任何时候的膨胀速度也为 v_0,于是今天的尺度 R_0 在

$$\tau_0 = \frac{R_0}{v_0} = \frac{1}{H_0} \tag{9.4-15}$$

时间以前收缩到零。根据目前哈勃常数 H_0 的观测值(9.4-9)式,大致估计 τ_0 的范围为

$$1.4 \times 10^{10} \text{ 年} < \tau_0 < 1.5 \times 10^{10} \text{ 年}$$

上述估计的数据与参考资料[14]的天体物理数据表中给出的宇宙年龄参考值 138 亿年相比偏大一点。

六、大爆炸宇宙学(宇宙学的标准模型)

1948 年,俄裔美籍物理学家伽莫夫(G. Gamow,1904—1968)首先提出:宇宙是从一个大爆炸的火球开始的。他并且预言了作为爆炸的后果,宇宙空间存在微波背景辐射。在很长一段时间,很少有人认真地看待他的理论。

然而,随着哈勃红移定律在天文观测中一步步得到确证,特别是在 1964 年 3 开微波背景辐射被发现后,人们再也不能不认真地对待伽莫夫的大爆炸理论了。粒子物理研究的进展使爆炸后宇宙的历史可以像一个剧本那样写下来,表 9.4-1 就是一张分幕剧本表。由表可见,今天的宇宙是从温度极高、密度极大、范围极小的状态,经超级大爆炸,由热到冷、由密到稀、由小到大、不断膨胀演化而来,所以这个宇宙学的标准模型通常叫做大爆炸宇宙学。

表 9.4-1　宇宙演化时间表

时间	温度（开）	能量	时代	物理过程
10^{-44} 秒	10^{32}	10^{19} 吉电子伏	普朗克时代	经典宇宙的开端,粒子产生
10^{-35} 秒	10^{28}	10^{15} 吉电子伏	大统一时代	暴胀的开始
10^{-32} 秒	10^{27}	10^{14} 吉电子伏		重子不对称产生
10^{-6} 秒	10^{13}	1 吉电子伏	强子时代	夸克结合成强子
10^{-2} 秒	10^{11}	10 兆电子伏	轻子时代	轻子过程
1 秒	10^{10}	1 兆电子伏		中微子脱耦
5 秒	5×10^{9}	5×10^{5} 电子伏		$e^{+}e^{-}$ 湮灭 自由中子衰变
3 分	10^{9}	10^{5} 电子伏	核合成时代	^{4}He 原子核形成
4×10^{5} 年	4×10^{3}	0.4 电子伏	复合时代	中性原子形成 光子脱耦
50 亿年				星系形成 太阳系形成
100 亿年	2.7(光子)	3×10^{-4} 电子伏	现在	人类活动

1. 宇宙早期

首先要指出,万有引力常量 G、普朗克常量 $\hbar$ 和光速 c 这 3 个普适常量可以构成一个量纲为质量的常数:

$$m_{\mathrm{P}} \equiv (\hbar c/G)^{1/2} = 1.221 \times 10^{19} \text{ 吉电子伏 } /c^{2}$$
$$= 2.174 \times 10^{-8} \text{ 千克}$$

此质量相应的能量常数$(m_{\mathrm{P}} c^{2})$为 1.221×10^{19} 吉电子伏。另外,还可以构成一个量纲为时间的常数:

$$\tau_{\mathrm{P}} \equiv (G\hbar/c^{5})^{1/2} = 5.38 \times 10^{-44} \text{ 秒}$$

m_{P} 和 τ_{P} 分别叫做普朗克质(能)量和普朗克时间。由于普朗克常量 $\hbar$ 是量子性的标志,故设想宇宙大爆炸在 $t = 0$ 时发生,则在 $t = 10^{-44}$ 秒以前,量子效应将十分显著,能量高达 10^{19} 吉电子伏,即温度高达 10^{32} 开(1 电子伏相当于 $11\,604 \sim 10^{4}$ 开)。因此,表 9.4-1 将 10^{-44} 秒算作经典宇宙的开端,而不去讨论关于"引力量子化"、"爆炸怎么从一个高温度、高密度的奇点状态开始"等搞不清楚的问题。

能量在 10^{15} 吉电子伏以上的高温条件产生出来的各种粒子具有高度的对称性,弱、电磁和强相互作用的强度彼此相等(这叫"大统一")。宇宙的"暴胀"从

10^{-35} 秒开始,很快地由于某种至今尚无定论的原因,出现了重子的不对称性。到温度下降到 10^{13} 开,具有分数电荷和分数重子数 B 的"夸克"(至今尚未在实验上以游离状态被发现)开始结合成各种"强子"[强子是重子(质子、中子等)和介子(π 介子、K 介子等)的总称],于是重子不对称性一直保持至今。经大量湮没后还留下的重子,其数密度 n_B 约为[见(9.4-1)式]

$$n_B = \frac{\rho_B}{m_B} \sim 2 \times 10^{-7} \text{ 个 / 厘米}^3$$

而反重子数(反质子、反中子)密度 $n_{\bar{B}}$ 几乎是零。作为比较,利用(9.4-13)式中的 n_γ 值,可得比值

$$(n_B - n_{\bar{B}})/n_\gamma \approx 10^{-9}$$

而在宇宙早期处于相对论性的热平衡状态,那时的重子数密度 n_B、反重子数密度 $n_{\bar{B}}$ 和光子数密度 n_γ 基本上是相等的:$n_B \sim n_{\bar{B}} \sim n_\gamma$。

随着温度下降到 10^{11} 开,目前认识的各种粒子,即质子、中子、光子、轻子(电子、中微子、μ 子)、π 介子、超子等都出现了,并处于不断的碰撞、转化或湮灭过程之中。由于弱相互作用已经比电磁相互作用和强相互作用微弱得多,只参与弱相互作用的中微子最先从热平衡状态中"脱耦",即中微子此后自由运动,很少同其他粒子碰撞,至今还大量存在于宇宙中,此时温度约为 $T = 10^{10}$ 开。目前的一种看法是:假如中微子有微小的静质量,则它们可能是宇宙中大量不发光的暗物质中的一部分。

2. 氦的形成和氦丰度

约在大爆炸后 3 分钟,宇宙温度下降到 10^9 开,中子和质子通过碰撞而形成氘核:

$$\text{n} + \text{p} \rightarrow \text{d} + \gamma \tag{9.4-16}$$

右端 γ 光子能量为 2.2 兆电子伏。中子 n 和氘核 d 本身都不稳定,但 d 与 d 经过碰撞形成氦核后,就稳定下来了。宇宙进入了核合成时代。

目前宇宙的可见物质中,按质量计算,氢原子核(即质子 p)占了 3/4。占第二位的核素就是氦 ^4He,它的质量百分比称为氦丰度,按上述大爆炸理论计算的预告值应约为 $1/4 = 0.25$,而实际观测值与它基本相符,这是继 3 开微波背景辐射之后对大爆炸理论的又一有力支持。

3. 重子物质为主的时期宇宙变得透明

大约在 $t = 40$ 万年,温度下降到 4 000 开之前,宇宙物质是 p,e^-,^4He 核组成的等离子体与光子相耦合的热平衡态,并伴有大量脱耦的中微子。4 000 开是一个

转折温度,此后 p 与 e⁻ 复合成为中性的氢原子:

$$p + e^- \rightarrow H + \gamma \tag{9.4-17}$$

这里 γ 是 13.6 电子伏的光子。

  随着中性的氢和氦等原子形成,光子与它们的碰撞便大大减少。也就是说,当宇宙一旦以重子物质为主时,光子也像中微子一样脱耦了,宇宙对光子变得透明,而光子自身保持黑体辐射谱,并随着宇宙膨胀而一直冷却到今天的 2.7 开温度。

  约在 50 亿年,宇宙中的氢和氦凝聚成星系、恒星、行星……最后出现人类。

  上述简要介绍宇宙学大意,且主要围绕重要的观测事实展开介绍。实际上有不少科学家为物理宇宙学的建立开展了大量的理论研究工作。2019 年 10 月,瑞典皇家科学院宣布将该年的诺贝尔物理学奖的一半授予加拿大裔美国宇宙学家詹姆斯·皮布尔斯(James Peebles, 1935—　),以表彰他在物理宇宙学方面的理论贡献和发现。在过去几十年中,他在宇宙微波背景辐射、宇宙中的结构形成、暗物质和暗能量等众多方面做出重大贡献。他是"现代宇宙学大厦"的主要奠基人之一(详见参考资料[15])。2019 年诺贝尔物理学奖的另一半发给两位发现"系外行星"的科学家(见 §9.6,二)。

*§9.5　恒星的诞生、演化及其归宿

一、星际物质和恒星的诞生

1. 星际物质

  宇宙中除恒星和各类恒星集团外,还观测到由星际气体和星际尘埃两种成分构成的星际弥漫物质。从 1951 年起,天文上观测到来自银河系和河外星系的 21 厘米波长的射电谱线,证明中性原子氢是宇宙中丰度最高(占 3/4)的元素。此特征谱线的来源如下:在一个处于基态的氢原子中,当电子自旋与核(质子)自旋"平行"时,由于电子自旋磁矩与核(质子)自旋磁矩相互作用所产生的附加能量,将使基态电子能级略有升高,"反平行"时所产生的附加能量使能级略有降低。原来的一条能级实际上由于电子和质子自旋的相对取向后分裂成了两条,这叫做超精细结构。当原子间碰撞使它们激发到"平行"态,再回到"反平行"态时,相当多的电子在两个超精细能级间跃迁,便会放出 21 厘米的特征微波辐射。星际空间中氢原子

的平均数密度只有 0.15 个/米³,温度约 70 开,但因空间广袤无垠,原子总数极多,地面上还是接收到这种辐射。其次是在宇宙中约占 1/4 的氢元素,其他元素则不到 1%。

氢原子分布很不均匀,往往堆积成小块的云状物。从高空探测来自空间的远紫外线 121.6 纳米的氢原子赖曼 α 谱线的吸收谱线,发现了这种氢原子云,典型数密度比宇宙平均数密度大得多,约为 10 原子/厘米³,典型温度为 100 开,云的典型直径为 10 光年,相邻氢原子云的平均距离约 1 千光年,彼此还以 6 千米/秒左右的速度相对运动。另外,在氢原子云中还发现更稀薄的(0.03 个/厘米³)但温度较高的电离氢,肉眼可见的猎户座大星云离我们 500 秒差距,直径约 5 秒差距,主要由电离氢组成,质量约为太阳质量的 300 倍。

当云较厚,密度达到 100 原子/厘米³,开始能屏蔽外来的紫外辐射,氢原子 H 便会结合成氢分子 H_2。氢分子的存在由远紫外的吸收谱得到证实。但星际物质中许多其他分子的存在常常是靠微波探测而证实的。例如,CO 这个双原子分子的转动谱对应于 2.6 毫米的微波,在猎户座大星云背后有一个巨大的分子云,主要由 CO 组成,直径约 9 秒差距、质量约 $10^4 M_s$。在银河系中这样巨大的分子云达四五千个以上。

观测表明,在星际空间还存在星际尘埃,它们是直径为 $10^{-5} \sim 10^{-6}$ 厘米的固态微粒,成分是水、氨、甲烷的冰状物、二氧化硅、硅酸镁、三氧化二铁等矿物和石墨晶粒等。把分散在星际气体中的尘埃总质量加起来,约占星际物质的 10%,它们会散射星光,使之减弱,这就是所谓星际消光效应。天文上著名的猎户座马头星云(暗星云),就是因为存在星际尘埃而严重消光的区域。

彩图 9 是 1995 年 4 月 1 日由哈勃空间望远镜摄得的离地球 7 千光年的鹰状星云,被称为"创世之柱",这是 20 世纪天文学最具标志性的图片之一。那里到处是一缕一缕弯曲的星际氢气,还可以看到有一些胚胎时期的新星正在星际物质中形成,照片上红、绿、蓝 3 种颜色的光分别来自 S^+,H 和 O^{2+}。

2. 恒星的诞生

种种观测事实表明,星际物质密集成云的场所,往往正是恒星诞生的摇篮。在转动着的旋涡星系(包括我们的银河系)的盘面,特别是在旋臂附近,存在许多非常年轻的大质量恒星。可以推测:正是形成旋臂的密度波(类似于振动通过空气密度的疏密变化而形成声波传播出去,这里密度波指密度扰动引起的"声波")压缩星际物质,迫使星云凝聚。在被压缩过程中,释放出的引力势能将转变为物质动能(热能),使凝聚物质中心(内核)的温度上升到 1 000 万开,足以引起热核反应,一颗恒星就诞生了。

二、恒星的演化及其归宿

1. 恒星的演化

恒星发光来自其中心由氢聚变为氦的热核反应。高温热核反应会产生向外的辐射压力,此向外压力达到与向内引力平衡时,恒星的体积和温度不再明显变化,进入一个相对稳定阶段,在这个阶段停留时间最长,这被称为恒星的"壮年期"。迄今发现的恒星有90%处在这一阶段。

核心部分的氢"烧"完后,压力顶不住引力,体积收缩,使核心温度进一步提高到10^8开,开始了由3个氦聚变为碳,再继续依次合成氧、硅等较重元素的热核过程,直到内部形成一个稳定的铁(还有钴和镍)的核心为止,这便是恒星的"更年期"。核燃料耗尽,恒星的"更年期"就结束,进入"老年期",最后有3种可能的归宿。

2. 恒星的3种不同归宿

热核反应结束,由它维持的辐射压力也消失。星体将在引力作用下进一步收缩,最后使中心密度达到极大,出现新的斥力,使收缩突然停止,引起一个朝外的激震波,速度高达3×10^4千米/秒,与向内跌落的物质相遇,急剧加热到5×10^9开,短时间内释放出巨大能量,在观测上便表现为一次超新星的爆发。这种爆发在亮度上会突然增大上亿倍,成为一颗耀眼亮星,但这是大质量恒星进入"老年期"、接近死亡前的一次"回光返照",以后它在引力作用下继续收缩。那么,最后的归宿是什么呢?理论计算表明有3种可能性,这完全决定于恒星形成时的初始质量$M_初$。不同$M_初$可演化为3种不同类型的天体,即白矮星、中子星和黑洞,如表9.5-1所示。

表 9.5-1 恒星演化的归宿

归　宿	质量比	
	$M_初/M_s$	$M_末/M_s$
白矮星	1～8	0.4～1.4
中子星	8～25	1.4～3
黑　洞	＞25	＞3

人们对白矮星的认识是先有观测事实。早在1862年,美国天文学家就观测到离地球8.65光年的天狼星的一颗暗伴星天狼B,它的质量约是主星的一半,与太

阳质量差不多，其半径是太阳质量的 1% 左右，是一颗典型的白矮星。随着原子结构理论的创建，科学家才认识到它是由致密的铁原子加电子组成的"超固态"，平均密度高达 3.8×10^9 千克/米^3（3.8 吨/厘米^3）。目前在银河系内观测到的白矮星已超过 1 000 颗（见参考资料[10]，3.3 节）。

三、脉冲星的发现和中子星

1932 年中子发现后不久，1934 年美国天文学家巴德（W. Baade, 1893—1960）和茨维基（F. Zwicky, 1898—1974）在一篇非常简短的论文中指出：中子星是普通恒星经过超新星而演化形成的最后阶段。也就是说，超新星爆发后应该留下一个"残骸"——中子星。

1967 年，英国剑桥大学的天文学家休伊什（A. Hewish, 1924—　）教授指导的女研究生贝尔（J. Bell），在新建的射电望远镜长达 5 000 米的记录纸上发现了奇特的 81.5 兆赫的射电脉冲信号，周期间隔 1.337 秒，严格准确到 10^{-8} 秒，十分稳定，信号源离地球 212 光年，在银河系之内，命名为"脉冲星 PSR1919"。这样的脉冲星在 20 世纪 90 年代已发现近 600 个，其中一个就位于蟹状星云的中心，它的周期极短，只有 33.1 毫秒，周期每天增长 3.6×10^{-8} 秒，定名为"PSR0531"。脉冲星发现不久，天文学家就认识到，观测到的脉冲星就是 30 多年前一些科学家在理论上所预言的有强磁场的中子星。鉴于这一重大发现，1974 年休伊什获得了天文学史上第一个诺贝尔奖。

中子星是由超流状态的中子物质（混杂有百分之几的质子和电子）组成，质量约为 $0.50 \sim 3.2 M_s$，而半径只有 $10 \sim 20$ 千米，因此密度高达 3×10^{17} 千克 / 米^3（比原子核的密度还大）。由于引力收缩过程中角动量守恒，最后形成的中子星处在高速旋转状态，周期 1/30 秒的脉冲星就是一颗每秒转 30 圈的中子星。中子星表面有极强的高达 10^8 特的磁场，使中子星发出的全部电磁波段的辐射（从微波、可见光、X 射线直到 γ 射线）都是"集束的"（见第五章的同步辐射原理），它像一个旋转的灯塔，我们在地球上便接收到周期性的脉冲（见图 9.5-1）。1974 年后新发现的双星中子星，已在 §9.3 中介绍（见图 9.3-1）。

四、黑洞

当恒星进入老年期时的质量 M 超过 $3.2 M_s$，强大的引力甚至使中子星的压强也顶不住了，于是这种大质量恒星便一直坍缩下去而成为一个"黑洞"。

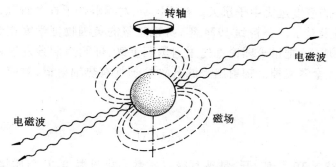

（a）一个脉冲星就是高速旋转的中子星，其表面有极强的磁场，
因此电磁辐射是高度集束的

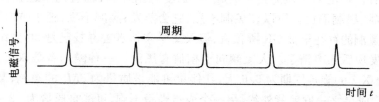

（b）地球上观测到的脉冲周期就是中子星旋转的周期

图 9.5-1　脉冲星的发现

在第二章已知，一个物体要脱离地球表面引力场所需的第二宇宙速度为

$$V_2 = \sqrt{\frac{2GM}{R}} \qquad\qquad (2.2\text{-}12)$$

其中，M 和 R 分别是地球的质量和半径。在地球上，$V_2 = 11.2$ 千米/秒。

由(2.2-12)式可见，当 M 越大而 R 越小时，V_2 可以变得很大。现在假设 V_2 大到光速 c，相应的 R 记为 r_G，称为引力半径，对一定质量 M 的天体，则有

$$r_G = \frac{2GM}{c^2} \qquad\qquad (9.5\text{-}1)$$

按照狭义相对论，任何物体的速度都以光速为极限，所以，当某天体被压缩到半径 $R < r_G$ 时，由于引力，任何物体都无法离开它。光子可看成是质量为 $\frac{h\nu}{c^2}$ 的质点，只要 $R < r_G$，它也不能离开此天体。反之，任何射向此天体的物体或光子，都将一概被吸收，有进无出，像掉进了一个无底洞，因此这类天体便被称为黑洞。与太阳质量 M_s 对应的 $r_G = 3$ 千米(即要把太阳压缩到半径只有 3 千米时它才成为一个黑

洞),相应黑洞的密度远比中子星大。在 GR 中,对黑洞作了许多研究,大家都以为它是再"黑"也没有了。不料到 1974 年,身残志坚的英国物理学家霍金(S. Hawking, 1942—2018)* 把量子理论首先用到黑洞上来,证明黑洞会发射粒子,有蒸发效应,且可能完全蒸发掉。辐射出来的各种粒子具有热辐射谱,对应于黑洞,有一个温度

$$T = \frac{\hbar c^3}{8\pi kGM}$$

其中,$k = 1.38 \times 10^{-23}$ 焦/开,是玻耳兹曼常数。可见温度 T 与质量 M 成反比。例如,对于一个 $M = M_s$ 的黑洞,$T = 6 \times 10^{-8}$ 开。一般来说,霍金辐射极其微弱,可以忽略不计。但随着黑洞质量不断减小,温度急剧升高,辐射越来越强,甚至可瞬间蒸发殆尽,黑洞消亡。所以,"黑洞不黑,它会蒸发;黑洞不黑,越小越白"。

　　虽然黑洞的存在早被 GR 所预言,但天文学家认真去寻找已是 20 世纪 60 年代中子星被发现后的事情了。大家倾向于相信有黑洞。一种候选者是双星系统。例如,天鹅座 X-1 的旋转周期为 5.6 天,其伴星可能是质量为 $8M_s$ 的黑洞;又如,天蝎座 V861 的成员之一发射紫外线,另一个成员则看不到,可能是质量为 $12 \sim 14M_s$ 的黑洞。这些还只是"小黑洞",它们是表 9.5-1 中所列的大质量恒星演化的结局。天文学家认为,类星体很可能是"年轻"的(即活动性很强的"大黑洞"),质量可达 $10^6 M_s$ 以上。而离我们较近的各星系中央,也各自"潜伏"着一个"衰老"的活动性不强的大黑洞。例如,在银河系中央,已证实有一个质量约 $3.7 \times 10^6 M_s$ 的点源状黑洞[半径可按照(9.5-1)式计算],它的放能率约 10^{30} 焦耳/秒,只比太阳的发光功率 $L_s (3.8 \times 10^{26}$ 焦耳/秒)约大 10^3 倍(见参考资料[10]中 3.3 节和参考资料[11]中 7.6 节)。

　　2017 年 4 月,全球约 300 多位科学家利用多个国家位于 8 个不同地点的射电望远镜,连成一个虚拟的口径达上万千米的望远镜,经过达 2 年的观测和分析,最终该团队于 2019 年 4 月 10 日晚公布人类首张黑洞照片。这一图像指示室女座星系团中超大质量星系 Messier 87 中心的黑洞,它距地球 5 500 万光年,质量是太阳的 65 亿倍。周围物质在被黑洞吸积的过程中,发生高速旋转化成热能,并发生强烈辐射,拍摄到的图像实际是辐射光映衬下黑洞的轮廓(见参考资料[8],第 23 页)。

　　2020 年 10 月 6 日,3 位物理学家因为有关黑洞的发现共同获得诺贝尔物理学奖。德国的根策尔(R. Genzel, 1952—　　)和美国的盖兹(A. Ghez, 1965—　　)因

---

* 邵红能. 宇宙奥秘的探索者——著名物理学家霍金. 现代物理知识,2018,2:63

在银河系中发现一个超大质量、高密度物体获得该奖的一半。另一半则由英国的彭罗斯(R. Penrose, 1931—)因发现爱因斯坦广义相对论有力地预言了黑洞的形成而获得。

*§9.6 太阳系和地球的起源与演化

一、太阳系概貌

太阳系以太阳为中心,八大行星依距离排列为水、金、地、火、木、土、天王和海王星,这八大行星都被宇宙飞船探测过。从九大行星中被划出去成为"矮行星"的冥王星离太阳 60 亿千米,为日地距离(即 1 天文单位 = 1.5 亿千米)的 40 倍,太阳光也要跑 5 个半小时,至今尚未被探测过。行星的基本特征如下。

(1)共面性:行星轨道为椭圆,与太阳的赤道平面或地球的轨道平面(黄道面)夹角都很小。木星的最小,仅 $18'$。冥王星的最大,达 $17°7'$。

(2)同向性:行星都以与太阳自转相同的方向绕太阳公转,除金星外也都以同一方向自转。

(3)质量分布:太阳质量占太阳系总质量的 99.8%。类地行星(水、金、地、火)主要由石、铁等物质组成,体积小、密度大、卫星少;类木行星(木、土、天王、海王)主要由氢、氦、冰、氨、甲烷等物质组成,体积大、密度低、卫星较多。

二、太阳系的起源、演化和系外行星

1755 年康德(I. Kant, 1724—1804)和 1796 年拉普拉斯(P. S. Laplace, 1749—1827)分别独立提出星云假设,后发展为太阳系起源的理论,其大意如下。

50 亿年前,一团弥漫的缓慢转动的气体云,在引力扰动下逐渐坍缩。稠密的核心成为原始太阳,周围尘粒和气体物质形成薄盘——原始太阳星云,后者进一步在引力作用下分裂为团块,一部分成为小行星(至少有 50 万颗,集中在火星与木星的轨道之间)和彗星,另一部分通过碰撞合并,长大为星胚,继续吸积周围物质,形成八大行星及其卫星。由于太阳的高温,距离较近的类地行星中气体和易挥发物质都跑掉了,所以密度大、质量小;而距离较远的类木行星温度较低,保住了氢、氦等轻元素。

2019 年的诺贝尔物理学奖一半发给瑞士日内瓦大学的马约尔(M. Mayor, 1942—　)教授和奎洛兹(D. Queloz, 1966—　)教授,他们因在 1995 年 10 月首次在太阳系外"发现了一颗围绕太阳型恒星运行的外行星"而获奖。这一发现在天文学掀起一场寻找系外行星的热潮。至今已陆续发现在银河系中有超过 4 000 颗太阳系外行星,且发现这些行星有千奇古怪的体积、形态和轨道差异,这些行星又是如何起源的? 这让人们对行星系统的认识形成挑战,并进一步激发地球人寻找地外生命的兴趣和动力。

三、地球的起源和演化

地球是一个略扁的椭球,赤道半径 6 378 千米,极半径 6 357 千米,平均密度 5.517 克/厘米^3,主要元素是铁、氧、硅、镁 4 种,占 90%以上。

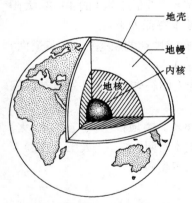

图 9.6-1　地球断面示意图

约 46 亿年前,地球从原始太阳星云中开始形成。当时比较冷,后来由于外来的冲击,内部受压缩和放射性衰变等原因,逐渐变热,达 2 000℃。内部铁、镍等元素熔化,熔融物质轻者上浮,冷却后又下沉,发生对流,在几亿年时间内形成地球的垂直结构。剖面很像一个生的咸鸭蛋,中间是一个蛋黄似的铁质"地核",半径约 3 480 千米(其中半径在 1 200 千米以内是固态内核,外核为液态),表面是蛋壳似的一层很薄的地壳(大洋地壳厚 2~11 千米,大陆地壳厚 15~80 千米),夹在地核与地壳之间的"蛋白"叫做地幔,地幔物质的对流是产生地磁、地热、火山、地震等活动的重要因素(见参考资料[16]和图 9.6-1)。

地壳和地幔顶部的盖层是固态的"岩石圈",共厚约 100 千米。全球岩石圈分为 6 个大板块,分别称为欧亚、美洲、非洲、太平洋、印澳和南极板块。它们浮在 100~400 千米厚的"软流层"上,仍处于缓慢的漂移和变化中(每年运动不到 10 厘米),最近发现存在南半球扩张、北半球收缩、西半球向东半球压缩的地壳运动,使板块的边缘往往成为地震和火山的频繁活动带。

在漫长的地质年代中,地球从内部释放出水(部分从陨石带来),逐渐充满了海洋。内部释放出来的气体则形成大气圈,早期大气的成分与现在不同,氧气很少,随着无机物质合成有机物,在生命进化过程中,光合作用才使氧气成分增加到今天的比例(质量占 22%),产生了高等生物。到距今 200 万年前,原始人在地球上出现。

四、做人是幸运的

人类能够在地球上出现和生存下来,应该说有 4 个非常有利,也可以说是极其幸运的因素:

(1)地球与太阳的距离(1.5 亿千米)适中。比地球更近的"内行星"都太热,而比地球更远的"外行星"都太冷。

(2)地球大小适当。如果地球质量太小,引力将不足以维系住大气圈;如果地球质量太大,则大气圈会太厚,有害气体太多也不行。

(3)地球自转的快慢也很适当。如前所述,地球内部是一部以放射性元素为燃料的"热机"。一般认为,地核的液态外核是一部强大的"自激发电机",维持着 10^9 安培数量级的循环电流在其中流动,这是地磁起源的最可能解释。1996 年,中国旅美学者宋晓东(及其同事)和苏维加(及其同事)分别通过对(人工核爆炸产生的)地震波数据的仔细分析,发现了地球固态内核的自转速度比地壳和地幔快一些,每年累计多转 1.1°,进一步支持了上述看法,因为任何涉及外核中对流和地球发电机的理论都必须考虑内核的旋转。参考资料[17]指出,假如转动太慢,地球本身的生命以致生物进化过程都将停止;假如转动太快,则地表将因火山和地震活动过于频繁而不能成形,也不利于生命进化。进一步讨论可见参考资料[12]的附录 7B。

(4)外来危险少。约 6 500 万年前,一颗直径约 10 千米的小行星陨落在今墨西哥海湾尤卡坦半岛附近的海底,释放出约 10^{15} 吨 TNT 当量的能量,导致当时地球生态环境的完全破坏和恐龙灭绝。幸而这种机会几亿年才有一次。

1994 年 7 月,在地球上预测并观察到列维-休梅克彗星撞击木星的全过程,这证明人类已有能力防止类似恐龙灭绝的悲剧在地球上重演。

今天我们应当感到幸运,并且要居安思危,爱惜、保护和建设好我们的地球——人类唯一的共同的家。

习　　题

1. 证明(9.1-2)式的反变换是(9.1-3)式。

2. 在宇宙射线中,能到达地面的 μ^- 子的速度为 $v = 0.999\,978c$,问此运动 μ^- 子的寿命为多大?

3. 试导出(9.1-10)式这个相对论的速度相加定理,再从它反演,将 u' 用 u 和 v 表示出来,看出相对性原理的正确性。

4. 一个粒子静止时质量为 m_0,以高速 v 运动时质量 m 将变为多少?

(1) 设 $v = 0.1c$,$0.99c$,$0.999\,9c$,分别计算 m/m_0 之值。

(2) 问上述 3 种情况下粒子的动量分别等于多少倍 m_0c?

(3) 问上述 3 种情况下粒子的总能量分别等于多少倍 m_0c^2?

(4) 问上述 3 种情况下粒子的动能分别等于多少倍 m_0c^2?

5. 试估计当电子的动能为 $T = 1$ 吉电子伏时,电子的速度与光速之比。

6. 请利用图 3.8-4,写出康普顿散射过程中的能量守恒和动量守恒方程,并利用本章中一些相对论关系式推导出波长变化公式(3.8-11)。

[提示:对能量守恒方程要写出总能量守恒公式,即下面的能量守恒、动量守恒方程:

$$\begin{cases} h\nu + E_0 = h\nu' + E \\ p_\lambda^2 + p_{\lambda'}^2 - 2p_\lambda p_{\lambda'}\cos\theta = p_e^2 \end{cases}$$

其中,$E_0 = m_0c^2$ 是电子静止能量,$E = T + m_0c^2$ 是电子总能量,T 是电子动能,$E^2 = m_0^2c^4 + p_e^2c^2$;$p_\lambda = h/\lambda$ 是波长为 λ 的光子动量,p_e 是电子动量。]

参考资料

[1] 倪光炯,李洪芳. 近代物理. 上海:上海科学技术出版社,1979

[2] 尤广建. 爱因斯坦是怎样创造相对论的. 长沙:湖南教育出版社,1993

[3] 赵峥. 物理学与人类文明十六讲. 北京:高等教育出版社,2008

[4] [美]V. F. 韦斯科夫. 杨福家等译. 二十世纪物理学. 北京:科学出版社,1979

[5] 郑永令,贾起民. 力学. 上海:复旦大学出版社,1989

[6] 倪光炯. 朝花夕赏:狭义相对论是经典理论吗? 科学,1998,**50**(1):29;我们又看到了"乌云"了吗? ——谈现代物理学的几个疑难问题. 物理通报,1997,5:39;反物质在哪里? 物理,1999,**28**(7):437

[7] 引力波探测专题文章. 现代物理知识,2016,2:3
(张新民等. 原初引力波与阿里探测计划;朱兴江. 脉冲星计时阵探测引力波;朱宗宏,王运永. 百年预言成真:引力波的存在被证实;李芳昱等. 基于强磁场和弱光子流检测的高频引力波探测系统)

[8] 天文学百年专题文章. 现代物理知识,2019,6:3
(陈学雷. 全新的宇宙;刘超. 银河;郑雪莹等. 黑洞的前世今生;颜毅华. 太阳的光辉;赵永恒. 从照相底片到 CCD)

[9] 赵君亮. 人类怎样认识宇宙(第二版). 上海:上海科学技术出版社,2012

[10] 谢一冈等. 从夸克到宇宙——永无止境的科学探索. 北京:科学出版社,2018

[11] 南仁东等. FAST 及其科学目标. 现代物理知识,2017,3:37

[12] 暗物质专题文章. 现代物理知识,2018,2:3

（巩岩,陈学雷. 暗物质的天体物理限制;毕效军. 暗物质粒子探测及进展;岳骞. 我国的深地实验室 CJPL 和 CDEX 暗物质直接探测实验;谌勋等. Pandax 暗物质直接探测实验;常进. 空间间接探测暗物质粒子;李田军. 暗物质理论研究）

[13] 马欣华. 直接探测暗物质. 现代物理知识,2011,6:30

[14] K. A. Olive, et al. Review of particle physics. *Chin. Phys.*,2004,**C38**:090001

[15] 张新民等. 2019 年诺奖解读:物理宇宙学. 现代物理知识,2019,6:40

[16] 马在田. 20 世纪的地球物理学. 科学,1997,**49**(3):23

[17] 徐果明. 地球内核的差异旋转. 科学,1997,**49**(4):13

第十章　从 20 世纪物理学看世界

20 世纪已经过去，人们不免想要展望一下 21 世纪的物理学。不过我们觉得，20 世纪物理学成果实在太丰富了。一系列重大的突破性成果的取得，充分体现了科学家勇于探索、不畏艰难的精神，科学家的创造性思维及正确科学方法的运用，还充分体现了当今科学技术的发展日益趋于交叉综合的特点。可以说，正确的科学思想贯穿于整个科学创造的过程中，是科学研究的灵魂。学习科学思维方法，增强科学素质，对发挥人们的创造潜力是至关重要的。本章将回顾前面各章内容，从方法论和认识论角度作适当介绍。孔子说的"温故而知新"，是很有道理的。

§10.1　物理学的方法论

物理学为何能取得如此辉煌的成就？本节试图先从方法论加以探讨。

一、模型方法为什么灵

物理学研究中发展出一种十分成功的"模型"研究方法。所谓模型，并不一定指看得见、摸得着的实体模型，而是更广泛地指理论模型。这实际上是一种抓主要矛盾的方法，任何复杂事物总包含许多矛盾，但在一定条件下，必定有一个是主要的，把它突出出来，暂时去除次要矛盾，便成为一个"模型"。弄清楚主要矛盾后，再考虑次要矛盾，如此一级级作近似，就可能逼近实际，而在每一步都可以用数学方法尽可能精确地加以研究，所以模型方法是物理学为什么能够最成功和最大量地运用数学的本质原因。读者可以在一本很好的书[1]中看到许多构建模型的例子。

在本书中也有许多地方涉及"模型"方法应用。例如，§4.2 中的玻尔模型，用 3 个基本假设便抓住主要矛盾，使原子结构的量子论研究取得突破性进展。在那时并不知道，因而也不讨论电子自旋及其与轨道运动的相互作用，即原子的"精细结构"，这是次要矛盾。更不会去讨论电子自旋与原子核（如质子）自旋的耦合，即"超精细结构"问题，它是更次要的矛盾。当然，那些次要或更次要的矛盾都需要研究,但这只能是在主要矛盾已弄清楚之后,而不应该在此之前,否则我们将会什么规律都找不到。

在§3.8中,将太阳表面当作"黑体"的表面,用黑体辐射规律来描述太阳的辐射是一个好的近似,由此估计出的太阳表面温度和辐射功率与实际基本相符。在原子核的裂变机制讨论(见§7.3)中,把一个原子核用一个带电液滴来代表,便能很好地说明裂变现象。这两个模型都抓住各自的主要矛盾而不涉及太阳和原子核内部组分之间的相互作用细节,"举重若轻",充分显示了模型方法的威力。又如,沃森和克里克就是用他们的 DNA 双螺旋结构的分子模型(见§8.5)抓住了本质,解决了当时生物学的一个基本问题——基因的自我复制的分子基础问题。

但是,在不同的具体条件下,次要矛盾可能上升为主要矛盾。例如,在磁共振成像测人体组织的氢原子密度(见§8.4)以及测量氢原子在宇宙中的丰度(见§9.5)时,氢原子中电子自旋与氢核(质子)自旋的相互作用就上升为主导地位。

二、科学假说的重要作用[2,3]

物理学研究的任务在于揭示事物的本质或物理规律,但由于事物的复杂性以及人们认识的局限性,人们的认识总是由初步的、探索性的猜测,逐步提高到对事物本质的认识。在此过程中,科学假说对物理学理论的形成及发展起着非常重要的作用。所谓科学假说是指:在已有知识和科学事实的基础上,对事物本质及其规律性所做出的一种推测性说明(或解释)。这里就与假说有关的 3 个问题作一些讨论。

1. 问题的提出

发现问题、提出问题是科学假说产生的动因。例如,"为什么月亮不掉下来?"问题的提出促使牛顿给出万有引力的假说(见§2.1);面对卢瑟福模型无法解释原子的稳定性和同一性的困难,玻尔提出原子结构的量子模型的 3 个假定(见§4.2);人永远不可能追上光的判断与经典力学中速度相加的伽利略变换之间的矛盾困惑了年轻的爱因斯坦 10 年之久,终于他用狭义相对论假说解决了这个问题,原来低速运动 $(v \ll c)$ 下的伽利略变换应以更普遍的洛仑兹变换来代替(见§9.1),等等。可见一切科学假说的产生,都是以特定的问题为先导。1938 年,爱因斯坦在《物理学的进化》一书中说:"提出一个问题往往比解决一个问题更重要。因为解决一个问题也许仅仅是一个数学上的或实验上的技能而已,而提出一个新的问题、新的可能性,从新的角度去看一个老问题,却需要有创造性的想象力,而且标志着科学的真正进步。"由此可见,经过充分思考,提出科学问题,尤其是提出概念清晰的难题,更能对科学进步起到真正的推动作用。

2. 科学假说是科学发展的重要形式

科学发展史表明,假说存在于科学的各个领域,而且贯穿在科学发展的始终。正如恩格斯在《自然辩证法》一书的札记中指出:"只要自然科学在思维着,它的发展形式就是假说。一个新的事实被观察到了,它使得过去用来说明和它同类的事实的方式不中用了,从这一瞬间起,就需要新的说明方式了——它最初仅仅是以有限数量的事实和观察为基础,进一步的观察材料会使这些假说纯化,取消一些,修正一些,直到最后纯粹地构成定律。"可见假说对科学理论的形成及发展起着非常重要的作用。

例如,对光的本性的认识,早在 1672 年,牛顿就提出光的"微粒说",认为光由微粒组成,可解释光的反射、折射现象,但不能解释光的衍射和干涉现象。后来惠更斯提出光的"波动说",既可以解释反射、折射,也能够解释光的衍射(见§3.5)。从此两个学说一直在争论中不断发展。直到 19 世纪初在光的干涉、衍射实验的支持下,波动说才为人们普遍承认。到 19 世纪末,麦克斯韦和赫兹更加肯定了光是电磁波。那时光的波动说似乎完全占了上风。可是到了 20 世纪初,对光的本性的认识又有了一个螺旋式的上升。为了解释光电效应,1905 年爱因斯坦提出"光量子"假说。到 1917 年爱因斯坦提出光子有动量的假说,并且提出光的本性是波粒二象性(见§3.8)。光的波粒二象性为一系列实验所支持。

另外,20 世纪初从普朗克提出能量量子化假说开始,经过爱因斯坦的光量子假说、玻尔的原子结构模型假说、德布罗意的物质波假说,直到描述微观粒子运动的薛定谔方程的建立,这是一个从量子论提出到量子力学诞生的大致过程,从中也充分体现了假说在物理学理论构建中的重要作用。

3. 假说的验证

假说是否正确,必须由进一步的实验来验证。科学实验包括两种基本类型:探索性实验和验证性实验。假说将对验证性实验的设计、研究有导向作用。验证假说的实验往往是物理学发展史中十分重要的、关键性的实验。例如,验证电子波动性的电子衍射实验(见§4.2),验证光的粒子性的康普顿散射实验(见§3.8),验证原子中电子确实处在分立能级的夫兰克-赫兹实验(见§4.2)等。这些实验都成功地入选了诺贝尔物理学奖。

三、类比方法在科学发现和理论构建中的重要性[2]

所谓类比方法,是根据两个或两类对象之间某些方面的相似性,而推出它们在其他方面也可能相似的一种逻辑思维方法。类比推理的客观基础是事物之间存在普遍联系的本性。类比方法是科学研究中非常有创造性的思维方式,在物理学发展中它的作用、地位不容忽视。

例如,电磁学中电与磁的相似性(有相似公式和定律)不但反映了自然界的对称美,而且也说明电与磁之间有一种内在联系。法拉第正是从电与磁的对称性出发,由电能生磁大胆猜想磁能生电,经历近10年的艰苦实验研究,终于发现了电磁感应现象,继而建立了电磁感应定律。除了电与磁可类比外,力与电类比的例子也不少。如库仑定律与牛顿万有引力定律相似、静电力的保守性与重力的保守性相似、电势能与重力势能相似等。

在近代物理的发展中,类比方法更是起着突出作用。德布罗意正是用类比法敲开量子力学的大门。正是在光的波粒二象性被实验(光电效应和康普顿效应)证实的基础上,德布罗意把波粒二象性推广到所有的物质粒子。1929年德布罗意在领取诺贝尔物理学奖时,他曾回忆:"……在原子中电子稳定运动的确立,引入了整数;到目前为止,在物理学中涉及整数的现象只有干涉和振动的简正模式。这一事实使我产生了这样的想法:不能把电子简单地视为粒子,必须同时赋予它们以周期性。"于是,所有物质粒子都具有波粒二象性的重要假设被提出来。接着,正如在§4.2中已介绍过的,德布罗意又进一步根据狭义相对论导出粒子动量 p 与所伴随波的波长 λ 之间的重要关系式(4.2-18),与光的情况也完全类似[见(3.8-10)式]。后经实验证实,他的假说是正确的。这是物理学中利用类比法获得很大成功的典范。

四、"统一性"是物理学的执著追求

一部物理学史,可以说是一部不断地追求"联系"和"统一"的历史。19世纪时麦克斯韦把光和电磁现象统一起来,光即电磁波。到20世纪初的30来年中,光子又与一切(静质量 m_0 不为零的)微观粒子进一步统一起来:它们都具有波粒二象性,即有

$$\begin{cases} E = h\nu & (3.8\text{-}5) \\ p = h/\lambda & (3.8\text{-}10) \end{cases}$$

(这些公式在前面的章节中都已出现过)狭义相对论建立后,能量 E 和动量 p 又联系起来:

$$E^2 = m_0^2 c^4 + p^2 c^2 \tag{9.2-6}$$

能量 E 和一般的("运动")质量 m 也联系起来:

$$\begin{cases} m = m_0/\sqrt{1 - v^2/c^2} & (9.2\text{-}3) \\ E = mc^2 & (9.2\text{-}4) \end{cases}$$

我们必须注意,这些变量间的联系是靠两个(普适)常数(h 和 c)来实现的。当我们看到变化的现象,并且理解它们时,一定是因为背后存在不变的东西。假如离开了不变性和常数,事物将失去它们的规定性,我们对什么东西在变,都将一无所知。

又如,玻尔把卢瑟福的原子(核式)结构模型、普朗克–爱因斯坦的量子化概念,以及表面看来毫不相干的光谱实验三者结合起来,在他的原子模型中得到和谐的统一,成功地解释了近 30 年未能解开的 H 原子的里德伯公式之谜。

"统一性"的追求就是"对称性"的追求,也就是"美"的追求[4, 5]。而世界的统一性在于它的物质性,"统一"并不是主观的臆想,而是在实践中不断修正、不断接近和符合客观实际的结果。20 世纪物理学最大的成功正在这一点上。

五、向"边缘"开拓,向"极限"挑战,从"交叉"处找突破口

20 世纪物理学的一个特点是永不满足和停顿。一种知识比较成熟了,变为"常规"了,就马上企图越出它的范围。懂得了低速运动的牛顿力学,就着手研究高速运动的相对论;宏观物理规律比较清楚后,便立即深入微观世界去探索量子力学。于是,知识的边缘便不断地扩展,开拓出如高能核物理、相对论天体物理、介观物理、纳米科技等一系列新的学科。

过去认为原子是看不到的,今天通过 STM 和 AFM 等最新技术成就,成功地实现了原子的观察和操纵。虽然知道 $-273\ ℃$ 的绝对零度是不可能到达的,物理学家仍不屈不挠地用激光等先进技术逼近这个极限,制成微开级的低温,并相应地把原子冷却下来而俘获,实现了玻色–爱因斯坦凝聚。

现代科学技术的发展,充分表明物理学与其他学科交叉的领域往往是最有希望的突破口。量子化学、生物物理、材料物理、放射医学、天体物理等都是成功的范例。本书所介绍的大量的科技成果,也充分反映了学科交叉和综合的特点,不少重要成果正是在不同学科的科学家通力协作下所取得的,为此,也对当今科学工作者的知识结构提出新的要求,即跨学科的知识要求,一个过于"专业化"的研究人员,其发展前途往往是不大的。

六、物理学研究中个人与集体的关系

介绍著名科学家在物理学中的杰出贡献,并不意味着科学技术的发展只需依

靠少数人的天才。事实上每一项发现(或发明)都是在一定历史条件下才可能产生,而且是无数科技工作者辛勤劳动的结晶。物理学首先是一门实验科学,而今天一个重要的实验发现,其直接参与者往往达数百人。例如,1995 年顶夸克(t)由两个实验组同时发现,一个 CDF 组,另一个 DO 组,各有 400 多人。所以,组内个人与集体的关系、组与组间的合作(和竞争)关系如何处理,会直接影响到科技工作的成败。科学研究不仅是科学,也是一种艺术[6],在这方面同样表现得十分明显。对科技工作者来说,善于与他人合作将是衡量优秀人才素质最重要的标准之一。

　　扩大来看,这涉及个人与社会的关系问题。爱因斯坦说:"我每天都不止一次地提醒自己:我的精神生活和物质生活都是依靠别人(生者和死者)的劳动,我必须尽力以同样的付出来报偿我所领受了的和现今还在领受着的东西。我强烈地向往着俭朴的生活,并且常常为自己占有了同胞的过多劳动而感到内心不安。"*

§10.2　物理学的认识论

　　正确的方法论是建筑在正确的认识论基础之上的。然而,我们也应该看到,随着 20 世纪物理学的一系列重大发展以及科学研究方法的不断进步和深化,我们应更深入地揭示人类在认识自然、改造自然过程中逐步形成的且还在发展中的认识论的基本内容。

一、认识论的相对性原理

　　爱因斯坦在 1905 年建立狭义相对论(SR)时提出了物理的"相对性原理"(见§9.2),明确了空间与时间的相对性,其实同时也提出了一条哲学认识论的"相对性原理"。他指出:"绝对的东西(如绝对运动、绝对时间)是不可观察、无法认识的,只有相对的东西(如相对运动、相对时间)才是能够观察和可以认识的。"狭义相对论中讨论的正是两个相对作匀速运动的惯性坐标系之间空间和时间坐标的变换关系。历史已证明,爱因斯坦是完全正确的。

　　一般地来说,任何事物只有在相对于其他事物的运动和变化中才能被认识,离开了它的对立物,就势必成为神秘而不可理解的东西。这个道理并非一目了

*　[美]A. 爱因斯坦著. 许良英,王瑞智编. 走近爱因斯坦,第 35 页. 沈阳:辽宁出版社,2005

然,请看《红楼梦》中的贾宝玉。他看见林黛玉整天悲悲戚戚,自己也很苦恼,想了许多时候,有一天忽然悟出"禅机"。"禅机"者,哲学也。他于是写道:

> 无我原非你,从她不解伊。   (《红楼梦》,第 22 回)

这里我们把原文中的"他"改为"她",使意思更加明确。还不妨可译成英文:

> You won't be you if I wasn't born.

> One can't understand her from her alone.

贾宝玉悟出的不正就是认识论的"相对性原理"吗?

二、认识始于变革

"物理学首先是一门实验科学",这一点从 400 年前伽利略做简单的力学实验开始便被大家所承认。物理实验又是自然科学实验中最精确的,本书所附《物理常数和天文常数表》中一个测量值的"有效数字"往往是一个有八九位以上的数,在 1999 年测得氢原子 $2s$ 态到 $1s$ 态的(双光子)跃迁频率为

$$f_{2s \to 1s} = 2\ 466\ 061\ 413\ 187.34(84)\ \text{千赫}$$

精度达到 3.4×10^{-13},这在物理学史上是空前的,科学家认为今后还可能测到 1 赫以下的精度。

读者可能马上会想到:量子力学中不是有所谓测不准关系吗? 它常写为

$$\Delta p_x \Delta x \geqslant \hbar/2 \tag{4.2-20}$$

一方面说可以测得越来越准,另一方面又说"测不准",这不是矛盾了吗? 为了说明这个问题,我们需要从认识论角度提出一种看法,希望引起读者的注意和讨论:测量过程不是一种简单的"反映"过程,而是一种"变革"过程。测量必然要改变客体的状态,而在客体状态发生改变之前,任何数据(或信息)都是不存在的。数据(或信息)是变革的结果,是主体对客体作测量时才共同制造出来的,而不是客观存在的(关于"测量与信息"的详细讨论可见参考资料[7],§9.1)。

上述看法在过去容易被忽视,是因为经典物理学中的各种测量对客体的改变往往很弱。例如,用高速摄影法可以拍得一颗飞行子弹的弹道,可以相当准确地算出在某一瞬时子弹的位置和速度。这种实验越做越精确,便会给人一种印象:一颗子弹在某一瞬时(t)原来就有确定的位置(x)和动量($p_x = mv_x$),而摄影作为一种测量手续,不过是把它们"反映"出来罢了。也正因为如此,人们认为摄影时用的闪光乃是对子弹运动的一种"干扰"。为了使测量结果尽可能准确,应该尽可能减小

干扰,即尽可能使用微弱的测量手段。

20 世纪物理学的发展从两个方面对上述经典观念提出挑战。一方面,用波长为 λ 的光去照电子时,因为光子有动量 $p_{光子} = \dfrac{h}{\lambda}$,必定对电子产生不可忽略的冲撞,使电子的动量 p_x 获得不确定性 Δp_x。另一方面,光因有波动性引起的衍射作用,又使电子的位置 x 最多只能确定到 $\Delta x \sim \lambda$ 的范围。如果希望 Δx 小,必须用短波长(λ 小)的光,而这时 $\Delta p_x \sim h/\lambda$ 变得更大,两者的乘积近似给出(4.2-20)式,这正是海森伯于 1927 年用显微镜观察电子的理想实验而建立"测不准关系"的论证。

在粒子物理的发展中,人们用越来越大的加速器去制造新粒子,研究它们的性质。这就是说,人们不仅是使用微弱的测量手段,而且是使用越来越强的变革手段去改变自然界,"制造"出研究对象。

量子物理学实验和理论 70 多年来的发展已使我们有根据提出这样的命题:测量数据,例如,一个电子的位置 x 及其在 x 方向的动量 p_x 在测量之前并不存在,x 或 p_x 是在测量时主体与客体相结合时才制造出来的*。

依据一定的测量操作手续(A)而得出的数据(a),反映了客体属性的一个方面;另一种手续(B)得出数据(b),反映了属性的另一个方面。A(或 B)对 a(或 b)而言是必要的变革手段,但倘若两者并不一致而又同时加于客体的时候,A 对 b 便成为"干扰",B 对 a 也成为"干扰"。由此可见,我们不可把"变革"与"干扰"混为一谈,但它们又确实在一定条件下可以相互转化,测不准关系(4.2-20)式就是这种矛盾性质的反映。上面的话不妨用图 10.2-1来表示。

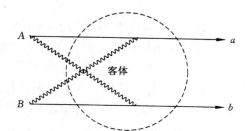

图 10.2-1 测量 $A(B)$ 作为一种操作手段(用实线"→"表示)施变革于客体(后者用虚线圆表示),产生出数据 $a(b)$,但若当 A 与 B 不一致而同时加于客体,则 A 对 $b(B$ 对 $a)$便成为一种干扰(用波纹线"〜〜〜"表示)

总之,只看到物理学通过认识世界而改变世界是不够的。事情还要反过来说:正因为物理学不断地改变世界,才能够认识世界。本书的书名"改变世界的物理学"正包含了这两重意思。

---

* 有兴趣的读者可参见:倪光炯,陈苏卿. 高等量子力学(第二版). 上海:复旦大学出版社,2004

三、从相对真理到绝对真理

科学的发展是一个曲折的过程。一个新思想、新理论诞生往往伴随着不同学术观点和不同学派之间的争论,甚至会遭受到压制和围攻。可以说,科学争论是推动科学发展的强大动力[8]。

例如,托勒密的"地球中心说"比较古代的"天圆地方说",还不失为一种进步,但它与教会联手,曾长期压制了哥白尼的"日心说",宣传日心说的布鲁诺和伽利略都惨遭教会迫害。然而哥白尼理论不久便发展到宇宙学原理——宇宙没有中心,太阳系不过是沧海一粟。

又如,关于光的本性的认识,经过了粒子说和波动说长达 200 多年的反复争论,直到爱因斯坦提出了光的波粒二象性,才以一种比较全面的认识代替了原来那种片面的认识。

70 多年来,量子力学取得了极大的成功。但是,对于量子力学的物理解释和哲学意义,却一直存在不同观点之间的分歧和激烈的争论。其中尤以 20 世纪的两位伟大科学家玻尔与爱因斯坦之间的争论为世人所瞩目[8, 9]。例如,爱因斯坦一直对量子力学几率解释不满意(不是反对),他说:"我无论如何深信上帝不是在掷骰子。"量子力学理论正是在这种友好的激烈的争论中逐步完善起来。今天这种争论还在继续,量子理论还处在继续发展和完善之中。

由上述可见,我们在人类认识的长链中看到了从相对真理向绝对真理逼近的无限发展过程,这一过程将永远不会终结。

四、对科学家失误的认识

在全书中,我们着重介绍了一些著名科学家的辉煌成就,因此读者了解的往往是成功的、正确的一面。事实上,科学大师也会走弯路、有失误。为此,对科学家失误的了解和分析,将对树立正确的科学思想很有好处。

从第四章中对电子、X 射线和中子发现的科学史的简单介绍可以看出,造成一些科学家对实验事实做出错误的分析而错失重大科学发现良机的主要原因有两个:一是科学发现和创造是人类向未知领域不断探索的一个过程,而这个过程必然是复杂的、艰难曲折的,在这样的过程中出现一些失误是难免的;二是传统思想观念的束缚,科学发现和创造需要丰富的想象力,需要新思想、新观念,因循守旧、墨守成规就不可能做出科学发现,但突破传统观念总是非常不容易。贝弗里奇(W.

I. Bevridge, 1908—)在《科学研究的艺术》[6]一书中说："对于确实开辟了新天地的发现,人们很难做出预见,因为这种发现常常不符合当时流行的看法。"

居里夫人的女儿、女婿约里奥-居里夫妇正是由于传统观念的束缚,不仅错失了发现中子的良机,后来又错失了发现正电子的机会。但是科学探索的失败可以锤炼人才的顽强意志,提高科学思想素质。正如英国著名化学家戴维(H. Davy, 1778—1829)在总结自己的科学成就时说:"我的那些最重要的发现,是受到失败的启示后做出的。"约里奥-居里夫妇从失败中吸取教训,始终以饱满的工作热情和坚韧不拔的意志投入研究工作,功夫不负有心人,他们终于在 1934 年发现 20 世纪中最重要的发现之一——人工放射性,并荣获诺贝尔物理学奖。

了解科学发现的艰难性、曲折性,不断从失误中吸取教训,这对于增强研究中的毅力、机敏和聪慧,对于打破思维定式、树立创新意识是非常重要的。

五、科学技术是一把"双刃剑"

用辩证的眼光,认识到科学技术是"一把双刃剑",这是非常重要的。例如,人们在利用能源的过程中,也直接污染着地球环境,使大气和水质产生污染;在发展科学、改造自然的同时,又在破坏自己赖以生存的自然环境;在裂变核能利用的同时,也制造了许多核武器,且产生了大量的、长寿命的放射性废物必须加以处理;在医学新技术中,放射性药物在诊断和治疗中起到重要作用,但必须注意到要选用短寿命和发射较低能量 γ 射线的放射性药物,以尽量减小对人体的影响,等等。21世纪的生命科学技术将为人类带来意想不到的好处,但是基因工程和克隆技术难道不也是一把"双刃剑"吗?

六、既是演员,又是观众

在 20 世纪刚刚过去并迎来新世纪的时候,我们都有一个共同的感觉:在宇宙长河中,能够在地球上作为一个人活着,能够生为一个现代的中国人,实在是太幸运了。物质处在地球上这种状态,在宇宙中实属罕见。对于宇宙的绝大部分区域来说,物质不是太热了,就是太稀薄了。然而,正是在那些量子定态得以形成的特殊关节点上,自然界产生了它的原子、它的原子集团、它的大分子,以及它的有生命的物体。生活在地球上的我们,有幸亲眼目睹这一发展过程中最为激动人心的场面:正是在这里,开始了宇宙中最伟大的长征——自然界以人类的形式开始认识自己[10]。玻尔曾经说过:"当一个人寻求生活的和谐时,必须永不忘记,在存在的戏剧中,我们自己既是演员,又是观众。"人类面临的问题实在太多了,21 世纪对人类今后的命运将是非常关键的 100 年。

参考资料

[1] 赵凯华.定性与半定量物理学.北京:高等教育出版社,1991

[2] 陈其荣.自然辩证法导论.上海:复旦大学出版社,1989

[3] 徐炎章.科学的假说.北京:科学出版社,1998

[4] 杨振宁.美与物理学.物理通报,1997,12:1

[5] 杨振宁.20 世纪物理学中各种对称性观念的起源.自然,1998, **19**(6):311

[6] [英]W. I. B. 贝弗里奇著.陈捷译.科学研究的艺术.北京:科学出版社,1979

[7] 倪光炯,王炎森.物理与文化——物理思想与人文精神的融合(第三版).北京:高等教育出版社,2017

[8] 王士平.科学的争论.北京:科学出版社,1998

[9] 倪光炯.朝花夕赏:量子力学妙在何处? 科学,1998, **50**(2):38

[10] [美]V. F. 韦斯科夫.杨福家等译.二十世纪物理学.北京:科学出版社,1979

物理常数和天文常数表 *

量	记号	数　值	不确定性(10^{-9})
光速	c	$= 299\ 792\ 458$ 米/秒	(精确)
普朗克常数	h	$= 6.626\ 069\ 57(29)** \times 10^{-34}$ 焦耳·秒	44
		$= 6.582\ 119\ 28(15) \times 10^{-22}$ 兆电子伏·秒	22
	$\hbar \equiv h/2\pi$	$= 1.054\ 571\ 726(47) \times 10^{-34}$ 焦耳·秒	44
电子电荷的大小	e	$= 1.602\ 176\ 565(35) \times 10^{-19}$ 库	22
电子质量	m_e	$= 0.510\ 999\ 928(11)$ 兆电子伏$/c^2$	22
		$= 9.109\ 382\ 91(40) \times 10^{-31}$ 千克	44
质子质量	m_p	$= 938.272\ 046(21)$ 兆电子伏$/c^2$	22
		$= 1.672\ 621\ 777(74) \times 10^{-27}$ 千克	44
		$= 1.007\ 276\ 466\ 812(90)\mathrm{u}$	0.089
		$= 1\ 836.152\ 672\ 45(75)\ m_e$	0.41
中子质量	m_n	$= 939.565\ 63$ 兆电子伏$/c^2$	
		$= 1.008\ 664\ 904\mathrm{u}$	
原子量单位	$\mathrm{u} = {}^{12}\mathrm{C}$原子质量$/12$	$= 931.494\ 061(21)$ 兆电子伏$/c^2$	22
	$= (1$克$)/(N_A \cdot$摩$)$	$= 1.660\ 538\ 921(73) \times 10^{-27}$ 千克	44

* 此表摘自发表于 *Chin. Phys.*,2014,**C38**:090001 上的 Review of Particle Physics（由 Particle Data Group 提供）。

** 括号中数值是绝对误差,对应于最末两位（或一位）数字,下同。

（续表）

量	记 号	数　值	不确定性（10^{-9}）
真空介电常数	$\left.\begin{array}{l}\epsilon_0 \\ \mu_0\end{array}\right\}\epsilon_0\mu_0 = 1/c^2$	$8.854\,187\,817\cdots \times 10^{-12}$ 法／米	（精确）
真空磁导率		$4\pi \times 10^{-7}$ 牛／安^2	（精确）
		$= 12.566\,370\,614\cdots \times 10^{-7}$ 牛／安^2	
精细结构常数	$\alpha = e^2/4\pi\epsilon_0 hc$	$1/137.035\,999\,074(44)$	0.32
玻尔半径	$a_\infty = 4\pi\epsilon_0\hbar^2/m_e e^2$	$0.529\,177\,210\,92(17) \times 10^{-10}$ 米	0.32
（$m_{核} = \infty$）			
万有引力常数	G	$6.673\,84(80) \times 10^{-11}$ 米^3／（千克·秒^2）	1.2×10^5
		$= 6.708\,37(80) \times 10^{-39}\hbar c$（吉电子伏／$c^2$）$^{-2}$	1.2×10^5
地球海平面上的引力加速度	g	$9.806\,65$ 米秒^2	（标准值）
阿伏伽罗常数	N_{A}	$6.022\,141\,29(27) \times 10^{23}$／摩	44
玻耳兹曼常数	k	$1.380\,648\,8(13) \times 10^{-23}$ 焦／开	910
		$= 8.617\,332\,4(78) \times 10^{-5}$ 电子伏／开	910
天文单位（日地距离）	AU	$1.495\,978\,707\,00 \times 10^{11}$ 米	（精确）
太阳年	yr	$31\,556\,925.2$ 秒	
平均恒星日		$23^{\mathrm{h}}56^{\mathrm{m}}04.^{\mathrm{s}}090\,53$	（精确）
秒差距	pc	$3.085\,677\,581\,49 \times 10^{16}$ 米	
光年	ly	$0.306\,6$pc $= 0.946\,053 \times 10^{16}$ 米	
地球赤道半径	R_e	$6.378\,137 \times 10^6$ 米	
太阳赤道半径	R_s	$6.955\,1(4) \times 10^8$ 米	
地球质量	M_e	$5.972\,6(7) \times 10^{24}$ 千克	
太阳质量	M_s	$1.988\,5(2) \times 10^{30}$ 千克	
太阳发光功率	L_s	3.828×10^{26} 焦／秒	

习 题 答 案

第 二 章

1. 2.5 米/秒　**2.** 8.02 千米/秒,6.87 千米/秒　**3.** (1) 26°;　(2) 53.6°;　(3) 118.2 牛,177.7 牛

第 三 章

2. 1.08×10^{-6} 焦　**3.** 63 分贝　**6.** 0.004 4,0.17　**7.** 944 赫,0.36 米　**8.** 7.5×10^{-2} 米/秒　**9.** 4.36eV,1.05×10^{15} 赫,0.284 4 微米　**10.** (1) 4.60×10^{14} 赫,6.53×10^2 纳米;(2) 3.10×10^2 纳米　**11.** 1.40 千电子伏,0.885 纳米

第 四 章

1. 4.55×10^{-14} 米　**2.** 0.024 8 纳米　**3.** 0.072 6 纳米　**4.** 28.296 兆电子伏,7.074 兆电子伏/核子;127.6 兆电子伏,7.97 兆电子伏/核子　**5.** 3.27 兆电子伏　**6.** 0.122 6 纳米,0.090 4 纳米,1.2×10^{-13} 纳米　**7.** 2.48 伏,12.4 千伏,12.4 兆伏　**8.** 656.1 纳米,121.6 纳米,102.6 纳米　**9.** 0.31 千电子伏,0.094 电子伏

第 五 章

1. 一百万分之七　**2.** 0.539 千电子伏,0.282 千电子伏　**3.** 8×10^3　**4.** 0.31 纳米

第 七 章

1. 6.55 兆电子伏　**2.** 173.6 兆电子伏　**3.** 0.97 靶　**4.** 2522 吨　**5.** 0.96×10^5 千瓦时　**6.** 56 千克氘,1.08×10^6 吨煤　**7.** 51 万亿吨

第 八 章

1. $0.607N_0$,$0.064N_0$　**2.** 31 次/秒　**3.** 4 230 年

第 九 章

2. 3.3×10^{-4} 秒　**4.** (1) 1.005,7.089,70.712;　(2) 0.100 5,7.018,70.705;(3) 1.005,7.089,70.712;　(4) 0.005,6.089,69.712　**5.** 0.999 74

复旦大学出版社向使用《改变世界的物理学(第五版)》作为教材进行教学的教师免费赠送教学辅助课件以供参考,该课件含有本书的宗旨和特色、改版修改说明、电子教案及丰富的教学参考资料等。欢迎完整填写下面的表格来索取课件。

教师姓名:_____

手机号码:_____

课程名称:_____

学生人数:_____

学校名称:_____

学校地址:_____

院系名称:_____

课件发送邮箱(建议使用 QQ 邮箱):_____

请将本页完整填写并拍照发送至以下电子邮箱。

电子邮箱:2648053254@qq.com, liangling@fudan.edu.cn

复旦大学出版社将免费赠送教师所需要的课件。

图书在版编目（CIP）数据

改变世界的物理学 / 倪光炯等编著. —5 版. —上海：复旦大学出版社，2023.8
（复旦博学. 物理学系列）
ISBN 978-7-309-15722-2

Ⅰ.①改…　　Ⅱ.①倪…　　Ⅲ.①物理学-高等学校-教材　　Ⅳ.①O4

中国版本图书馆 CIP 数据核字（2021）第 103796 号

改变世界的物理学（第五版）
倪光炯　等　编著
责任编辑/梁　玲

复旦大学出版社有限公司出版发行
上海市国权路 579 号　邮编：200433
网址：fupnet@ fudanpress. com　http://www. fudanpress. com
门市零售：86-21-65102580　　团体订购：86-21-65104505
出版部电话：86-21-65642845
浙江临安曙光印务有限公司

开本 787×960　1/16　印张 24.5　字数 453 千
2023 年 8 月第 5 版第 1 次印刷

ISBN 978-7-309-15722-2/O·702
定价：69.00 元